普通高等教育"十三五"规划教材

工程图学基础

主编　刘志峰　李富平
参编　张爱平　李　杨　张彩霞

机 械 工 业 出 版 社

本书是高等工科院校本科制图教材，是根据教育部《普通高等院校工程图学课程教学基本要求》，并按照现行技术制图和机械制图国家标准编写而成的。

本书主要内容有制图的基本知识，点、直线、平面的投影，投影变换，立体的投影，组合体的视图，轴测图，机件的表达方法，标准件与常用件简介，零件图与装配图简介，及 AutoCAD 绘图。

机械工业出版社还将同时出版由刘志峰、李富平主编的《工程图学基础习题集》与本书配套使用。

本书可作为高等工科院校相关专业的教材，也可作为高职高专院校相关专业的教材，还可供有关工程技术从业人员和自学者参考。

图书在版编目（CIP）数据

工程图学基础/刘志峰，李富平主编. —北京：机械工业出版社，2019.8（2025.6 重印）

普通高等教育“十三五”规划教材

ISBN 978-7-111-62625-1

Ⅰ.①工… Ⅱ.①刘… ②李… Ⅲ.①工程制图-高等学校-教材 Ⅳ.①TB23

中国版本图书馆 CIP 数据核字（2019）第 116508 号

机械工业出版社（北京市百万庄大街 22 号　邮政编码 100037）
策划编辑：舒　恬　责任编辑：舒　恬　王勇哲　王海霞　郭　靖　任正一
责任校对：肖　琳　封面设计：张　静
责任印制：李　昂
涿州市京南印刷厂印刷
2025 年 6 月第 1 版第 7 次印刷
184mm×260mm · 16.5 印张 · 406 千字
标准书号：ISBN 978-7-111-62625-1
定价：49.90 元

电话服务		网络服务	
客服电话：	010-88361066	机　工　官　网：	www.cmpbook.com
	010-88379833	机　工　官　博：	weibo.com/cmp1952
	010-68326294	金　　书　　网：	www.golden-book.com
封底无防伪标均为盗版		机工教育服务网：	www.cmpedu.com

前言

为适应教学改革的要求，探讨一种适应现代化需求的新的教学模式，充分体现近年来工程图学教学改革的新思路和新成果，北京工业大学工程图学教研室编写了本书。

本书主要内容包括投影理论知识和制图基础知识，简要介绍机械制图和计算机绘图的相关标准及作图方法等内容，是面向所有工科学生的工程图学基础教材。

为培养学生的读图、识图能力，增强其空间立体感，本书将重点放在投影理论及其应用上，并具有以下特点：

1）以培养学生的读图、识图能力为出发点，注重阐述基本理论和基本概念，采用较多的立体图，有利于培养学生的空间立体感。

2）书中立体图、剖切图均采用三维软件制作而成，线条清晰、直观，便于学生将立体图与投影图对照自学，加深对概念的理解。

3）在讲解“换面法”时，以详细介绍四种基本作图方法为基础，采用较多的例子阐述换面法的实际应用，以提高学生对空间问题的分析和解决能力。

4）“组合体的视图”一章中，在形体分析、线面分析的基础上，通过画图、读图逐步培养学生的空间立体感。整个过程由浅入深、循序渐进，最后通过构型设计，开阔学生的做题思路。

5）采用现行技术制图和机械制图国家标准，涉及表面结构、几何公差的标注等内容。

6）“AutoCAD 绘图”一章中采用 2018 版软件作为绘图平台，选用了较多屏幕截图，方便学生掌握绘图要领，从而培养学生灵活运用软件绘制工程图的能力。

本书共 10 章，由刘志峰和李富平担任主编。具体的编写分工为：李富平编写第 2 章的 2.4 节和 2.5 节，第 3、4、6、10 章、第 7 章的 7.5 节和 7.6 节；刘志峰、张彩霞和李富平共同编写第 2 章 2.1~2.3 节，第 7 章 7.1~7.4 节，第 8、9 章；张爱平编写第 5 章；李杨编写第 1 章。本书在编写过程中，得到了韩子亮、王建华、皇甫平、郭铁能、高相胜等老师的大力协助和热情支持，在此表示感谢。

与本书配套使用的是刘志峰、李富平主编的《工程图学基础习题集》。

由于水平有限，恳切希望各方读者对本书的错误和不足之处给予批评和指正。

编　者

目录

绪 论

1. 本课程的性质和主要内容

有史以来，图形如同文字一样是人们用来表达和交流思想的工具。在工程界，工程图样就是能够准确表达物体的形状、大小及技术要求的图形，它是工业生产中的一种重要的技术资料。在设计阶段，人们必须先画出准确的表达机械设备、建筑形状的工程图样，然后根据工程图样进行加工或施工，才能得到预期的结果。同时，工程图样也是人们检验产品是否合格的重要依据。可以说，图样是工程界的技术语言，每个工程技术人员都必须能够绘制和阅读工程图样。

本课程是研究绘制和阅读工程图样原理和方法的一门学科。它是一门既有系统理论又有较强实践性的技术基础课。本课程主要包括画法几何、制图基础、机械制图和计算机绘图几个部分。画法几何部分研究用正投影法表达空间物体以及图解空间几何问题的基本理论和方法；制图基础部分介绍制图的基本知识，培养绘制和阅读投影图的基本能力；机械制图部分培养绘制和阅读零件图和装配图的基本能力；计算机绘图部分介绍简单图形的二维绘制。

2. 本课程的主要任务

1）学习投影法的基本理论及应用。

2）培养空间几何问题的图示、图解能力。

3）培养绘制和阅读机械图样的能力。

4）培养空间想象能力和空间分析能力。

5）培养计算机绘图能力。

6）培养耐心细致的工作作风和严肃认真的工作态度。

3. 本课程的学习方法

本课程既有系统的理论，又有较强的实践性，学习时应理论联系实际，在理解基本概念的基础上，由浅入深地通过一系列绘图和读图实践，不断地由物画图、由图想物，分析和想象空间形体与图样上图形之间的对应关系，从而培养空间想象能力，达到熟练绘制轴测草图的目的。

图样在生产建设中起很重要的作用，任何绘图和读图的差错都会给生产带来重大损失，因此，在做题过程中，要严格遵守《机械制图》国家标准的规定，应做到投影正确、图线分明、尺寸齐全、字体工整、图面整洁，培养认真负责和严谨细致的工作作风。

本课程主要是为学生的绘图和读图能力打下基础，在后续的课程、生产实习、课程设计和毕业设计中，还要继续培养和提高绘图和读图能力。计算机绘图能力必须通过不断的上机实践才能逐步提高。

第1章 制图的基本知识

本章摘要介绍《技术制图》和《机械制图》国家标准中有关图纸幅面、格式、比例、字体、图线及尺寸标注；绘图工具及仪器的使用；几何作图方法；平面图形的尺寸分析和绘图步骤及徒手画草图的方法等内容。

1.1 国家标准有关制图的基本规定

图样是现代工业生产中最基本的技术文件。

中华人民共和国国家质量监督检验检疫局从1959年发布《机械制图》国家标准以来，对其进行了多次修订，从事设计和生产工作的工程技术人员必须熟悉和掌握有关标准和规定。

1.1.1 图纸的幅面及格式（GB/T 14689—2008）

1. 图纸的幅面尺寸

绘制工程图样时，优先采用表1-1中规定的图纸幅面尺寸，必要时可以由基本幅面短边成整数倍加长幅面。如幅面代号为A0×2时，尺寸$B\times L$=1189mm×1682mm；A3×3时，尺寸$B\times L$=420mm×891mm等，如图1-1所示。

表1-1 图纸幅面及边框尺寸 （单位：mm）

幅面代号		A0	A1	A2	A3	A4
$B\times L$		841×1189	594×841	420×594	297×420	210×297
边框	c	10			5	
	a	25				
	e	20		10		

2. 图纸格式及标题栏方位和明细栏

1）图纸既可横放也可竖放，格式如图1-2所示。当图样需装订时，图样格式和标题栏的方位按图1-2a、b所示方位配置，不需装订时按图1-3a、b所示的方位配置。但同一产品图样只能采用一种格式。

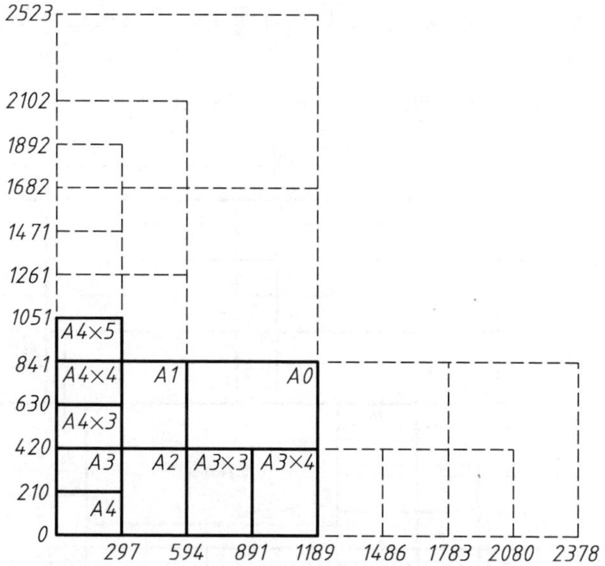

图 1-1　图纸幅面及加长幅面

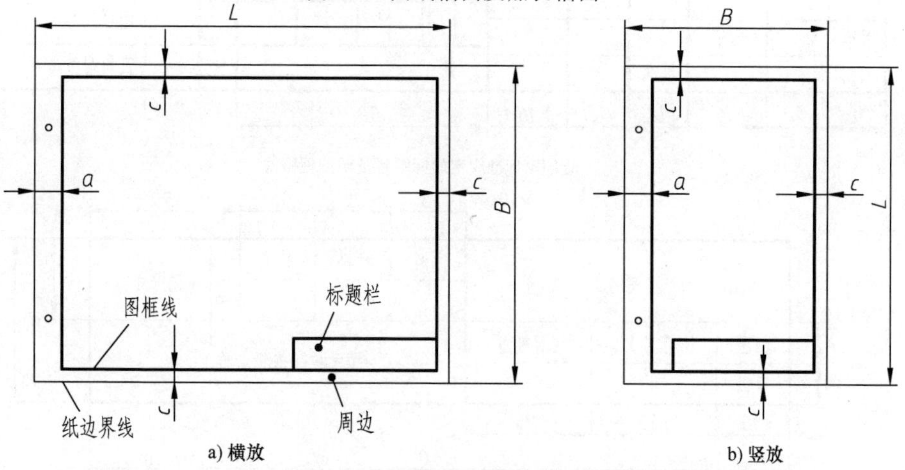

图 1-2　留装订边的图框格式

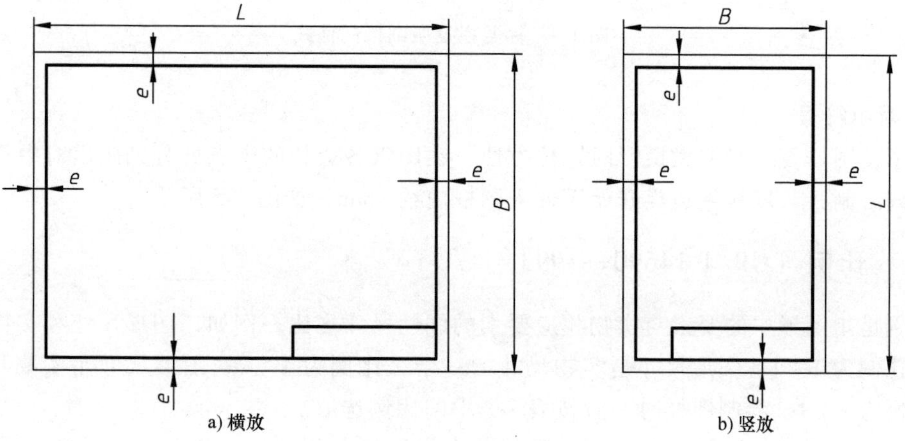

图 1-3　不留装订边的图框格式

2）每张图样必须有标题栏，装配图还必须有明细栏。机械类标题栏及明细栏格式已在国家标准（GB/T 10609.1—2008、GB/T 10609.2—2009）中做了规定，如图 1-4a 所示。学生在学习中也可采用简化标题栏，如图 1-4b 所示。标题栏中文字方向为看图方向。

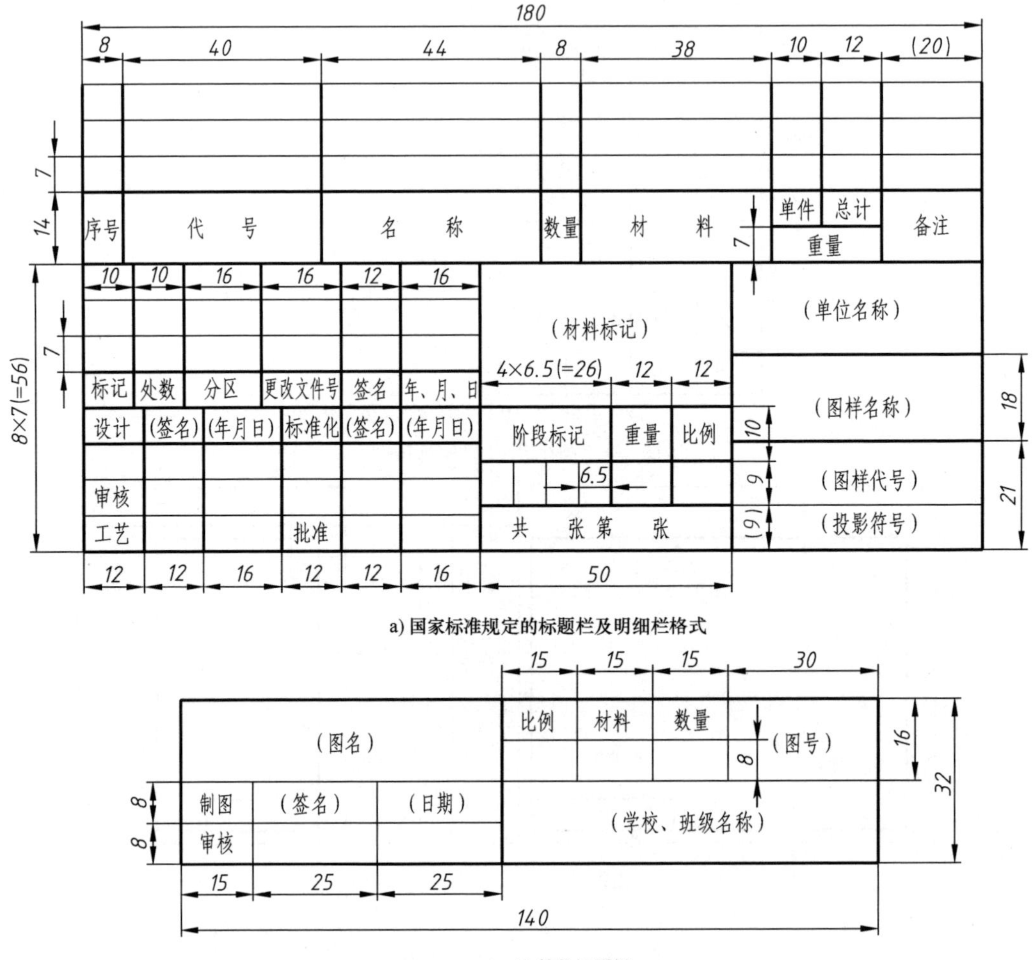

a) 国家标准规定的标题栏及明细栏格式

b) 简化标题栏

图 1-4　标题栏及明细栏的格式

3. 对中符号

为了使图样复制和缩微摄影时定位方便，在图纸各边长的中点处分别画出对中符号，且用粗实线绘制，长度从纸边界开始至伸入图框内约 5mm，如图 1-5 所示。

1.1.2　比例（GB/T 14690—1993）

比例是指图形中的要素与实物相应要素的线性尺寸之比。例如，图形尺寸和实物尺寸一样大，比例为 1∶1；图形尺寸是实物尺寸的一半，比例为 1∶2；图形尺寸是实物尺寸的 2 倍，比例为 2∶1。绘制图样时一般按表 1-2 中的比例选取。

比例符号用“∶”表示。绘制机件的各个视图所采用的比例应相同，并在标题栏的比

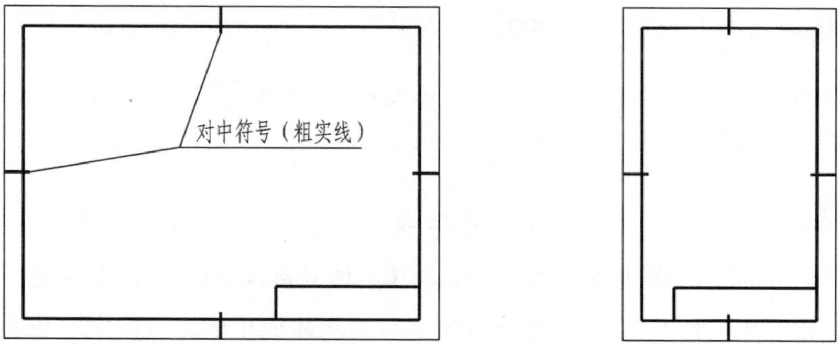

图 1-5 图幅对中符号

例一栏中填写；当某个视图需采用不同的比例时，必须另行标注，如$\frac{A}{2:1}$、$\frac{B}{5:1}$。绘制图样时，应尽量按零件实际大小绘制，以方便看图。如果零件过大或过小，则可根据表 1-2 或表 1-3 中的比例选取缩小或放大绘制。优先选择表 1-2 中的比例，必要时，也可以选择表 1-3 中的比例（n 为正整数）。

不论图形放大或缩小，所标注的尺寸数字均为实物的真实大小，如图 1-6 所示。

表 1-2 比例系列（一）

种 类	比 例				
等比例	1 : 1				
放大比例	5 : 1	2 : 1	$5\times10^n:1$	$2\times10^n:1$	$1\times10^n:1$
缩小比例	1 : 2	1 : 5	$1:2\times10^n$	$1:5\times10^n$	$1:1\times10^n$

表 1-3 比例系列（二）

种 类	比 例				
放大比例	4 : 1	2.5 : 1	$4\times10^n:1$	$2.5\times10^n:1$	
缩小比例	1 : 1.5 $1:1.5\times10^n$	1 : 2.5 $1:2.5\times10^n$	1 : 3 $1:3\times10^n$	1 : 4 $1:4\times10^n$	1 : 6 $1:6\times10^n$

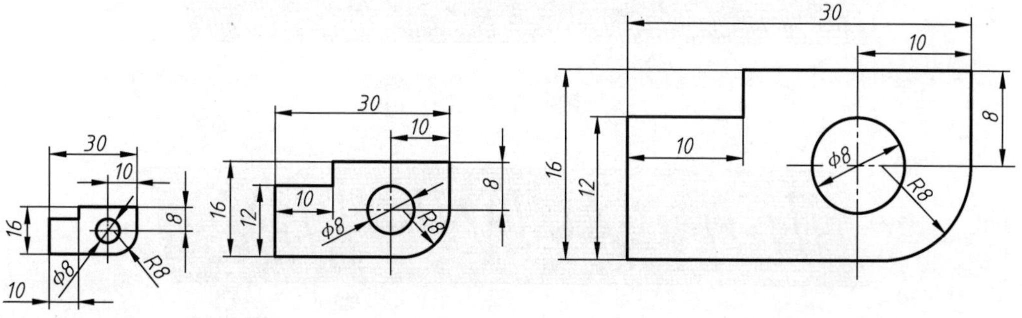

a) 比例1:2　　b) 比例1:1　　c) 比例2:1

图 1-6 按不同比例绘制的同一机件图形

1.1.3 字体（GB/T 14691—1993）

在图样上除了表示物体的形状之外，还要有文字和数字说明物体的大小、技术要求以及其他内容。图样中的字体必须做到：字体端正、笔画清楚、排列整齐、间隔均匀。

字体高度（用 h 表示）的公称尺寸序列为 1.8mm、2.5mm、3.5mm、5mm、7mm、10mm、14mm、20mm。如需要书写更大的字，其字体高度应按$\sqrt{2}$的比率递增。汉字书写成长仿宋体字，其字宽一般为 $h/\sqrt{2}$。字母和数字写成斜体或正体，斜体字字头向右倾斜，与水平基准成 75°角。

1. 汉字

汉字应写成长仿宋体，字体高度不小于 3.5mm，并应采用中华人民共和国国务院正式公布推行的简化汉字。汉字的书写方法示例如下：

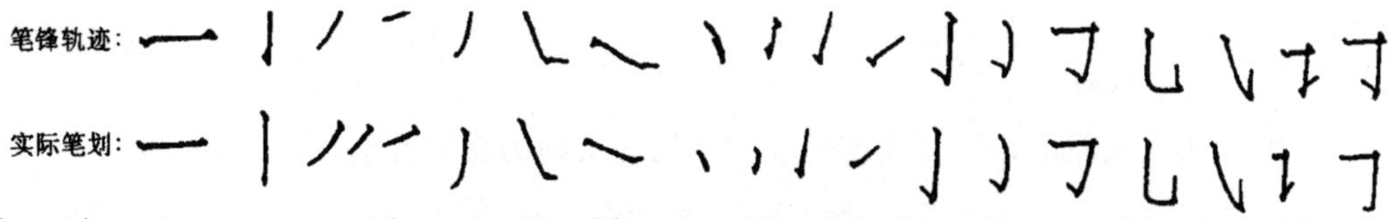

字体端正　笔画清楚　排列整齐　间隔均匀

装配时作斜度深沉最大小球厚直网纹均布水平镀抛光研视图向旋转前后表面展开两端中心孔锥销键

横平竖直　排列匀整　注意起落　填满方格

2. 数字和字母

（1）数字　数字分阿拉伯数字和罗马数字，以下示例为 A 型，其笔画宽度 d 为字高 h 的 1/14。

阿拉伯数字

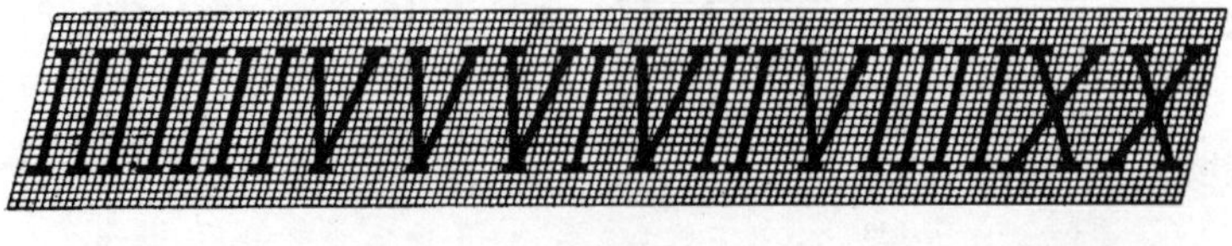

罗马数字

（2）拉丁字母　拉丁字母有大写和小写之分，以下示例为 B 型，笔画宽度 d 为字高 h 的 1/10。

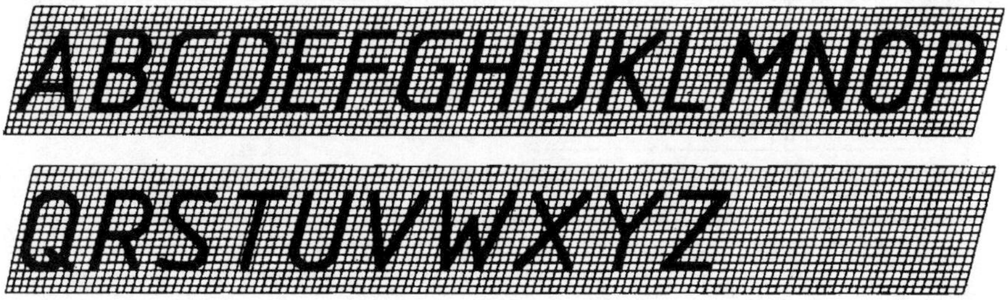

大写斜体拉丁字母

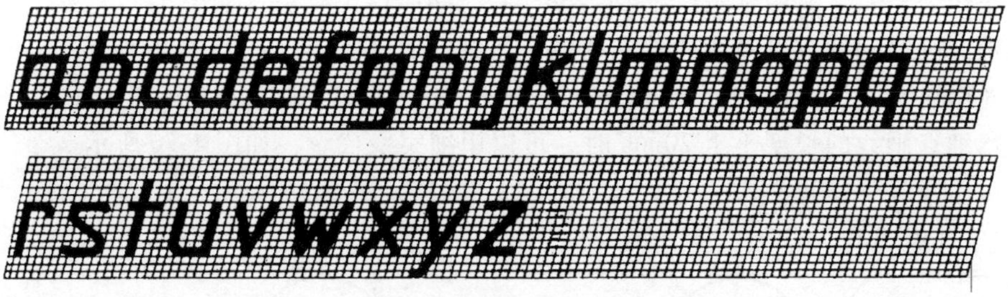

小写斜体拉丁字母

1.1.4 图线（GB/T 17450—1998、GB/T 4457.4—2002）

工程图样由不同型式、粗细有别的线条组成，这些线条统称图线。在《技术制图》国家标准中规定了15种基本线型，还有基本线型变形和图线组合。《机械制图》国家标准中规定了机械图所用图线的线型及其应用，见表1-4。

机械图的图线宽度 d 分为粗、细两种，线宽之比为 2∶1。根据图样大小及复杂程度来确定粗实线的宽度，可在 0.25mm、0.35mm、0.5mm、0.7mm、1mm、1.4mm、2mm 中选用。在同一图样中相同型式的图线宽度应基本一致，细虚线、细点画线和细双点画线的画线长度和间隔应大致相等。

表1-4 基本线型及其一般应用

名称代号	线型	宽度	主要应用范围
粗实线		d(0.5~2mm)	可见轮廓线、剖切符号用线、螺纹长度终止线、齿顶圆(线)等
细实线		约 $d/2$	过渡线、尺寸线、尺寸界线、剖面线、引出线、短中心线、投射线等
细虚线	3d 12d	约 $d/2$	不可见轮廓线
细点画线	3d 0.5d 24d	约 $d/2$	轴线、对称中心线、孔系分布的中心线等
粗点画线		约 d	限定范围表示线

（续）

名称代号	线型	宽度	主要应用范围
细双点画线	0.5d 3d 3d 24d	约 $d/2$	相邻辅助零件的轮廓线、可动零件处于极限位置的轮廓线、轨迹线、中断线等
双折线（细）		约 $d/2$	断裂处的边界线
波浪线（细）		约 $d/2$	断裂处的边界线、视图和局部剖视的分界线

绘制图线时应注意的问题如下：

1）当图线相交时，应在画线处相交，不应在点和空隙处相交，如图 1-7a 所示。

2）虚线处于粗实线的延长线上时，虚、实线间应留出空隙，如图 1-7a 所示。

3）细点画线和细双点画线的首末两端应是画线而不是点，如图 1-7b 所示。

4）对称轴线和中心线应超出轮廓线处 2~3mm，超出部分不宜太长，如图 1-7c、d 所示。

5）当细点画线的长度小于 20mm 时，可以用细实线代替，如图 1-7c 所示。

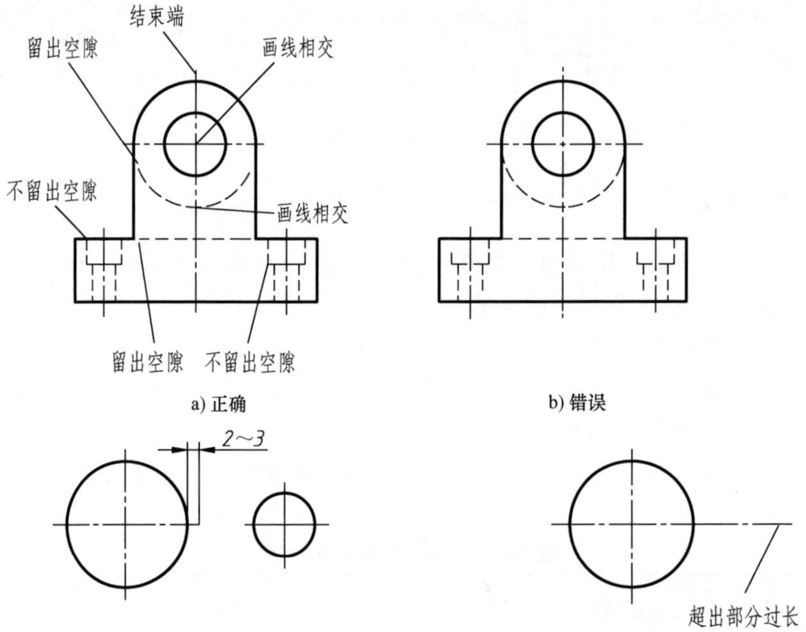

a) 正确　b) 错误

c) 正确　d) 错误

图 1-7　对称中心线的画法与图线相交、相切处的画法

1.2　尺寸标注（GB/T 4458.4—2003）

1.2.1　基本规则

1）机件的真实大小应以图样所标注的尺寸数值为依据，与图形的大小及绘图的准确度

无关。

2）图样中的尺寸以 mm（毫米）为单位时，不需要标注单位代号和名称。如采用其他单位，则应注明相应计量单位符号，如 20cm（厘米）、5in（英寸）、30°等。

3）图样中所示尺寸，为该图样所示机件最后完工的尺寸，否则应另加说明。

4）机件的每一尺寸一般只标注一次，并应标注在反映该结构最清楚的图形上。

1.2.2 尺寸的组成

尺寸由尺寸界线、尺寸线、尺寸数字、尺寸线终端组成，如图 1-8 所示。

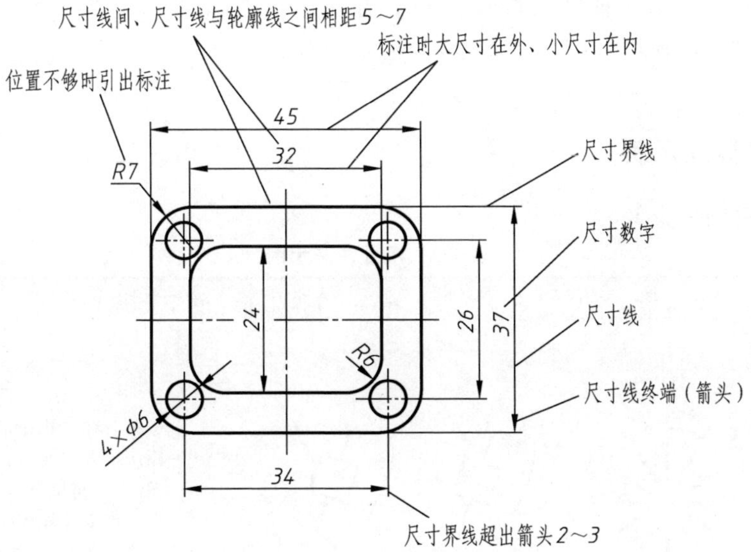

图 1-8 尺寸的组成及标注示例

1. 尺寸界线

尺寸界线表示所注尺寸的起止界线。

尺寸界线用细实线绘制，并由图形的轮廓线、轴线或对称中心线处引出。也可利用轮廓线、轴线或对称中心线作为尺寸界线。尺寸界线应超出尺寸线 2~3mm。

2. 尺寸线

尺寸线表示所注尺寸的范围。

1）尺寸线用细实线绘制。尺寸线不能用其他图线代替，一般也不得与其他图线重合或画在其延长线上。

2）尺寸线一般应与尺寸界线垂直。

3）标注线性尺寸时，尺寸线必须与所注线段平行。

3. 尺寸线终端

尺寸线的终端有以下两种形式：

（1）箭头 如图 1-9a 所示，d 为粗实线的宽度。适用于各种类型的图样。

（2）斜线 斜线用细实线绘制，其方向如图 1-9b 所示，当尺寸线的终端采用斜线表示时，尺寸线与尺寸界限应相互垂直。

机械图样中一般采用箭头作为尺寸线的终端形式。当尺寸线与尺寸界限相互垂直时，同一张图样中，只能采用一种尺寸线终端形式。

4. 尺寸数字

1）尺寸数字一般应注写在尺寸线的上方或中断处，字头朝上。尺寸线为竖直位置时，字头朝左。

2）尺寸数字不可被任何线条通过，当不可避免时必须将图线断开。

3）国家标准规定了一些标注尺寸的符号。例如在标注直径时，应在尺寸数字前加注符号“ϕ”；标注半径时，应在尺寸数字前加注符号“R”；标注球面直径或半径时，应在符号“ϕ”或“R”前加注符号“S”。

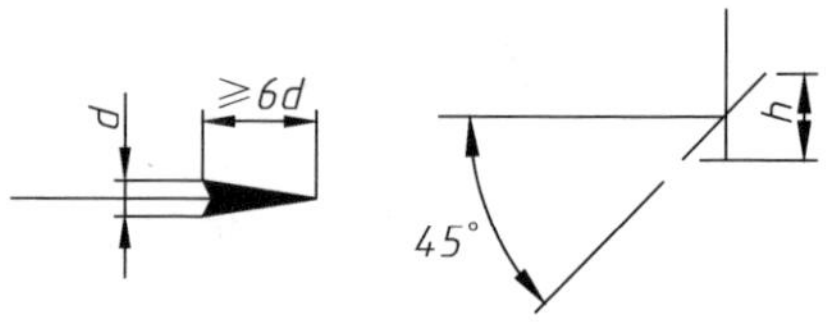

d－粗实线的宽度　　h－字体高度

a)　　b)

图 1-9　尺寸线终端形式

1.2.3　尺寸标注示例

尺寸注法示例见表 1-5。

表 1-5　尺寸注法示例

标注内容	示　例	说　明
线性尺寸	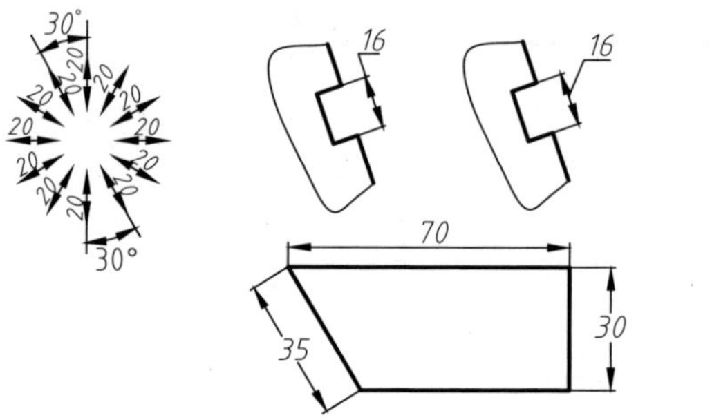	第一种方法：尺寸数字应按左上图所示方向注写，并尽可能避免在图示 30°范围内标注尺寸，当无法避免时可按右图的形式标注 第二种方法：在不致引起误解时，对于非水平方向的尺寸，其数字可水平地注写在尺寸线的中断处 在一张图样中，应尽可能采用同一种方法，一般应采用第一种方法
角度	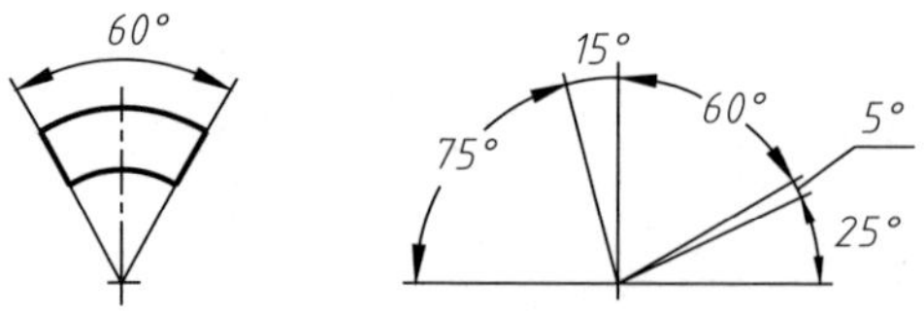	标注角度的尺寸界线应沿径向引出，尺寸线画成圆弧，圆心是角的顶点，尺寸数字一律应水平书写，必要时也可按右图形式标注
弦长及弧长	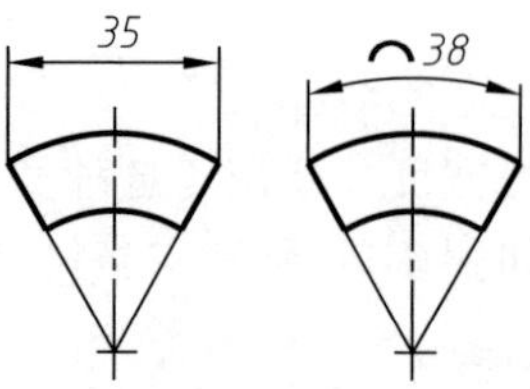	标注弦长的尺寸界线应平行于该弦的垂直平分线，如左图；标注弧长的尺寸界线应平行于该弧所对圆心角的角平分线，如右图，数字前应画出弧长符号，它是字高为半径的半圆弧，线宽是字高的 1/10

（续）

标注内容	示　例	说　明
圆	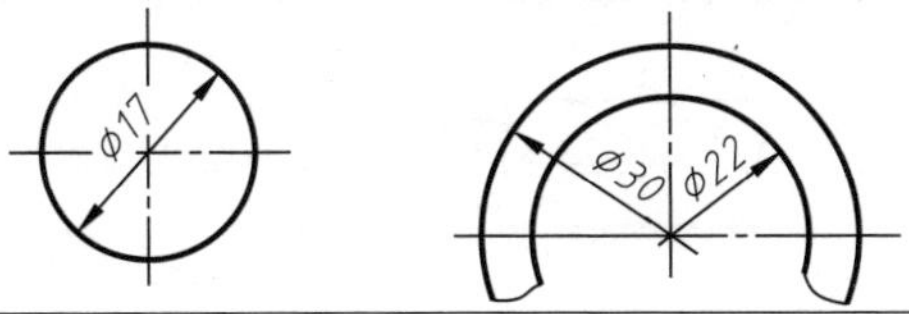	圆（大于半圆的圆弧）的直径尺寸一般按所示图例标注
圆弧	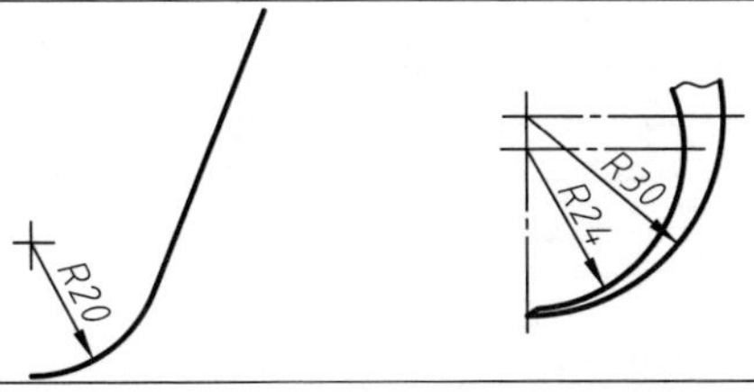	圆弧（小于半圆或等于半圆）的半径尺寸一般按所示图例标注
大圆弧	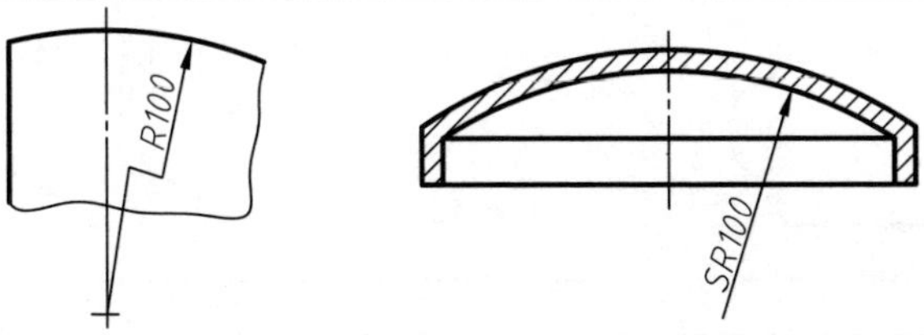	在图样范围内无法标出圆心位置时，可按所示图例标注
小尺寸	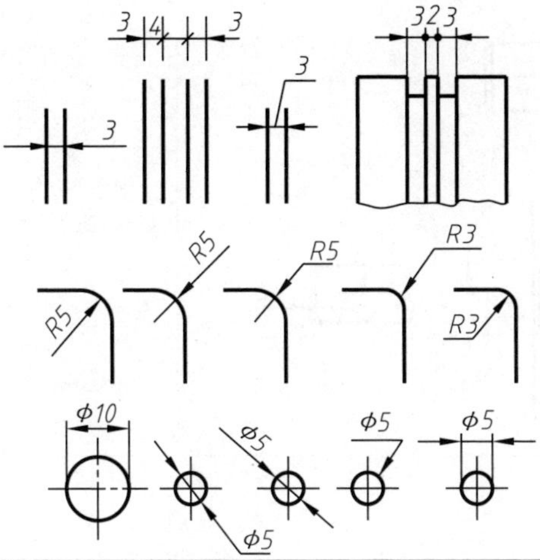	没有足够位置时，箭头可画在外面，或用小圆点或斜线代替两箭头；尺寸数字也可写在外面或引出标注。圆和圆弧的小尺寸可按所示图例标注
球面	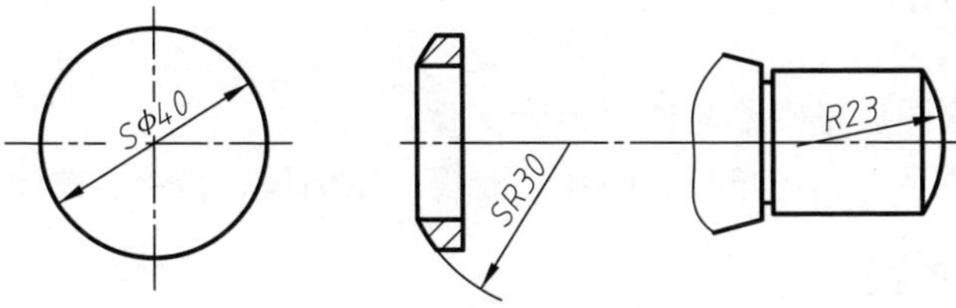	标注球面尺寸时，应在“ϕ”和“R”前加“S”。在不引起误解时，可省略“S”
对称机件	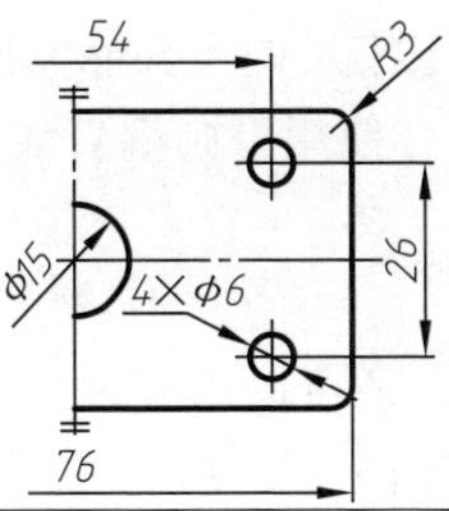	当对称机件的图形只画出一半或略大于一半时，尺寸线应略超过对称中心线或断裂处的边界，此时仅在尺寸线的一端画出箭头

（续）

标注内容	示　例	说　　明
正方形结构	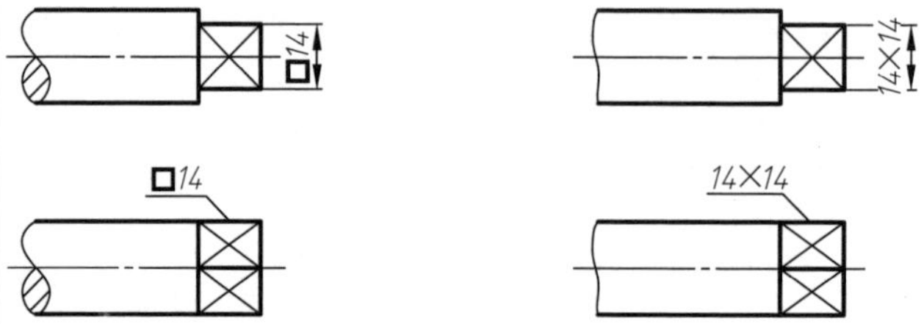	标注剖面为正方形结构的尺寸时，可在正方形边长尺寸数字前加注符号“□”（宽度和高度等于字高，线宽是字高的 1/10）或用“$B \times B$”（B 为正方形的对边距离）注出
板状零件厚度简化标注	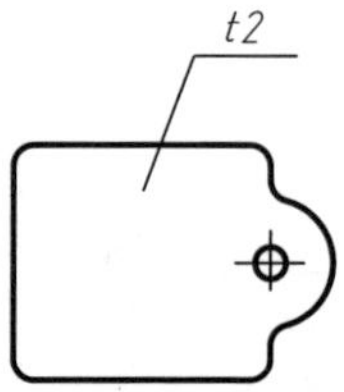	板状零件厚度标注，可在尺寸数字前加注符号“t”
倒角	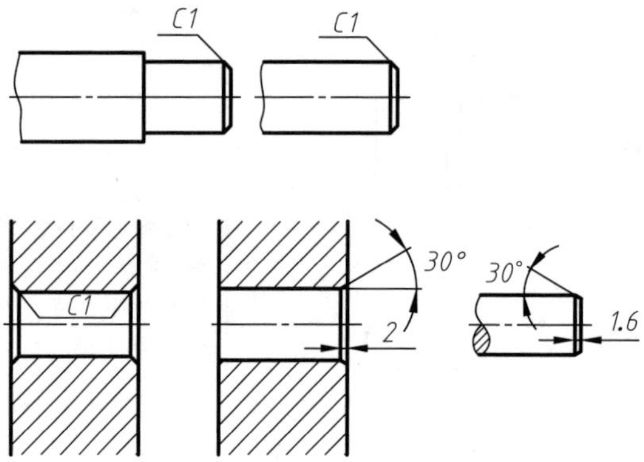	倒角为 45°标注时用“C”表示，非 45°的倒角则标注出角度

1.3　绘图工具及其使用

正确使用绘图工具对提高绘图质量和绘图速度十分重要。

常用的绘图工具有图板、丁字尺、三角板、圆规、分规、比例尺、铅笔、曲线板等。

1.3.1　图板、丁字尺和三角板

绘图时图纸用胶带固定在图板的左下部，丁字尺的尺头靠紧图板的左导边，丁字尺用来画水平线，如图 1-10 所示。丁字尺与三角板配合使用可画垂直线和倾斜线，如图 1-11 所示。

1.3.2　分规、比例尺

比例尺除了用来直接在图样上量取尺寸外，还可以用分规从比例尺上量取尺寸。分规除了从比例尺上量取尺寸外，还可以等分线段，如图 1-12 所示。

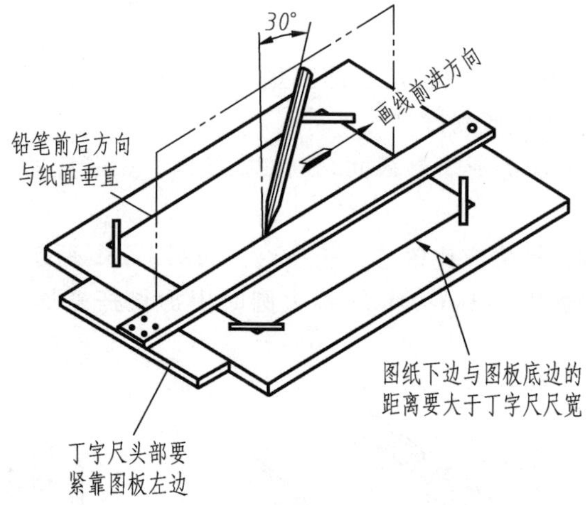

图 1-10 图板和丁字尺

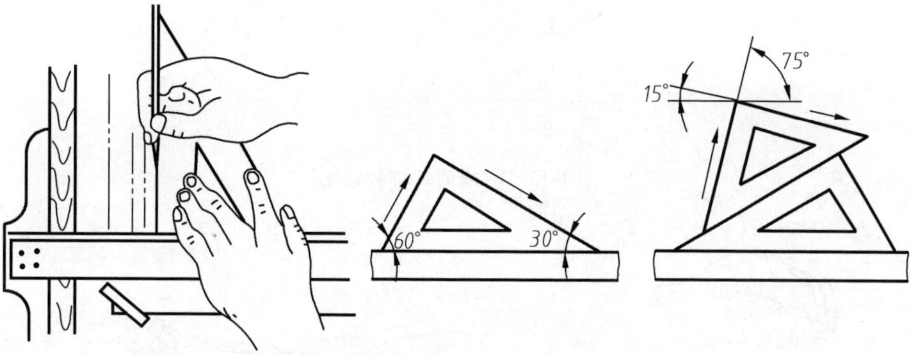

图 1-11 丁字尺和三角板配合使用

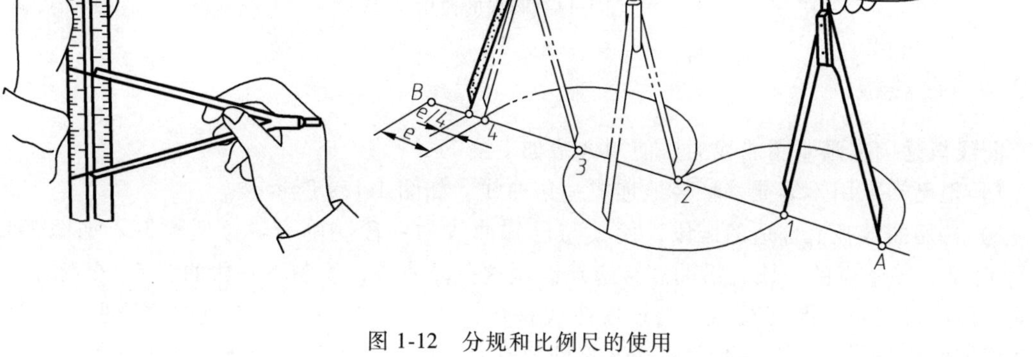

图 1-12 分规和比例尺的使用

1.3.3 圆规

使用圆规画圆时，圆规的针脚和铅芯都要垂直于纸面。画圆时，一般按顺时针方向前进，并使圆规向前进方向稍微倾斜。

1）画粗实线时，铅芯应磨成矩形截面；画细实线时，铅芯应磨成铲形截面，如图 1-13a 所示。

2）圆规两腿合拢时，针尖应比铅芯稍长一点，如图 1-13b 所示。

3）圆规的使用方法如图 1-14a 所示。画大圆时用加长杆来加大圆的半径，如图 1-14b 所示。

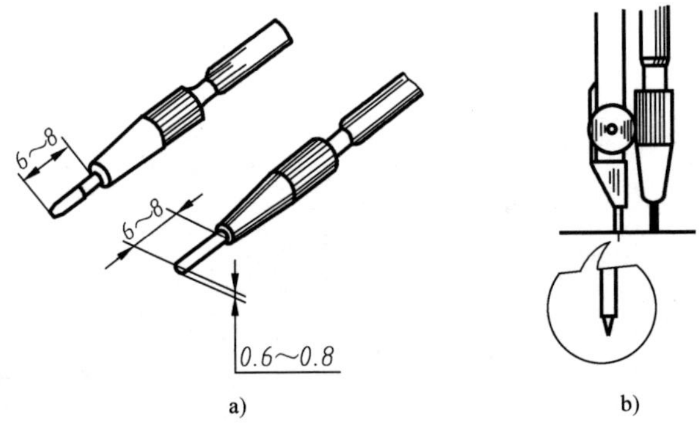

图 1-13　圆规的针脚和铅芯

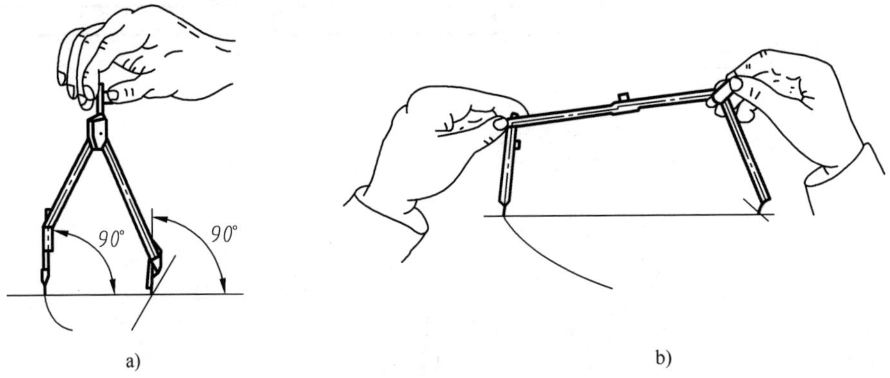

图 1-14　圆规的使用

1.3.4 曲线板

曲线板是用来画非圆曲线的，使用方法如下：

1）把已知点用铅笔徒手轻轻地连成一条曲线，如图 1-15a 所示。

2）选用曲线板上合适的区段，使其与已知曲线的一段相吻合，逐段绘制。如图 1-15b 所示 1、2、3、4 点的一段，沿曲线板边缘绘制这一段曲线；绘制下一段曲线 5、6 点时，应使前一段曲线有两个点（3、4）与该段曲线重合，即绘制 3、4、5、6 点的这段曲线。为了保证所连曲线光滑过渡，每两段曲线连接处要有一小段相互重复（例如上述的 3、4 两点）。

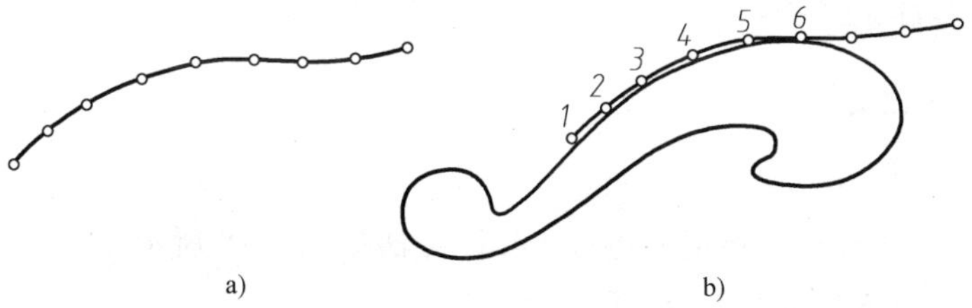

图 1-15 曲线板的用法

1.3.5 铅笔

绘图铅笔的铅芯软硬程度有多种。B 表示软，H 表示硬。常用的有 B、HB 和 H。B 和 HB 铅笔画粗实线；HB 和 H 铅笔用来画箭头和写数字；H 铅笔用来画虚线、点画线和打底稿。加深的铅芯磨成粗实线所需的矩形，其余磨成圆锥形，如图1-16所示，图中 b 为粗实线宽度。

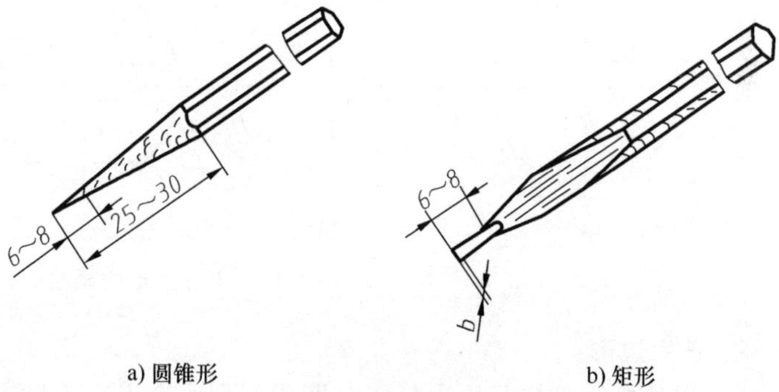

图 1-16 铅笔的削磨

1.3.6 其他绘图工具

绘图时除了以上绘图工具之外，还应有如下一些工具：量角器、胶带、砂纸、橡皮、毛刷、擦图片等，如图 1-17 所示。

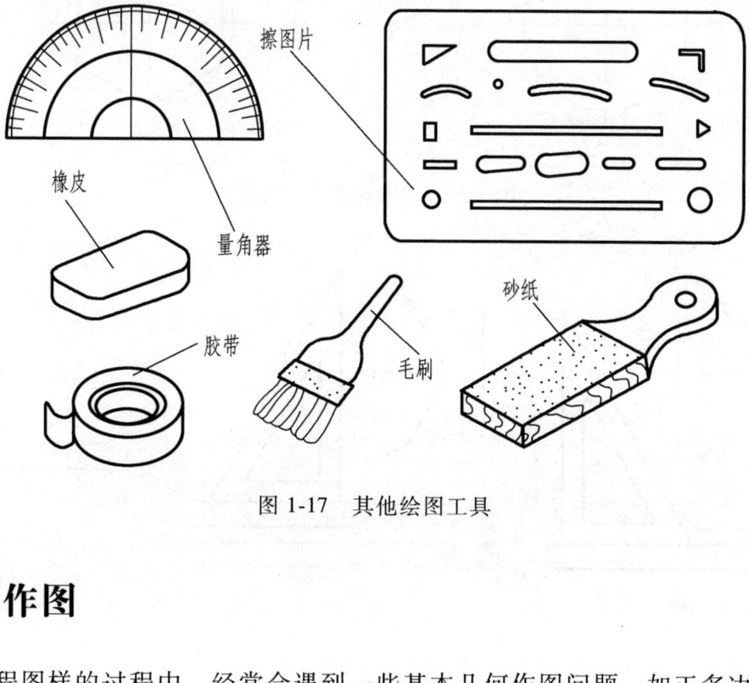

图 1-17 其他绘图工具

1.4 几何作图

在绘制工程图样的过程中，经常会遇到一些基本几何作图问题，如正多边形、斜度和锥度、平面曲线、线段的连接等。

1.4.1 多边形的画法

1. 正五边形

已知正五边形的外接圆，画正五边形。作图方法如图 1-18 所示。

1）取半径的中点 K，如图 1-18a 所示。

2）以 K 为圆心、KA 为半径画弧得点 C，AC 即为五边形边长，如图 1-18b 所示。

3）以 AC 的长度为弦在圆周上截取五边形顶点，如图 1-18c 所示。

4）将 5 个顶点依次逐个连线即成正五边形，如图 1-18d 所示。

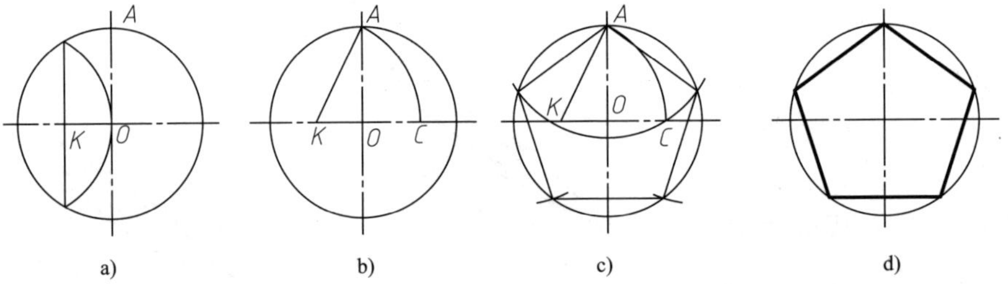

图 1-18　正五边形的画法

2. 正六边形

1）以外接圆的半径为边长等分圆周得到 6 个点，作图方法如图 1-19 所示。

2）根据对角距离，使用三角板和丁字尺作正六边形，作图方法如图 1-20 所示。

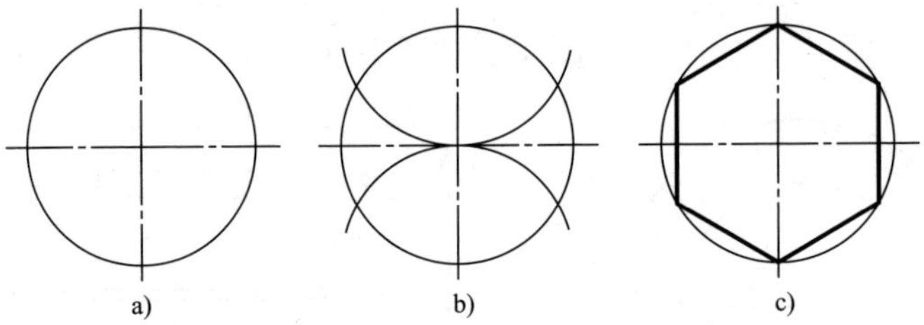

图 1-19　用圆规画正六边形

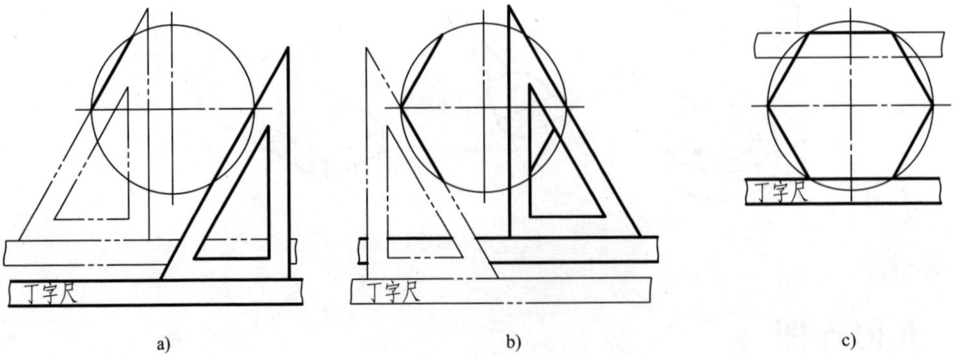

图 1-20　用三角板画正六边形

1.4.2 斜度和锥度的画法

1. 斜度

斜度是指直线或平面对另一直线或平面的倾斜程度，其大小一般是用两直线或两平面间的夹角的正切来表示，如图 1-21 所示，即

$$斜度 = \tan\alpha = H/L$$

在图样上用 1∶n 的形式标注斜度，并在 1∶n 前标明斜度符号“∠”。斜度符号的画法如图 1-22 所示，线宽是字高的 1/10，符号斜线的方向应与斜度方向一致。

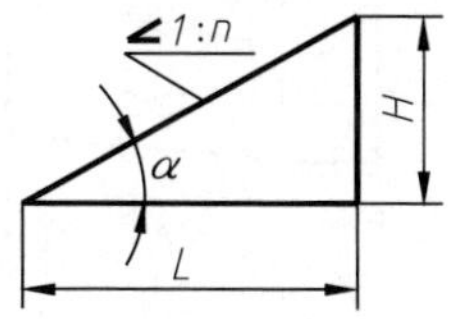

图 1-21 斜度

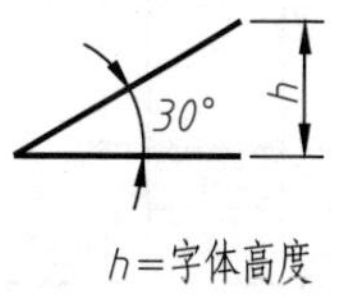

图 1-22 斜度符号

例 1-1 作出如图 1-23a 所示斜度为 1∶10 的线。

1）作 $OB \perp OA$，在 OA 上任取 10 个单位长度，在 OB 上取 1 个单位长度，连接点 10 和点 1 即为 1∶10 的斜度，如图 1-23b 所示。

2）由尺寸 80mm 和 8mm 确定点 C，过点 C 作点 10 和点 1 连线的平行线，即完成作图，如图 1-23c 所示。

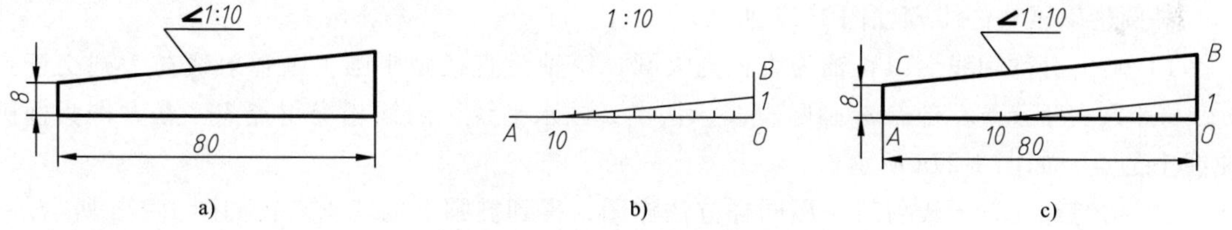

图 1-23 斜度的画法

2. 锥度

锥度是指圆锥的底圆直径与高度的比。如果是圆锥台，则是底圆直径和顶圆直径的差与高度之比，如图 1-24 所示，即

$$锥度 = D/L = (D-d)/l = 2\tan(\alpha/2)$$

在图样上用 1∶n 的形式标注锥度，并在 1∶n 前标明锥度符号“▷”。锥度符号的画法如图 1-25 所示，符号斜线方向与锥度方向一致。

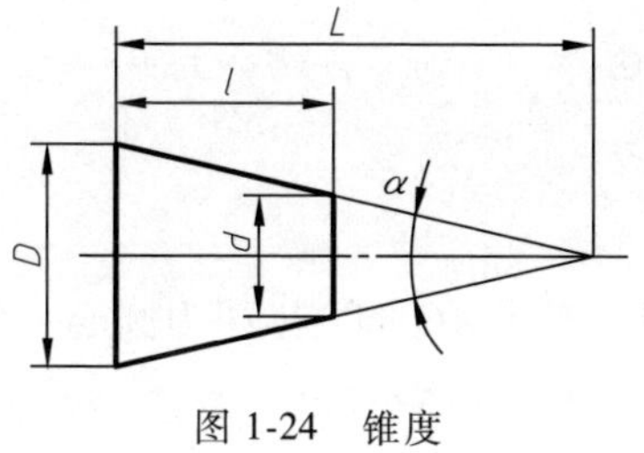

图 1-24 锥度

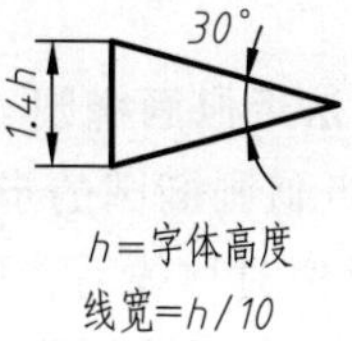

图 1-25 锥度符号

例 1-2　按如图 1-26a 所示已知尺寸作锥度。

1）画出 ϕ20mm、长 10mm 的圆柱，得到 *AA* 面，从点 *O* 开始沿水平方向取 5 个单位长度得到点 *C*，从点 *O* 开始沿垂直方向取 1 个单位长度，得到点 *B*，连接 *BC* 即得到 1∶5 的锥度，如图 1-26b 所示。

2）过点 *A* 作 *BC* 的平行线，即完成作图，如图 1-26c 所示。

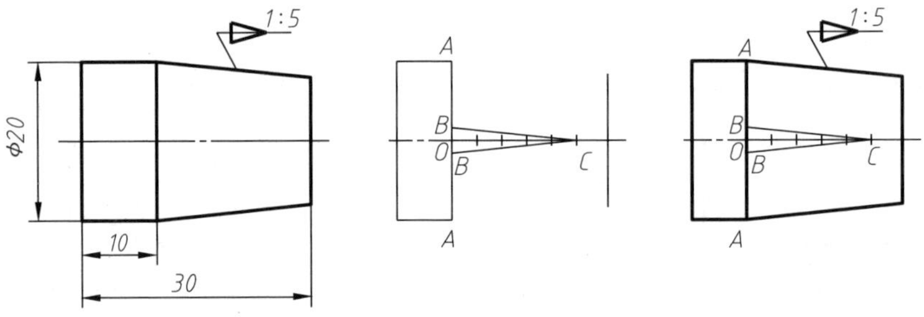

a)　　b)　　c)

图 1-26　锥度的画法

1.4.3　椭圆的画法

椭圆有多种画法，为了作图方便，下面介绍椭圆的两种画法。

1. 椭圆精确画法

椭圆精确画法的步骤如图 1-27 所示。

1）画出对称轴线。以长轴为直径画大圆，短轴为直径画小圆。画辐射线与大圆交于点 *m*，与小圆交于点 *n*。自点 *m* 画竖直线，从点 *n* 画水平线，两线相交得点 *P*。点 *P* 即为椭圆曲线上的点，如图 1-27a 所示。

2）均匀补充若干辐射线，用同样方法作图，得到椭圆上的若干点，如图 1-27b 所示。

3）用曲线板依次将各点连接成椭圆曲线，如图 1-27c 所示。

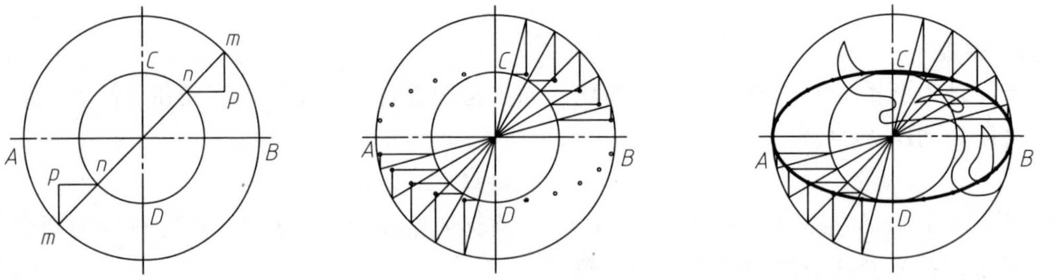

a)　　b)　　c)

图 1-27　椭圆精确画法

2. 四心圆法近似画椭圆

四心圆法近似画椭圆的步骤如图 1-28 所示。

1）画好纵横对称线后，取长轴为 *AB*，短轴为 *CD*，连接 *AC*。以点 *O* 为圆心、*OA* 为半径画弧 *AE*；再以点 *C* 为圆心、*CE* 为半径画弧 *EF*，如图 1-28a 所示。

2）作 AF 的垂直平分线，与 AB 交于点 K，与 CD 交于点 J，如图 1-28b 所示。

3）取 $OL=OK$、$OM=OJ$ 得到点 L、M，四点 J、K、M、L 即为四心圆法画椭圆的圆心；分别以 J、M 为圆心，以 JC 为半径画大圆弧；再分别以 K、L 为圆心，以 KA 为半径画小圆弧切大圆弧于点 T。切点 T 位于相切两圆弧圆心连线上，如图 1-28c 所示。

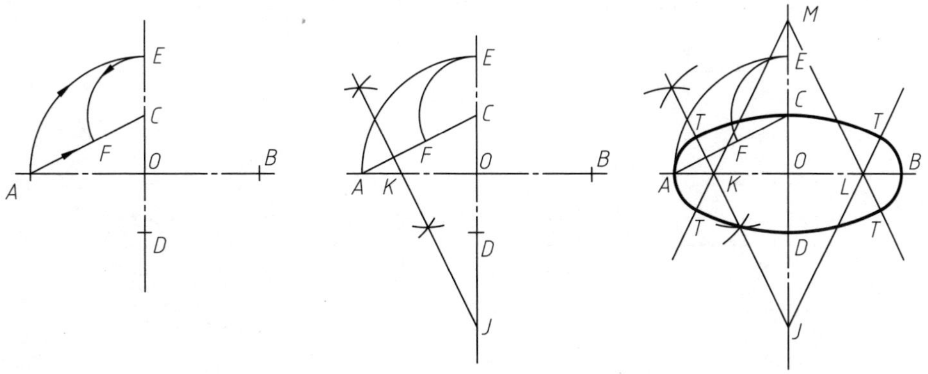

a)　　b)　　c)

图 1-28　椭圆的近似画法

1.4.4　圆弧连接的画法

在工程图样中，当一条线（直线和圆弧）通过圆弧光滑过渡到另一条线（直线和圆弧）时，称为圆弧连接。

1. 用圆弧连接两已知直线

例 1-3　已知直线 AC、BC 及连接圆弧半径 R，求作半径为 R 的圆弧与两直线相切。

作图步骤：

1）作两条辅助直线 a、b 分别与 AC、BC 平行，且距离都等于 R，它们的交点 O 就是所求连接圆弧的圆心。

2）以点 O 为圆心、R 为半径画弧，与直线 AC、BC 相切于点 M、N，如图 1-29 所示。

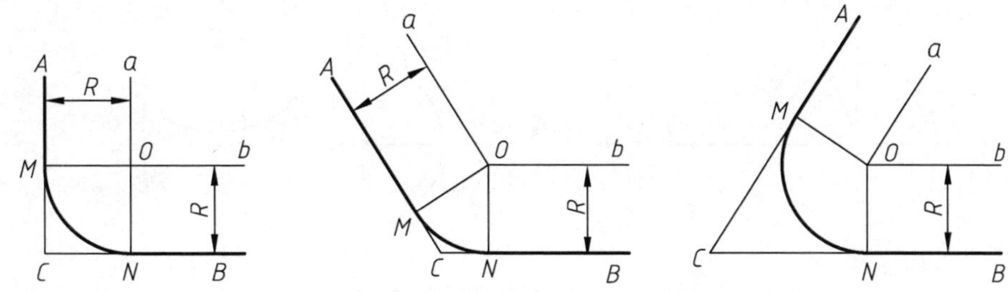

a)　　b)　　c)

图 1-29　用圆弧连接两已知直线

2. 用圆弧连接两已知圆弧

例 1-4　已知圆 O_1、O_2 的半径 R_1、R_2 及连接圆弧半径 $R_{内}$、$R_{外}$，如图 1-30a 所示。求作如图 1-30b 所示的图形。

作图步骤：

（1）以 $R_{内}$ 为半径画弧与两已知圆相内切

1）以 O_1 为圆心，以 $R_{内}-R_1$ 为半径画弧；以 O_2 为圆心，以 $R_{内}-R_2$ 为半径画弧，两弧相交于点 O_3，即半径为 $R_{内}$ 圆弧的圆心，如图 1-30c 所示。

2）以 O_3 为圆心，以 $R_{内}$ 为半径画弧与圆 O_1、O_2 相切，如图 1-30d 所示。

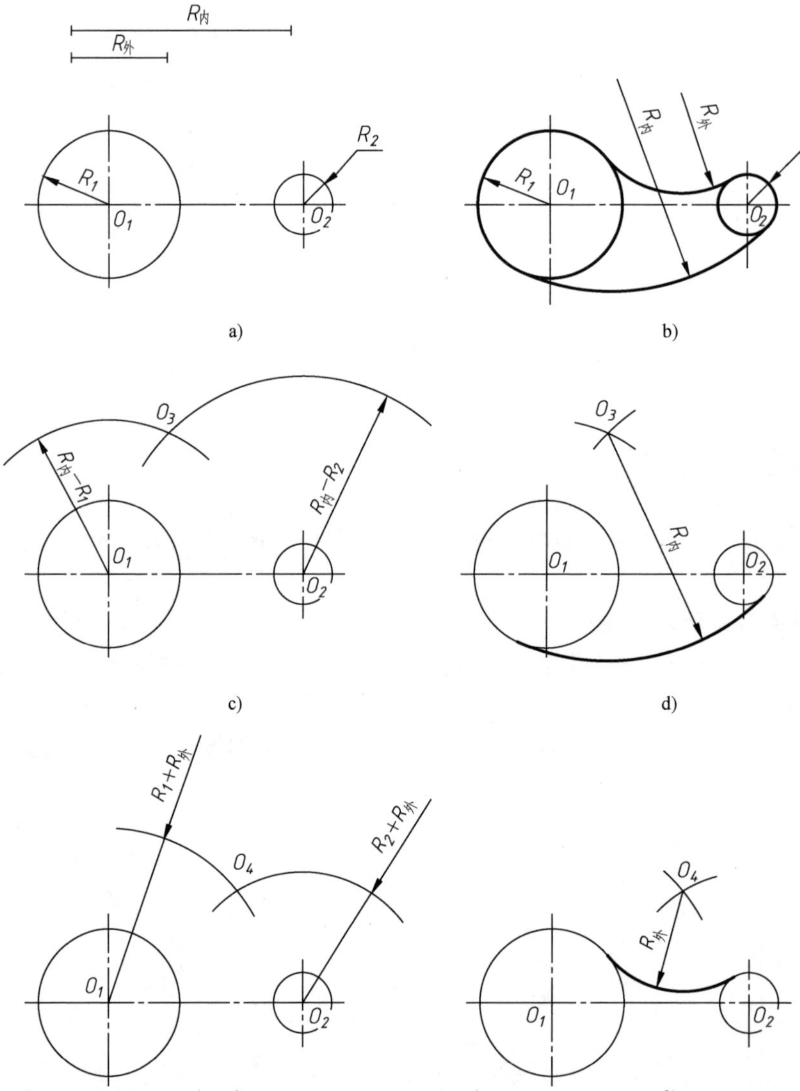

图 1-30　圆弧连接两已知圆弧

（2）以 $R_{外}$ 为半径画弧与两已知圆相外切

1）以 O_1 为圆心、$R_1+R_{外}$ 为半径画弧；以 O_2 为圆心、$R_2+R_{外}$ 为半径画弧，两弧相交于点 O_4，即半径为 $R_{外}$ 圆弧的圆心，如图 1-30e 所示。

2）以 O_4 为圆心，以 $R_{外}$ 为半径画弧与圆 O_1、O_2 相切，如图 1-30f 所示。

切点在相切圆弧的圆心的连线上。

3. 用圆弧连接已知直线和圆弧

这种情况是上述两种作图法的综合。

(1) 用半径为 R 的圆弧连接已知直线和圆弧 R_1 (两弧外切)

1) 以 O_1 为圆心，以 R_1+R 为半径画圆弧，同与直线 BC 相距为 R 的平行线相交于点 O，即得半径为 R 的连接圆弧的圆心。

2) 以 O 为圆心，以 R 为半径画弧与 O_1 圆弧和直线相切，如图 1-31a 所示。

(2) 用半径为 R 的圆弧连接已知直线和圆弧 R_1 (两弧内切)

1) 以 O_1 为圆心，以 R_1-R 为半径画弧，同与直线 BC 相距为 R 的平行线相交于点 O，即得半径为 R 的连接圆弧的圆心。

2) 以 O 为圆心，以 R 为半径画弧与直线和 O_1 圆弧相切，如图 1-31b 所示。

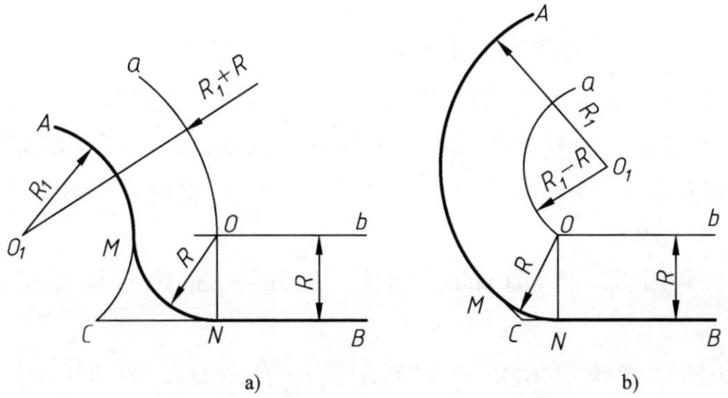

图 1-31 用圆弧连接已知直线和圆弧

1.5 平面图形的尺寸分析和作图

一个平面图形通常由一个或多个封闭图形组成，每个封闭图形由若干条线段（直线、圆弧）组成，邻接线段彼此相交或相切。

1.5.1 平面图形的尺寸分析

1. 图形中尺寸分类

图形中尺寸分为定形尺寸和定位尺寸。

(1) 定形尺寸　确定平面图形几何元素大小的尺寸，如线段长短、角度、圆弧的大小等，称为定形尺寸，如图 1-32中的 ϕ20mm、ϕ5mm、R15mm、15mm 等。

(2) 定位尺寸　确定平面图形几何元素之间相对位置的尺寸，称为定位尺寸，如图 1-32 中尺寸 8mm 确定 ϕ5mm 的圆心位置，ϕ30mm 确定 R50mm 的位置。

2. 平面图形尺寸分析

绘制平面图形前，首先要对平面图形中的线段进行尺寸分析，根据各尺寸之间

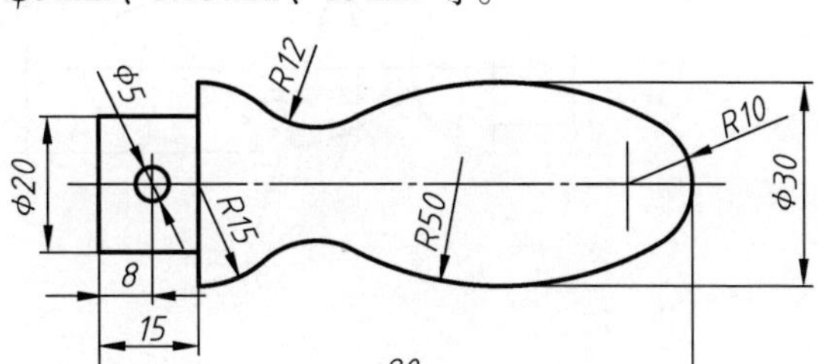

图 1-32 平面图形分析

和所绘制几何元素之间的相互关系，确定出已知线段、中间线段和连接线段。

（1）已知线段　根据图形中所注尺寸可以直接画出的线段（包括圆弧等）称为已知线段，如图 1-32 中的 ϕ20mm、ϕ5mm、15mm、R15mm、R10mm。

（2）中间线段　绘制线段或圆弧时，不仅需要所注尺寸，同时还必须利用与另一条线段或圆弧的连接关系才能正确绘出的线段称为中间线段，如图 1-32 中的 R50mm 圆弧，需要利用与 R10mm 圆弧相切的关系才能画出。

（3）连接线段　需要利用两条有相互连接关系的线段（包括圆弧）才能画出的线段称为连接线段，如图 1-32 中的 R12mm 圆弧，必须利用与 R15mm、R50mm 圆弧相切的关系才能绘出。

1.5.2　平面图形的画图步骤

绘制如图 1-32 所示的平面图形，首先要对线段进行尺寸分析，确定出定形、定位尺寸，分析各尺寸之间的相互关系，确定出已知线段、中间线段和连接线段。在尺寸分析的基础上绘制图形，先画已知线段，再画中间线段，最后画连接线段，画图步骤如下：

1）画轴线。根据长度 15mm、80mm 和定位尺寸 8mm 确定 R15mm、R10mm 和 ϕ5mm 的圆心位置，如图 1-33a 所示。

2）画已知直线和圆弧。画 ϕ20mm 的圆柱，R15mm、R10mm 圆弧和 ϕ5mm 的圆孔，如图 1-33b 所示。

3）画 ϕ30mm 圆柱并确定 R50mm 圆弧的圆心 O_1、O_2，画 R50mm 圆弧，如图 1-33c 所示。

4）确定圆心 O_5、O_4，如图 1-33d 所示，画 R12mm 外切圆弧，如图 1-33e 所示。

5）加深成图，如图 1-33f 所示。

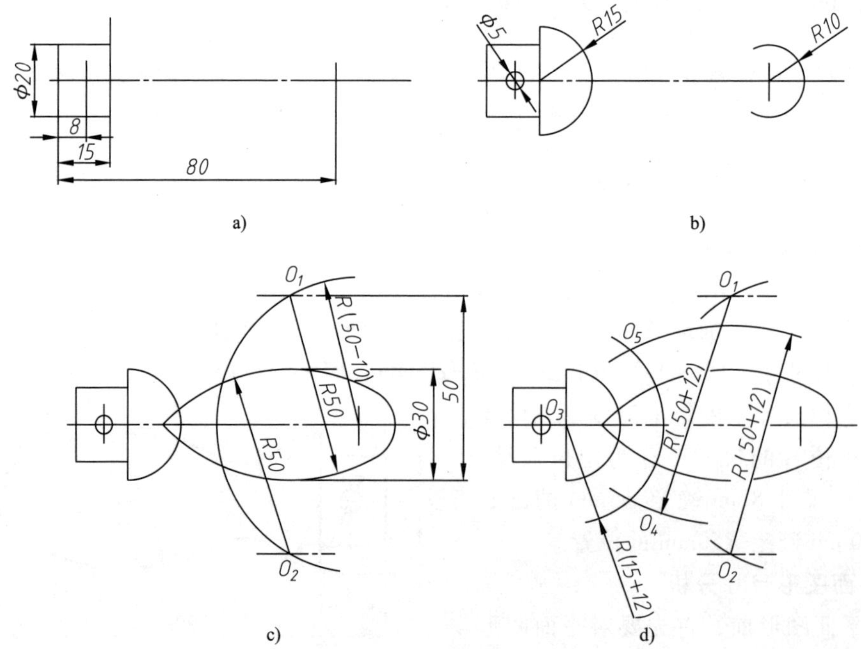

图 1-33　画平面图形的步骤

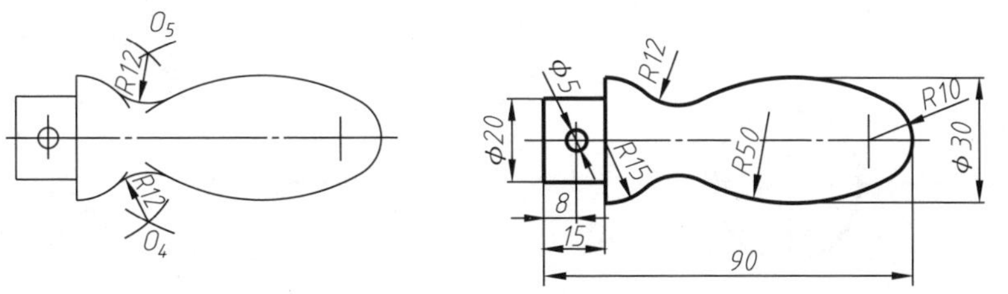

e) f)

图 1-33 画平面图形的步骤（续）

1.6 徒手绘制草图的方法

目测估计形状、比例，徒手绘制的图样称为草图。徒手绘制草图也是工程技术人员必须具备的一种基本技能。

在绘制草图上的各种图线时，手腕要悬空，小指接触纸面，草图纸不固定。为了方便，还可以随时将图纸转动适当角度。为了便于控制图形大小、比例和各图形间的关系，一般可使用方格纸画草图。

1.6.1 图线的画法

1. 画直线

图形中的直线尽量与分格线重合。画水平线时把图纸斜放，手腕沿画直线方向移动，为了便于控制图线，眼睛要注视线段终点方向，如图 1-34 所示。

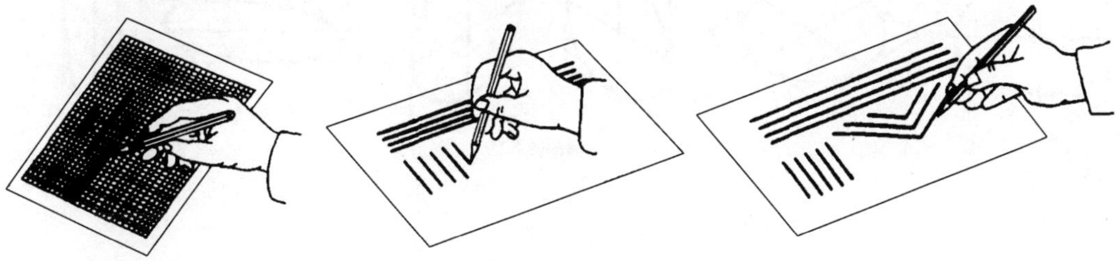

a) b) c)

图 1-34 直线的画法

2. 圆的画法

先选定圆心位置，过圆心画对称中心线。画小圆时，可按半径先在对称中心线上截取四点，然后分四段圆弧连接成圆，如图 1-35a 所示。画大圆时，可转过 45°再加画一对十字线，并用半径长度截取八点，过八点画圆，如图 1-35b 所示。

3. 圆角及椭圆的画法

利用与正方形、长方形、菱形相切的特点，先画出正方形、长方形、菱形，再通过切点作内切圆角及椭圆，如图 1-36 所示。

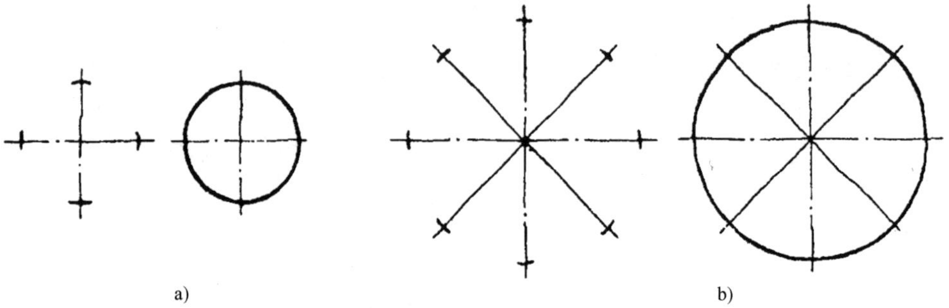

图 1-35　圆的画法

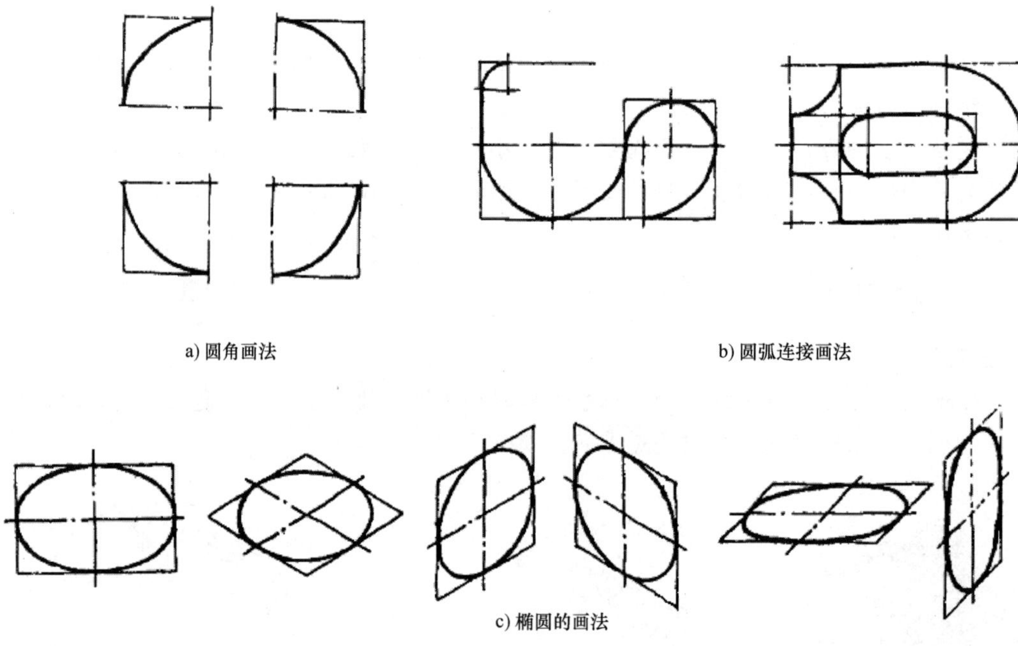

图 1-36　圆角及椭圆的画法

1.6.2　绘制草图的步骤

绘制草图前，应先目测物体长、宽、高的比例关系，按照物体各部分的比例关系尽量利用方格纸上的格数画图。图样应线型分明，字体工整，图面整洁。

第2章

点、直线、平面的投影

本章采用正投影法介绍点、直线、平面在三投影面体系中的投影，并分析两直线、直线与平面、平面与平面之间的相互位置关系，以及它们的投影规律和作图方法。

2.1 投影法的概念

2.1.1 投影方法

在光源的照射下，在空间物体后方的平面上会产生影子，如图 2-1 所示，选定的平面 *P* 为投影面，光源可称为投射中心 *S*，投射中心 *S* 与空间△*ABC* 上任一点 *A* 的连线称为投射线，投射线 *SA* 与平面 *P* 的交点 *a* 称为点 *A* 在平面 *P* 上的投影，同样可作出点 *B*、*C* 在平面 *P* 上的投影 *b*、*c*，这种根据空间几何元素确定投影的方法称为投影法。

1. 中心投影法

所有投射线交汇于一点的投影方法称为中心投影法，如图 2-1 所示。中心投影法所得的投影随空间物体靠近或远离投射中心而变化，一般情况下投影不反映空间物体的实形。

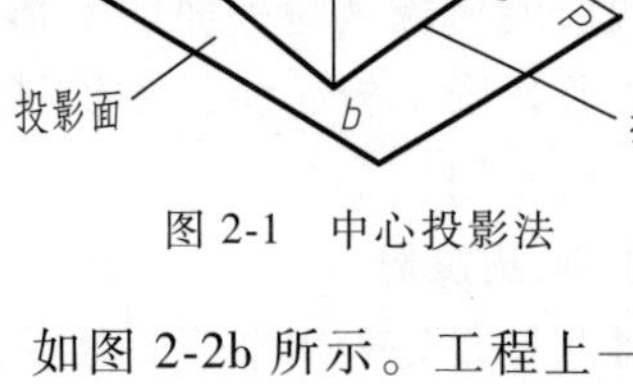

图 2-1 中心投影法

2. 平行投影法

若将投射中心移至无穷远处，则投射线互相平行，这种投影方法称为平行投影法，如图 2-2 所示。平行投影法所得的投影不随空间物体靠近或远离投影面而变化。

投射方向垂直于投影面得到的投影称为正投影，如图 2-2a 所示，投射方向倾斜于投影面得到的投影称为斜投影，如图 2-2b 所示。工程上一般采用正投影，本书中所称的投影都是正投影。空间的几何元素用大写字母表示，如 *A*、*B*、*C*；其投影用同名小写字母表示，如 *a*、*b*、*c*。

2.1.2 工程中常用的投影

1. 正投影

正投影是用正投影法得到物体的多面投影，如图 2-3 所示。当物体表面平行于投影面

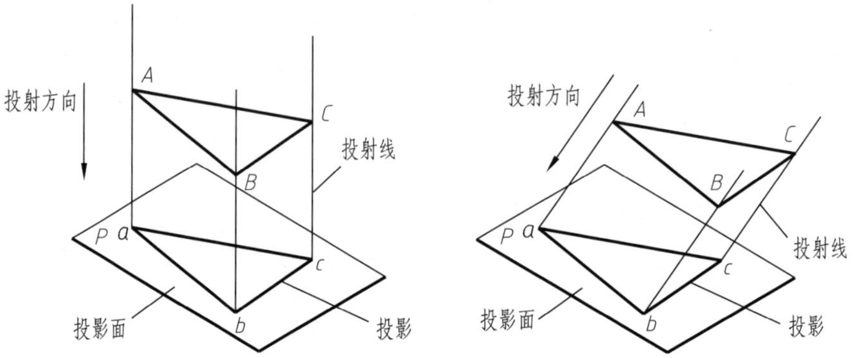

a) 正投影　　b) 斜投影

图 2-2　平行投影法

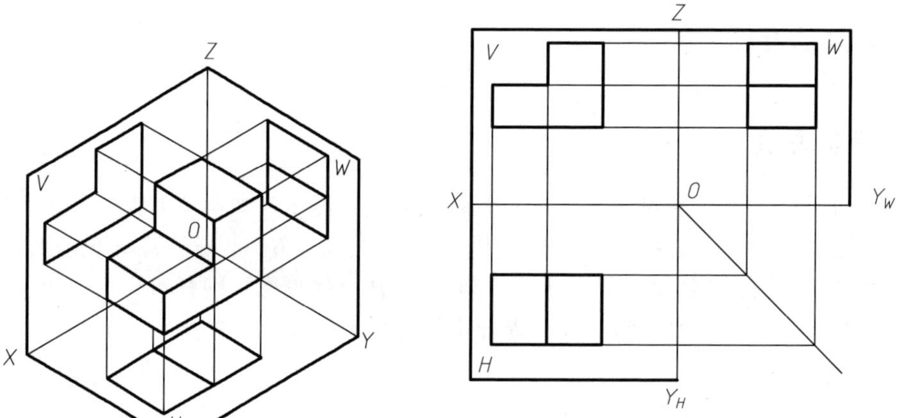

a) 立体图　　b) 投影图

图 2-3　正投影

时，投影能呈现这些平面的实形。正投影图有很好的度量性，而且作图也较简便，在机械制造行业和其他工程部门中被广泛采用。

2. 轴测投影

轴测投影是采用平行投影法，将空间物体连同确定其空间位置的直角坐标轴一起投射到单一的投影面上而形成的图形。由于坐标轴与投影面成一定的角度，轴测投影可同时反映空间物体长、宽、高三个方向上的尺度，增强了立体感，如图 2-4 所示。

3. 标高投影

标高投影是采用正投影法获得空间几何元素的投影之

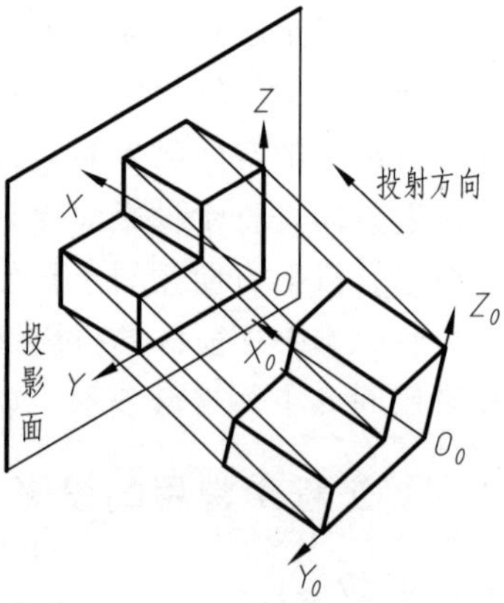

图 2-4　轴测投影

后，再用数字标出空间几何元素与投影面之间的距离，在投影图上确定空间几何元素的几何关系，如图 2-5 所示。在地形测量、水利、土木、地质和采矿等工程中常用标高投影。

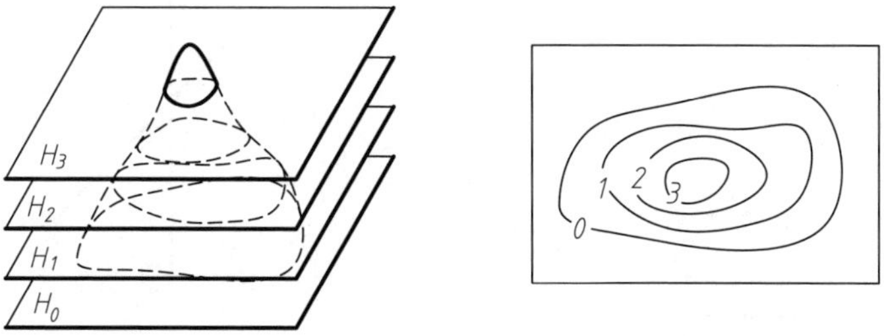

a) 立体图　　b) 投影图

图 2-5　标高投影

4. 透视投影

透视图是利用中心投影法得到的图形。透视投影与照相成影的原理相似，图形接近视觉映像，富有立体感和真实感。常用的透视图有一点透视（平行透视）、两点透视（成角透视）、三点透视（斜透视），图 2-6 所示为组合体的两点透视。

由于透视图的画法既烦琐又费时，且度量性较差，但是视觉效果好，因此，透视图常作为建筑工程中的效果图，广泛用于工艺美术和宣传广告中。

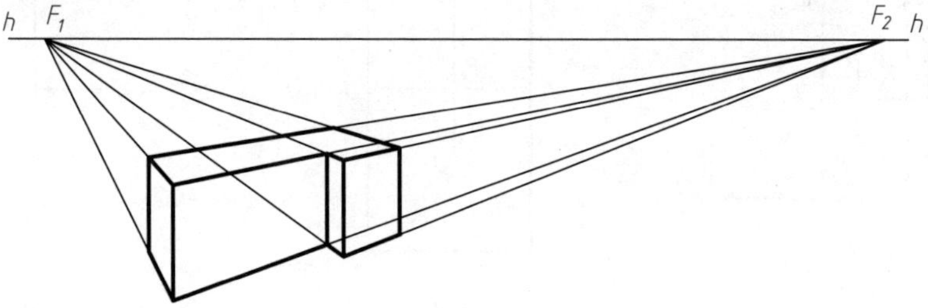

图 2-6　组合体的两点透视

2.2　点的投影

2.2.1　点在一个投影面上的投影

点的投影仍然是点。空间点 A 在 H 面上的投影为 a，但是，仅有点的一个投影不能确定点的空间位置，如图 2-7 所示。

2.2.2　点在两投影面体系中的投影

1. 两投影面体系

两投影面体系是由互相垂直的水平面 H 和正立面 V 组成的，V 面与 H 面的交线 OX 称为投影轴。空间被 V 面与 H 面分成四个部分（或空间区域），每个区域称为一个分角，并以逆时针的顺序称为一、二、三、四分角，如图 2-8 所示。

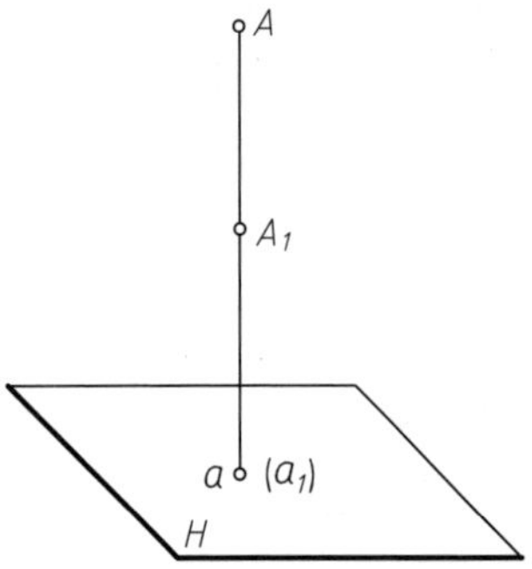

图 2-7　点在一个投影面上的投影

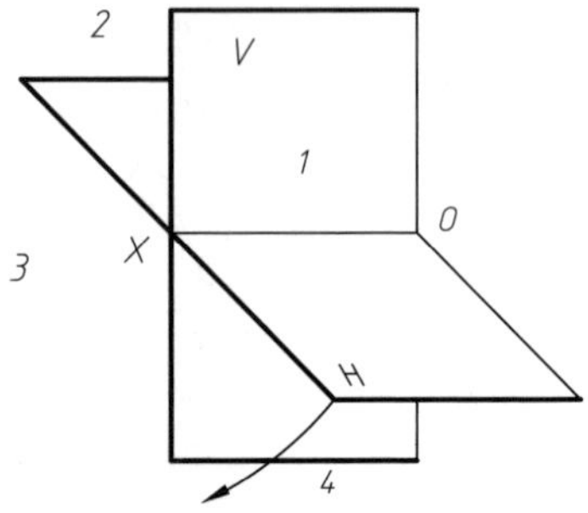

图 2-8　两投影面体系

2. 点的两面投影图

如图 2-9a 所示，在第一分角中有一点 A，要作点 A 在两投影面体系中的投影，先由点 A 分别向 V 面与 H 面引垂直线得交点 a'（点的 V 面投影用带一撇的小写字母表示）和 a（点的 H 面投影用小写字母表示），a'称为点 A 的正面投影，a 称为点 A 的水平投影。为了将空间两投影面上的投影画在同一平面上，规定 V 面保持不动，而将 H 面绕投影轴 OX 向下旋转 90°，使其与 V 面重合，就得到点 A 的两面投影图，如图 2-9b 所示。为了作图方便，一般不画出投影面的边框，如图 2-9c 所示。根据点的两面投影，即可确定点在空间中的位置。

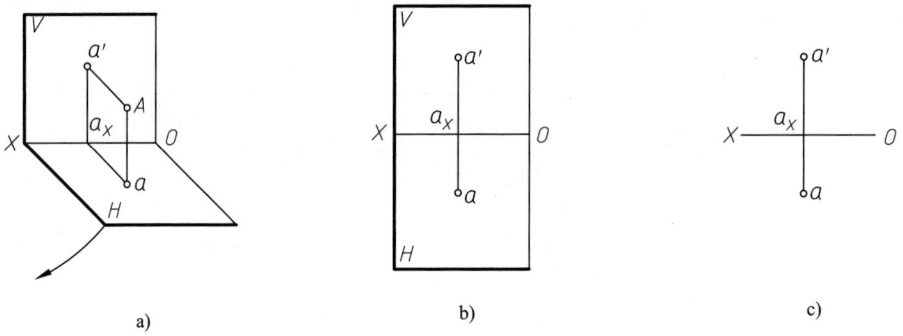

图 2-9　点的两面投影

在图 2-9a 中可以看出，因为 $Aa \perp H$ 面，$Aa' \perp V$ 面，所以 Aa 和 Aa'所组成的平面不仅垂直于 V 面和 H 面，也垂直于它们的交线 OX 轴，因此，该平面与 H 面的交线 aa_X及其与 V 面的交线 $a'a_X$都分别垂直于 OX 轴。又因 $a'a_X$和 aa_X相交于点 a_X，所以在展开后的投影图上，点 a、a_X、a'必在同一条直线上，即 $a'a \perp OX$ 轴。

此外，因为 Aa_Xa'是一个矩形，所以 $aa_X = Aa'$，$a'a_X = Aa$ 。由此可得出点在两投影面体系中的投影规律：

1）点的正面投影和水平投影的连线一定垂直于 OX 轴，即 $a'a \perp OX$ 轴。

2）点的正面投影到 OX 轴的距离，反映该点到 H 面的距离，即 $a'a_X = Aa$；点的水平投影到 OX 轴的距离，反映该点到 V 面的距离，即 $aa_X = A\ a'$。

上述规律不仅适用于点在第一分角的情况，也适用于点在其他分角的情况。

3. 点在其他分角的投影

图 2-10 所示为点在第一、二、三、四分角内的投影情况，从图中可以得出下列规律：

1）点的正面投影在 OX 轴的上方（或下方），表示空间该点在 H 面的上方（或下方）。

2）点的水平投影在 OX 轴的下方（或上方），表示空间该点在 V 面的前方（或后方）。

在图 2-10b 中可以看出，在第一、三分角中的点，它们的正面投影和水平投影分别处在 OX 轴的两侧，清晰易辨。

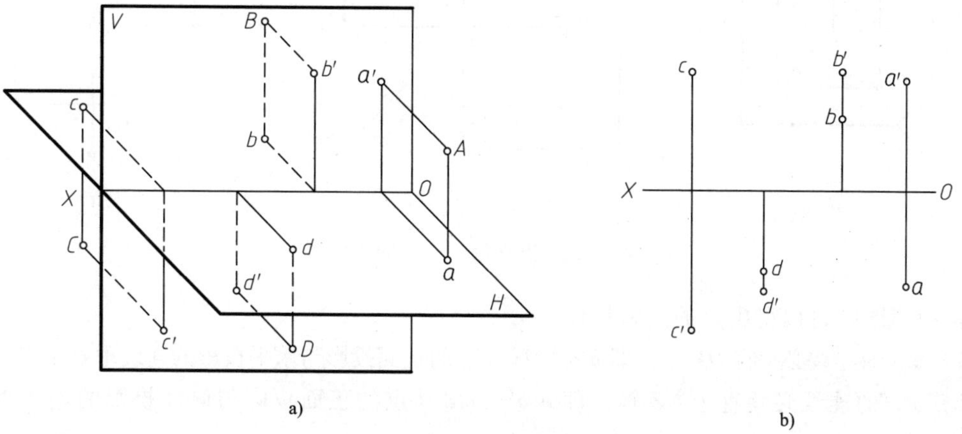

图 2-10　点在四个分角中的投影

2.2.3　点在三投影面体系中的投影

1. 三投影面体系的建立

建立三个互相垂直的投影面，正立投影面称为 V 面，水平投影面称为 H 面，侧立投影面称为 W 面。V 面与 H 面的交线称为 OX 轴，V 面与 W 面的交线称为 OZ 轴，W 面与 H 面的交线称为 OY 轴。三个投影面把空间分为八个部分，在 W 面左侧的空间为第一、二、三、四分角，在 W 面右侧的空间为第五、六、七、八分角，如图 2-11 所示。本书主要讨论空间几何元素在第一分角的投影。

2. 空间点 A 在第一分角的投影

图 2-12a 所示为空间点 A 在第一分角的投影。立体图展开成平面投影图的情况如图 2-12b所示。

把空间点 A 放在三投影面体系中，分别向三个投影面投射，点 A 的 H 面投影用小写字母 a 表示；点 A 的 V 面投影用小写字母加一撇即 a'表示；点 A 的 W 面投影用小写字母加两撇即 a''表示。为了把三个投影画在一个图样上，国家标准规定，正面（V）保持不动，把水平投影面（H）向下绕 OX 轴旋转 90°，把侧立投影面（W）绕 OZ 轴向右旋转 90°，这样，就得到了点在同一平面上的三面投影，如图 2-12b 所示。在三面投影中不画投影面的边框线，如图 2-12c 所示。

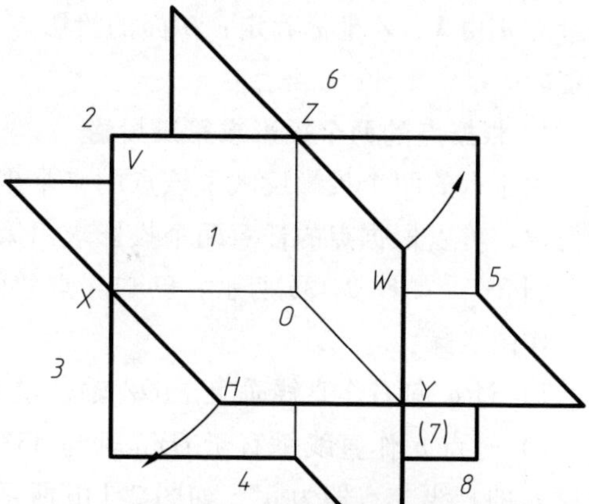

图 2-11　空间分为八个分角

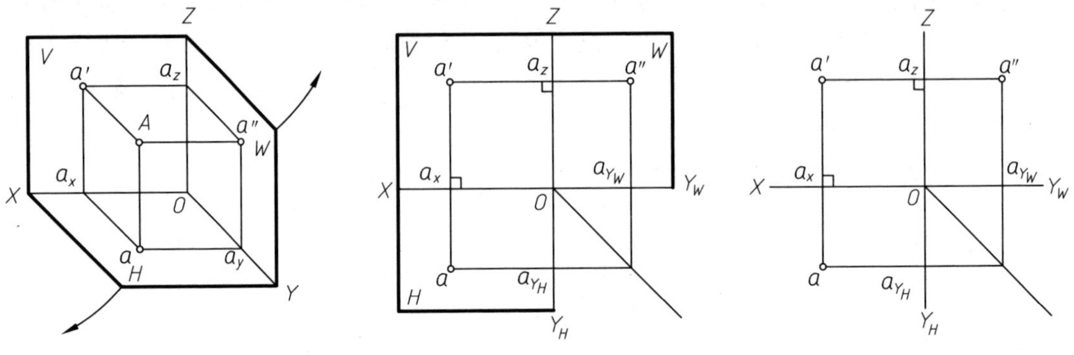

a)　　b)　　c)

图 2-12　点在第一分角的投影

从投影图中可以得出点的投影特性：

1）$a'a$ 的连线必垂直 OX 轴，即 $a'a \perp OX$（点的正面投影与水平投影的连线垂直于 OX 轴）。

2）$a'a''$的连线必垂直于 OZ 轴，即 $a'a'' \perp OZ$（点的正面投影与侧面投影的连线垂直于 OZ 轴）。

3）由于 OY 轴分成 OY_H 和 OY_W，a_Y 也分成 a_{Y_H} 和 a_{Y_W}，点的水平投影 a 到 OX 轴的距离（aa_x）和侧面投影 a''到 OZ 轴的距离（$a''a_z$）均等于点 A 到 V 面的距离（Aa'），为了作图方便，可以从点 O 作 45°辅助线，$aa_{Y_H} \perp OY_H$，$a''a_{Y_W} \perp OY_W$，实现 OY 相等的关系，如图 2-12c 所示。

2.2.4　点的投影与坐标

在工程上，有时用坐标法来确定点的空间位置，把投影面比作坐标面，投影轴为坐标轴。在投影图上，点的每个投影都反映两个坐标，每两个投影都有一个相同的坐标。V 面的投影点 a'由 X、Z 坐标确定；H 面的投影点 a 由 X、Y 坐标确定；W 面的投影 a''由 Y、Z 坐标确定。

1. 根据点的两个投影求第三投影

由于点的两个投影反映了该点的三个坐标，就能确定该点的空间位置，因而应用点的投影规律，可以根据点的任意两个投影求出第三投影。

例 2-1　如图 2-13a 所示，已知 A 点的两个投影 a 和 a'，求 a''。

作图步骤：

1）过 a'向右作直线垂直于 OZ 轴，过 O 点画 45°斜线。

2）过点 a 作直线垂直于 OY_H 轴与 45°斜线相交，并由交点向上作直线垂直于 OY_W 轴，与过 a'的直线交点即为 a''，如图 2-13b 所示。

2. 特殊位置点

当空间点有一个坐标为 0 时，该点位于投影面上。如图 2-14 所示，点 A 的 Y 坐标为 0，即点 A 到 V 面的距离为 0，点 A 位于 V 面上；B 点的 Z 坐标为 0，即点 B 到 H 面的距离为 0，点 B 位于 H 面上。在投影面上的点，在该投影面上的投影与空间点重合，另外两个投影在相应的投影轴上。

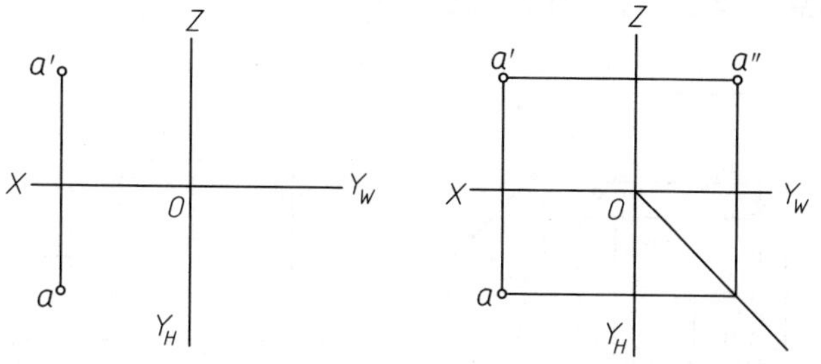

a)　　　　b)

图 2-13　根据点的两个投影求第三投影

当空间点有两个坐标为 0 时，该点位于投影轴上。如图 2-14 所示，点 *C* 的 *X*、*Y* 坐标均为 0，只有 *Z* 坐标，则点 *C* 位于 *OZ* 轴上。在投影轴上的点，有两个投影位于投影轴上，与空间点重合，另外一个投影与原点重合。

当空间点有三个坐标为 0 时，该点与原点 *O* 重合，其三个投影也与原点重合。

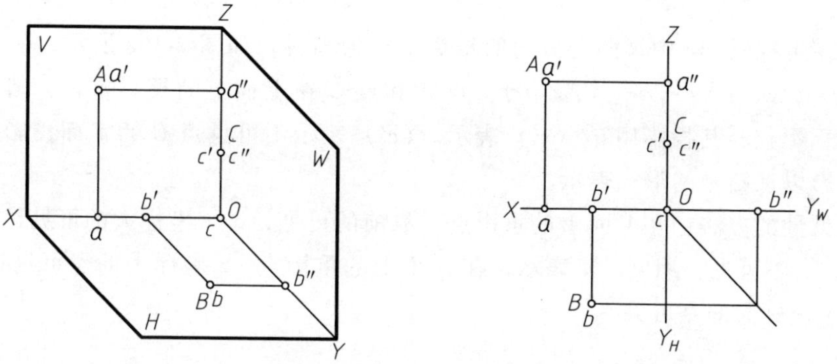

a) 立体图　　　　b) 投影图

图 2-14　特殊位置点的投影

3. 两点的相对坐标

点的投影既能反映点的坐标，也能反映两点的坐标差，即反映两点的相对坐标。图2-15中画出了点 *A*、*B* 的三面投影，图中 Δx、Δy、Δz 就是点 *A*、*B* 的相对坐标，*V* 面投影反映两点的左右、上下关系，*H* 面投影反映两点的左右、前后关系，*W* 投影反映两点的前后、上下关系。因此，如果知道了点 *A* 的三个投影 *a*、*a*′、*a*″，又知道了点 *B* 在 *A* 的左方、下方、前方的三个相对坐标，即可确定点 *B* 的三个投影。

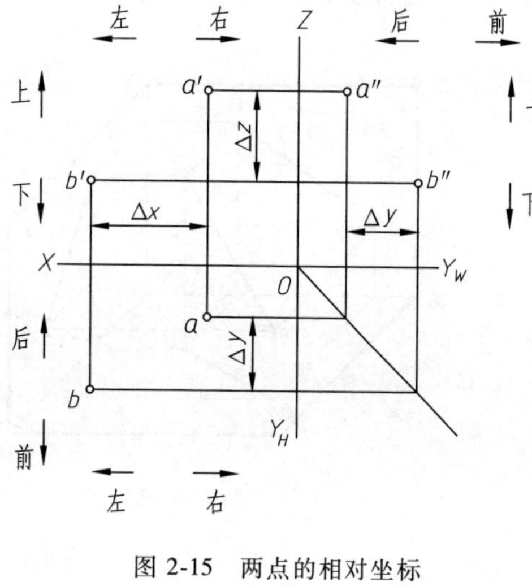

图 2-15　两点的相对坐标

4. 重影点及投影的可见性

空间中的两个点在某个投影面上的投影重

合为一点时，称该两点为重影点，如图 2-16 所示。

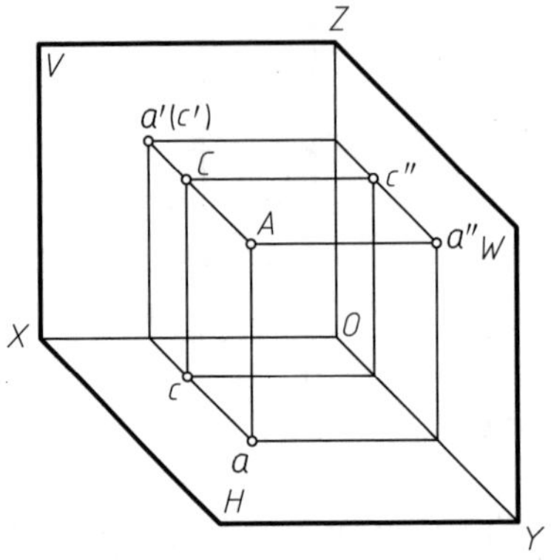

a) 立体图

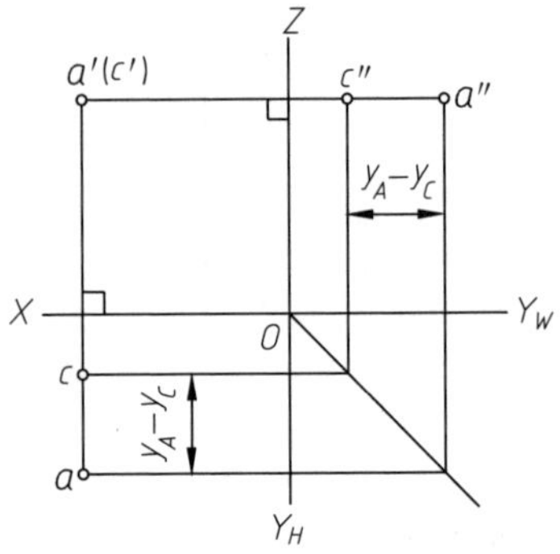

b) 投影图

图 2-16　重影点及投影的可见性

当两点在坐标系 xyz 中某两个方向的相对坐标为零时，如图 2-16a 所示，点 A 在点 C 正前方，$x_A=x_C$（$\Delta x=0$），$z_A=z_C$（$\Delta z=0$），点 A 和点 C 在 V 面上的投影重合，则这两个点称为对 V 面的重影点，其投影用 a'（c'）表示。（c'）表示不可见点 C 的 V 面投影。规定将不可见点的投影以加括号的形式表示。

判断可见性的方法：在 V 面上的重影点，靠前的可见，即 y 坐标大的可见，如在图 2-16 中，a'可见，c'不可见，用（c'）表示；在 H 面上的重影点，z 坐标大的点可见；在 W 面上的重影点，x 坐标大的点可见。

2.3　直线的投影

空间两点确定一条直线。如图 2-17a 所示，直线 AS 由点 A 和点 S 确定，把这两个点的同面投影连成直线 as、$a's'$、$a''s''$，就得到直线 AS 的三面投影图，如图 2-17b 所示。

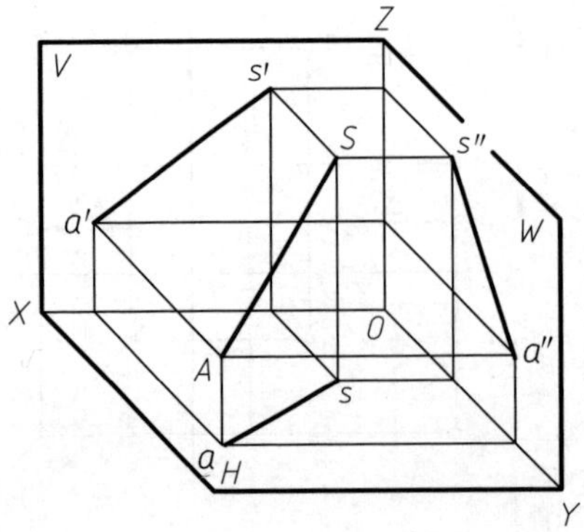

a)

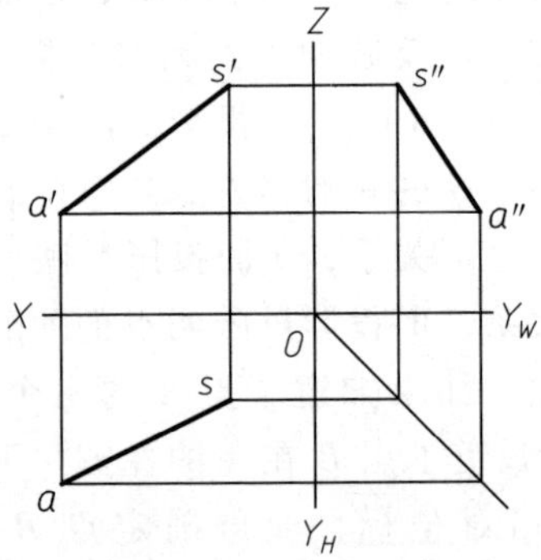

b)

图 2-17　直线的投影

2.3.1 直线对一个投影面的投影

1）直线垂直于投影面时，直线的投影积聚为一点（积聚性），如图 2-18a 所示。

2）直线平行于投影面时，直线的投影长度等于其空间实际长度，如图 2-18b 中 $ab=AB$。

3）直线与投影面倾斜时，直线的投影长度小于实际长度，如图 2-18c 中$\overline{ab}<\overline{AB}$。

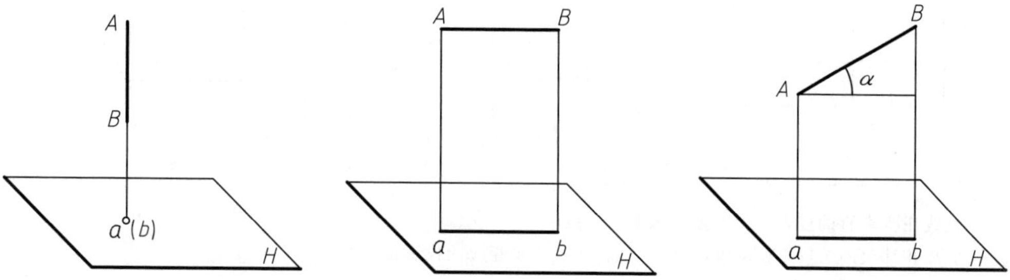

a)　　　b)　　　c)

图 2-18　直线的投影特性

2.3.2 直线在三投影面体系中的投影特性

直线相对于投影面有三种位置，即一般位置直线、投影面的垂直线和投影面的平行线。

1. 一般位置直线

直线与三个投影面都处于倾斜位置时，称为一般位置直线。它在三个投影面上的投影都小于实长，投影与投影轴的夹角不反映直线与各投影面所成夹角的真实大小，如图 2-17 所示。

2. 投影面的垂直线

投影面的垂直线有三种位置：垂直于 *H* 面的线称为铅垂线，垂直于 *V* 面的线称为正垂线，垂直于 *W* 面的线称为侧垂线。

这三种位置垂直线的投影特性见表 2-1。当直线垂直于某一投影面时，其在该投影面上的投影积聚成一个点，直线在此投影面的投影具有积聚性，在其他两个投影面的投影反映实长。

表 2-1　投影面垂直线的投影特性

立体图	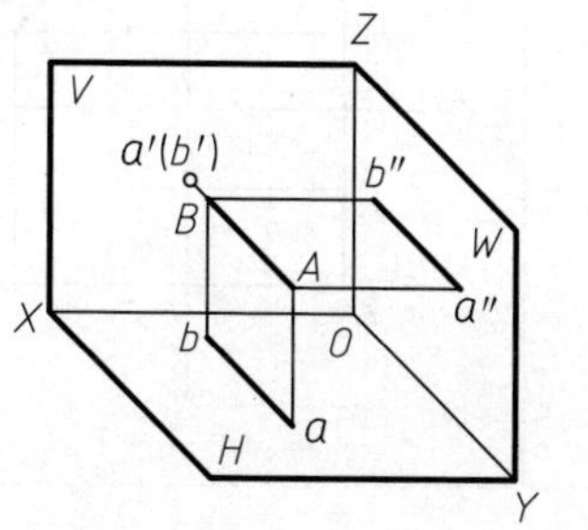 正垂线：垂直于正面，平行于其他两投影面	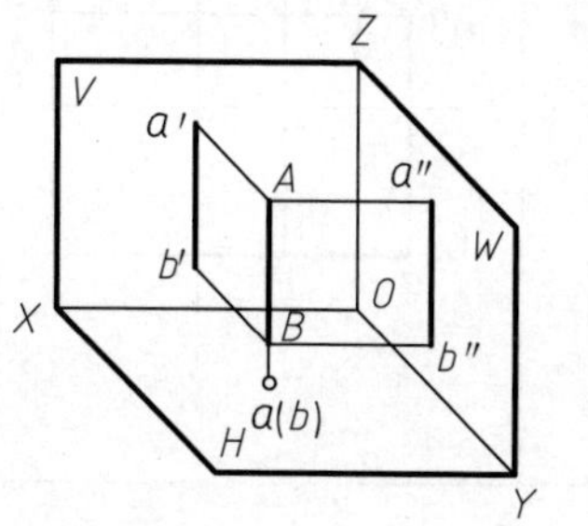 铅垂线：垂直于水平面，平行于其他两投影面	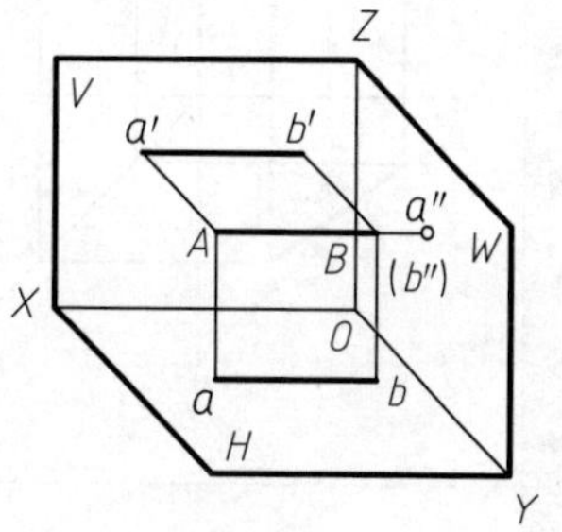 侧垂线：垂直于侧面，平行于其他两投影面

（续）

投影图	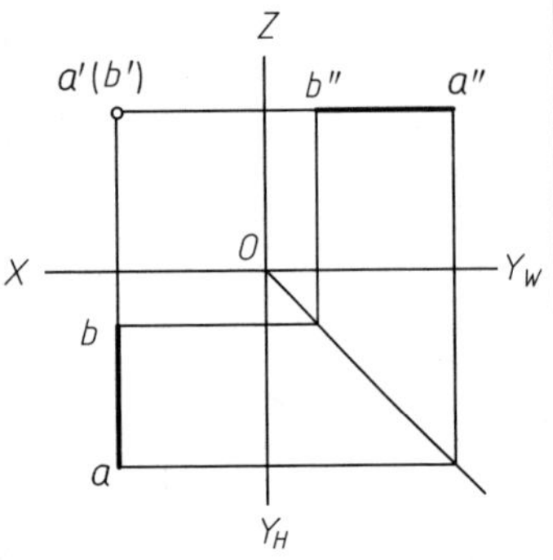	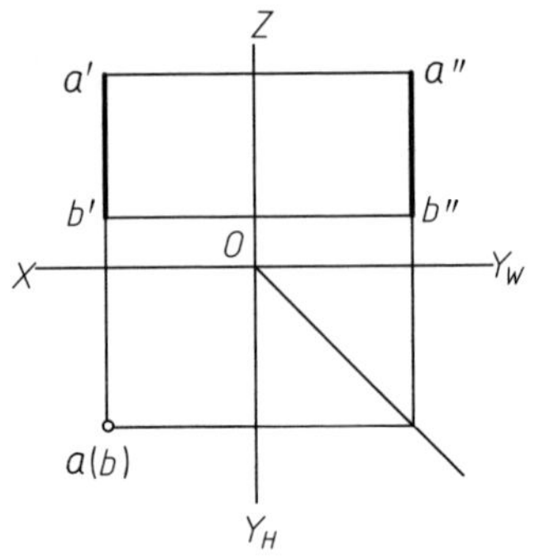	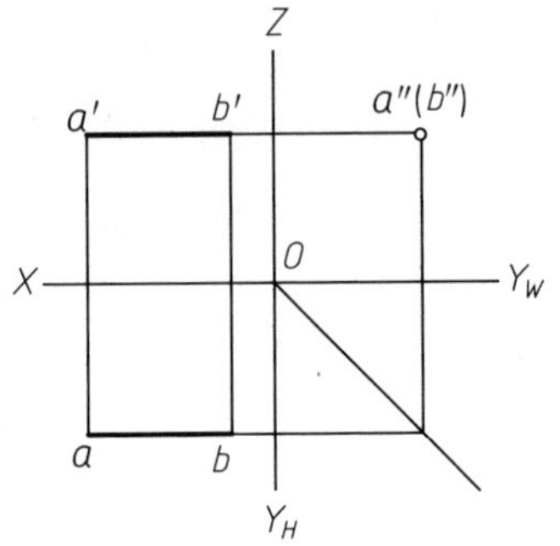
投影特性	1. 直线在所垂直的投影面上的投影积聚为一点 2. 直线在其余两个投影面的投影反映实长，并垂直于相应的投影轴		

3. 投影面的平行线

当直线平行于某一个投影面，倾斜于另两个投影面时，称其为投影面的平行线。投影面的平行线有三种位置：平行于 *H* 面的称为水平线，平行于 *V* 面的称为正平线，平行于 *W* 面的称为侧平线。三种位置平行线的投影特性，见表 2-2。

表 2-2 投影面平行线的投影特性

立体图	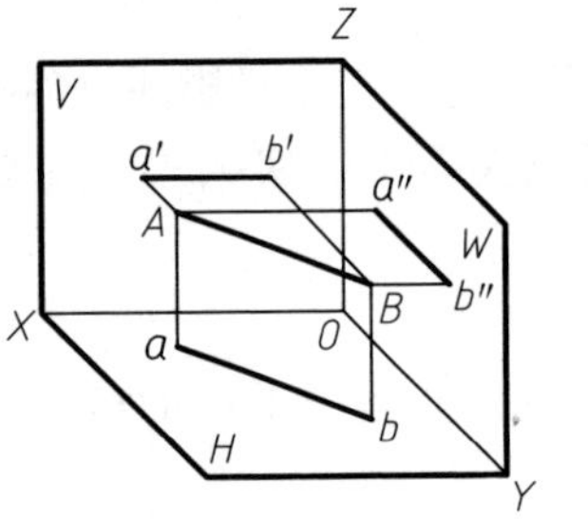水平线：平行于水平面，倾斜于其他两个投影面	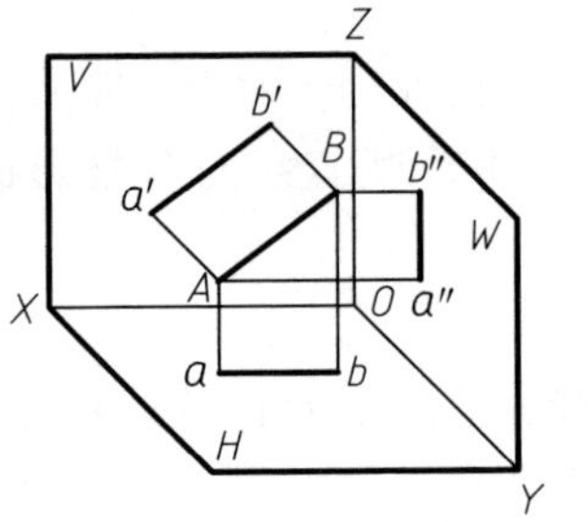正平线：平行于正面。倾斜于其他两个投影面	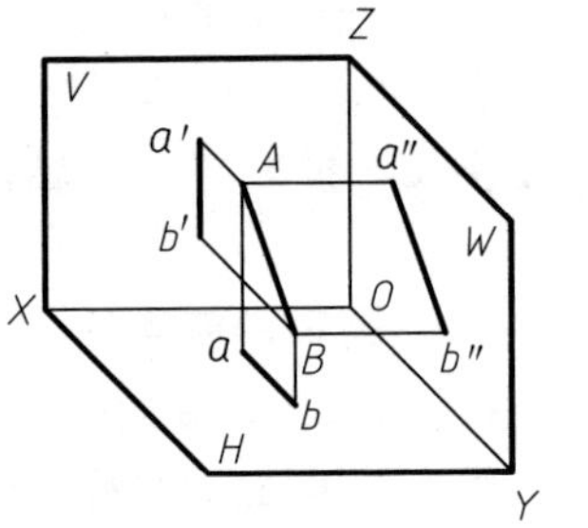侧平线：平行于侧面。倾斜于其他两个投影面
投影图	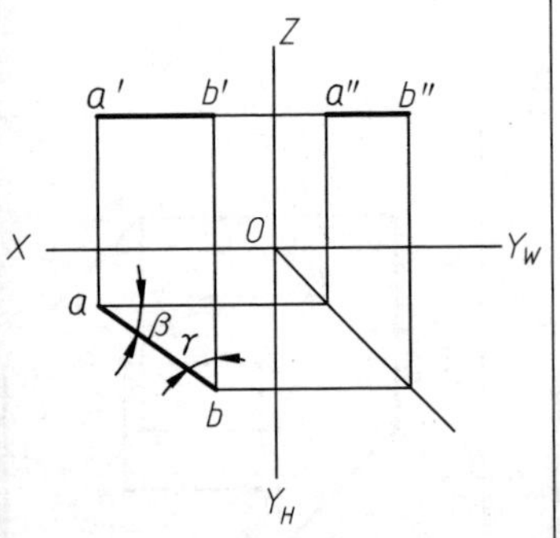	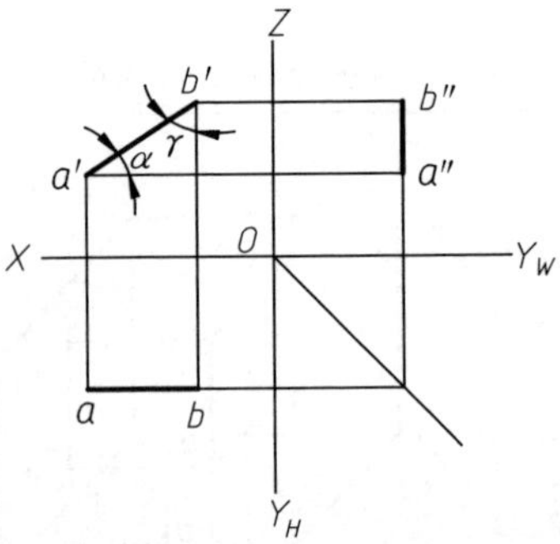	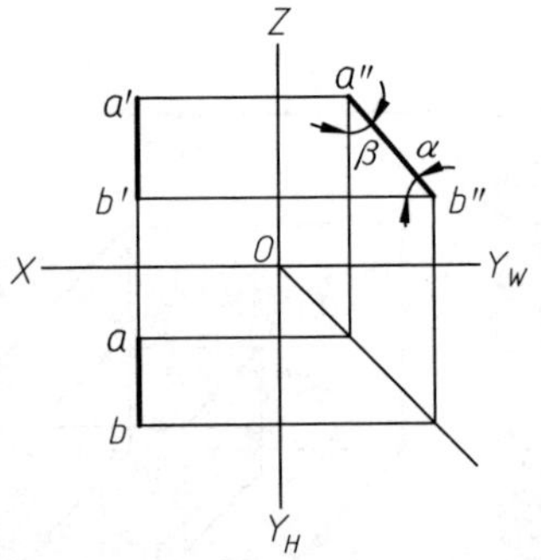
投影特性	1. 直线在所平行的投影面上的投影，反映其实长和与其他两个投影面的夹角 2. 直线在其余两个投影面的投影分别平行于相应的投影轴，且小于该线段的实长		

2.3.3 求一般位置线段的实长及其与投影面的夹角

1. 求线段的实长及其与 H 面的夹角

一般位置直线的投影不反映线段的真实长度，也不反映它与各投影面所成夹角的真实大小。但是，如果有了线段的两个投影，就可以求出线段的实长及其与投影面的夹角。工程上常用的方法是直角三角形法。图 2-19a 所示为一般位置直线 AB 的直观图，过点 A 作 $AC /\!/ ab$，构成直角三角形 ABC。其斜边 AB 是空间线段的实长，两直角边的长度均可在投影图上量得。一直角边 AC 的长度等于水平投影 ab；另一直角边 BC 是线段 AB 两端点高度方向的坐标差 ΔZ（ΔZ 称为高标差）。投影图的作图方法如图 2-19b 所示，以 H 面投影长度 ab 为一直角边，以线段 AB 两端点的高标差 ΔZ 为另一直角边，作直角三角形 abb_1，其斜边即是 AB 线段的实长，高标差所对应的角度就是直线与 H 面的夹角 α。

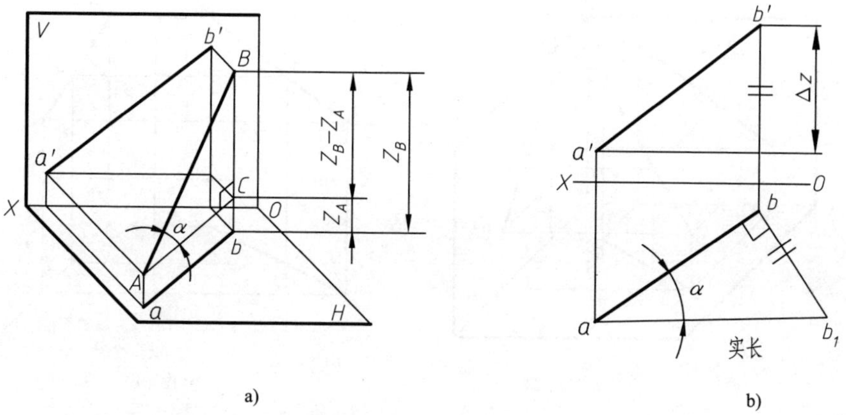

图 2-19 求线段的实长及其与 H 面的夹角

2. 求线段的实长及其与 V 面的夹角

图 2-20a 为一般位置直线 AB 的直观图。过点 B 作 $BD /\!/ a'b'$，构成直角三角形 ABD。其斜边 AB 是空间线段的实长，两直角边的长度均可在投影图上量得。一直角边 BD 的长度等于正面投影 $a'b'$；另一直角边 AD 是线段 AB 两端点宽度方向的坐标差 ΔY（ΔY 称为远标

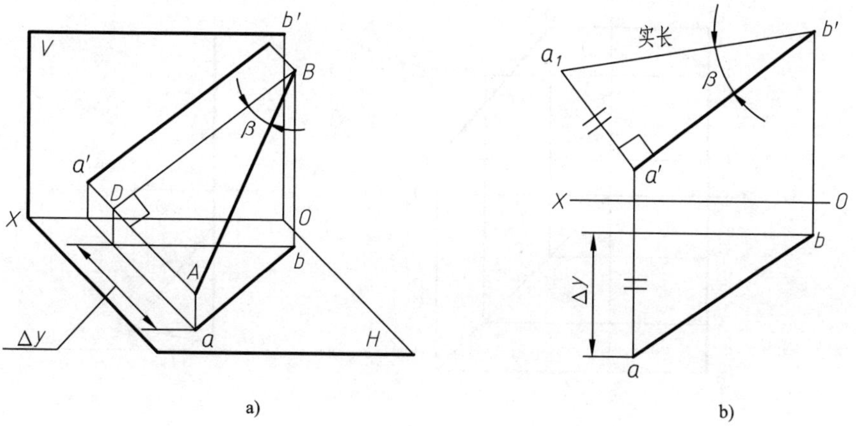

图 2-20 求线段的实长及其与 V 面的夹角

差）。投影图的作图方法如图 2-20b 所示，以 V 面投影长度 $a'b'$ 为一直角边，以线段 AB 两端点的远标差 ΔY 为另一直角边，作直角三角形 $a'b'a_1$，其斜边是线段 AB 的实长，远标差所对应的角度就是线段与 V 面的夹角 β。

2.3.4 直线上点的投影

如果点在直线上，则点的各投影必定在直线的同面投影上。直线上的点分线段成定比，空间线段长度之比等于投影之比。

如图 2-21 所示，空间点 K 在直线 AB 上，k 在 ab 上，k' 在 $a'b'$ 上，k'' 在 $a''b''$ 上，且 $\dfrac{AK}{KB}=\dfrac{ak}{kb}=\dfrac{a'k'}{k'b'}=\dfrac{a''k''}{k''b''}$。

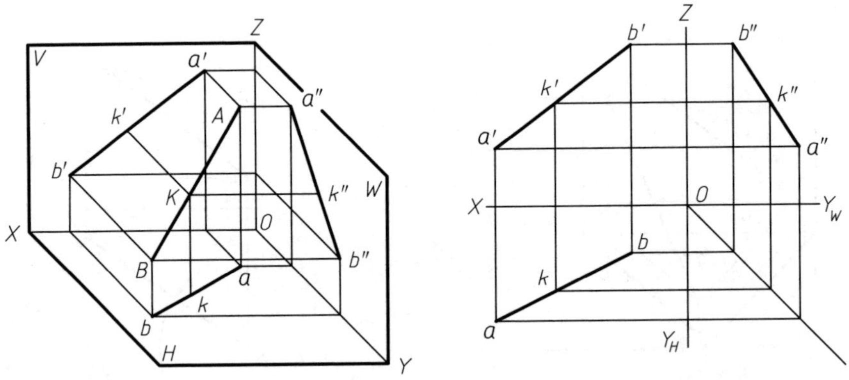

a) 立体图　　b) 投影图

图 2-21　直线上点的投影

例 2-2　如图 2-22 所示，运用直线上点的投影特性求直线上点的投影。

（1）判断点 K 是否在直线 AB 上　如图 2-22a 所示，k' 在 $a'b'$ 上，k 在 ab 上，作 W 面投影，k'' 没有落在 $a''b''$ 上，所以可判断点 K 不在直线 AB 上。

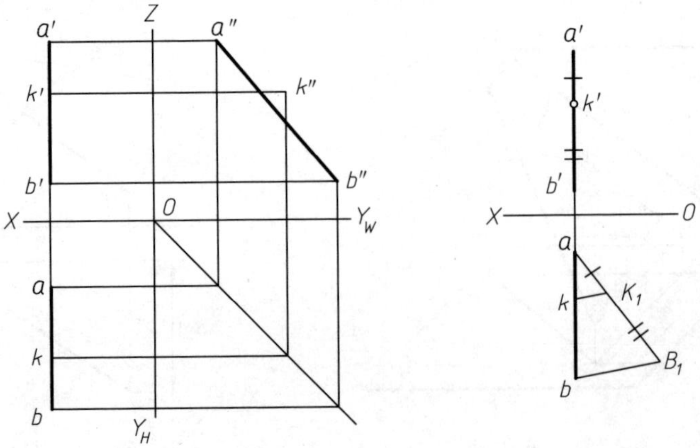

a)　　b)

图 2-22　求直线上的点

（2）在直线上取点（定比定理的应用） 如图 2-22b 所示，在直线 AB 上有一点 K，已知 k'求 k。用定比定理作图，过 a 任作一直线 aB_1，在辅助线上量取 $aK_1=a'k'$，$K_1B_1=k'b'$，连接 bB_1，过 K_1作直线 $kK_1//bB_1$，与直线 ab 的交点 k 即为所求，保证$\frac{ak}{kb}=\frac{a'k'}{k'b'}$成立。

2.3.5 两直线的相对位置

两直线的相对位置有平行、相交和交叉三种情况。

1. 平行两直线的投影

空间两直线平行，则其各同面投影都互相平行。如图 2-23a 所示，$AB/\!/CD$，则 $ab/\!/cd$，$a'b'/\!/c'd'$。图 2-23b 所示为平行两直线的两面投影。

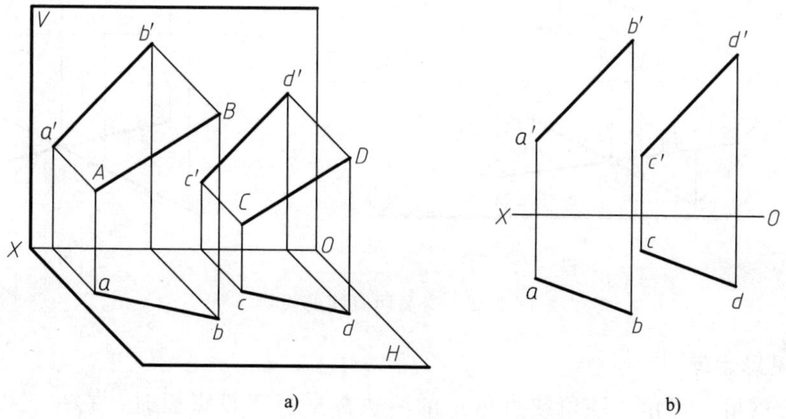

图 2-23 平行两直线的投影

2. 相交两直线的投影

若空间两直线相交，则其各同面投影必相交，而且其交点必符合直线上点的投影规律。如图 2-24a 所示，直线 AB 与 CD 相交于点 K，则 ab 与 cd 必相交于点 k，$a'b'$与 $c'd'$必相交于点 k'，且 $kk'\perp OX$ 轴，如图 2-24b 所示。

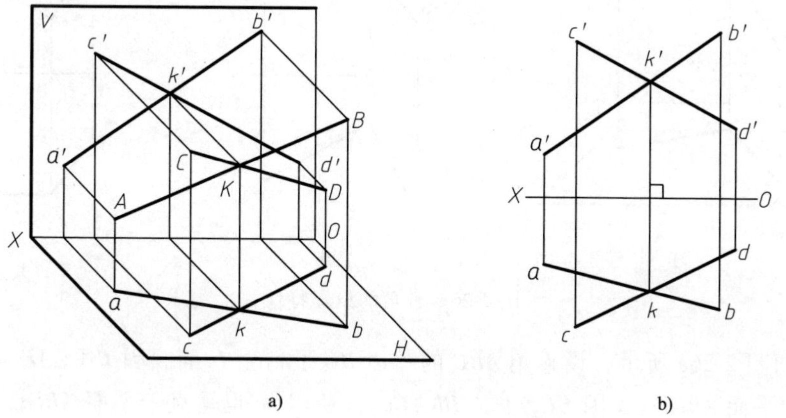

图 2-24 相交两直线的投影

3. 交叉两直线的投影

两直线不平行也不相交时称为交叉两直线，如图 2-25a 所示，空间直线 AB、CD 是交叉两直线。这两条直线的水平投影的交点，分别是两直线上重影点Ⅰ、Ⅱ的投影；其正面投影的交点，是两直线重影点Ⅲ、Ⅳ的投影。判断重影点可见性时，坐标大的点可见，因此水平投影 1 点可见，正面投影 3′点可见，如图 2-25b 所示。

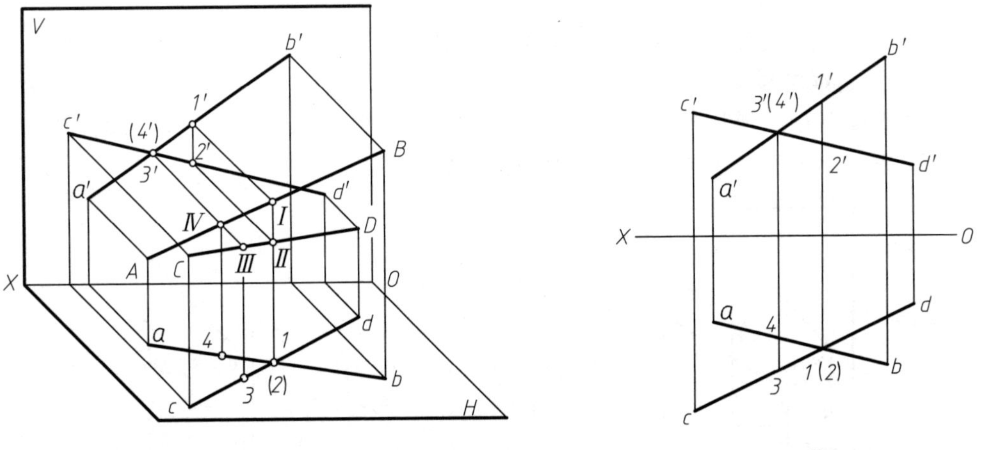

a)　　　　　　b)

图 2-25　交叉两直线的投影

4. 直角投影定理

空间中任意角（锐角、钝角或直角）的两边都平行于投影面时，它在该投影面上的投影反映空间角度的实际大小；如果两边都不与投影面平行，则它在该投影面上的投影不反映空间角度的实际大小。

空间的直角投影有如下特性：若直角中有一边平行于某一投影面，则它在该投影面上的投影仍为直角，如图 2-26 所示。

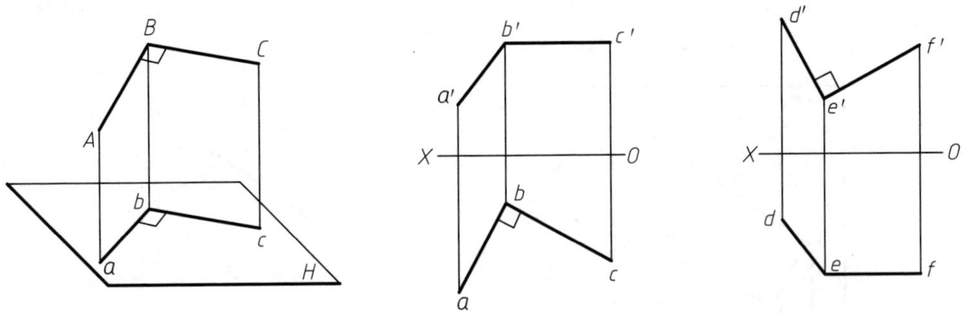

a)　　　　　　b)　　　　　　c)

图 2-26　直角的投影特性

证明：如图 2-26a 所示，设直角 ABC 的一边 BC 平行于 H 面，因 $BC \perp AB$，$BC \perp Bb$，所以 BC 垂直于平面 $ABba$；又因 $BC /\!/ bc$（$Bb = Cc$），所以 bc 也垂直于平面 $ABba$；因此 bc 必垂直于 ab，即 $\angle abc = 90°$，投影图如图 2-26b 所示。反之，若一角的投影为直角，而且被投影的角至少有一边平行于该投影面，则空间角是直角，如图 2-26 所示的两种情况。图 2-26b

中 BC 平行于 H 面，所以当水平投影$\angle abc$为直角时，空间角也一定是直角。图 2-26c 中 EF 为正平线，所以当正面投影$\angle d'e'f'$为直角时，空间角也一定是直角。

因为两条交叉直线的夹角等于过空间任意一点所引两条交叉直线的平行线所成的夹角，因此，直角的投影特性也适用于两垂直交叉直线，如图 2-27 所示。

例 2-3 如图 2-28a 所示，过点 A 作直线 AB 与正平线 CD 垂直相交。

因 CD 平行于 V 面，所以空间两垂线 AB 与 CD 的 V 面投影应相互垂直。由 a'作 $a'b' \perp c'd'$并得交点 b'，过 b'作投影连线在 cd 上求得点 B 的水平投影 b，连接 ab，则 $a'b'$与 ab 为所求，如图 2-28b 所示。

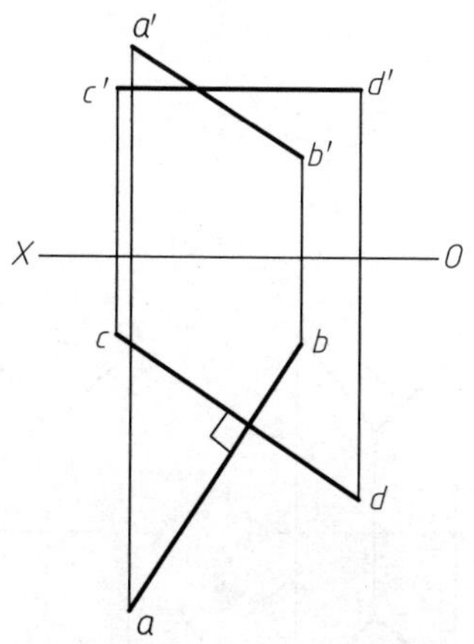

图 2-27 两直线垂直交叉

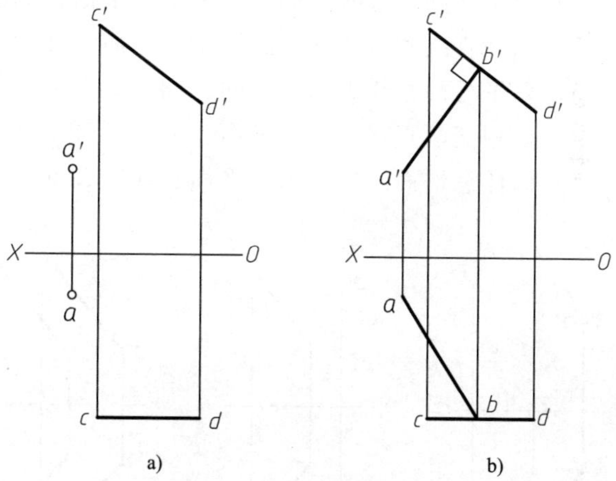

图 2-28 两直线垂直相交

例 2-4 如图 2-29a 所示，试过直线 AB 上的一点 C 任作一直线 CD，使其与 AB 垂直相交。

因过 AB 上一点 C 可以作无数条直线与 AB 垂直相交，所以可以任作一条水平线或正平线使其与 AB 垂直相交，这样，就可以应用直角投影特性在投影图上直接作图了。例如，图 2-29b 所示为过 C 点作一条水平线与 AB 垂直相交；图 2-29c 所示为过 C 点作一条正平线与 AB 垂直相交。

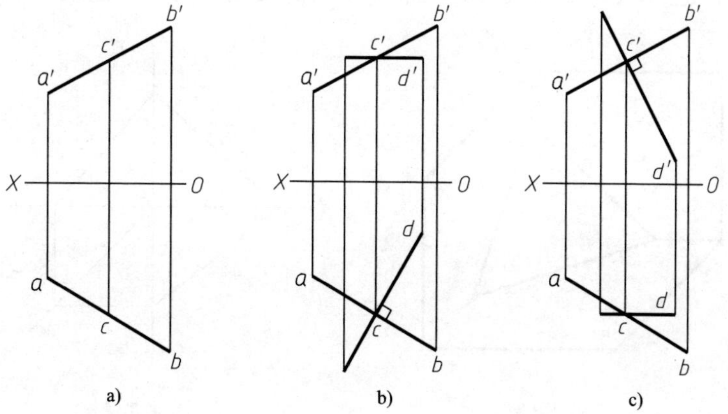

图 2-29 过直线 AB 上的一点 C 任作一直线与 AB 垂直相交

2.4 平面的投影

2.4.1 平面的表示法

在投影图中表示平面的方法有两种：几何元素表示法和迹线表示法。

1. 几何元素表示法

平面可以用确定该平面的几何元素的投影来表示，以下是表示平面的常见的 5 种形式。

1）以不在同一直线上的三点表示一平面，如图 2-30a 所示。

2）以一直线和直线外一点表示一平面，如图 2-30b 所示。

3）以平行两直线表示一平面，如图 2-30c 所示。

4）以相交两直线表示一平面，如图 2-30d 所示。

5）以任意平面图形表示一平面，如图 2-30e 所示。

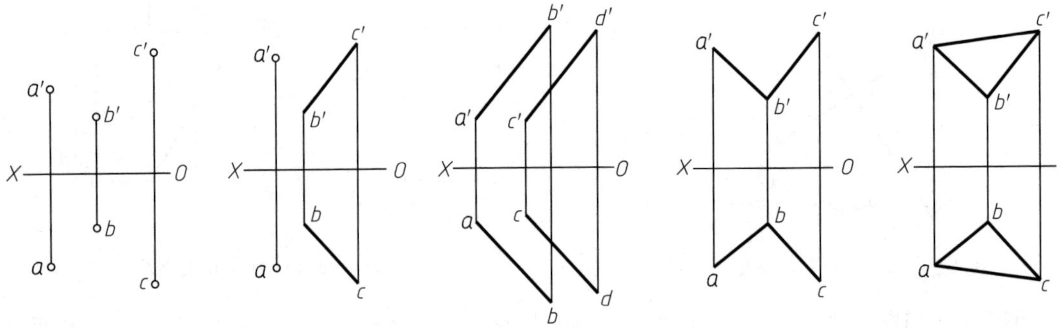

a)　b)　c)　d)　e)

图 2-30　几何元素表示法

2. 迹线表示法

如图 2-31 所示，平面与投影面的交线，称为平面的迹线。平面也可以用迹线来表示，用迹线表示的平面称为迹线平面。平面与 *V* 面的交线称为正面迹线（*V* 面迹线），平面与 *H* 面的交线称为水平迹线（*H* 面迹线），平面与 *W* 面的交线称为侧面迹线（*W* 面迹线）。迹线

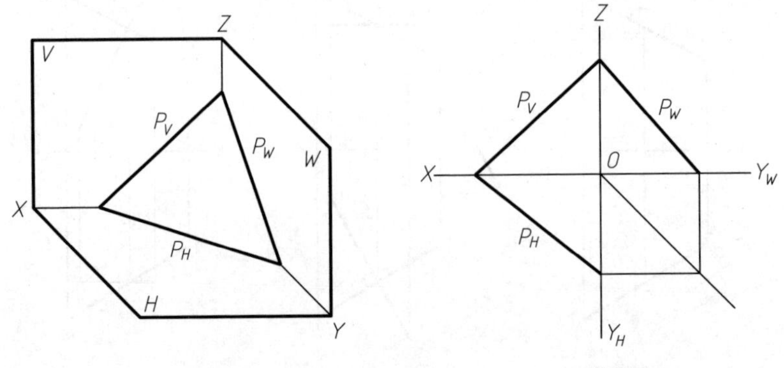

a) 立体图　b) 投影图

图 2-31　用迹线表示平面

的符号用平面名称的大写字母附加投影面名称的下角标表示，如图 2-31 中的 P_V、P_H、P_W。迹线是投影面上的直线，它的投影位于原处，用粗实线表示，并标注上述符号；它在另外两投影面上的投影，分别落在相应的投影轴上，不需表示和标注。

2.4.2 平面对一个投影面的投影特性

1）平面垂直于投影面时，平面的投影积聚为一条直线，如图 2-32a 所示。

2）平面平行于投影面时，平面的投影反映实形，如图 2-32b 所示。

3）平面倾斜于投影面时，其投影为缩小的类似图形（不反映实形），如图 2-32c 所示。

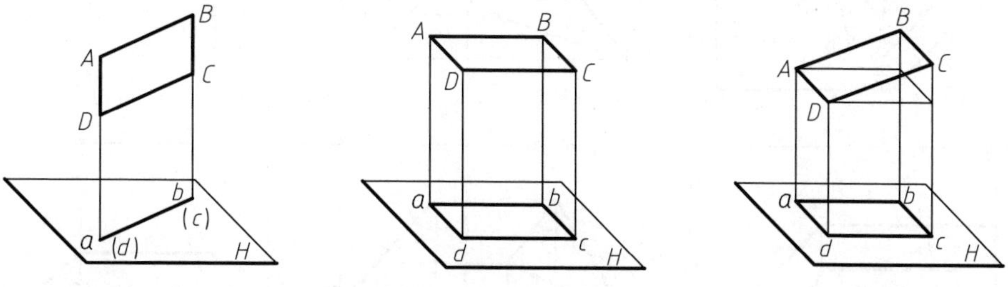

a)　　b)　　c)

图 2-32　平面对一个投影面的投影特性

2.4.3 平面在三投影面体系中的投影特性

平面相对于投影面有三种位置：投影面的垂直面、投影面的平行面及一般位置平面。

1. 投影面垂直面的投影特性

当平面垂直于某个投影面、倾斜于另两个投影面时，称其为投影面的垂直面。垂直面有三种位置：垂直于 *V* 面的平面称为正垂面；垂直于 *H* 面的平面称为铅垂面；垂直于 *W* 面的平面称为侧垂面。

投影面垂直面的投影特性：在平面所垂直的投影面上的投影积聚为一条直线，并反映该平面与另外两投影面的夹角，且其余两投影面的投影为缩小的类似图形，见表 2-3。

表 2-3　投影面垂直面的投影特性

名称	立体图	投影图	
		用平面图形表示	用迹线表示
垂直于 *H* 面（铅垂面）	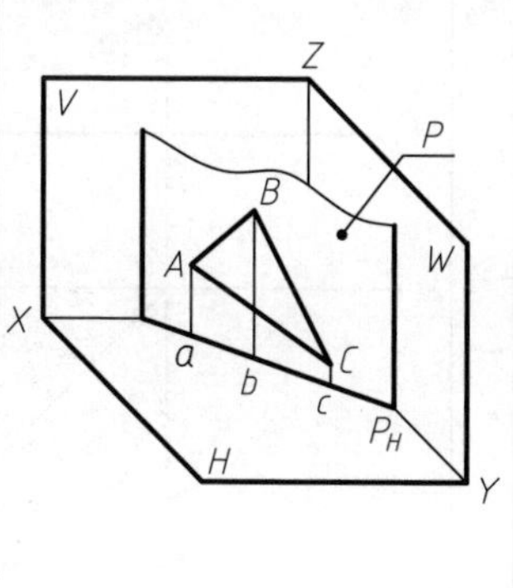	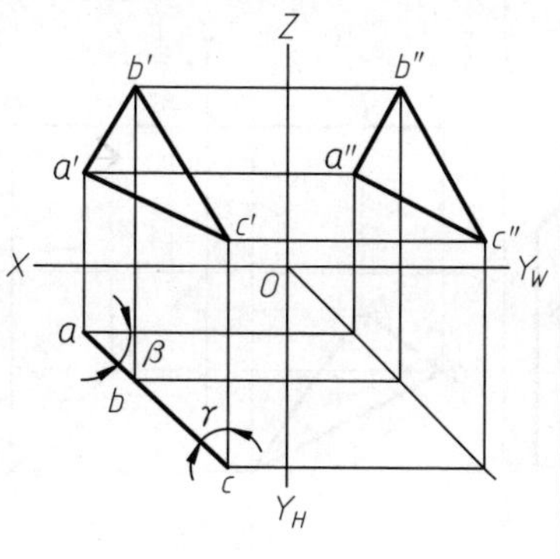	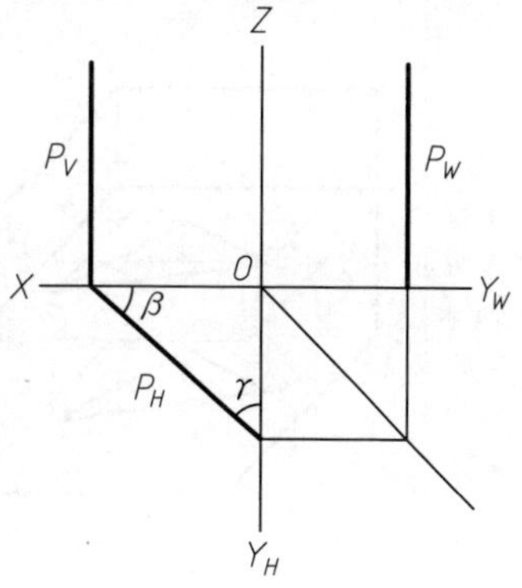

（续）

名称	立体图	投影图	
		用平面图形表示	用迹线表示
垂直于 *V* 面（正垂面）	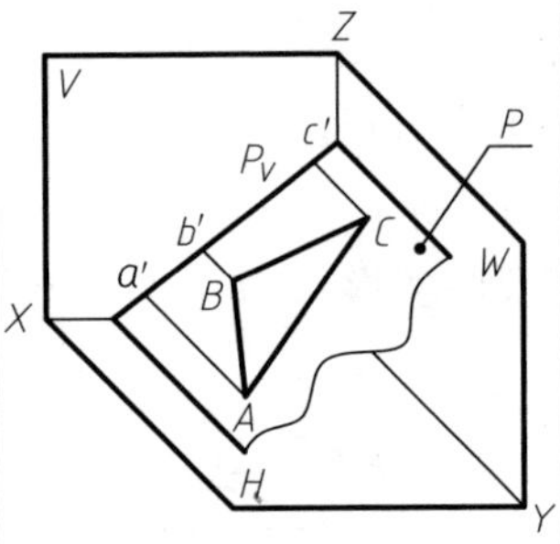	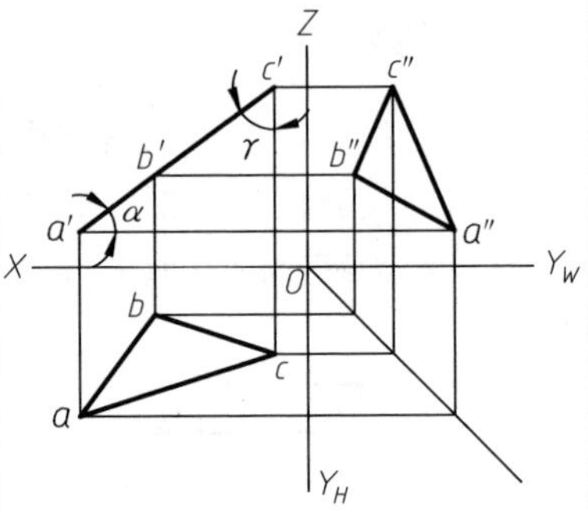	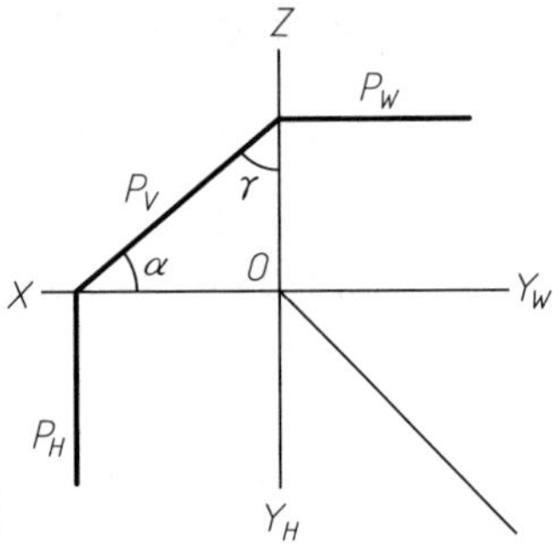
垂直于 *W* 面（侧垂面）	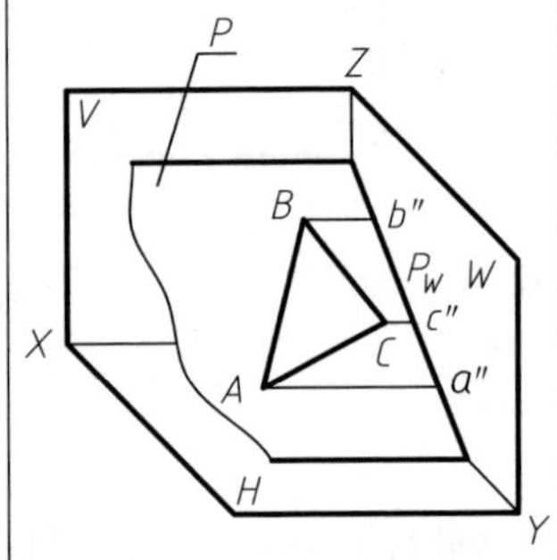	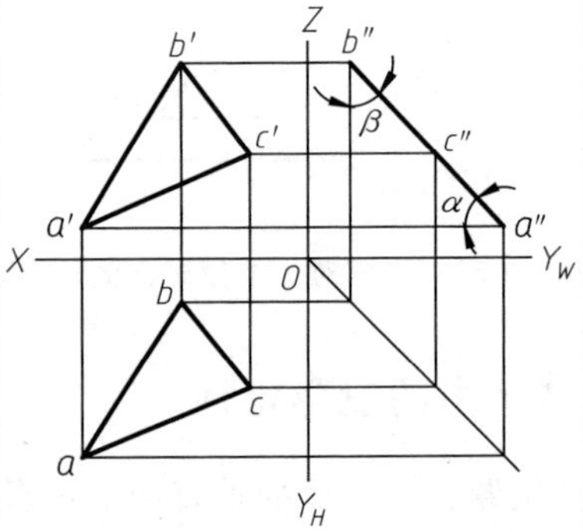	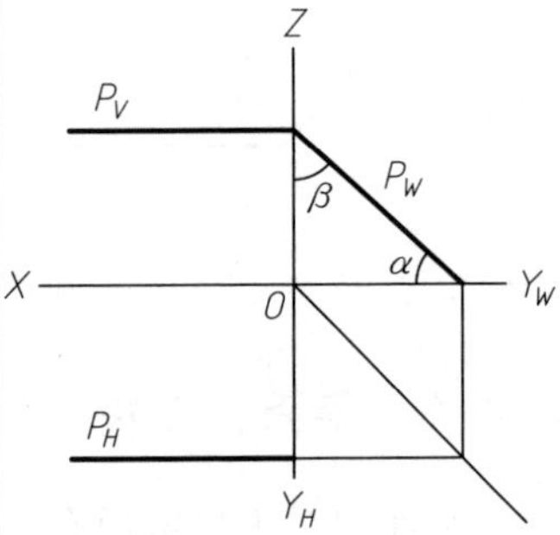

2. 投影面平行面的投影特性

当平面平行于某一个投影面时，称其为投影面的平行面。平行面有三种位置：平行于 *H* 面的平面称为水平面；平行于 *V* 面的平面称为正平面；平行于 *W* 面的平面称为侧平面。

平行面的投影特性：在平面所平行的投影面上投影反映实形；其余两投影面的投影积聚为一条直线，并平行于相应的投影轴，见表 2-4。

表 2-4　投影面平行面的投影特性

名称	立体图	投影图	
		用平面图形表示	用迹线表示
平行于 *H* 面（水平面）	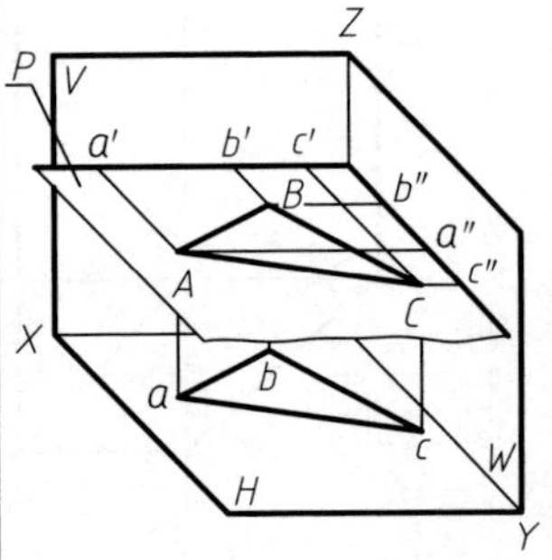	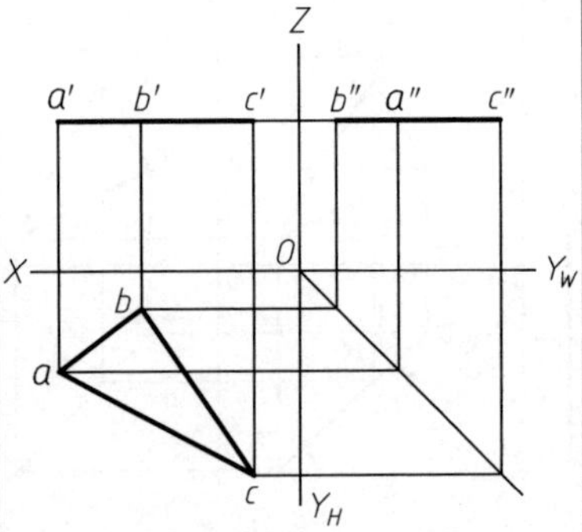	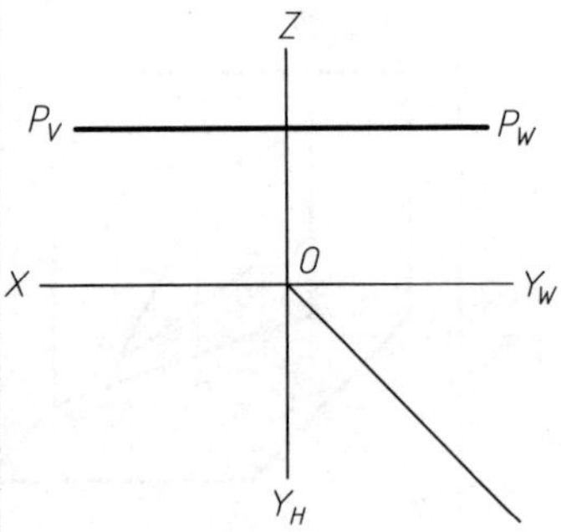

（续）

名称	立体图	投影图	
		用平面图形表示	用迹线表示
平行于*V*面（正平面）	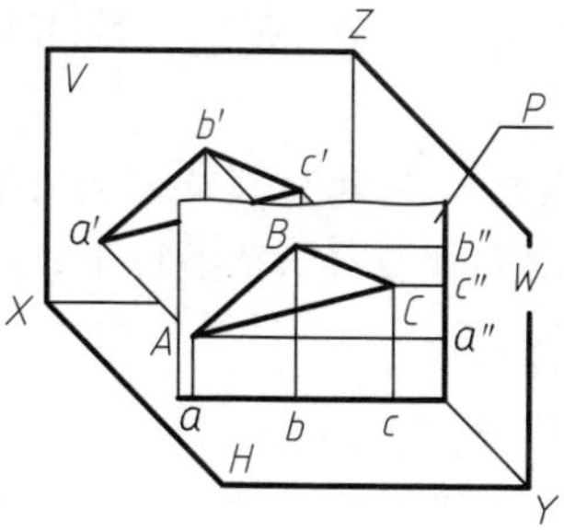	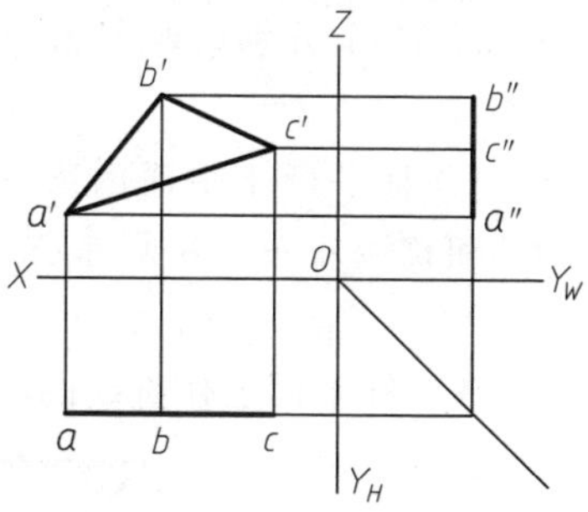	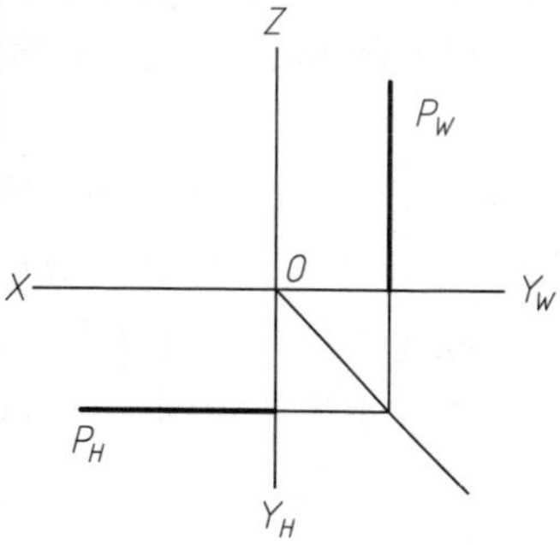
平行于*W*面（侧平面）	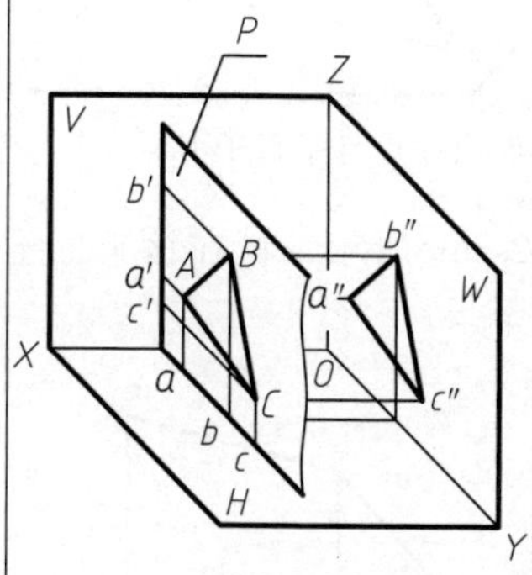	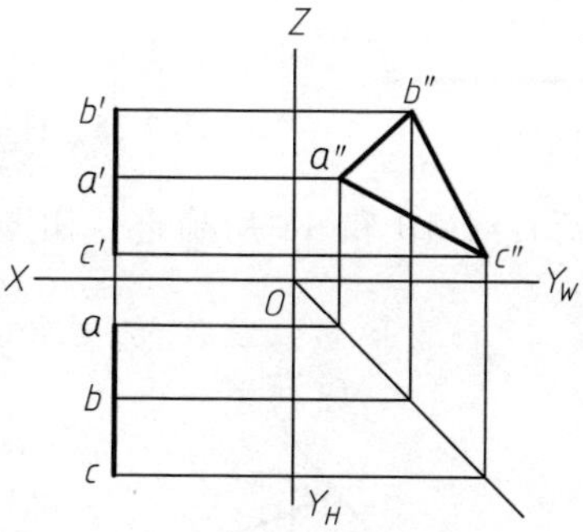	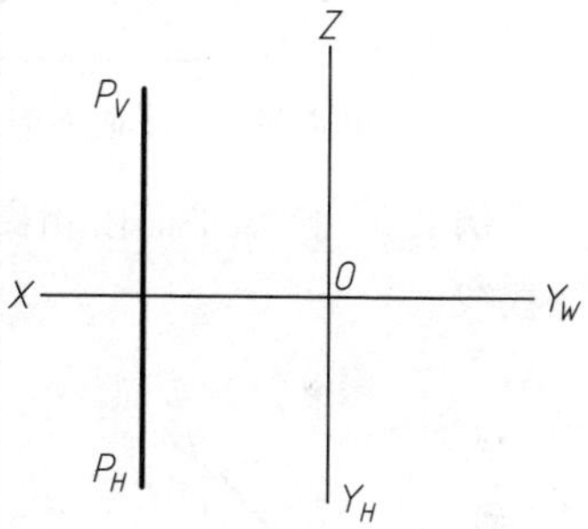

3. 一般位置平面的投影特性

当平面与三个投影面都不平行也不垂直时，称其为一般位置平面。一般位置平面的三个投影都不反映实形，也没有积聚性，均为缩小的类似形。其投影特性如图 2-33 所示。

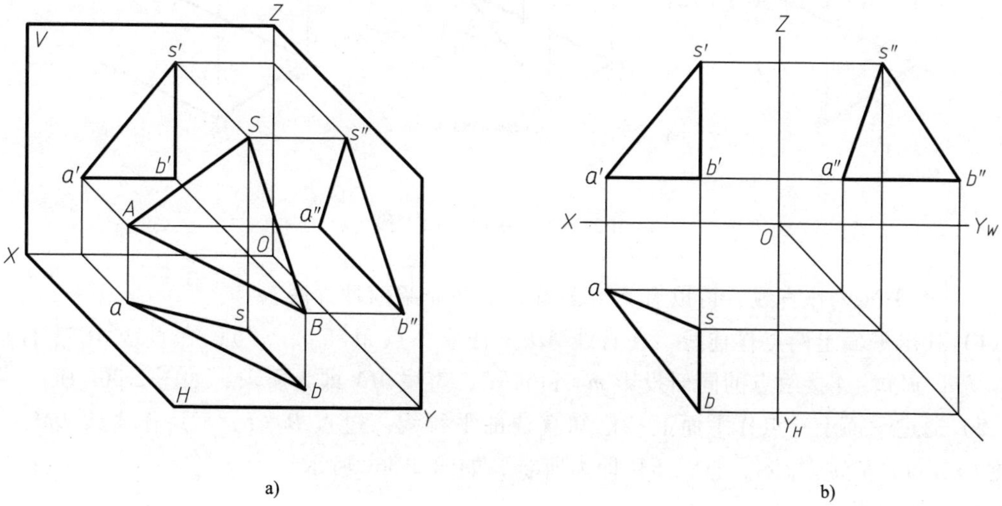

a)　　　　b)

图 2-33　一般位置平面的投影特性

2.4.4 平面上的直线和点

1. 直线在平面内的几何条件

1）若一直线通过平面内的两个点，则此直线必在平面内。如图 2-34 所示，平面 P 由两直线 AB 和 AC 所确定，在直线 AB 和 AC 上分别取点 M 和 N，则过点 M、N 的直线 MN 必在平面 P 内。

2）若一直线通过平面内一点，并且平行于平面内某一直线，则此直线必在该平面内。如图 2-35 所示，平面 Q 由直线 AC 和直线外一点 B 所确定，过 B 作直线 BM 平行于直线 AC，则直线 BM 必在平面 Q 内。

根据上述两定理，就可以解决在已知平面上作直线的问题。

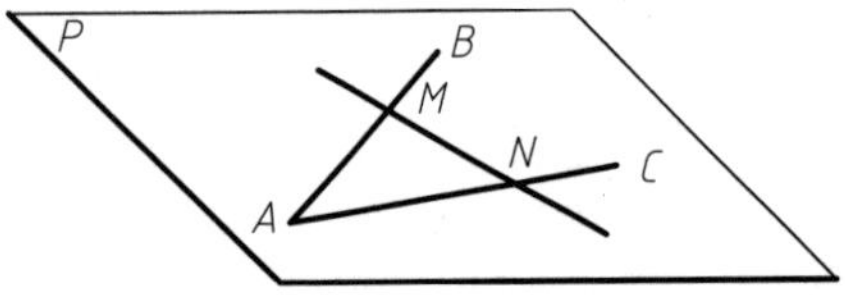

图 2-34 过平面内的两个点

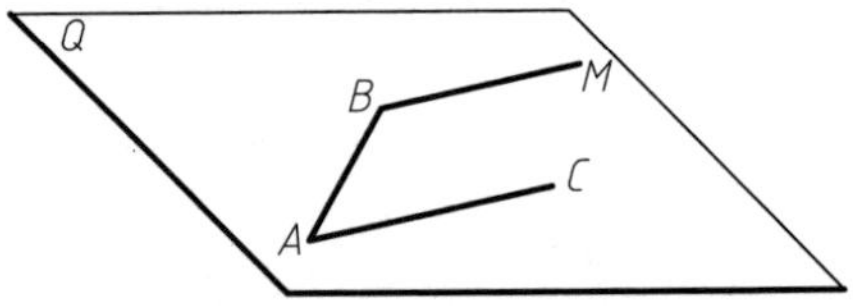

图 2-35 过平面内一点且平行于平面内某一直线

例 2-5 已知平面由相交两直线 AB 和 AC 所确定，如图 2-36a 所示，试在该平面上任作一直线。

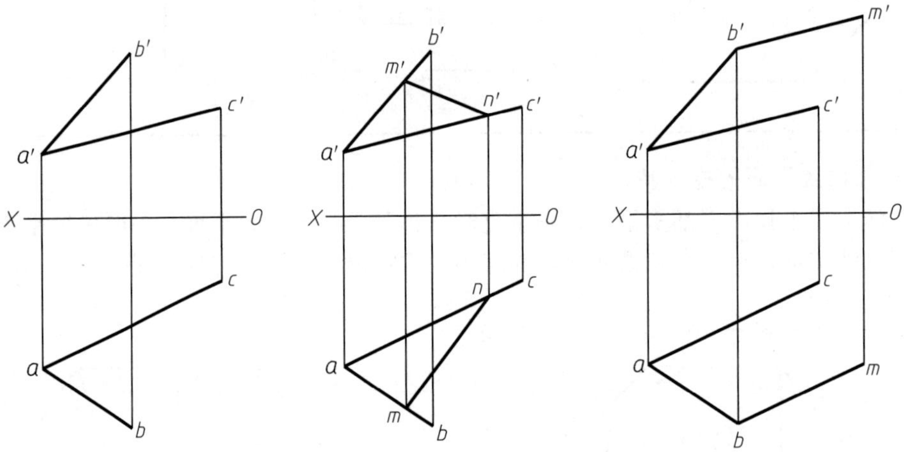

a) b) c)

图 2-36 在平面上作直线

在一个平面内作直线，可以有无穷多解，下面介绍两种方法：

1）找出平面上两点作连线。在直线 AB 上任取一点 M（m，m'），在直线 AC 上任取一点 N（n，n'），连接两点的同面投影 mn 和 $m'n'$，直线 MN 即为所求，如图 2-36b 所示。

2）通过平面上一点作平面上一已知直线的平行线。过点 B（b，b'）作直线 $BM /\!/ AC$，即使 $bm /\!/ ac$，$b'm' /\!/ a'c'$，直线 BM 即为所求，如图 2-36c 所示。

2. 平面内取点

在已知平面内取点，必须先找出过此点而又在平面内的一条直线，然后在直线上确定点的位置。所以面上取点的问题首先是面上取线的问题。

例 2-6 设已知平面由△ABC 所给定，并已知该平面上一点 K 的水平投影 k，如图 2-37a 所示，试求点 K 的正面投影 k'。

点 K 为平面上的点，过点 K 可以作平面内的任意一条直线，该直线的投影必过点 K 的同面投影，则其水平投影必过 k。所以过 k 作任意直线与 ab、bc 分别交于 1 和 2，由 1、2 求出 $a'b'$及 $b'c'$上的投影 1′、2′，连接 1′2′，即为过点 K 的任意直线的 V 面投影。按投影关系在 1′2′上求得 k'，k'即为所求，如图 2-37b 所示。

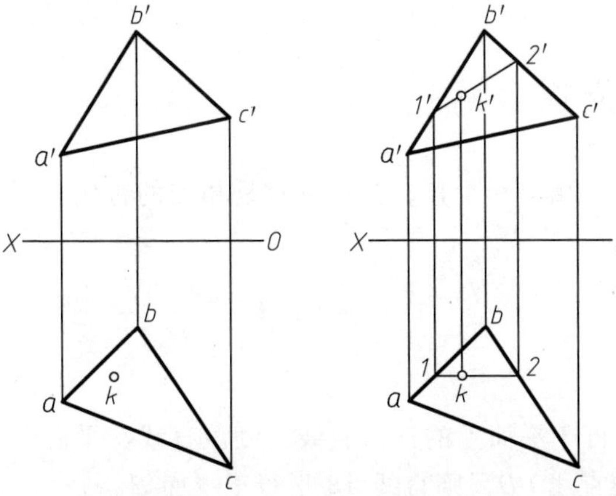

a) 题目　　b) 求解作图

图 2-37　求一般位置平面上的点

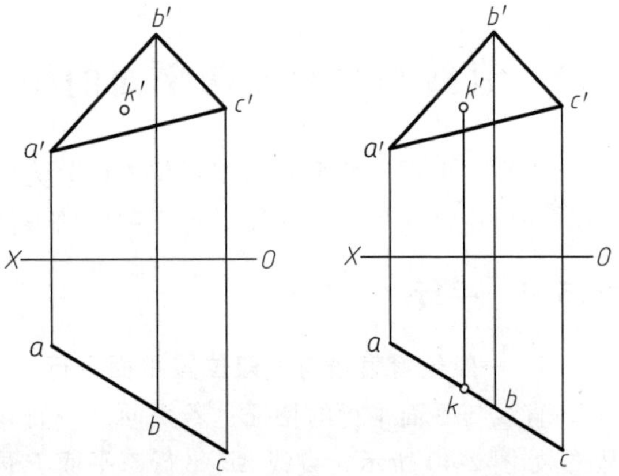

a) 题目　　b) 求解作图

图 2-38　求铅垂面上的点

例 2-7 如图 2-38a 所示，已知△ABC 表示的铅垂面上一点 K 的正面投影 k'，试求点 K 的水平投影 k。

由于已知平面是铅垂面，其水平投影有积聚性，因此，其上点 K 的水平投影必落在线段 abc 上。根据投影关系，由 k'作投影点连线即可求得 k，如图 2-38b 所示。

例 2-8 如图 2-39a 所示，已知一个平面的正面投影 $a'b'c'd'$，且 AC 是正平线，试补全

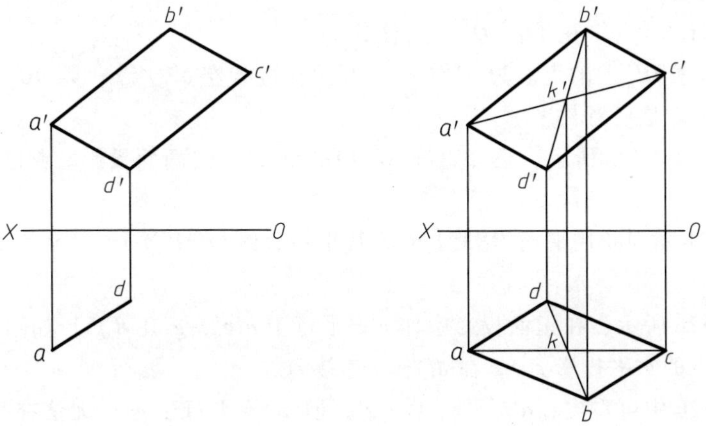

a)　　b)

图 2-39　已知平面的一个投影求另一投影

平行四边形 *ABCD* 的水平投影。

1）如图 2-39b 所示，将平行四边形 *ABCD* 的一条对角线 *AC* 连接起来，可得到两个位于同一平面上的△*ABC* 和△*ADC*。现三角形 *ADC* 的正面投影 $a'd'c'$为已知，*AD* 的水平投影 *ad* 也为已知，且 *AC* 为一正平线，即 *ac* 应平行于 *OX* 轴，作 $c'c \perp OX$，这样就能求出点 *C* 的水平投影。

2）因点 *B* 与三角形 *ADC* 位于同一平面内，利用在平面上取点的方法即可求出点 *B* 的水平投影 *b*。如图 2-39b 所示，平行四边形 *ABCD* 的两条对角线 *AC* 和 *BD* 交于一点 *K*，*K* 的正面投影 k'可直接作出，过 k'作投影连线在 *ac* 上求出 *k*，点 *B* 在 *DK* 的延长线上，从而求出 *b*，连接 *abcd* 即为所求。

2.5 直线与平面及两平面的相对位置

直线与平面及两平面的相对位置可分为平行、相交和垂直，其中垂直是相交的特例。下面分别讨论这三种情况的投影特征和作图方法。

2.5.1 平行

1. 一般位置直线与一般位置平面平行

直线与平面平行的特征：若平面外一直线平行于平面上的任一直线，则该直线与平面平行。如图 2-40 所示，直线 *AB* 平行于平面 *P* 内一直线 *CD*，则直线 *AB* 平行于平面 *P*。

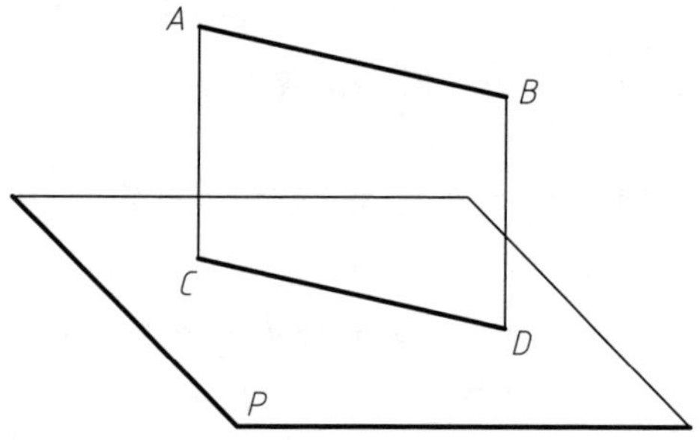

图 2-40 直线与平面平行

例 2-9 如图 2-41a 所示，已知点 *A* 和平面 *DEF* 的两面投影，过点 *A* 作直线平行于平面 *DEF*。

分析：过一点可作无数条直线平行于已知平面，下面介绍两种方法。

作图步骤：

1）如图 2-41b 所示，过 a'作 $a'b'//d'e'$，过 *a* 作 *ab*//*de*，则 *AB*//*DE*，*AB* 平行于平面 *DEF*。*AB* 可以是任意长度。

2）如图 2-41c 所示，在平面 *DEF* 上任作一直线 *FG*，*G* 为直线 *DE* 上的点。过 a'作 $a'c'//f'g'$，过 *a* 作 *ac*//*f g*，则 *AC*//*FG*，*AC* 平行于平面 *DEF*。*AC* 可以是任意长度。

例 2-10 如图 2-42a 所示，已知直线 *AB* 和平面 *DEF* 的两面投影，判断直线与平面是否平行。

分析：本题主要判断在平面 *DEF* 上能否找出一直线与 *AB* 平行。

作图步骤：

1）如图 2-42b 所示，在正面投影中作 $e'g'$平行于 $a'b'$，g'在 $d'f'$上。

2）作出 *G* 点的水平投影 *g*，*g* 在 *df* 上，连接 *eg*。

3）从图 2-42b 中可看出，$a'b'$平行于 $e'g'$，但 *ab* 不平行于 *eg*，无法在平面 *DEF* 上找到一直线与 *AB* 平行，所以 *AB* 不平行于平面 *DEF*。

例 2-11 如图 2-43a 所示，已知直线 *AB* 平行于平面 *DEF*，完成平面 *DEF* 的正面投

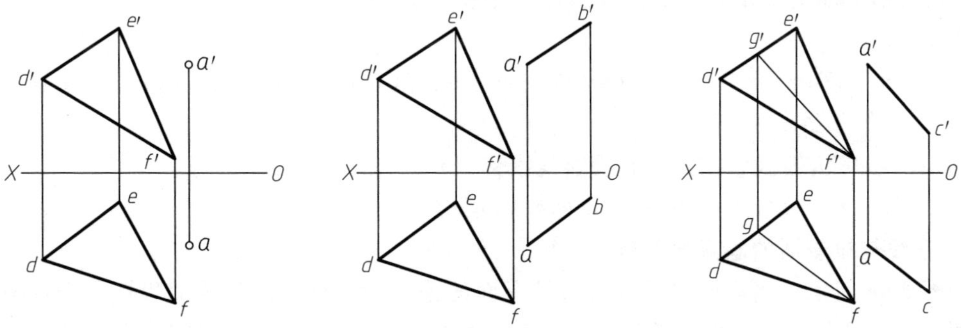

a) 题目　　b) 作*AB*//*DE*　　c) 作*AC*//*FG*

图 2-41　过点作直线平行于平面

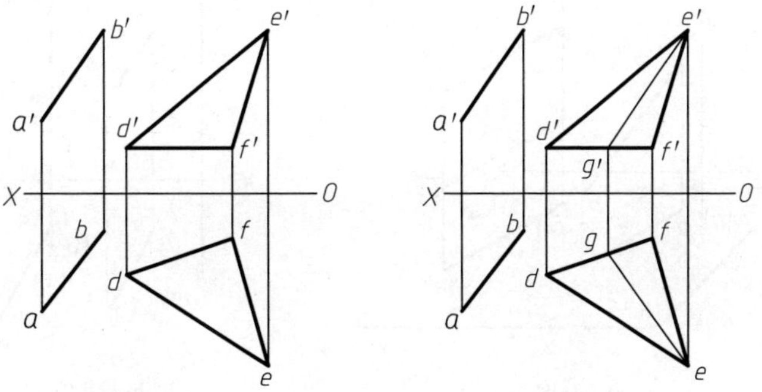

a) 题目　　b) 求解过程

图 2-42　判断直线 *AB* 与平面 *DEF* 平行

影*d'e'f'*。

分析：过点 *D* 作直线 *DC* 平行于直线 *AB*，则直线 *AB* 平行于 *DC* 与 *DE* 所确定的平面

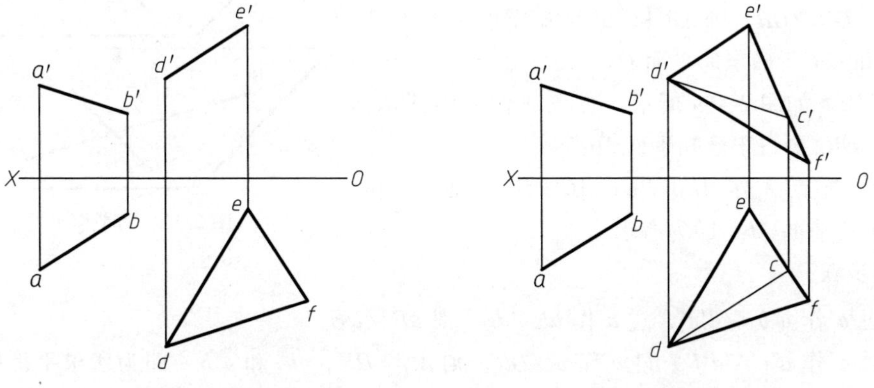

a) 题目　　b) 求解过程

图 2-43　完成三角形 *DEF* 的正面投影

DEF，按已知平面上直线的一投影求作另一投影的方法求 $e'f'$ 和 $d'f'$。

作图步骤：

1）如图 2-43b 所示，过 d 作 $dc//ab$ 交 ef 于 c，过 d' 作 $d'c'//a'b'$，由 c 作投影连线与 $d'c'$ 交于 c'。

2）连接 $e'c'$ 并延长，与过 f 的投影连线交于 f'。

3）连接 $d'f'$，完成平面 *DEF* 的正面投影 $d'e'f'$。

2. 直线与投影面的垂直面平行

如图 2-44 所示，当一般位置直线与投影面的垂直面平行时，直线的投影与平面有积聚性的同面投影平行。当直线与平面均垂直于投影面时，直线与平面在同面投影面上的投影均有积聚性。例如，图 2-44 中的平面 *CDEF* 垂直于 *H* 面，*AB* 平行于平面 *CDEF*，ab 平行于 $c(f)\ d(e)$；*MN* 平行于平面 *CDEF*，*MN* 垂直于 *H* 面，它们在投影面 *H* 上积聚为点和线。

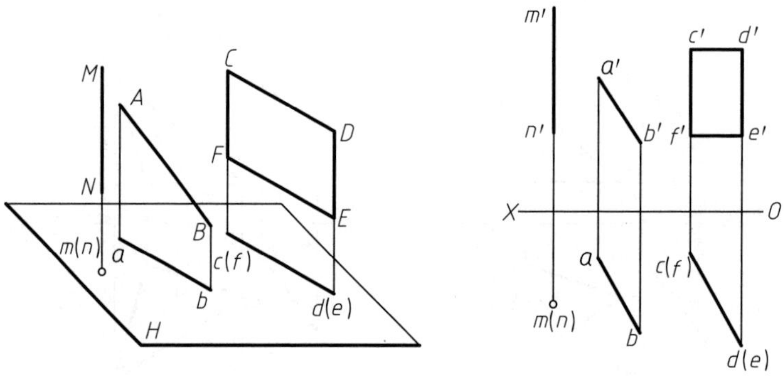

a) 立体图　　b) 投影图

图 2-44　直线与投影面垂直面平行

3. 两一般位置平面平行

如果一平面上的两相交直线分别平行于另一平面上的两相交直线，则两平面平行。如图 2-45 所示，*AB//EF*，*CD//GH*，则 *AB* 和 *CD* 所确定的平面 *P* 平行于 *EF* 和 *GH* 所确定的平面 *Q*。

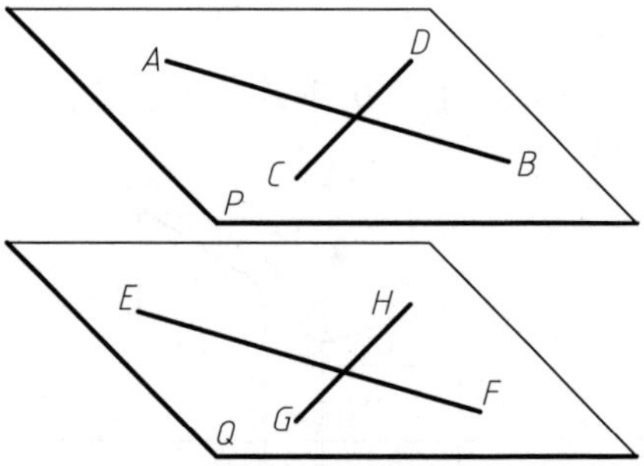

图 2-45　两平面平行

例 2-12　如图 2-46a 所示，过点 *A* 作平面 *ABC*，并使平面 *ABC* 平行于已知平面 *DEF*。

分析：过点 *A* 作 *AB//DE*，*AC//DF*，则 *AB* 和 *AC* 所确定的平面 *ABC* 即为所求。

作图步骤：

1）过 a' 作 $a'b'//d'e'$，过 a 作 $ab//de$，则 *AB//DE*。

2）过 a' 作 $a'c'//d'f'$，过 a 作 $ac//df$，则 *AC//DF*。abc 和 $a'b'c'$ 即为所求平面的两面投影。直线 *AB*、*AC* 可以是任意长度。

4. 两投影面垂直面平行

如图 2-47 所示，当垂直于同一投影面的两平面平行时，两平面有积聚性的同面投影相

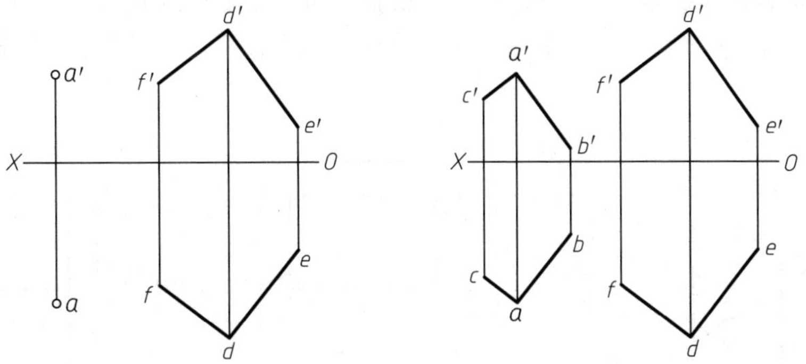

a) 题目　　　　b) 求解过程

图 2-46　过点 A 作平面 ABC 平行于平面 DEF

互平行。图 2-47 中平面 $ABCD//$平面 $HGEF$，投影 $a(b)(c)d//h(g)e(f)$。

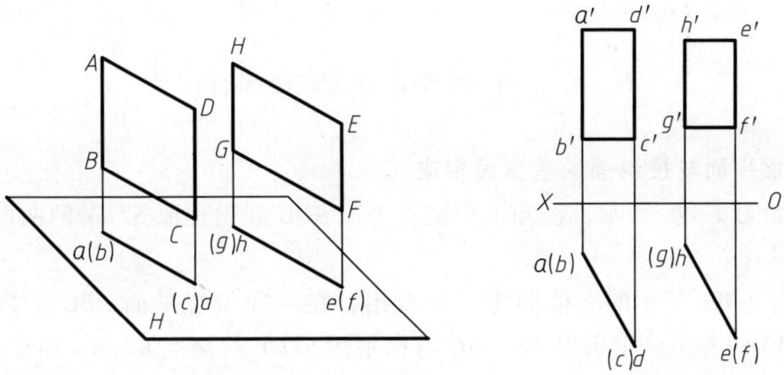

a) 立体图　　　　b) 投影图

图 2-47　两投影面垂直面平行

2.5.2　相交

直线与平面相交于一点，交点为平面和直线的共有点。

平面与平面相交于一线，交线为两平面上的共有线。

1. 一般位置直线与投影面的垂直面相交

例 2-13　如图 2-48b 所示，已知一般位置直线 AB 与铅垂面 $STUV$ 的两面投影，求交点 K，并判断可见性（在未求交点之前，$a'b'$中间部分用细双点画线表示）。

分析：从 2-48a 所示的立体图中可以看到，铅垂面 $STUV$ 的水平投影积聚为一条直线，它和直线 AB 水平投影的交点，即为直线和平面公共点的水平投影，利用直线上点的投影特性求出交点的正面投影。

作图步骤：

1）水平投影 ab 与 s（t）（u）v 的交点，即为直线和平面交点 K 的水平投影 k，过 k 作投影连线，在 $a'b'$上得 k'，如图 2-48c 所示。

2）利用交叉两直线正面投影的重影性来判断可见性，可直接定出交叉两直线 AB 上点

Ⅰ和 UV 上点Ⅱ的正面投影 1′（2′），从水平投影可知，点Ⅰ在点Ⅱ之前，由此可见，KB 位于平面 $STUV$ 之前，$k'b'$画成粗实线；AK 位于平面 $STUV$ 之后，$a'k'$被平面挡住部分不可见，画成细虚线。

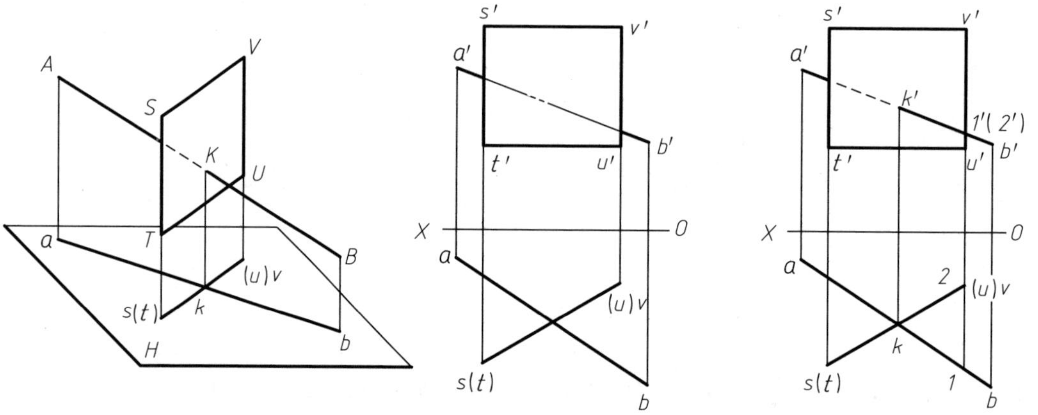

a) 立体图　　b) 题目　　c) 求解过程

图 2-48　一般位置直线与投影面的垂直面相交

2. 一般位置平面与投影面的垂直面相交

例 2-14　如图 2-49b 所示，已知一般位置平面 ABC 和铅垂面 $STUV$ 的两面投影，求交线 KL，并判断可见性。

分析：从图 2-49a 所示的立体图中可以看出，在一般位置平面 ABC 中找两条直线 AB、BC，使用例 2-13 的方法分别求出 AB、BC 与铅垂面 $STUV$ 的交点 K、L，两交点的连线 KL 即是一般位置平面 ABC 与铅垂面 $STUV$ 的交线。

作图步骤：

1）按图 2-48 作出平面 ABC 的 AB 边与铅垂面 $STUV$ 的交点 K 的两面投影 k、k'。

2）同理，作出平面 ABC 的 BC 边与铅垂面 $STUV$ 的交点 L 的两面投影 l、l'。

3）连接 $k'l'$，kl 积聚在 s（t）（u）v 上，$k'l'$、kl 即为交线 KL 的两面投影。

4）按照例 2-13 的方法，判别正面投影的可见性，可见线段画成粗实线，不可见线段画成细虚线，如图 2-49c 所示。

3. 投影面垂直线与一般位置平面相交

例 2-15　如图 2-50a 所示，已知正垂线 ED 和一般位置平面 ABC 的两面投影，求交点 K 的投影。

分析：因 ED 为正垂线，其正面投影积聚为一点 d'（e'），交点 K 在直线 ED 上，其正面投影 k'与 d'（e'）重合；同时交点 K 也在平面 ABC 上，利用已知平面上点的一个投影求另一个投影的作图方法求出交点 K 的水平投影 k。

作图步骤：

1）如图 2-50b 所示，K 的正面投影 k'与 d'（e'）重合，连接 $a'k'$并延长交 $b'c'$于 h'。

2）过 h'作投影连线，在 bc 上得到 H 点的水平投影 h。

3）连接 ah 交 ed 于 k，k 即为直线 ED 与平面 ABC 交点 K 的水平投影。

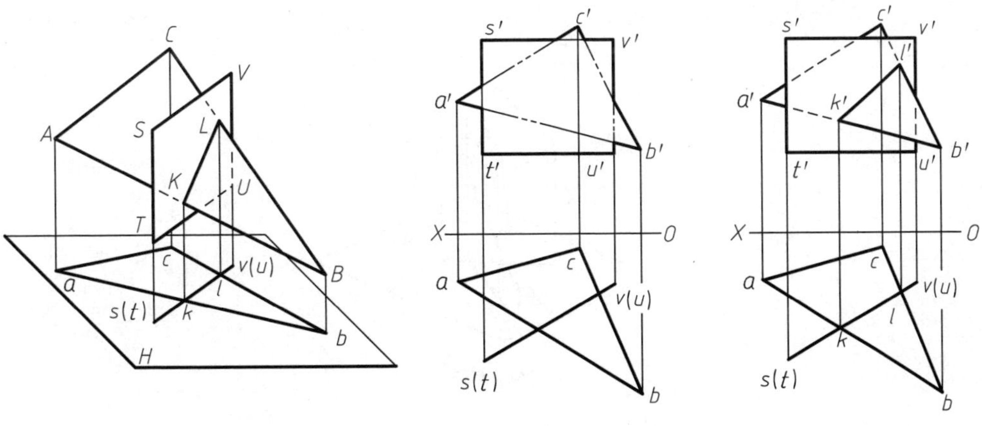

a) 立体图　　b) 题目　　c) 求解过程

图 2-49　一般位置平面与投影面的垂直面相交

4）在水平投影上定出交叉两直线重影点Ⅰ和Ⅱ的投影，由正面投影可知，*ED* 上的点Ⅰ在上，*AC* 上的点Ⅱ在下，故水平投影 *ek* 画粗实线，*kd* 被平面挡住的不可见部分，画细虚线，如图 2-50b 所示。

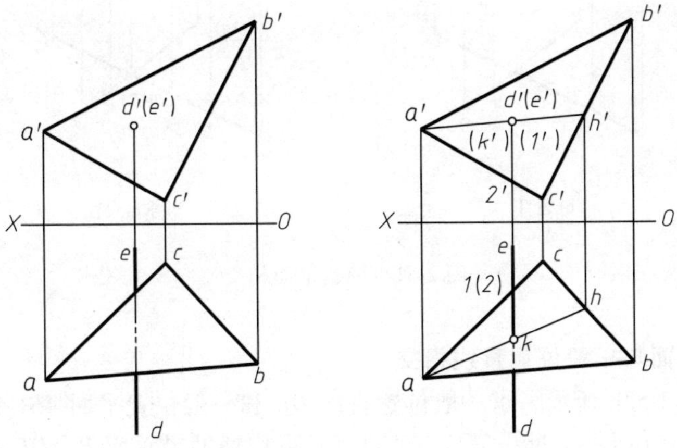

a) 题目　　b) 求解过程

图 2-50　正垂线与一般位置平面相交

4. 两铅垂面相交

例 2-16　如图 2-51b 所示，已知铅垂面 *ABC* 和铅垂面 *DEF* 的两面投影，求交线 *MN*。

分析：从图 2-51a 所示立体图中可以看出，平面 *ABC* 和平面 *DEF* 均为铅垂面，它们的水平投影有积聚性。两平面的交线为铅垂线，交线的水平投影积聚为一点，即在两平面水平投影的交点处，交线的正面投影为垂直于 *OX* 的线段。

作图步骤：

1）如图 2-51c 所示，在水平投影两直线的交点处直接定出交线的水平投影 $m(n)$，交线的正面投影为两平面的公共部分，m'在 $b'c'$上，n'在 $a'c'$上。

2）利用交叉直线 *BC* 和 *DE* 上重影点Ⅰ、Ⅱ的正面投影，求出水平投影，可知点Ⅰ在点Ⅱ之前，故正面投影 $b'm'$为粗实线，$d'2'$为细虚线，同理做出其余判断，结果如图 2-51c 所示。

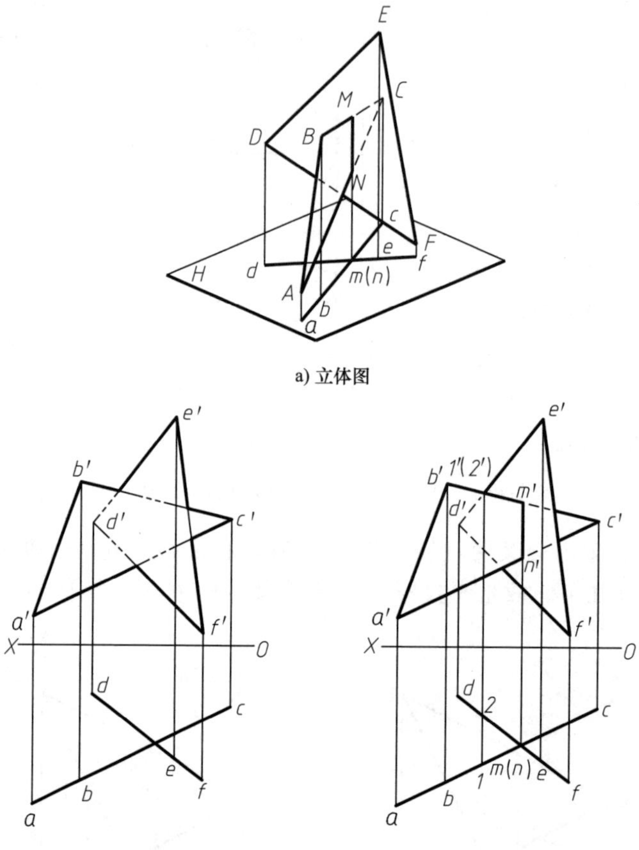

a) 立体图

b) 题目

c) 求解过程

图 2-51　两铅垂面相交

5. 一般位置平面与一般位置直线相交

例 2-17　如图 2-52b 所示，求一般位置直线 *DE* 和一般位置平面 *ABC* 的交点 *M*。

分析：如图 2-52a 所示，过一般位置直线 *DE* 可作辅助铅垂面 *P*，*DE* 在铅垂面 *P* 内。

铅垂面 *P* 与一般位置平面 *ABC* 的交线为 *KL*（作图方法参见例 2-14），*KL* 在铅垂面 *P* 内。在铅垂面 *P* 内相交两直线 *DE*、*KL* 的交点 *M* 即为所求，*M* 既在平面 *ABC* 上，又在直线 *DE* 上。

辅助平面 *P* 应选择投影有积聚性的特殊位置平面。

作图步骤：

1）如图 2-52c 所示，过 *DE* 作辅助铅垂面 *P*。

2）作铅垂面 *P* 与平面 *ABC* 的交线为 *KL*（作图方法参见例 2-14）。

3）交线 *KL* 与直线 *DE* 在同一平面 *P* 内，正面投影可直接定出 $k'l'$ 与 $d'e'$ 的交点 m'，由 m' 作投影连线得水平投影 *m*。

4）判断正面投影的可见性。如图 2-52c 所示，由交叉两直线 *AB* 和 *DE* 重影点 Ⅰ 和 Ⅱ 的正面投影 1′（2′），求出水平投影 1、2，可知点 Ⅰ 在前，点 Ⅱ 在后，故正面投影 $m'2'$ 画细虚线，$d'm'$ 画粗实线，结果如图 2-52d 所示。

5）判断水平投影的可见性。如图 2-52c 所示，由交叉两直线 *DE* 和 *AB* 重影点Ⅲ和 *K* 的水平投影 3（*k*），求出正面投影 3′、*k*′，可知点Ⅲ高，点 *K* 低，故水平投影 *dm* 画粗实线，*ml* 画细虚线，结果如图 2-52d 所示。

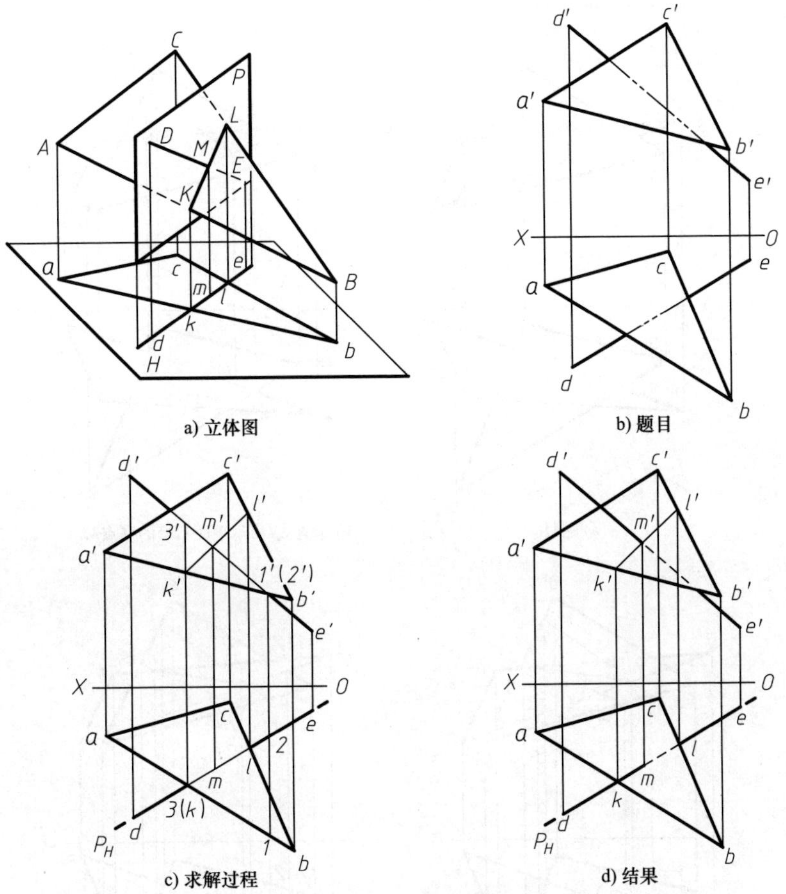

a) 立体图　b) 题目　c) 求解过程　d) 结果

图 2-52　一般位置平面与一般位置直线相交

6. 两个一般位置平面相交

例 2-18　如图 2-53a 所示，求平面 *ABC* 和平面 *DEF* 的交线。

分析：两平面均为一般位置平面，在平面 *DEF* 内找两条直线 *DE* 和 *DF*，按照例 2-17 的方法分别求 *DE* 和 *DF* 与平面 *ABC* 的交点 *M*、*N*，连接 *MN* 即为两平面的交线，然后分别判断正面投影和水平投影的可见性。

作图步骤：

1）如图 2-53b 所示，求出直线 *DE* 与平面 *ABC* 的交点 *M*。过 *DE* 作辅助铅垂面 *P*，铅垂面 *P* 与平面 *ABC* 的交线为 *KL*，*k*′*l*′与 *d*′*e*′交于 *m*′，由 *m*′作投影连线在 *de* 上得到 *m*。

2）如图 2-53c 所示，求出直线 *DF* 与平面 *ABC* 的交点 *N*。过 *DF* 作辅助铅垂面 *T*，铅垂面 *T* 与平面 *ABC* 的交线为 *RS*，*r*′*s*′与 *d*′*f*′交于 *n*′，由 *n*′作投影连线在 *df* 上得到 *n*。

3）判断正面投影的可见性。如图 2-53d 所示，由交叉两直线 *DE* 和 *AC* 重影点Ⅰ、Ⅱ的正面投影 1′（2′），从水平投影可知点Ⅰ在点Ⅱ的前方，故 *d*′*m*′画粗实线，*a*′*c*′被 *d*′*e*′*f*′挡住部分画细虚线，同理可判断其余部分的可见性。

4）判断水平投影的可见性。如图 2-53d 所示，由交叉两直线 *AB* 和 *DF* 重影点 *R*、*T* 的水平投影 *t*（*r*），从正面投影可知点 *T* 在点 *R* 的上方，故 *dn* 画粗实线，*ab* 被平面 *def* 挡住部分画细虚线，同理可判断其余部分的可见性。

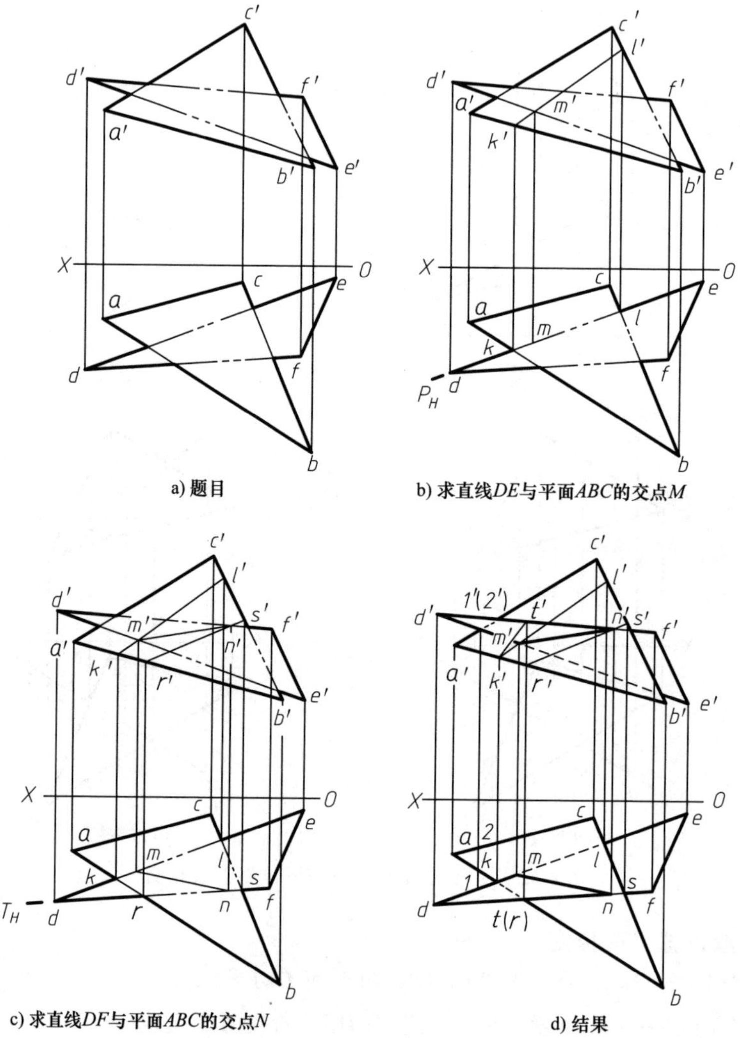

a) 题目　　b) 求直线*DE*与平面*ABC*的交点*M*

c) 求直线*DF*与平面*ABC*的交点*N*　　d) 结果

图 2-53　两个一般位置平面相交

2.5.3　垂直

1. 直线与平面垂直

如果一条直线垂直于一个平面，则这条直线垂直于这个平面上的所有直线。

如果一条直线垂直于平面内两相交直线，则这条直线就垂直于这个平面。

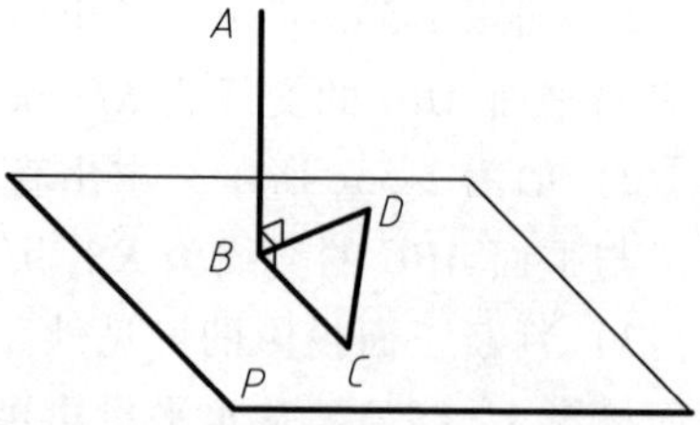

图 2-54　直线与平面垂直的几何条件

如图 2-54 所示，直线 *AB* 垂直于平面 *P* 内两相交直线 BC、BD，则直线 AB 垂直于平面 P，也垂直于平面内的任意直线 DC。这样，在平面内可选择正平线、水平线和侧平线，由此空间直线垂直于平面，空间直线也垂直于平面内的正平线、水平线和侧平线。

根据两直线垂直的直角投影定理，空间直线的正面投影垂直于平面内正平线的正面投影，空间直线的水平投影垂直于平面内水平线的水平投影，空间直线的侧面投影垂直于平面内侧平线的侧面投影。如图 2-55 所示，直线 DE 垂直于平面 ABC，平面内的正平线、水平线和侧平线分别为 BG、AH、CF，则有 $d'e' \perp b'g'$ 、$de \perp ah$、$d''e'' \perp c''f''$。

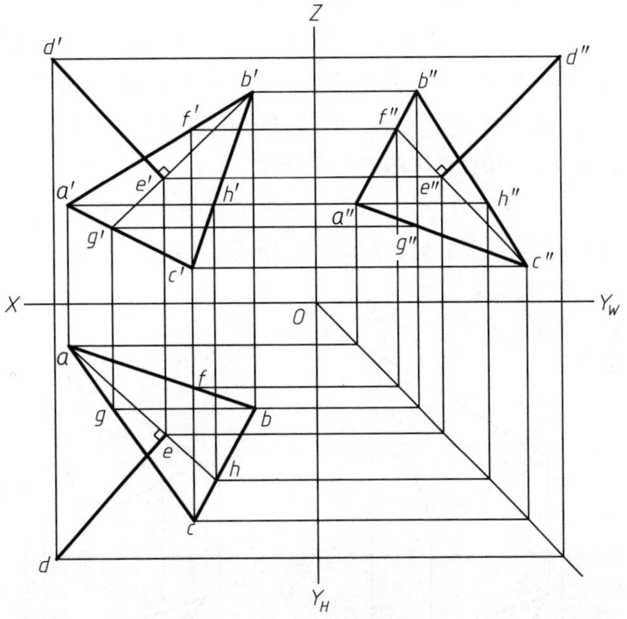

图 2-55 直线垂直于一般位置平面

例 2-19 如图 2-56b 所示，求点 D 与铅垂面 ABC 之间的距离。

分析：如图 2-56a 所示，过点 D 所作直线 DE 垂直于铅垂面 ABC，DE 为水平线，正面投影 $d'e'$ 平行于 OX，水平投影 de 垂直于平面有积聚性的投影，且反映点 D 与平面 ABC 的距离。

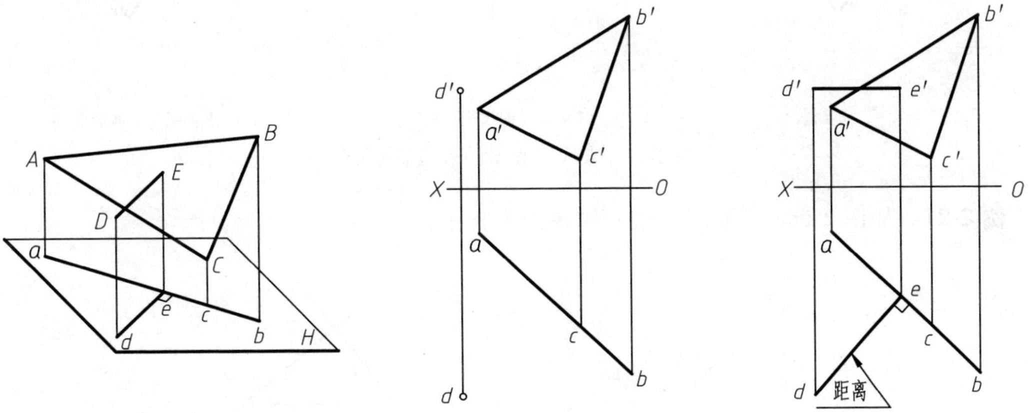

a) 立体图　　b) 题目　　c) 求解过程

图 2-56 直线垂直于铅垂面

作图步骤：

1）过 d 作线段垂直于 abc，交 abc 于 e。

2）过 d' 作 $d'e'$ 平行于 OX，过 e 的投影连线交 $e'd'$ 于 e'，de 反映空间点 D 到平面 ABC 的距离。

例 2-20 如图 2-57a 所示，过点 D 作直线垂直于一般位置平面 ABC。

分析：过平面外一点作平面的垂线只有一条，此垂线垂直于平面内的正平线和水平线，最后完成垂线和平面的交点，并判断可见性。

作图步骤：

1）在平面 *ABC* 内过 *A* 作水平线 *AH*，过 *B* 作正平线 *BG*。

2）因 *AH* 为水平线，*DE* 垂直于 *AH*，两直线的水平投影反映直角，在水平投影中过 *d* 作 *de* 垂直于 *ah*；*BG* 为正平线，*DE* 垂直于 *BG*，两直线的正面投影反映直角，在正面投影中过 *d′* 作 *d′ e′*垂直于 *b′g′*，垂线的长度自定。*DE* 垂直于平面内相交两直线 *AH*、*BG*，所以 *DE* 垂直于平面 *ABC*，如图 2-57b 所示。

3）按照一般位置直线和一般位置平面求交点的方法，求直线 *DE* 与平面 *ABC* 的交点 *K*，并判断可见性，结果如图 2-57c 所示。

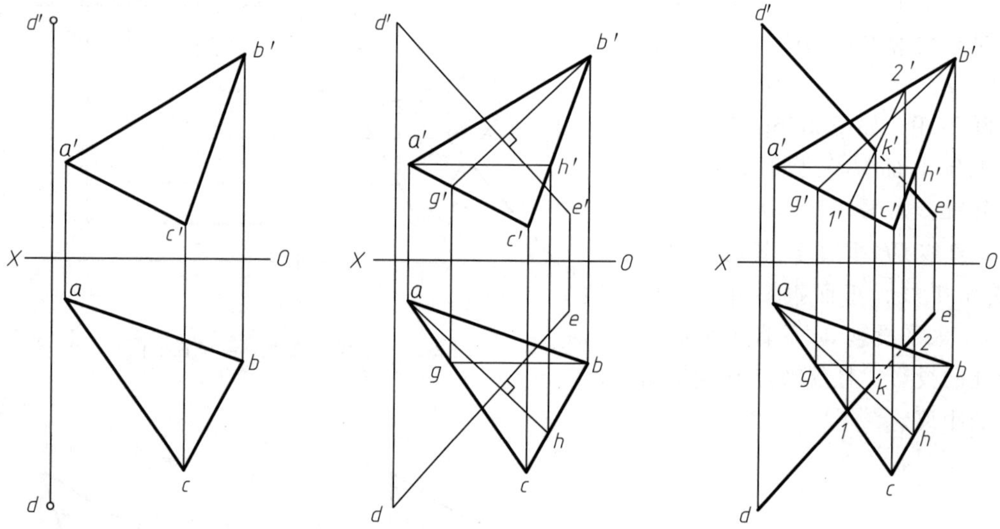

a) 题目　　b) 求垂线的投影　　c) 求垂线与平面的交点

图 2-57　直线垂直于一般位置平面

例 2-21　如图 2-58a 所示，过点 *A* 作平面垂直于直线 *DE*。

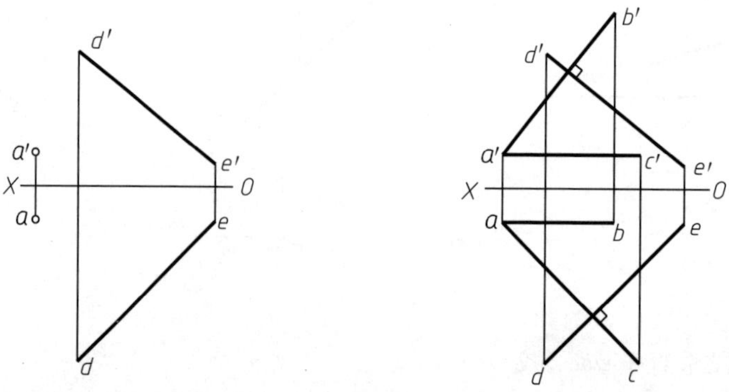

a) 题目　　b) 求解过程

图 2-58　过点 *A* 作平面垂直直线 *DE*

分析：过 *A* 分别作正平线垂直于直线 *DE*，作水平线垂直于直线 *DE*，相交两直线正平线和水平线所组成的平面即为所求。

作图步骤：

1）过 *a′* 作 *a′b′* 垂直于 *d′e′*，过 *a* 作 *ab* 平行于 *OX*，正平线 *AB* 垂直于 *DE*。

2）过 *a* 作 *ac* 垂直于 *de*，过 *a′* 作 *a′c′* 平行于 *OX*，水平线 *AC* 垂直于 *DE*。

AB 和 *AC* 所确定的平面即为所求。直线 *AB* 和 *AC* 可以是任意长度。

2. 平面与平面垂直

如果一个平面包含另一个平面的一条垂线，则这两个平面相互垂直。

如图 2-59 所示，*AB* 垂直于平面 *P*，平面 *Q* 中包含直线 *AB*，故平面 *Q* 垂直于平面 *P*。

若两相互垂直的平面垂直于同一投影面，则两平面在该投影面上的投影积聚成直线，且相互垂直，如图 2-60 所示，平面 *ABC* 和平面 *DEF* 为相互垂直的铅垂面，它们的水平投影积聚为两条线，且 *abc* 垂直于 *def*。

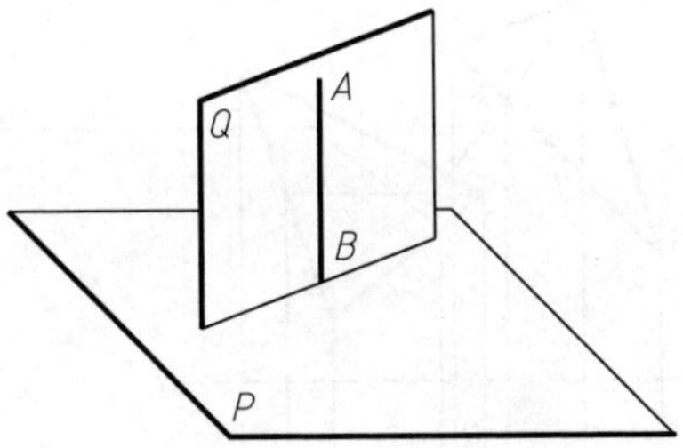

图 2-59 平面与平面垂直

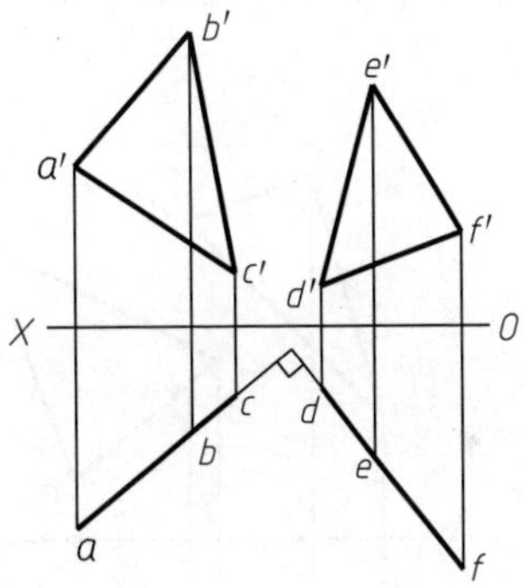

图 2-60 两个铅垂面垂直

例 2-22 如图 2-61a 所示，过直线 *MN* 作平面垂直于平面 *ABC*。

分析：所求平面应包含平面 *ABC* 的垂线。过 *M* 作平面 *ABC* 的垂线 *MT*，垂线 *MT* 与已知直线 *MN* 所组成的平面垂直于平面 *ABC*，即为所求平面。

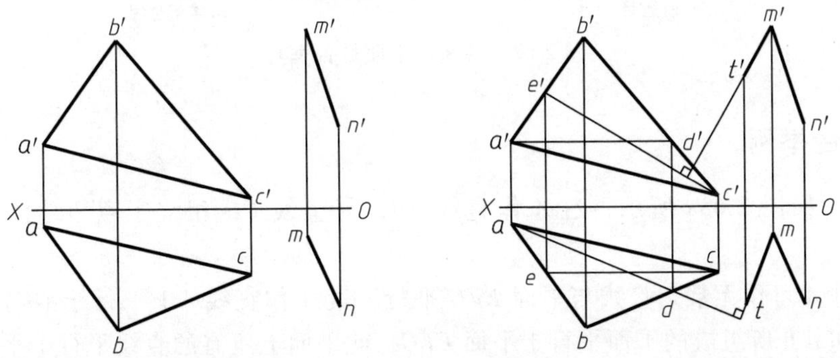

a) 题目　　b) 求解过程

图 2-61 作平面与平面垂直

作图步骤：

1）在平面 ABC 内作一条水平线 AD。

2）在平面 ABC 内作一条正平线 CE。

3）在正面投影中作 $m't'$垂直于 $c'e'$，在水平投影中作 mt 垂直于 ad，则 MT 垂直于 AD，MT 垂直于 CE，MT 垂直于平面 ABC，MT 与 MN 所组成平面即为所求。

例 2-23 如图 2-62a 所示，判断一般位置平面 ABC 和一般位置平面 DEF 是否垂直。

分析：若两平面垂直，则一平面必包含另一平面的垂线。过平面 DEF 上一点作平面 ABC 的垂线，判断此垂线是否在平面 DEF 内。若垂线在平面内，则两平面互相垂直，否则不垂直。

作图步骤：

1）在平面 ABC 中作正平线 CN 和水平线 AM。

2）过点 D 作直线 DK 分别垂直于正平线 CN 和水平线 AM，即 $d'k'$垂直于 $c'n'$，dk 垂直于 am，DK 垂直于平面 ABC。

3）$k'k$ 垂直于 OX，即 K 在直线 EF 上，所以 DK 在平面 DEF 上，平面 DEF 垂直于平面 ABC。

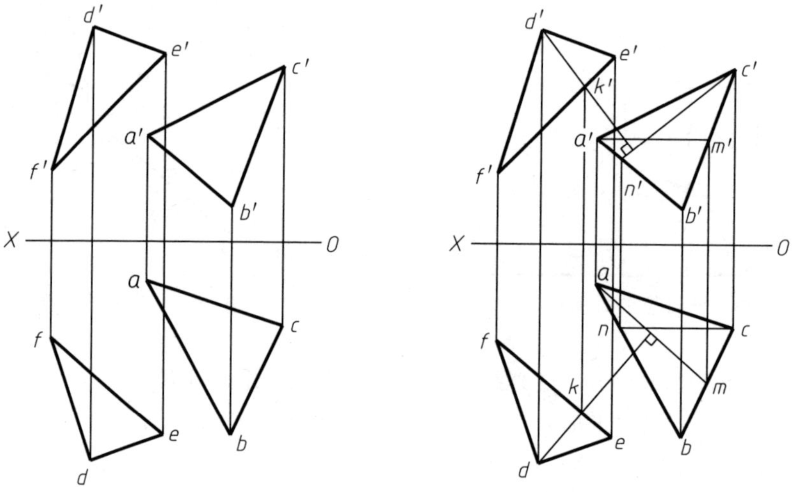

a) 题目　　b) 求解过程

图 2-62　判断两平面是否垂直

2.5.4　综合举例

例 2-24 如图 2-63a 所示，过 A 作直线 AB，与直线 CD 相交于点 B，且与平面 EFG 平行。

分析：过 A 可作无数条直线与平面 EFG 平行。过 A 作直线 A Ⅰ 平行于 GF，A Ⅱ 平行于 EG，则 A Ⅰ 和 A Ⅱ 所组成的平面平行于平面 EFG，此平面上所有的直线平行于平面 EFG，平面 A Ⅰ Ⅱ 与直线 CD 的交点即为点 B。AB 在平面 A Ⅰ Ⅱ 上，所以 AB 平行于平面 EFG。

作图步骤：

1）过 A 作任意长度的直线 A Ⅰ 平行于 GF，A Ⅱ 平行于 EG，即 $a'1'$平行于 $g'f'$、$a1$ 平行于 gf、$a'2'$平行于 $e'g'$、$a2$ 平行于 eg，则平面 A Ⅰ Ⅱ 平行于平面 EFG。

2）求平面 A Ⅰ Ⅱ 与直线 CD 的交点 B。过 CD 作铅垂面 P，P 与平面 A Ⅰ Ⅱ 的交线为 KM，KM 与 CD 的交点为 B。连接 AB，即为所求。

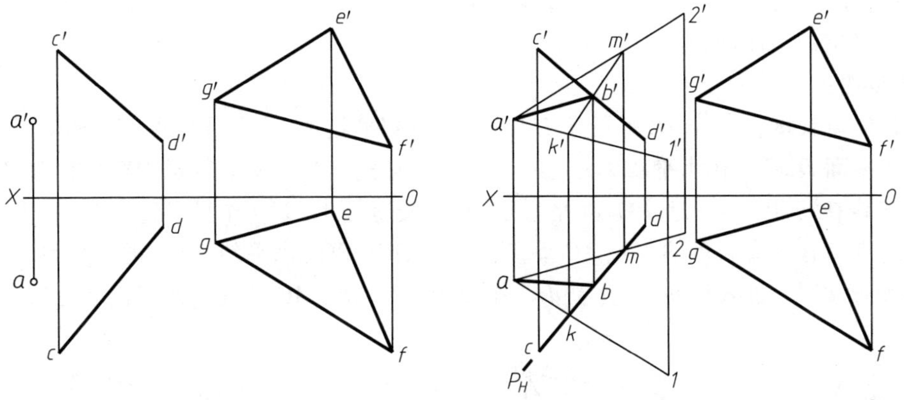

a) 题目　　b) 求解过程

图 2-63　过点作直线与已知直线相交且与已知平面平行

例 2-25　如图 2-64a 所示，求点 A 到直线 MN 的距离。

分析：过点 A 作平面垂直于直线 MN，求此平面与直线 MN 的交点，交点与点 A 连线的实长即为点 A 到直线 MN 的距离。

作图步骤：

1）过 A 作平面 ABC 垂直于直线 MN。过 A 作任意长度的水平线 AB 垂直于 MN，正平线 AC 垂直于 MN。即 a'b'平行于 OX、ab 垂直于 mn、a'c' 垂直于 m'n'、ac 平行于 OX。

2）求平面 ABC 与 MN 的交点 D。过 MN 作铅垂面 P，铅垂面 P 与平面 ABC 的交线为 Ⅰ Ⅱ，在 P 平面内 Ⅰ Ⅱ 与 MN 的交点为 D，如图 2-64b 所示。

3）求 AD 的实长。AD 为一般位置直线，利用直角三角形法度量 aa_1 等于 AD 的 Z 坐标差，a_1d 即为 AD 实长，反映点 A 到直线 MN 的距离。

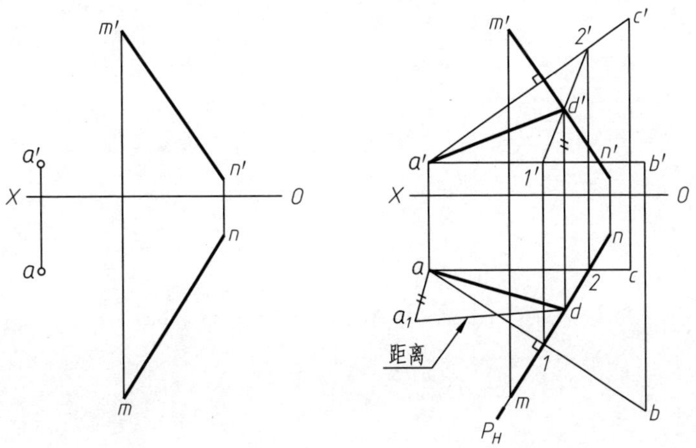

a) 题目　　b) 求解过程

图 2-64　点到直线的距离

例 2-26 如图 2-65 所示，过点 *A* 作平面 *ABC*，使平面 *ABC* 垂直于平面 *DEF*，并平行于直线 *MN*。

分析：过点 *A* 作直线 *AB* 平行于直线 *MN*，作直线 *AC* 垂直于平面 *DEF*，则相交两直线 *AB*、*AC* 所确定的平面即为所求。

作图步骤：

1）作任意长度的直线 *AB* 平行于 *MN*。即作 *a′b′*平行于 *m′n′*，*ab* 平行于 *mn*。

2）在平面 *DEF* 内作水平线 *DS*、正平线 *DT*。即过 *d′*作 *d′s′*平行于 *OX*，交 *e′f′*于 *s′*，过 *s′*作投影连线在 *ef* 上求 *s*，过 *d* 作 *dt* 平行于 *OX*，交 *ef* 于 *t*，过 *t* 作投影连线在 *e′f′*上得 *t′*。

3）过点 *A* 作任意长度的直线 *AC* 垂直于平面 *DEF* 内的水平线 *DS*、正平线 *DT*。即过 *a′*作 *a′c′*垂直于 *d′t′*，过 *a* 作 *ac* 垂直于 *ds*。相交两直线 *AB*、*AC* 所确定的平面即为所求。

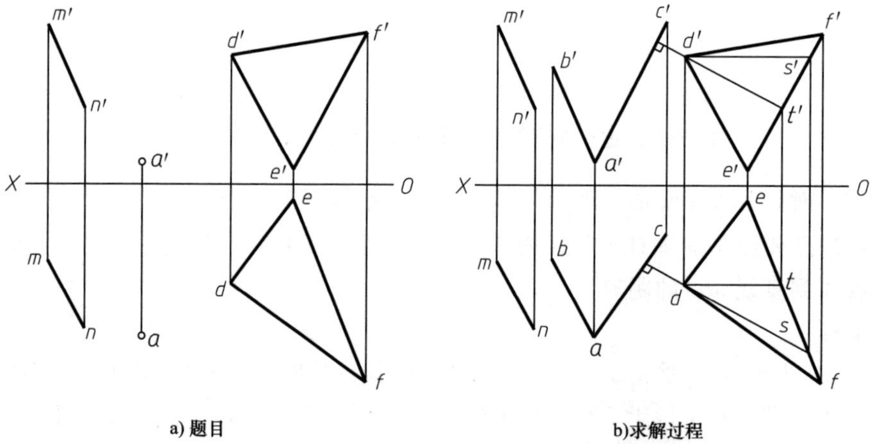

图 2-65 过点作平面与已知平面垂直且与已知直线平行

第3章 投影变换

本章先介绍投影变换中换面法的基本概念和点的投影变换规律，重点介绍关于直线、平面的四种基本作图方法，并利用这些方法图解空间几何问题。

3.1 概述

3.1.1 投影变换的目的

由前面的投影理论可知，当空间元素在投影体系中处于特殊位置时，其投影能真实反映出空间元素的几何特性。当直线和平面平行于正投影面时，其正面投影反映直线的实长和平面的实形，如图 3-1 所示。当平面垂直于投影面时，平面在垂直的投影面上有积聚性，可直接求出点到平面的距离，如图 3-2a 所示；当直线与垂直于投影面的平面相交时，其交点 K 可直接作出，如图 3-2b 所示。

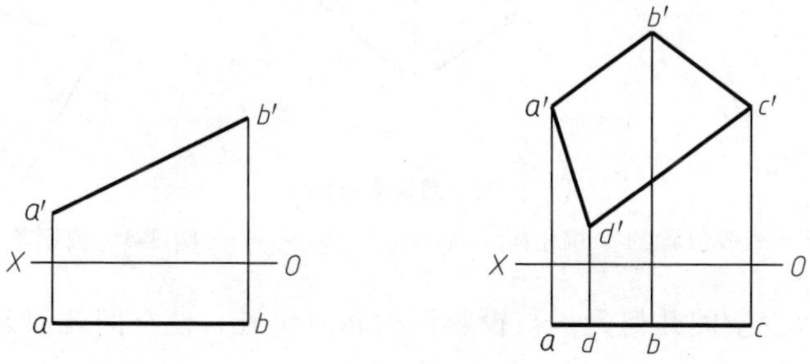

a) 反映直线的实长　　b) 反映平面的实形

图 3-1　特殊位置的空间几何元素

但在实际工程中，常常遇到这样一些问题，如求物体斜面的真实形状、两斜面间的夹角、两交叉管道间的最短实际距离等。这类问题往往是利用图解法对一般位置的空间几何元素进行求解。当直线和平面处于一般位置时，其投影不反映直线的实长和平面的实形，如图 3-3 所示。当平面处于一般位置时，在投影上不反映点到平面的真实距离，如图 3-4 所示。

从上面的分析可知，在对空间几何对象求解时，如果能将处于空间位置的几何元素变换成特殊位置，使它们的投影能反映实形或使其投影具有积聚性，这样便于解决空间几何的度量问题。

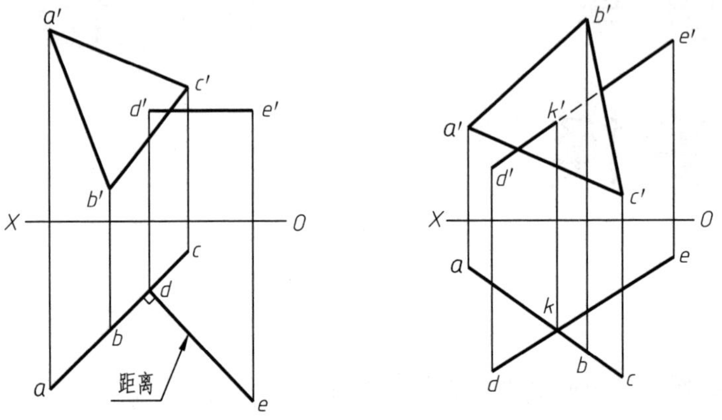

a) 投影反映点到平面的距离　　b) 可直接求出交点

图 3-2　反映距离和交点

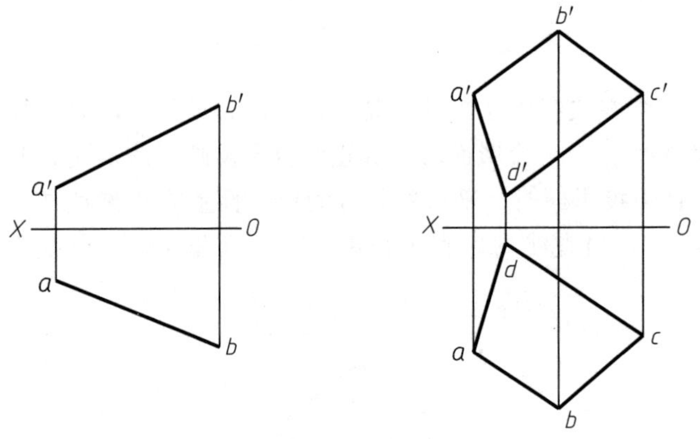

a) 一般位置直线　　b) 一般位置平面

图 3-3　一般位置的空间几何元素

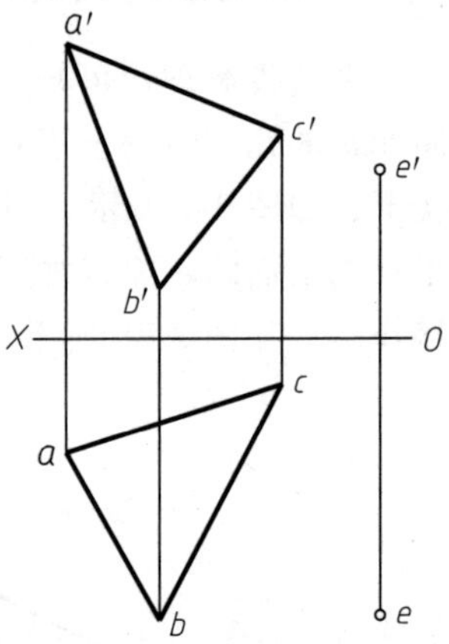

图 3-4　投影不反映点到平面的距离

投影变换就是改变空间几何元素与投影面的相对位置，使空间几何元素变换为利于求解的位置。

常用的投影变换方法有换面法和旋转法两种。换面法是空间几何元素不动，增加新的投影面来求解问题；旋转法是投影面不动，旋转空间几何元素来求解问题，本章只介绍换面法。

3.1.2　换面法的概念

如图 3-5 所示，处于一般位置的直线 AB 在给定的投影体系 V/H 中的投影不反映实长和对投影面的倾角。为了使空间直线 AB 的投影反映实长，新加一投影面 V_1，使 V_1 平行于 AB，这样 AB 在 V_1 投影面上的投影即反映实长。但平行于 AB 的 V_1 投影面有无数个，选择垂直于

H 面的 V_1 投影面，使 V_1/H 组成一个新的投影体系，在新投影面上的投影 $a_1'b_1'$ 就反映直线的实长。

这样保持空间几何元素不动，用更换投影面的方法来改变空间元素与投影面的相对位置，有利于解题，这种投影变换称为换面法。

在换面法中，新增加的投影面必须遵循下列原则：

1）新增加的投影面必须使空间几何形体在新的投影面中处于有利于解题的位置。

2）新增加的投影面必须垂直于原投影体系中被保留的一个投影面，并与该投影面组成一个新的投影体系。

3）可遵照上述两条原则进行多次投影变换。

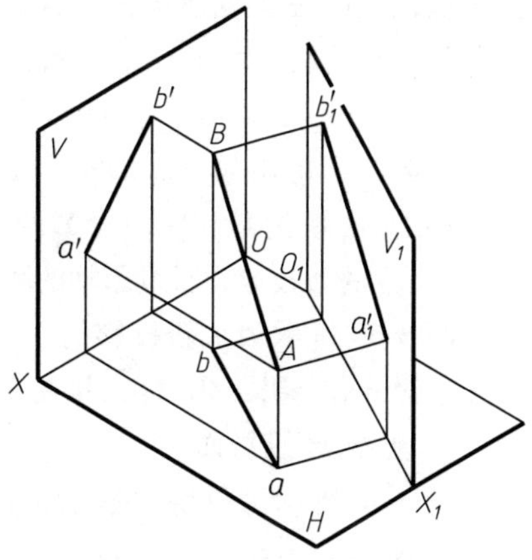

图 3-5　换面法的概念

3.2　点的投影变换

点是构成空间几何形体最基本的几何元素，所以首先研究点的投影变换规律。

3.2.1　点的一次变换

1. 更换 V 投影面

如图 3-6a 所示，在 V/H 投影体系中，点 A 的正面投影为 a'，水平投影为 a，投影轴为 OX。现保持水平投影面 H 不变，用铅垂面 V_1 代替 V 面作为新的投影面，与 H 面组成新的投影体系 V_1/H，V_1 面和 H 面的交线 O_1X_1 为新投影体系中的新投影轴。从空间点 A 向新投影面 V_1 作垂线，定出新投影面中的投影，用 a_1' 表示。这样，a_1' 为新投影，a' 为旧投影，a 为保留投影。展开时，新投影面 V_1 绕新投影轴 O_1X_1，沿箭头方向旋转到与投影面 H 重合的位置，V_1 面再随着 H 面绕旧投影轴 OX 沿箭头方向旋转到与 V 面重合的位置，展开图如图 3-6b 所示。

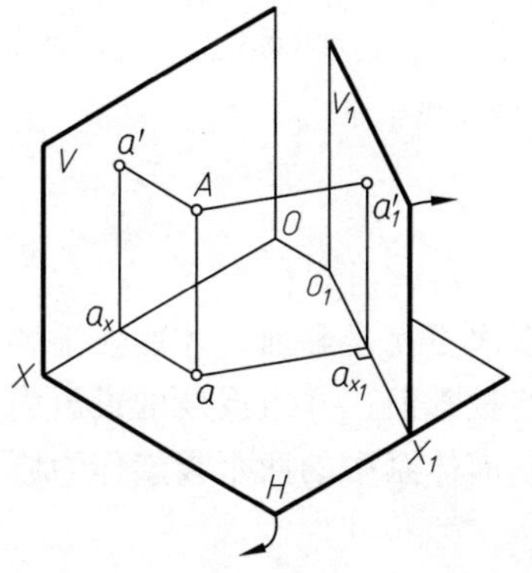

a) 立体图

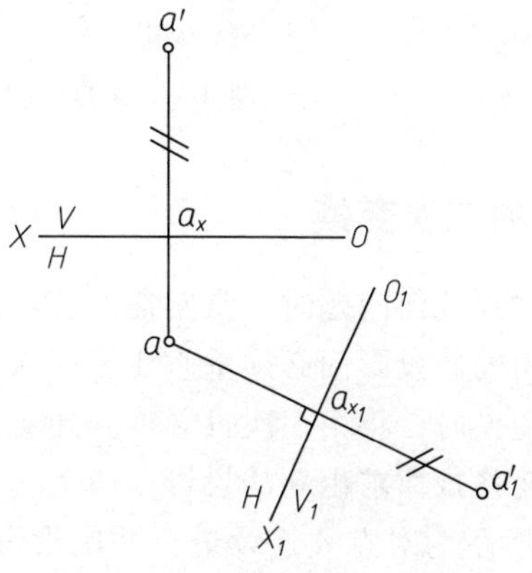

b) 投影图

图 3-6　点的一次变换（更换 V 投影面）

从以上的投影变换可知，点 A 在新投影面 V_1 中的新投影 a_1' 与旧投影体系中的投影 a 和 a' 存在下列关系：两个投影体系具有公共的水平面 H，因此点 A 到 H 面的距离保持不变，即 $a'a_x = Aa = a_1'a_{x1}$；点 A 在新投影体系中的投影符合点的投影规律，如 $aa_1' \perp O_1X_1$ 轴。

因此，可得出如下点的投影变换规律：

1）点的新投影和保留投影的连线必垂直于新投影轴，即 $aa_1' \perp O_1X_1$ 轴。

2）点的新投影到新投影轴的距离等于被更换的旧投影到旧投影轴的距离，即 $a'a_x = a_1'a_{x1}$。

图 3-6b 所示为求新投影的作图方法，首先画出新投影轴 O_1X_1，O_1X_1 确定了新投影面的位置，过 a 作 $aa_1' \perp O_1X_1$，并在垂线上截取 $a_1'a_{x1} = a'a_x$，a_1' 即为所求的新投影。

2. 更换 *H* 投影面

图 3-7a 所示为更换 H 投影面时点的投影变换规律。作垂直于 V 面的新投影面 H_1 代替 H 面，H_1 面与 V 面组成新的投影体系，A 在新投影面 H_1 上的投影为 a_1。将 H_1 面和 H 面沿图 3-7a所示方向，分别绕投影轴 O_1X_1、OX 旋转到与 V 面平齐的位置，展开图如图 3-7b 所示。因为 V 面保持不变，故 $a_1a_{x1} = Aa' = aa_x$。图 3-7b 所示为作图步骤，首先画出新投影轴 O_1X_1，它确定了新投影面的位置，过 a' 作垂线 $a'a_1$ 垂直于 O_1X_1，在垂线上截取 $a_1a_{x1} = aa_x$，即求得新投影 a_1。

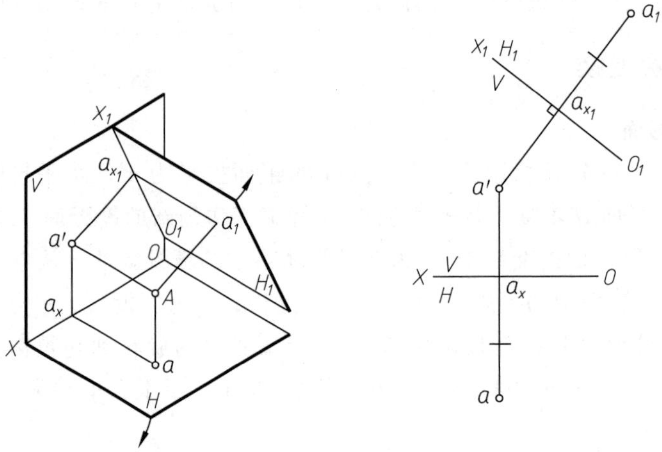

a) 立体图　　b) 投影图

图 3-7　点的一次变换（更换 H 投影面）

3.2.2　点的二次变换

在求解空间几何问题时，常常需要连续两次或多次更换投影面，才能便于解决问题。第二次换面所用的新投影面必须垂直于第一次换面的新投影面，并组成新的投影面体系。所以第二次投影变换时，将第一次投影变换建立的新投影面体系中的两个投影作为原有投影，按照点的投影变换规律求出新的投影。

图 3-8a 所示为对点 A 连续进行两次投影变换的过程。第一次变换用 V_1 面更换 V 面，组成新的投影体系 V_1/H，新投影轴为 O_1X_1；第二次投影变换用 H_2 面更换 H 面，组成新的投影面体系 V_1/H_2，新投影轴用 O_2X_2 表示。H_2 面、V_1 面和 H 面分别沿投影轴 O_2X_2、O_1X_1、OX 按图示方向旋转到与 V 面平齐的位置，展开图如图 3-8b 所示。图 3-8b 所示为连续两次

变换后所得的投影图，画出新投影轴 O_1X_1，作 aa_1'垂直于 O_1X_1，并在垂线上截取 $a_1'a_{x1}=a'a_x$；画出第二次投影变换的新投影轴 O_2X_2，作 $a_1'a_2$垂直于 O_2X_2，并在垂线上截取 $a_2a_{x2}=aa_{x1}$，a_2即为第二次投影变换后得到的新投影。

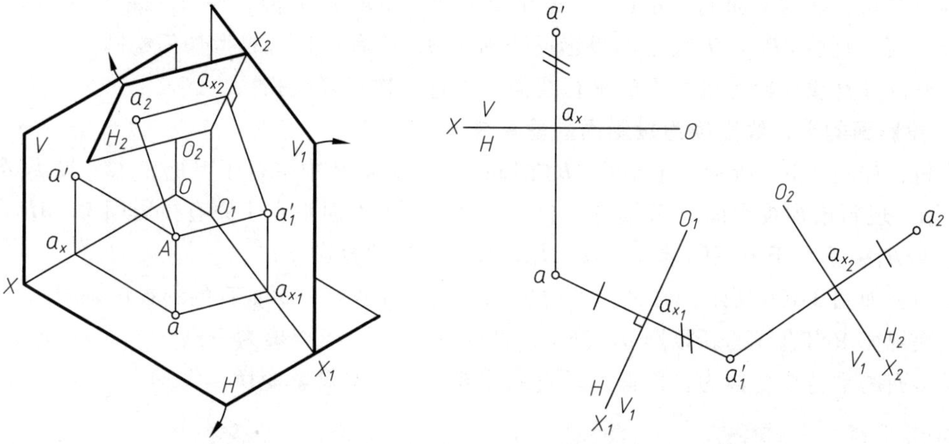

a) 立体图　　b) 投影图

图 3-8　点的二次变换

3.3　投影变换的四种基本作图方法

1. 一般位置直线变换为投影面的平行线

分析：如图 3-9a 所示，一般位置直线 AB 在原投影体系 V/H 中的两面投影为 ab 和 $a'b'$，其投影不反映实长和直线对投影面的倾角。现增加新投影面 V_1，使 V_1平行于直线 AB，且垂直于原有的投影面 H，直线 AB 在新投影体系 V_1/H 中平行于 V_1面，则 AB 在 V_1面上的投影 $a_1'b_1'$反映空间直线的实长。新加的投影轴 O_1X_1平行于保留投影 ab，新投影 $a_1'b_1'$与 O_1X_1的夹角反映直线 AB 对投影面 H 的倾角 α。

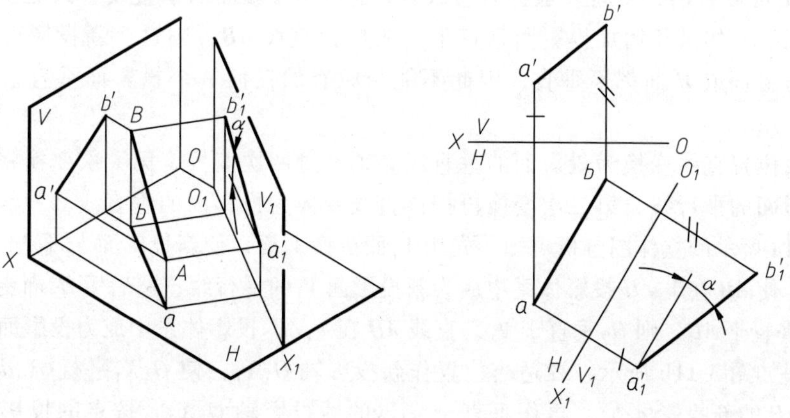

a) 立体图　　b) 投影图

图 3-9　一般位置直线变换为投影面的平行线

作图：如图 3-9b 所示，在适当的位置作平行于保留投影 ab 的新投影轴 O_1X_1，按照点的投影变换规律分别求出点 A、B 的新投影 a_1' 和 b_1'，连接 $a_1'b_1'$，则 $a_1'b_1'$ 反映直线 AB 的实长，$a_1'b_1'$ 与 O_1X_1 的夹角反映空间直线对 H 面的倾角 α。

若求空间直线与 V 面的夹角 β，则需保留 V 面，新增加 H_1 面，使 H_1 面平行于直线 AB 且垂直于 V 面，直线 AB 在 H_1 面上的投影反映夹角 β，读者可自行思考如何绘制。

一般位置直线变换为投影面的平行线需要经过一次投影变换。

2. 投影面的平行线变换为投影面的垂直线

分析：如图 3-10a 所示，正平线 AB 在原投影体系 V/H 中平行于 V 面，水平投影 ab 平行于 OX 轴。现新增加投影面 H_1 垂直于空间直线 AB，则 H_1 面垂直于原有投影面 V，AB 在新投影体系 V/H_1 中垂直于 H_1 面，新投影轴 O_1X_1 垂直于保留投影 $a'b'$。

作图：如图 3-10b 所示，在适当的位置画出与正面投影 $a'b'$ 垂直的新投影轴 O_1X_1，利用投影变换规律求出直线的新投影 a_1（b_1），此时 a_1（b_1）应积聚为一点。

投影面的平行线变换为投影面的垂直线需要经过一次投影变换。

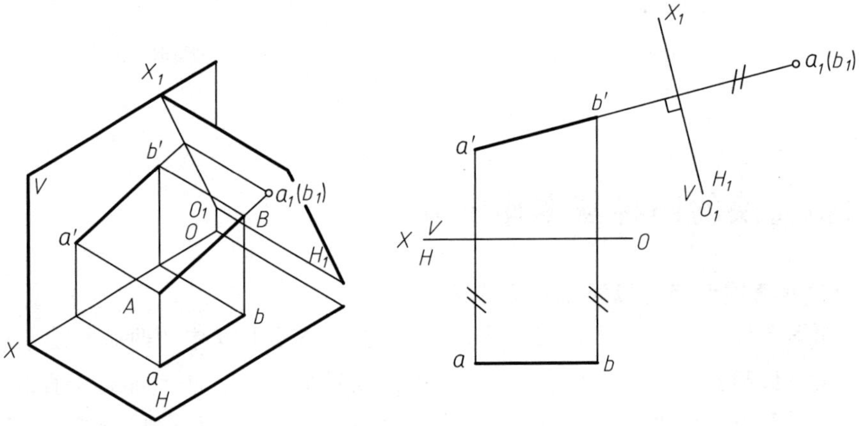

a) 立体图　　　　b) 投影图

图 3-10　投影面的平行线变换为投影面的垂直线

从图 3-11 可以看出，要将一般位置直线 AB 变换为投影面的垂直线，只更换一次投影面是不可能实现的。如果新增加投影面垂直于一般位置直线 AB，则这个新投影面也是一般位置平面，它与 V 面或 H 面都不垂直，因此不能与原有的任何一个投影面垂直，不能组成一个新的投影体系。

要将一般位置直线变换为投影面的垂直线必须经过两次变换，第一次变换将一般位置直线变换为投影面的平行线，第二次变换再把该直线变换为投影面的垂直线。

由图 3-11a 所示的立体图分析可知，先用 V_1 面更换 V 面，使新投影面 V_1 平行于 AB，且 V_1 垂直于 H 面，使 AB 在 V_1/H 投影体系中成为新投影面 V_1 的平行线；然后用 H_2 面更换 H 面，使新投影面 H_2 垂直于 AB，则 H_2 垂直于 V_1，直线 AB 在 V_1/H_2 投影体系中成为投影面 H_2 的垂线。

作图方法如图 3-11b 所示，在适当位置作新投影轴 O_1X_1，使 O_1X_1 平行于 ab，按点的投影规律求出 AB 的新投影 $a_1'b_1'$。再作垂直于 $a_1'b_1'$ 的新投影轴 O_2X_2，按点的投影规律求出新投影 a_2（b_2），a_2（b_2）积聚为一点。

一般位置直线转换为投影面的垂直线需要经过两次投影变换。

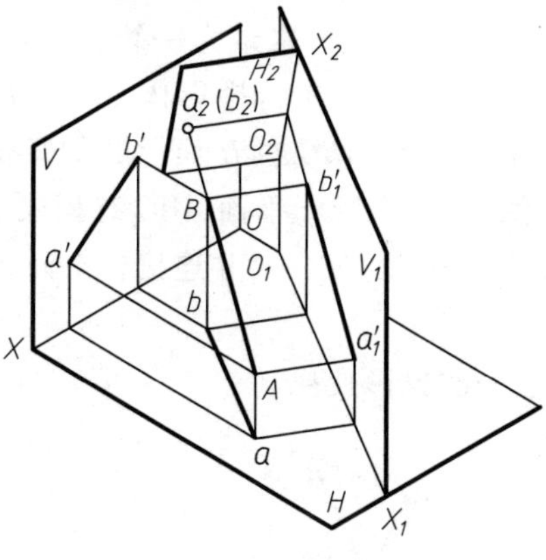

a) 立体图

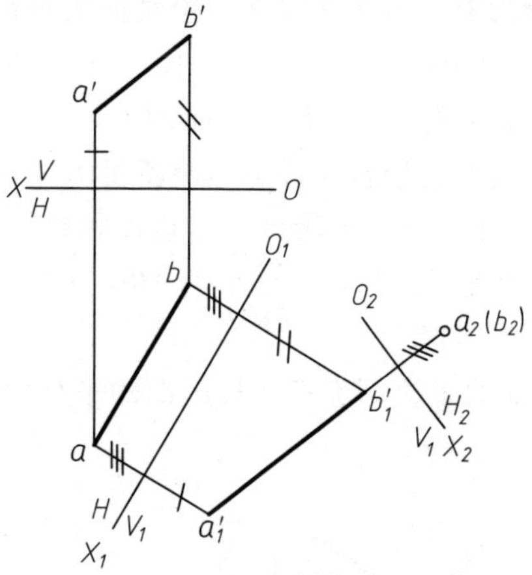

b) 投影图

图 3-11　一般位置直线变换为投影面的垂直线

3. 一般位置平面变换为投影面的垂直面

分析：如图 3-12a 所示，平面 ABC 为一般位置平面，新增加的投影面应垂直于平面 ABC。由两平面互相垂直的关系可知，新投影面应垂直于平面 ABC 内的某一直线。由于将一般位置直线转换为投影面的垂直线需经过两次变换，而将投影面的平行线转换为投影面的垂直线只需变换一次。因此，在平面 ABC 内作任一水平线 AD，保留 H 投影面，新增加 V_1 面，使 V_1 垂直于 AD，则 V_1 面也垂直于 H 面，同时 V_1 面垂直于平面 ABC。平面 ABC 在 V_1 投影面上的新投影 $a_1'b'c_1'$ 为一直线，此直线与新投影轴 O_1X_1 的夹角反映空间平面 ABC 与 H 面的夹角 α。

作图：如图 3-12b 所示，在平面 ABC 内作水平线 AD，在适当位置作新投影轴 O_1X_1，使 O_1X_1 垂直于 ad，按照点的投影变换规律求出点的新投影 a_1'、b_1'、c_1' 并连接，即可得平面 ABC 的新投影。V_1 面上的投影 a_1'、b_1'、c_1' 必在同一直线上，此直线与 O_1X_1 轴的夹角反映空间平面与 H 面的夹角 α。

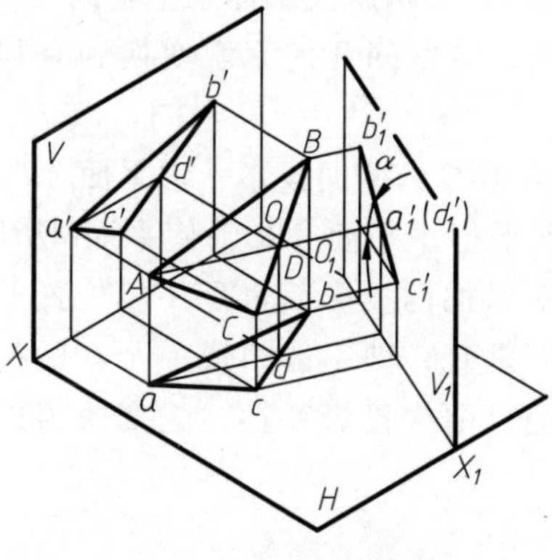

a) 立体图

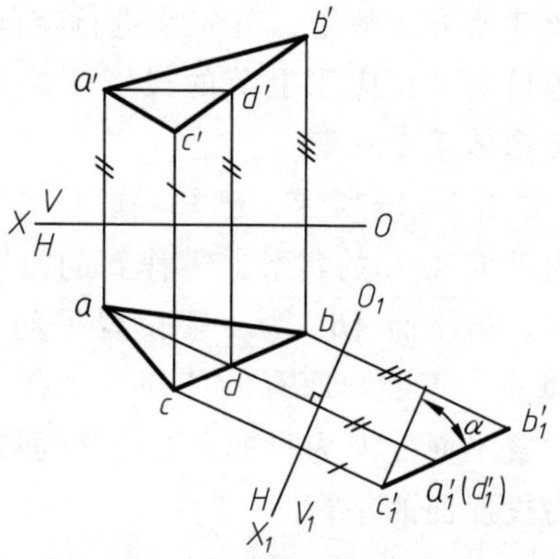

b) 投影图

图 3-12　一般位置平面变换为投影面的垂直面

若求一般位置平面与 V 面的夹角 β，则需在平面内作正平线，保留 V 面，新增加 H_1 面，使 H_1 面垂直于正平线，在 H_1 面上的投影反映倾角 β，读者可自行思考如何绘制。

一般位置平面变换为投影面的垂直面需经过一次投影变换。

4. 投影面的垂直面变换为投影面的平行面

分析：如图 3-13a 所示，平面 ABC 为铅垂面，其水平投影积聚为一线，新增加投影面 V_1，使新投影面 V_1 平行于平面 ABC，则 V_1 必垂直于 H 面。在新投影体系 V_1/H 中，平面 ABC 在 V_1 面上的投影反映实形，新投影轴 O_1X_1 平行于平面 ABC 在 H 面上的积聚投影。

作图：如图 3-13b 所示，作新投影轴 O_1X_1，使 O_1X_1 平行于平面 ABC 有积聚性的投影，运用投影变换规律分别求出平面 ABC 三个顶点的新投影 a_1'、b_1'、c_1' 并连接，平面 $a_1'b_1'c_1'$ 反映平面 ABC 的实形。

投影面的垂直面变换为投影面的平行面需经过一次投影变换。

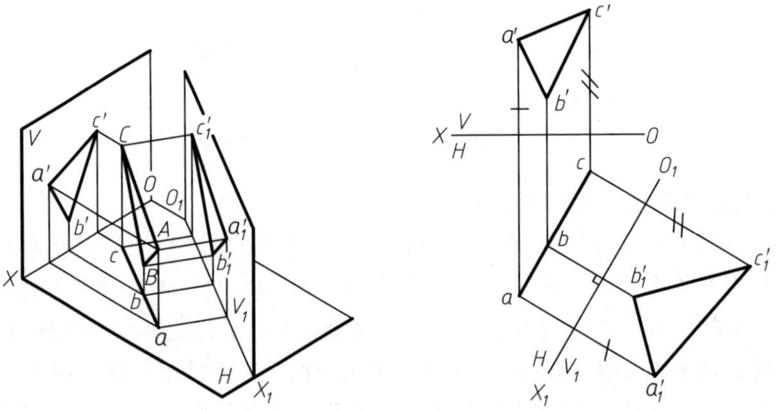

a) 立体图　　b) 投影图

图 3-13　投影面的垂直面变换为投影面的平行面

3.4　换面法的应用

应用投影变换方法解题，首先要进行空间分析，分析原投影体系中空间几何元素的相对位置，根据题目要求，应用上节的投影变换方法，将空间几何元素变换到有利于解题的位置，在新的投影体系中求解。

例 3-1　如图 3-14a 所示，已知一般位置平面 ABC 的两面投影，求平面 ABC 的实形。

分析：求平面 ABC 的实形，需作新的投影面平行于平面 ABC，使平面 ABC 在新的投影面上反映实形。但平面 ABC 为一般位置平面，新增加的投影面也是一般位置平面，与 V 面或 H 面都不垂直，不能与原有的任何一个投影面垂直，即不能组成一个新的投影体系。因此，将一般位置平面变换为投影面的平行面需经过两次投影变换，先变换为投影面的垂直面，再变换为投影面的平行面。

作图步骤：

1）将一般位置平面变换为投影面的垂直面。如图 3-14b 所示，在平面 ABC 上作水平线 AD，正面投影 $a'd'$ 平行于 OX；用投影变换方法将 AD 变换为 V_1 面的垂线，即作新投影轴 O_1X_1 垂直于 ad，求出平面 ABC 在 V_1 面上的新投影，其新投影 $a_1'b_1'c_1'$ 积聚为一条直线。

2）将投影面的垂直面变换为投影面的平行面。作新投影轴 O_2X_2 平行于 $a_1'b_1'c_1'$，求出投影变换后的点 a_2、b_2、c_2 并连接，平面 $a_2b_2c_2$ 即为平面 ABC 的实形。

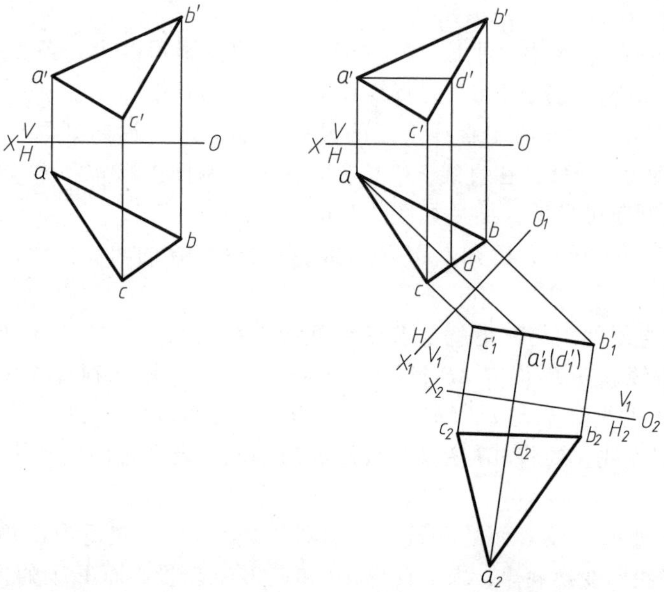

a) 题目　　b) 求解过程

图 3-14　求平面实形

例 3-2　如图 3-15a 所示，已知一般位置直线 *EF* 和一般位置平面 *ABC* 的两面投影，求它们交点的投影，并判断可见性。

分析：由图 3-2b 可知，当平面垂直于某一投影面时，平面在该投影面上的投影有积聚性，交点在该投影面上的投影可直接定出。因此，对于图 3-15a，通过投影变换，将一般位置平面 *ABC* 变换为投影面的垂直面，可直接求得直线 *EF* 和平面 *ABC* 的交点。

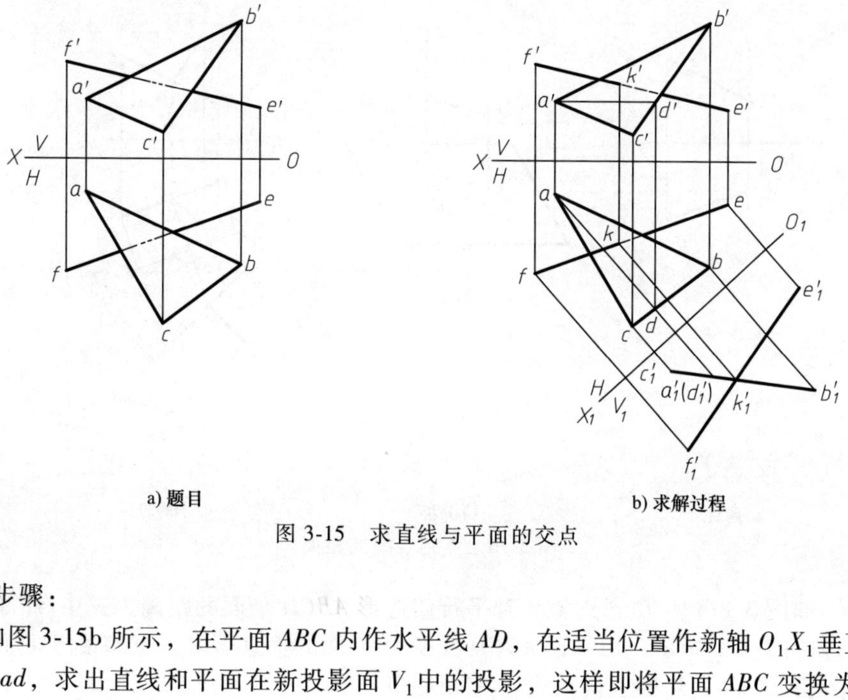

a) 题目　　b) 求解过程

图 3-15　求直线与平面的交点

作图步骤：

1）如图 3-15b 所示，在平面 *ABC* 内作水平线 *AD*，在适当位置作新轴 O_1X_1 垂直于 *AD* 的水平投影 *ad*，求出直线和平面在新投影面 V_1 中的投影，这样即将平面 *ABC* 变换为新投影面

V_1的垂直面。

2）在新投影体系 V_1/H 中，平面 ABC 在 V_1 面上的投影积聚为一条直线，与直线 EF 在此投影面上的投影相交，交点即为空间直线和平面交点的新投影 k_1'。

3）根据投影变换规律，应用直线上点的投影特性，将 k_1' 返回到原投影体系中，即 kk_1' 垂直于 O_1X_1，$k'k$ 垂直于 OX，在直线 EF 上求出点 K 的两面投影 k' 和 k。根据交叉两直线上重影点的相对位置判断可见性，结果如图 3-15b 所示。

例 3-3 如图 3-16a 所示，已知点 M 和一般位置直线 AB 的两面投影，求点 M 到直线 AB 的距离。

分析：求点到直线的距离，也就是求点到直线垂线的长度。如图 3-16b 所示，将 AB 变换为投影面 H_2 的垂线，在 H_2 面内 AB 积聚为一点 a_2（b_2），则 M 到直线 AB 的垂线 MK 平行于 H_2，K 在 H_2 面上的投影 k_2 与 a_2（b_2）重合，MK 的长度即为 m_2 到 k_2 的距离。

AB 为一般位置直线，要将 AB 变换为投影面的垂线需要经过两次投影变换。

作图步骤：

1）将直线 AB 变换为投影面的平行线。如图 3-16c 所示，在适当位置作新轴 O_1X_1，使 O_1X_1 平行于 ab，按投影变换规律，求出直线 AB 和点 M 在新投影面 V_1 上的投影 $a_1'b_1'$ 和 m_1'。

2）将直线 AB 变换为投影面的垂直线。在适当位置作新轴 O_2X_2，使 O_2X_2 垂直于 $a_1'b_1'$，按投影变换规律，求出直线 AB 和点 M 在新投影面 H_2 上的投影 a_2（b_2）和 m_2，a_2（b_2）积聚为一点，垂足 k_2 与 a_2（b_2）重合，m_2k_2 反映点 M 到直线 AB 的距离。

3）由 $m_1'k_1'$ 平行于 O_2X_2，求出 k_1'，按照投影变换规律返回到原投影体系求出 mk 和 $m'k'$，如图 3-16c 所示。

本题也可按照直角投影定理求解：当相互垂直的两直线中有一条直线平行于某一投影面时，它们在该投影面上的投影反映直角。运用此方法，对图 3-16c 中经过一次投影变换可求出垂线的投影，读者可自行分析。

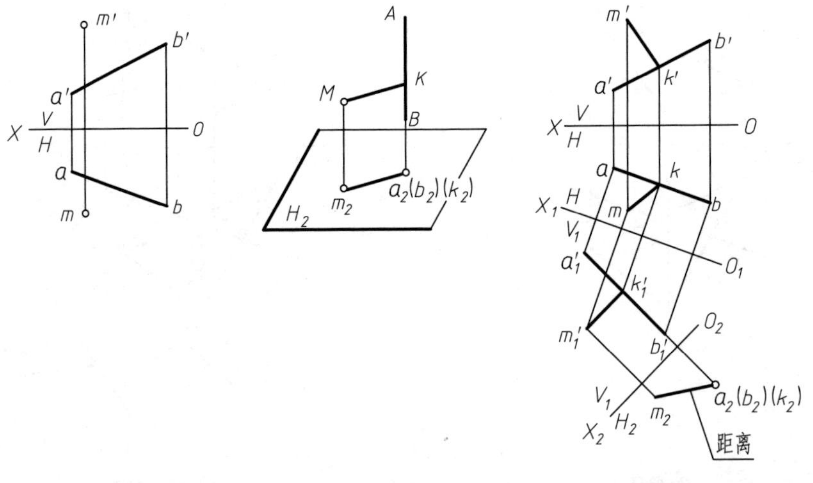

a) 题目　　b) 分析　　c) 求解过程

图 3-16　点到直线的距离

例 3-4 如图 3-17a 所示，求点 M 到平行四边形 $ABCD$ 平面的距离，其中 AD 为水平线。

分析：如图 3-17b 所示，当平面 $ABCD$ 变换为 V_1 面的垂直面时，点 M 到平面的距离 MK 为 V_1 面的平行线，它在 V_1 面上的投影 $m_1'k_1'$ 反映其实长。

作图步骤：

1）将一般位置平面变换为投影面的垂直面。如图 3-17c 所示，在适当的位置作新投影轴 O_1X_1 垂直于 AD 的水平投影 ad，按照投影变换规律，求出点 M 和平面 $ABCD$ 在 V_1 面上的新投影，平面 $ABCD$ 的新投影 $a_1'b_1'(c_1')$（d_1'）积聚为一直线。

2）在投影面 V_1 内，过 m_1' 作 $m_1'k_1$ 垂直于 $a_1'b_1'(c_1')$（d_1），$m_1'k_1'$ 即为所求的距离。

3）过 m 作 mk 平行于 O_1X_1 轴，$k_1'k$ 垂直于 O_1X_1 轴，求出 k，返回原投影体系求出 k'，结果如图 3-17c 所示。

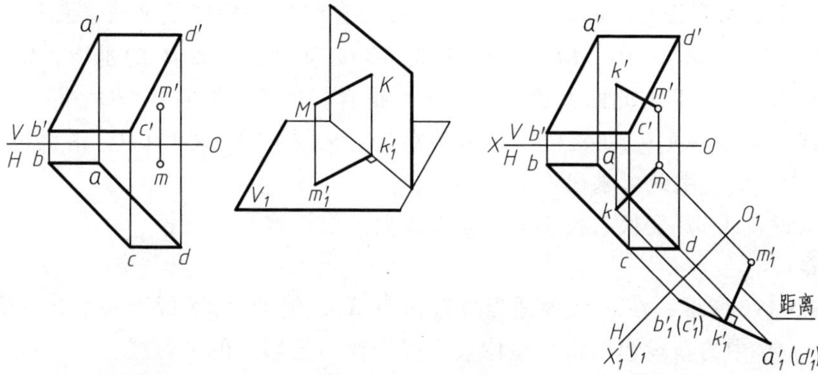

a) 题目　　b) 分析　　c) 求解过程

图 3-17　求点到平面的距离

例 3-5　如图 3-18a 所示，求平面 ABC 和平面 BCD 的夹角。

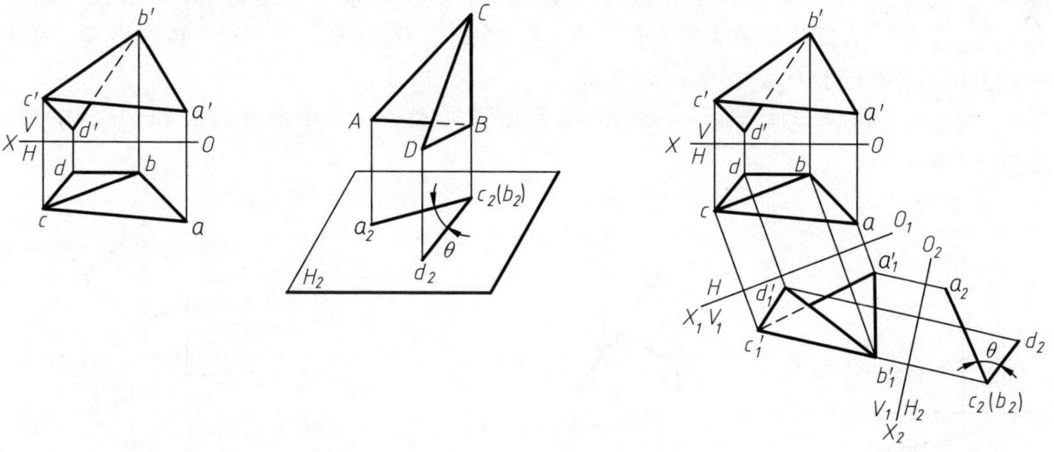

a) 题目　　b) 分析　　c) 求解过程

图 3-18　求两平面的夹角

分析：由立体几何的定理可知，相交两平面的夹角等于相交两平面与其公垂面交线的夹角。如图 3-18b 所示，要使两平面同时垂直于同一投影面，只需使此两平面的交线垂直于某一投影面，则两平面在该投影面上的投影反映空间两平面的夹角。此两平面的交线 BC 为一般位置，将交线 BC 变换为投影面的垂直线，需要经过两次投影变换。

作图步骤：

1）如图 3-18c 所示，在 H 面内适当的位置作 O_1X_1 轴，使 O_1X_1 平行于 bc，作出平面

ABC 和平面 BCD 在 V_1 面上的投影平面 $a'_1b'_1c'_1$ 和平面 $b'_1c'_1d'_1$，这样交线 BC 为新投影体系 V_1/H 中 V_1 投影面的平行线。

2）在 V_1 面内适当的位置作 O_2X_2 轴，使 O_2X_2 垂直于 $b'_1c'_1$，作出平面 ABC 和平面 BCD 在 H_2 面上的投影，这样交线 BC 为新投影体系 V_1/H_2 中投影面 H_2 的垂直线，其投影积聚为一点，平面 ABC 和平面 BCD 在 H_2 面上的投影积聚为线段，$\angle a_2c_2d_2$ 即为两平面的真实夹角 θ，结果如图 3-18c 所示。

例 3-6 如图 3-19a 所示，求交叉两直线 AB 和 CD 之间的距离。

分析：求交叉两直线之间的距离，即求交叉两直线的公垂线的实长。如图 3-19b 所示，假设公垂线为 KL，则 $KL \perp AB$，$KL \perp CD$；若将 AB 变换为投影面 H_2 的垂线，则 AB 在 H_2 面上的投影积聚为一点，K 在此面上的投影与该点重合，因 KL 垂直于 AB，所以公垂线 KL 为 H_2 面的平行线，其投影 k_2l_2 反映公垂线 KL 的实长。又因 KL 垂直于 CD，由直角投影定理可知，k_2l_2 垂直于 c_2d_2，由此可求出 l_2。

将一般位置直线 AB 变换为投影面的垂线需要经过两次投影变换。

作图步骤：

1）如图 3-19c 所示，在 H 面内适当位置作 O_1X_1，使 O_1X_1 平行于 ab，求出两直线在新投影面体系 V_1/H 中的新投影，将一般位置直线变换为投影面的平行线。

2）在 V_1 面内的适当位置作 O_2X_2 垂直于 $a'_1b'_1$，求出两直线在新投影面体系 V_1/H_2 中的新投影，直线 AB 的新投影 (a_2) b_2 积聚为一点，将一般位置直线变换为投影面的垂直线。

3）公垂线 KL 的点 K 在直线 AB 上，故 k_2 与 (a_2) b_2 重合。根据直角投影定理，KL 垂直于 CD，KL 平行于 H_2 面，KL 和 CD 在 H_2 面上的投影反映直角。过 k_2 作 k_2l_2 垂直于 c_2d_2，交 c_2d_2 于 l_2，则 k_2l_2 反映公垂线的实长。由 l_2l_1' 垂直于 O_2X_2 轴，在 $d'_1c'_1$ 上可求出 l'_1，在 V_1 面上过 l'_1 作 $k'_1l'_1$ 平行于 O_2X_2，交 $a'_1b'_1$ 于 k'_1。

4）按照投影变换规律可求出公垂线 KL 在原投影体系 V/H 中的投影 kl 和 $k'l'$。解题过程如图 3-19c 所示。

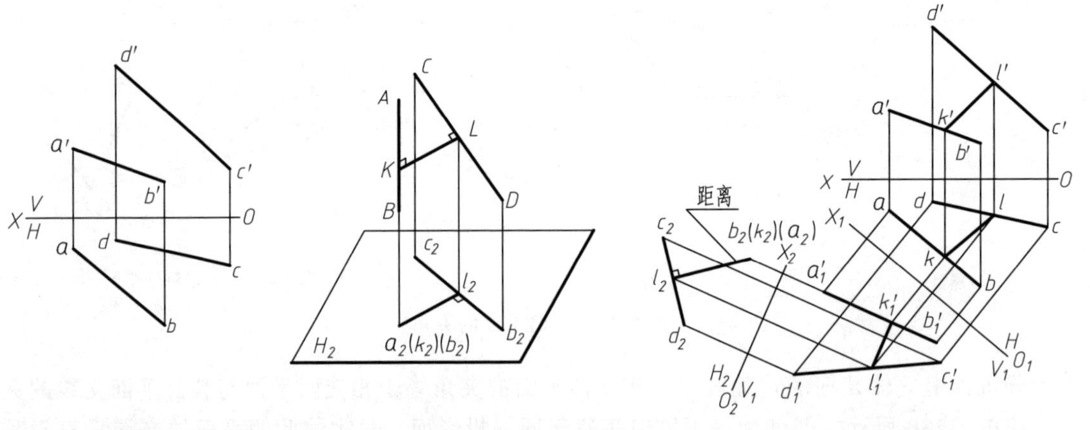

a) 题目　　b) 分析　　c) 求解过程

图 3-19　求空间相交两直线的距离

从上面的例子可知，为了使图形清晰，应在适当的位置绘制新投影轴，以避免所作的新投影图中的图线与保留的投影图中的图线交错重叠。

第4章 立体的投影

一般的机器零件都可看成是由一些基本立体，如棱柱、棱锥、圆柱、圆锥、圆球等按某种方式组合而成的。因此，在研究立体的投影时，应首先研究这些基本立体的投影。

立体是具有三维坐标的实心体，投影法中所研究的立体投影是研究立体表面的投影。立体可分为两类：由平面围成的立体称为平面立体，由曲面或曲面与平面围成的立体称为曲面立体。

4.1 平面立体及其表面上点和线的投影

由于平面立体是由平面围成的，而平面又是由线段围成的，每条线段皆可由两个端点确定。因此，绘制平面立体的投影，就是绘制平面立体表面上的点、直线、平面的投影。

常见的平面立体有棱柱、棱锥（包括棱台）等。在绘制平面立体投影时，可见的轮廓线画粗实线；不可见的轮廓线画细虚线；当粗实线与细虚线重合时，应画粗实线。

4.1.1 棱柱

1. 棱柱的投影

图 4-1a、b 分别为正五棱柱的立体图和投影图，本书从这里开始不再画投影轴，但要遵循三等关系：

1）各点的正面投影和水平投影位于铅垂的投影连线上。

2）同一点的正面投影与侧面投影位于水平的投影连线上。

3）任意两点的水平投影和侧面投影保持前后方向的宽度相等和前后对应关系。

从图 4-1a 可看出，正五棱柱的顶面和底面为水平面，它们的边分别是四条水平线和一条侧垂线；棱面为四个铅垂面和一个正平面，棱线为五条铅垂线。

正五棱柱的顶面和底面的水平投影反映实形，且重合为一个正五边形。由棱柱的高可确定顶面和底面的正面投影和侧面投影，这些投影分别积聚成水平方向的线段。五条棱线的水平投影积聚在五边形的五个顶点上，其正面投影和侧面投影为反映棱柱高的线段。

注意：棱柱的水平投影与正面投影之间应留一定的间距，正面投影和侧面投影之间也应留一定的间距，如图 4-1b 所示作一条 45°辅助线，确定各顶点的水平投影和侧面投影符合宽度相等和前后对应的关系；也可以直接用 y_1 和 y_2 量取，表示各对应点之间的宽度相等。

从前向后投影，棱线 EE_0、DD_0 被前面的棱面挡住，其正面投影不可见，画细虚线。从左向右投影，棱线 DD_0、CC_0 被棱线 EE_0、AA_0 挡住，其侧面投影重合，故不画细虚线。

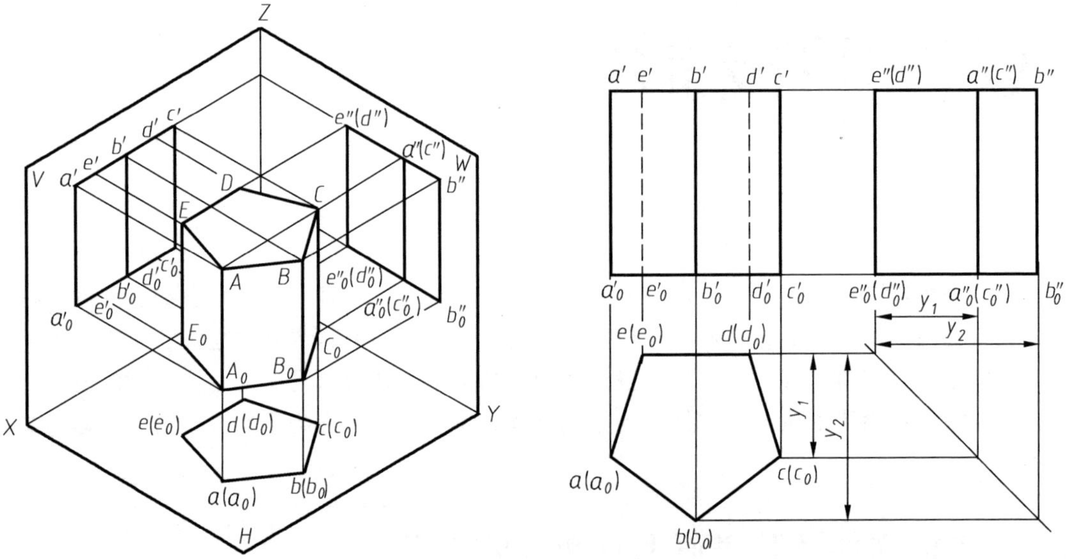

a) 立体图　　b) 投影图

图 4-1　正五棱柱的投影

2. 棱柱表面上点和线的投影

绘制平面立体表面上点和线的投影，可采用前面所述的平面取点、线的作图原理和方法。对棱柱而言，当棱面有积聚性时，棱面上点的投影落在棱面有积聚性的同面投影上。

例 4-1　如图 4-2a、c 所示，已知五棱柱表面上点 F 和点 G 的正面投影 f'（g'），折线 RST 的正面投影 $r's't'$，求作它们的水平投影和侧面投影。

分析：由图 4-2a 中的正面投影对照水平投影可看出，点 F 的正面投影可见，点 F 在棱面 AA_0B_0B 上，此棱面为铅垂面；点 G 的正面投影不可见，点 G 在棱面 DD_0E_0E 上，此棱面为正平面。此两棱面的水平投影均有积聚性，因此，点 F、点 G 的水平投影应在五棱柱的水平投影五边形上。

作图步骤：

1）如图 4-2b 所示，过 f'（g'）作竖直的投影连线，交五边形的边于 f、g，f 在前，g 在后。

2）过 f'（g'）作水平投影连线，交后棱面的侧面投影于 g''；利用投影关系，量取 y 坐标得 f''。

3）F 所在棱面 AA_0B_0B 的侧面投影可见，故 f'' 可见，结果如图 4-2b 所示。

对于折线 RST，对照图 4-2c 的正面投影和水平投影关系可知，点 R 在棱面 BB_0C_0C 上，此棱面的侧面投影不可见，点 S 在棱线 BB_0 上，点 T 在棱面 AA_0B_0B。按上面求点的方法可分别求出这三点的水平投影 r、s、t 和侧面投影（r''）、s''、t''。折线 RST 的水平投影 rst 位于棱面有积聚性的水平投影上。RS 线段的侧面投影（r''）s''不可见，画细虚线；ST 的侧面投影 $s''t''$可见，画粗实线，结果如图 4-2d 所示。

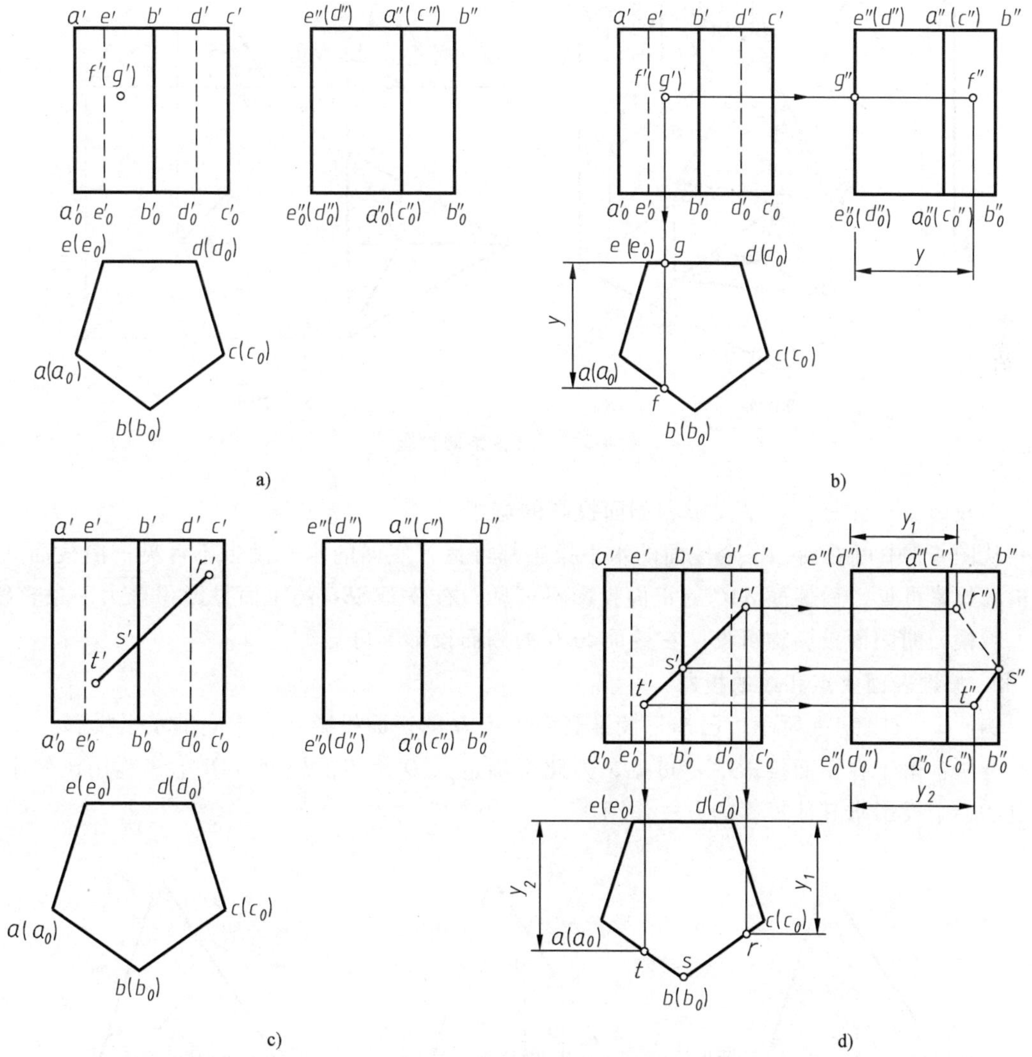

图 4-2 五棱柱表面上的点和线

4.1.2 棱锥

1. 棱锥的投影

图 4-3a、b 分别为正三棱锥的立体图和投影图，从图中可以看到，底面 ABC 是水平面，其中 AB、AC 为水平线，BC 为正垂线；前、后棱面 SAB、SAC 为一般位置平面，右棱面 SBC 为正垂面；棱线 SA 为正平线，SC、SB 为一般位置直线。

底面 ABC 的水平投影反映实形，正面及侧面投影积聚为水平方向的直线段。锥顶 S 的水平投影 s 在正三角形 abc 的中心位置上，根据三棱锥的高度，对应水平投影 s 可作出其正面投影 s'及侧面投影 s''。最后，将锥顶 S 与各顶点 A、B、C 的同面投影相连，即得该三棱锥

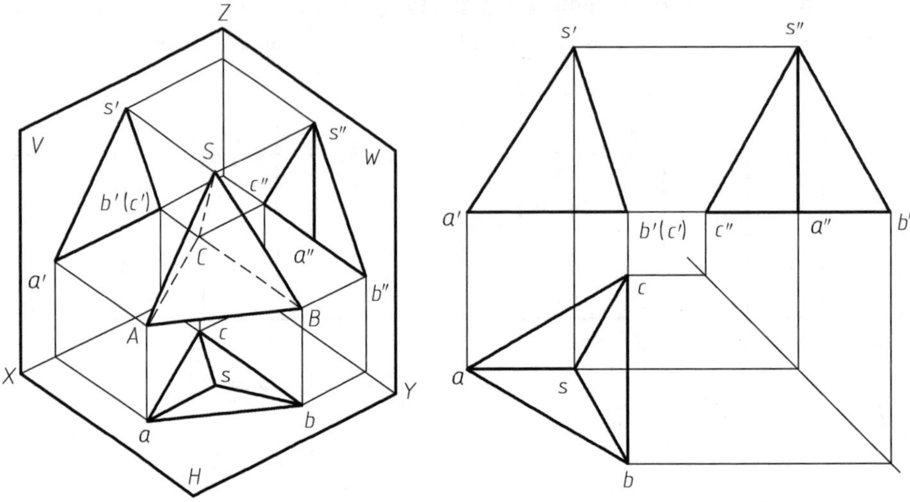

a) 立体图　　b) 投影图

图 4-3　正三棱锥的投影

的三面投影图。注意：水平投影和侧面投影的宽相等。

从图 4-3 中可看到，三个棱面的水平投影都可见，底面的水平投影不可见；前棱面 *SAB* 的正面投影可见，后棱面 *SAC* 的正面投影不可见，右棱面 *SBC* 的正面投影积聚为一条直线；前、后棱面的侧面投影均可见，右棱面 *SBC* 的侧面投影不可见。

2. 棱锥表面上点和线的投影

例 4-2　如图 4-4 所示，已知三棱锥表面上点 *D* 的正面投影 d'，求它的水平投影。

分析：由于在正面投影中 d'可见，因此可确定点 *D* 位于前棱面 *SAB* 上，利用已知平面上点的一个投影求其他投影的方法作图。

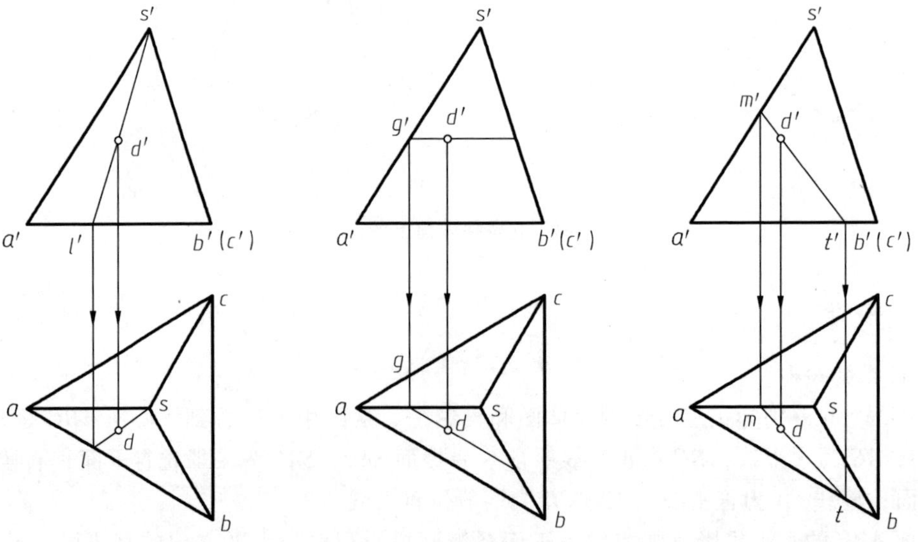

a) 作法一　　b) 作法二　　c) 作法三

图 4-4　作三棱锥表面上的点

作图步骤：

1）过锥顶和点作辅助线。如图 4-4a 所示，在正面投影中，连接 $s'd'$ 并延长交 $a'b'$ 于 l'，由 l' 作竖直投影连线交 ab 于 l，即可作出 SL 的水平投影 sl。

2）点 D 在 SL 上，过 d' 作投影连线，与 sl 交于 d，D 的水平投影 d 可见。

在锥面上取点，除上面过锥顶和点作辅助线外，还可以过点在锥面上作边的平行线作为辅助线，如图 4-4b 所示，过点 D 在平面 SAB 上作 AB 的平行线 DG，先作 $g'd'$ 平行于 $a'b'$ 得 g'，作出 g，过 g 作 gd 平行于 ab，在 dg 上找出 d。或者过点作任意直线，如图 4-4c 所示，过点 D 在平面 SAB 上作任意直线 MT，在 mt 上找出 d。

例 4-3 如图 4-5a 所示，已知正三棱锥表面上一折线 RMN 的正面投影 $r'm'n'$，求折线的另外两个投影。

分析：对照三个投影图可知，底面 ABC 为水平面，后棱面 SAC 为侧垂面，前棱面 SAB 和 SBC 为一般位置平面。后棱面 SAC 的正面投影不可见，右棱面 SBC 的侧面投影不可见。

作图步骤：

1）点 N 在棱面 SAB 上，按照图 4-4b 所示的方法，过 N 作底边 AB 的平行线 TN，由 n' 作投影连线，在 tn 上求出其水平投影 n，然后在侧面投影中量取 y_1 求出 n''。

2）M 在棱线 SB 上，因 SB 为侧平线，应由 m' 先求出侧面投影 m''，然后按 y 坐标相等关系作出 m。

3）点 R 在棱面 SBC 上，在正面投影上过 r' 作辅助线 SL 的正面投影 $s'l'$，求出 SL 的水平投影 sl，由 r' 作投影连线得 r，量取 y_2 作出（r''）。

由于三棱锥三个棱面的水平投影均可见，所以水平投影 rmn 可见，画粗实线；RM 位于右棱面 SBC 上，侧面投影不可见，所以 $r''m''$ 画细虚线；MN 位于左棱面 SAB 上，侧面投影可见，$m''n''$ 画粗实线，结果如图 4-5b 所示。

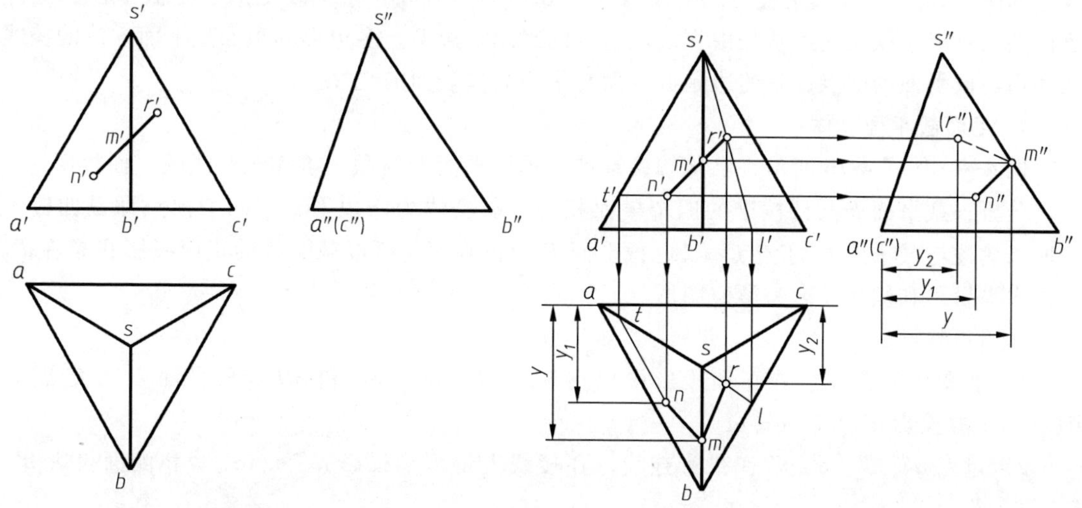

a) 已知条件　　b) 作图过程

图 4-5 作三棱锥表面上的折线

图 4-6 所示为常见平面立体的三面投影。

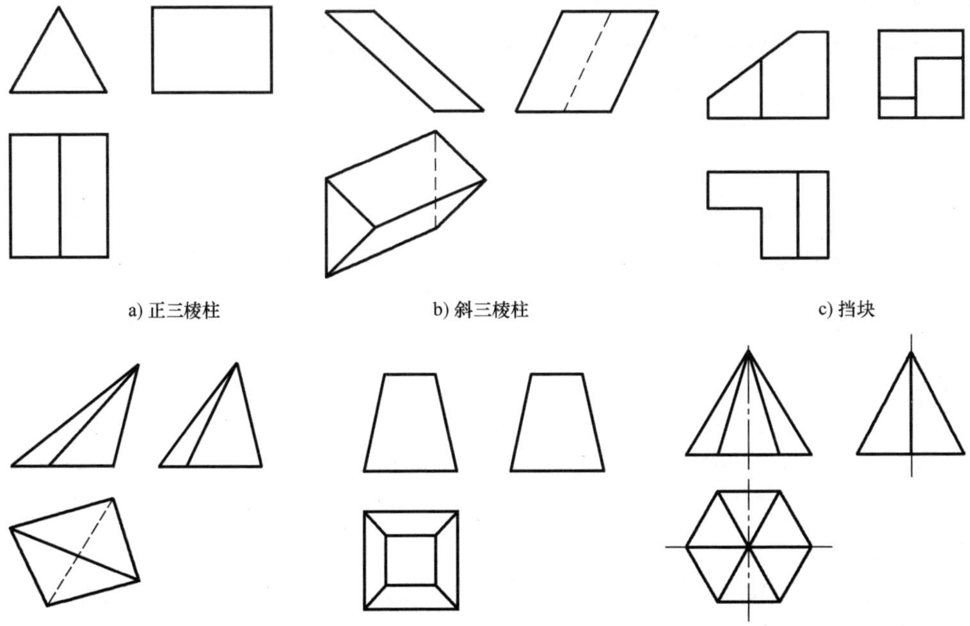

a) 正三棱柱　b) 斜三棱柱　c) 挡块

d) 斜三棱锥　e) 正四棱台　f) 正六棱锥

图 4-6　常见平面立体的三面投影

4.2　平面与平面立体相交

平面与平面立体相交，相交处的平面称为截平面；平面与立体表面的交线，称为截交线，如图 4-7a 所示。截交线是截平面与立体表面的共有线，截交线上的点是截平面和立体表面的共有点。截交线形状是由直线段组成的封闭多边形，多边形的顶点是平面立体的棱线或底边与截平面的交点，它的边是截平面与平面立体表面的交线。

1. 平面截平面立体

例 4-4　如图 4-7b 所示，已知四棱锥被正垂截平面 P 所截，求作截交线的三面投影。

分析：截平面 P 与四棱锥的四个棱面相交，截交线为四边形，其四个顶点即是四棱锥的四条侧棱与截平面 P 的交点。又因截平面 P 为正垂面，所以截交线的正面投影积聚在 P_V 上，水平投影和侧面投影为类似图形。

作图步骤：

1）如图 4-7c 所示，在正面投影中找到棱线 SE、SF、SG 和 SH 与截平面 P 的交点 A、B、C、D 的投影 a'、b'、c'、d'。

2）过点 a'、b'、c'、d' 作投影连线，在棱线上得水平投影 a、b、c、d 和侧面投影 a''、b''、c''、d''。

3）依次连接各点，可见线段画实线，不可见线段画细虚线。此题截交线的水平投影和侧面投影均可见，画成粗实线，正面投影重合在 P_V 上。注意：原来棱线 CG 的侧面投影不可见，画细虚线，棱线 AE 的侧面投影可见，画粗实线，结果如图 4-7c 所示。

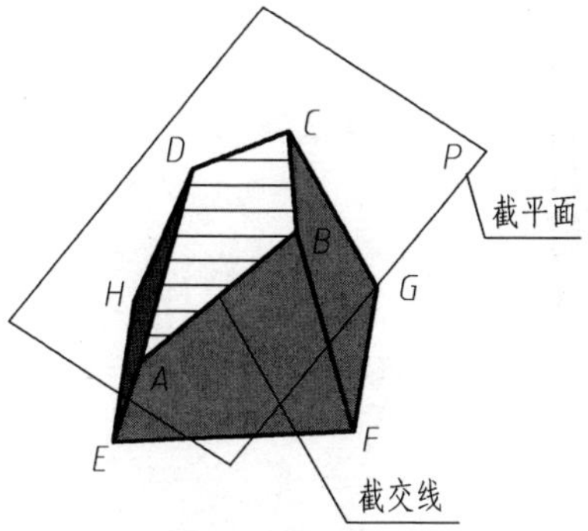

a) 立体图

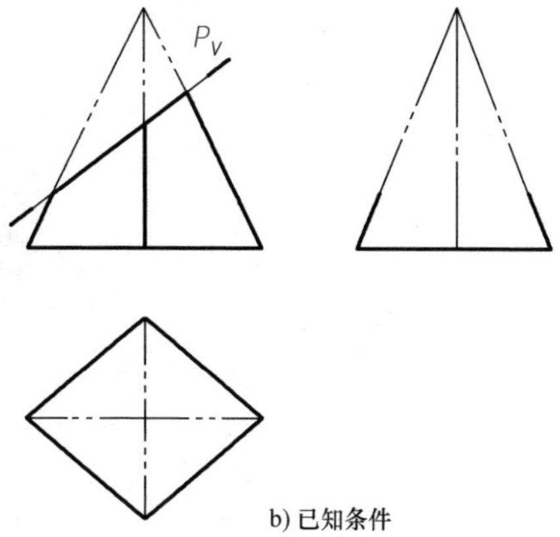

b) 已知条件

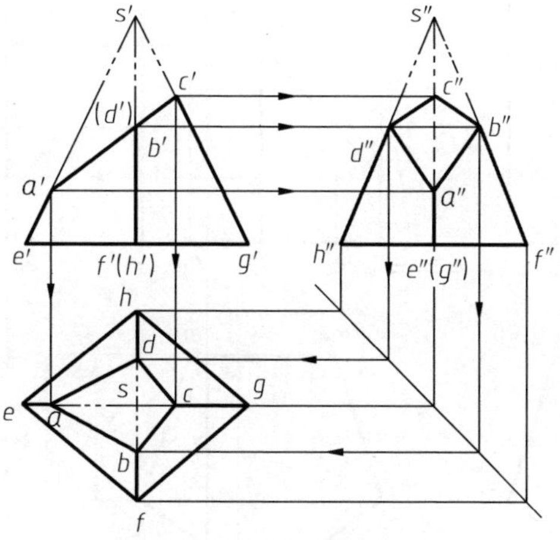

c) 被正垂面所截四棱锥的三面投影

图 4-7 平面截四棱锥

例 4-5 如图 4-8b 所示，已知五棱柱的正面投影和水平投影，用正垂截平面 P 截五棱柱的左上角，作出截交线的三面投影。

分析：截平面 P 与五棱柱的四个棱面及顶面相交，截交线为五边形，其中三个顶点为棱线 AA_0、BB_0、EE_0与截平面 P 的交点，另两个顶点为五棱柱的顶面两边 BC、DE 与截平面 P 的交点。因为截平面为正垂面，所以截交线的正面投影积聚在 P_V上，水平投影和侧面投影为类似图形，如图 4-8a 所示。

作图步骤：

1）首先作出完整五棱柱的侧面投影。根据五棱柱顶面、底面的正面投影和侧面投影应分别在同一水平线上，以及水平投影和侧面投影宽相等和前后对应的关系，作出其侧面投影。

2）如图 4-8c 所示，在截交线已知的正面投影中，标注出棱线 AA_0、BB_0、EE_0与截平面 P 交点 F、G、J 的正面投影 f'、g'、j'，过正面投影作投影连线，可得其水平投影 f、g、j 和侧面投影 f''、g''、j''。f、g、j 分别与棱线 AA_0、BB_0、EE_0的水平投影重合。

3）在截交线已知的正面投影中，标出截平面 P 与顶面两边 BC、DE 的交点 H、I 的正面投影 h'、i'，由正面投影作出其水平投影 h、i，并根据宽相等，求出其侧面投影 h''、i''。

4）依次连接各点的水平投影和侧面投影，棱线 CC_0的侧面投影在 f''以上部分不可见，画细虚线，结果如图 4-8c 所示。

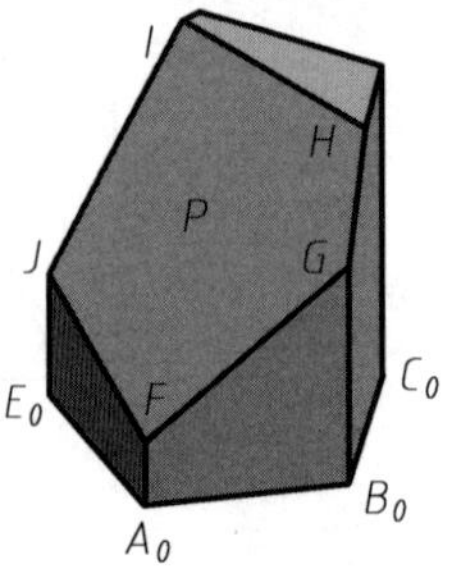

a) 立体图

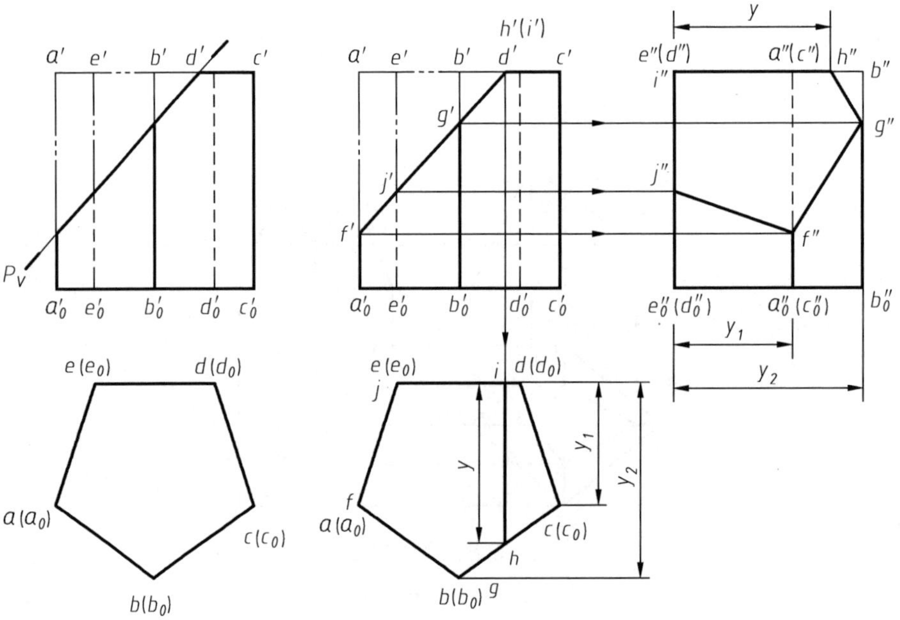

b) 已知条件　　c) 五棱柱截切后的三面投影

图 4-8　平面截五棱柱

2. 平面立体的切割与穿孔

若平面立体被几个平面同时切割而形成具有缺口或穿孔的平面立体，只要逐个求出各个截平面与平面立体的截交线，并画出截平面之间的交线，即可作出带缺口或穿孔的平面立体的投影。

例 4-6　图 4-9b 所示为一个正三棱锥，被两个相交平面所截，试完成其水平投影和侧面投影。

分析：从正面投影可知，缺口是由一个水平面 *P* 和一个正垂面 *S* 切割三棱锥而形成的。左棱线 *SA* 有一段被切掉。在水平投影和正面投影中，由于还没有求出切割点的投影，暂时将 *sa*、*s′a′*画成细双点画线。

从 4-9a 所示立体图可看出，水平截平面 *P* 与三棱锥的前、后棱面的交线 *DE*、*DF* 分别平行于底边 *AB*、*AC*；正垂截平面 *S* 与三棱锥的前、后棱面的交线为 *GE*、*GF*。由于两个截平面都垂直于正面，所以它们的交线 *EF* 一定为正垂线。

作图步骤：

1）根据投影关系，首先作出截切前三棱锥的侧面投影。

2）由于两截平面都垂直于正面，所以截交线重合在截平面有积聚性的正面投影上。如图 4-9c 所示，在正面投影中可直接得到 $d'e'$、$d'f'$ 和 $g'e'$、$g'f'$，正垂线 EF 的正面投影 e'（f'）位于两截平面有积聚性的正面投影的交点处。

3）因 D 在 SA 上，由 d' 作出 d、d''；过 d 作 de 平行于 ab、df 平行于 ac，过 e'（f'）作投影连线，得到 e、f；根据两点的水平投影和侧面投影宽 y 相等，由 e、f 作出 e''、f''。

4）因为点 G 在 SA 上，由 g' 作出 g、g''，连接 ge、gf、$g''e''$、$g''f''$。

5）连接 ef，ef 被棱面的水平投影挡住看不见，画细虚线；侧面投影 $e''f''$ 重合在水平截平面有积聚性的侧面投影上；加深棱线 SA 实际存在的线段，结果如图 4-9c 所示。

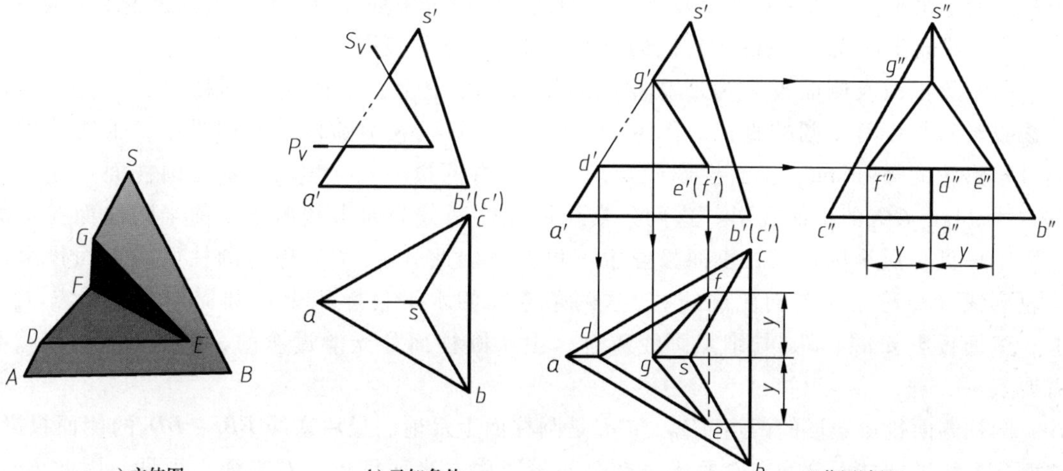

a) 立体图　b) 已知条件　c) 作图过程

图 4-9　带缺口正三棱锥的水平投影和侧面投影

4.3　曲面立体及其表面上点和线的投影

曲面立体的表面由曲面或曲面和平面组成，常见的曲面立体为回转体，如圆柱、圆锥、圆球、圆环以及由它们组合而成的组合回转体。绘制回转体的投影，就是绘制围成回转体表面的回转面和平面的投影。在回转面上取点、线与在平面上取点、线的作图原理相同。在回转面上取点，一般过此点在该曲面上作简单易画的辅助圆或直线。在回转面上取线，通常在该曲面上作出确定此曲线的多个点投影，然后将其光滑相连，并判断可见性，可见的线段画粗实线，不可见的线段画细虚线。

回转面是由一线段绕轴线旋转而形成的曲面。如图 4-10 所示，这条运动的线段称母线；在回转面上任一位置的母线称为

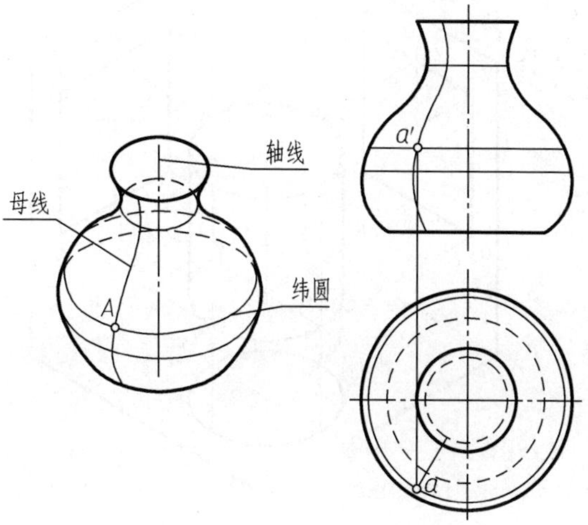

a) 立体图　b) 投影图

图 4-10　回转面

素线；母线上任意点绕轴旋转，形成回转面上垂直于轴线的纬圆。素线有无穷多条，母线只有一条。

4.3.1 圆柱

圆柱的表面是圆柱面、顶面和底面。圆柱面由直线段绕与它平行的轴线旋转而成。

1. 圆柱的投影

如图4-11所示，当圆柱的轴线为铅垂线时，圆柱面上所有的素线都是铅垂线；圆柱面的水平投影积聚为一个圆，圆柱面上所有点、线段的水平投影都积聚在这个圆上。圆柱的顶面和底面是水平面，水平投影为反映实形的圆，画图时用垂直相交的细点画线表示圆的中心线，中心线超出圆周2~3mm，它们的交点为轴线的水平投影。

圆柱的正面及侧面投影为形状相同的矩形，矩形上、下两边为圆柱顶面、底面的积聚性投影，长度等于圆的直径。图4-11中的细点画线表示圆柱轴线的投影，轴线的投影超过矩形轮廓2~3mm。正面投影中矩形的左、右两边 $a'a'_0$、$c'c'_0$ 分别是圆柱面最左、最右素线 AA_0、CC_0 的正面投影。这两条素线把圆柱面分为前半和后半，前半圆柱面在正面投影中可见，后半圆柱面在正面投影中不可见，因此 AA_0、CC_0 称为圆柱面的正面投影转向轮廓线（简称正面转向轮廓线）。这两条素线的水平投影积聚在圆周左、右两点 a、c 上；侧面投影 $a''a''_0$、$c''c''_0$ 与细点画线重合，由于圆柱面是光滑过渡的，因此 $a''a''_0$、$c''c''_0$ 不需要表示。

圆柱侧面投影矩形的两边 $b''b''_0$、$d''d''_0$ 是圆柱面上最前、最后素线 BB_0、DD_0 的侧面投影，这两条素线把圆柱面分为左右两半，在侧面投影中左半面可见，右半面不可见，因此 BB_0、DD_0 称为圆柱面的侧面投影转向轮廓线（简称侧面转向轮廓线）。这两条素线的水平投影积聚在圆周前、后两点 b、d 上；正面投影 $b'b'_0$、$d'd'_0$ 与点画线重合，由于圆柱面是光滑过渡的，画图时 $b'b'_0$、$d'd'_0$ 不需要表示。

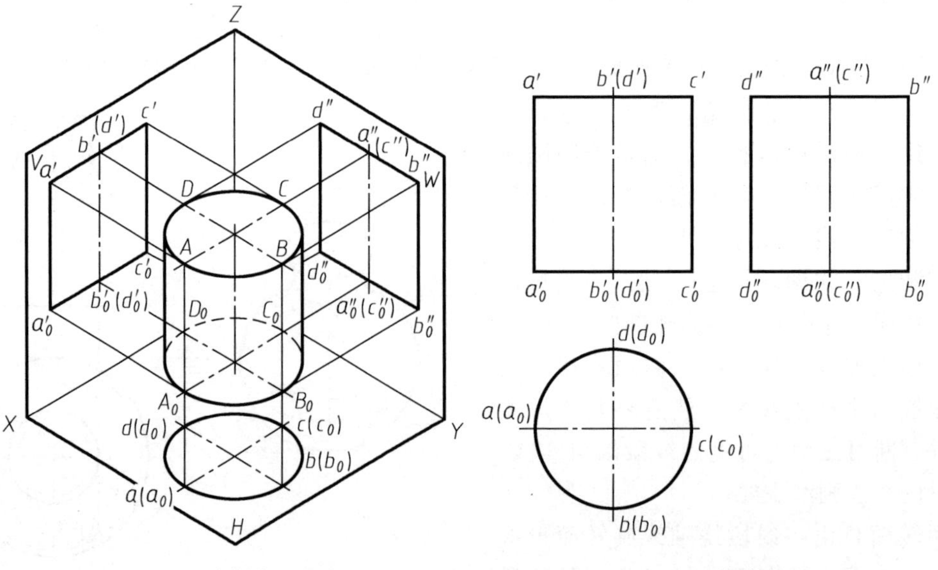

a) 立体图　　b) 投影图

图4-11　圆柱的三面投影

2. 圆柱表面上点和线的投影

例 4-7 如图 4-12a 所示，已知圆柱表面上点 A、B、C、D 的一个投影，求它们的另外两个投影。

作图步骤：

1）求点 A、B 的另外两个投影。从图 4-12a 中可知，A、B 为圆柱面上的点，它们的水平投影应在圆柱面有积聚性的圆周上。从正面投影 a'可见、（b'）不可见得知，点 A 在前半圆柱面上，点 B 在后半圆柱面上，过 a'（b'）引铅垂的投影连线，交圆周于 a 和 b，如图 4-12b所示。由 a'（b'）引水平投影连线，由点 A、B 按宽 y_1坐标和前后对应关系，求出 a''、b''，由于点 A、B 在左半圆柱面上，可知侧面投影 a''、b''可见。

2）求 c、c'。由 c''可知点 C 在圆柱面的侧面投影转向轮廓线上，即在圆柱面最前素线上，过 c''作投影连线，在正面和水平投影上可得 c'、c。

3）求 d'、d''。由（d）可知点 D 在圆柱底平面上，其正面、侧面投影必在底平面所积聚的直线段上，故 d'可直接求出，将水平投影中的距离 y_2量取到侧面投影中可得 d''，结果如图 4-12b 所示。

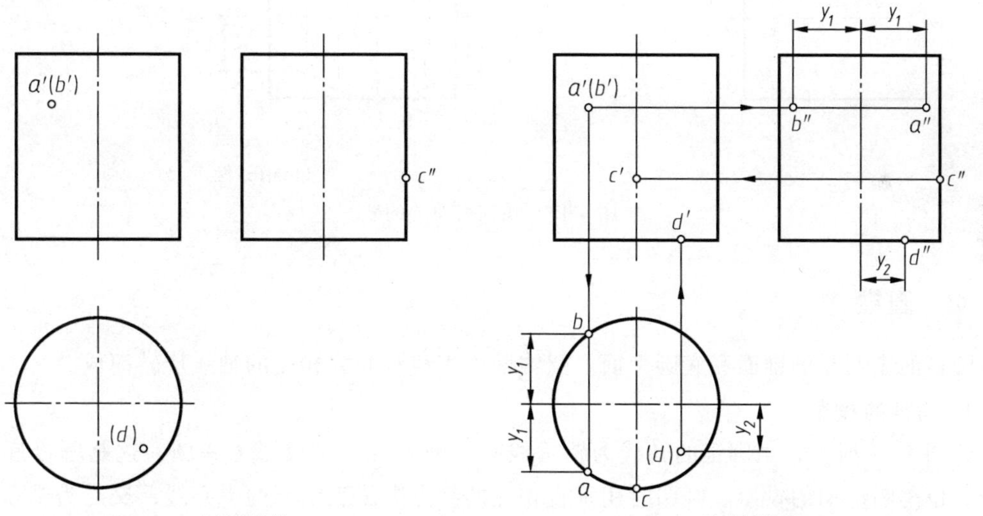

图 4-12 圆柱表面上取点

例 4-8 如图 4-13a 所示，已知侧垂圆柱表面上曲线 AB 的正面投影，求其另外两投影。

分析：从图 4-13a 中可知，圆柱表面上的曲线 AC 在下半圆柱面上，其水平投影不可见；曲线 BC 在上半圆柱面上，其水平投影可见。曲线 AB 的侧面投影积聚在圆上。作图时应求出特殊点和若干一般点的投影，判断可见性并光滑连接。注意：圆柱表面上的线段 AB 是曲线，不是折线，因此不能只连接点 A、B、C 的投影。

作图步骤：

1）求曲线端点 A 和 B 的投影。如图 4-13b 所示，点 A、B 的侧面投影 a''、b''积聚在圆上，过 a'、b'作投影连线可直接求出。再根据水平、侧面投影都反映 y 坐标这个关系，将侧面投影上的 y_1、y_2量取到水平投影上即可求得（a）和 b。

2）求曲线在转向轮廓线上点 C 的投影。点 C 在水平投影转向轮廓线上，过 c'作投影连

线可直接求出点 C 的侧面投影 c''和水平投影 c。

3）求适当数量的一般点 D、E。在已知曲线的正面投影中取点 d'、e'，然后求其侧面投影 d''、e''和水平投影（d）、e，作法与求点 A、B 的投影相似。

4）判断可见性并连线。以最前素线上的点 C 为分界点，曲线 AC 位于下半圆柱面上，其水平投影不可见，画细虚线。曲线 BC 位于上半圆柱面上，其水平投影可见，画粗实线。曲线 AB 的侧面投影积聚在圆周上，结果如图 4-13b 所示。

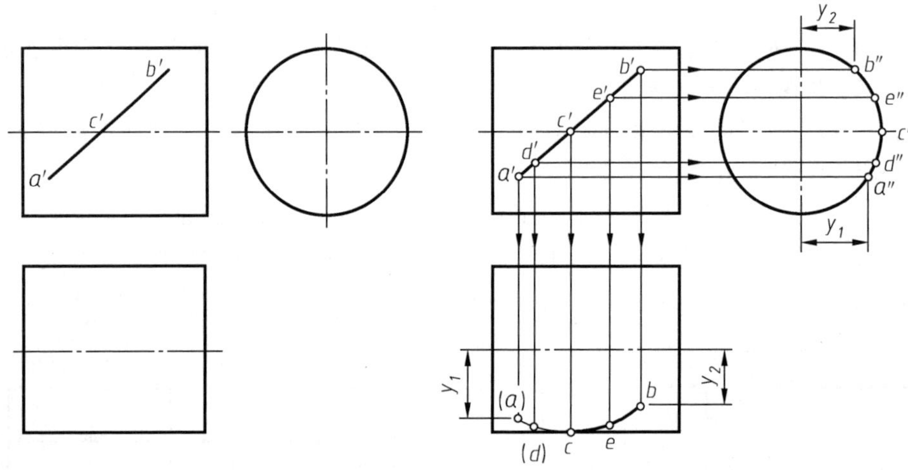

a) 已知条件　　b) 作图过程

图 4-13　圆柱表面上的线

4.3.2　圆锥

圆锥的表面是圆锥面和底圆平面。圆锥面由直线绕与它相交的轴线旋转而成。

1. 圆锥的投影

如图 4-14 所示，当圆锥的轴线为铅垂线时，圆锥的水平投影为一圆，这是圆锥底面的投影，也是圆锥面的投影。画图时用垂直相交的细点画线表示圆的中心线，交点为锥顶的水平投影，中心线超出圆周 2~3mm。

圆锥的正面及侧面投影为相等的等腰三角形，三角形的底边是圆锥底圆的积聚投影，长度等于圆的直径。正面投影中三角形的两腰是圆锥最左、最右两条素线 SA、SB 的投影，这两条素线是圆锥前半锥面和后半锥面的分界线，称为圆锥面的正面投影转向轮廓线，为正平线，其正面投影 $s'a'$、$s'b'$反映素线实长，侧面投影 $s''a''$、$s''b''$与轴线的侧面投影重合。侧面投影上三角形的两腰是圆锥最前、最后两条素线 SC、SD 的投影，这两条素线是圆锥左半锥面和右半锥面的分界线，称为圆锥面的侧面投影转向轮廓线，为侧平线，其侧面投影 $s''c''$、$s''d''$反映素线实长，正面投影 $s'c'$、$s'd'$与轴线的正面投影重合。圆锥面在三个投影面上的投影都没有积聚性。

2. 圆锥表面上点和线的投影

在圆锥表面上取点的作图原理与在平面上取点的作图原理相同，即过圆锥面上的点作一辅助线，点的投影必在辅助线的同面投影上。在圆锥面上可以作两种简单易画的辅助线：一

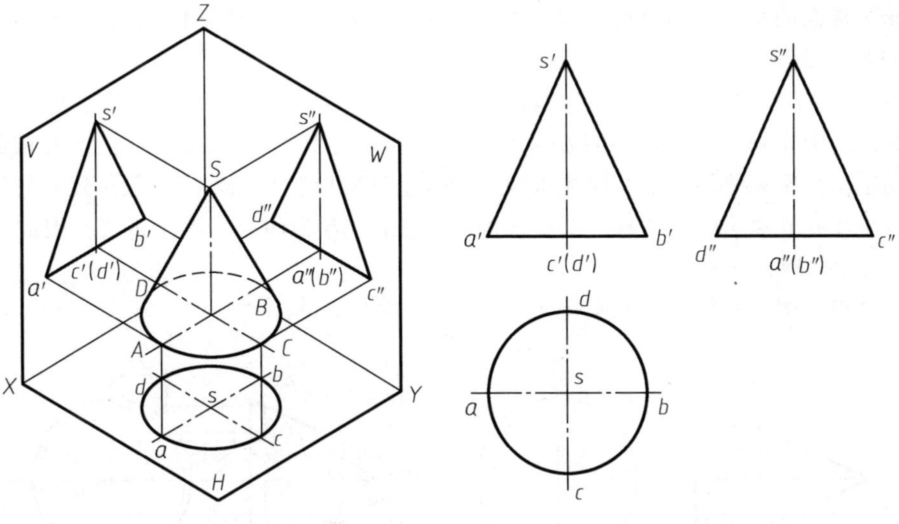

a) 立体图　　b) 投影图

图 4-14　圆锥的三面投影

种是过锥顶的素线，另一种是垂直于轴线的纬圆。

例 4-9　如图 4-15 所示，已知圆锥面上点 *A* 的正面投影 *a*′，求作其另外两个投影。

分析：在圆锥表面上求点的方法有两种：素线法和纬圆法，图 4-15a 所示为素线法和纬圆法的立体图。

方法一（素线法）：如图 4-15b 所示，以过锥顶的素线为辅助线，连接 *s*′*a*′并延长与底圆交于 *l*′，*s*′*l*′即为圆锥表面素线 *SL* 的正面投影，再求出 *SL* 的水平投影 *sl* 和侧面投影 *s*″*l*″。点 *a* 和（*a*″）必分别在 *sl* 和 *s*″*l*″上，过 *a*′引投影连线，投影连线与辅助素线的交点 *a* 和（*a*″）即为所求。

方法二（纬圆法）：如图 4-15c 所示，以垂直于轴线的纬圆为辅助线，过 *a*′作垂直于轴线的直线，与正面转向轮廓线的投影相交，两交点间的长度即为纬圆的直径，根据直径可画出这个辅助圆的水平投影。因点 *A* 在前半锥面上，由 *a*′向下引投影连线，与前半圆周的交点即为 *a*，再由 *a* 和 *a*′利用 *y* 相等求出（*a*″）。

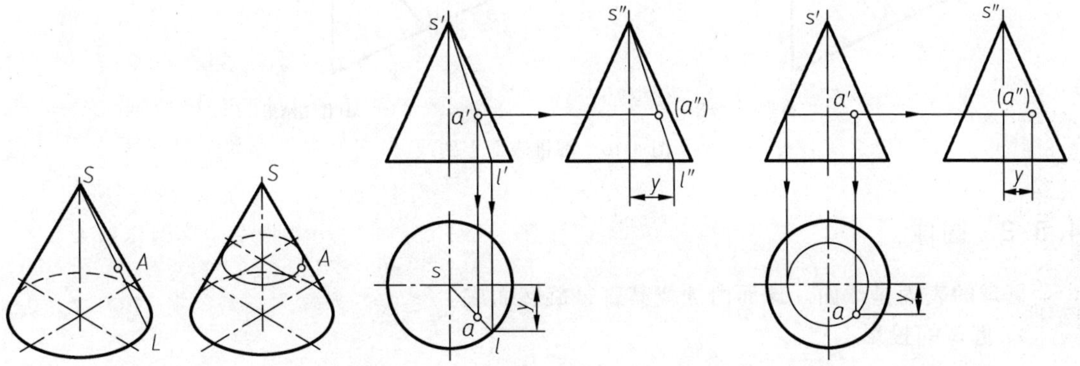

a) 立体面　　b) 素线法　　c) 纬圆法

图 4-15　圆锥表面上的点

由于圆锥面的水平投影可见，故点 A 的水平投影 a 可见。因点 A 在圆锥的右半面上，所以点 A 的侧面投影（a''）不可见。

例 4-10 如图 4-16a 所示，已知圆锥表面上曲线 AB 的水平投影，求其另外两个投影。

分析：从图 4-16a 中可知，曲线 AC 位于前半圆锥面上，曲线 BC 位于后半圆锥面上。欲求它们的正面投影和侧面投影，应先求出该曲线上特殊位置点和若干一般位置点的投影，然后判断可见性并光滑连线。注意：圆锥表面上的线段 AB 为曲线，不是折线，因此不能只连接 A、B、C 的投影。

作图过程如图 4-16b、c、d 所示。

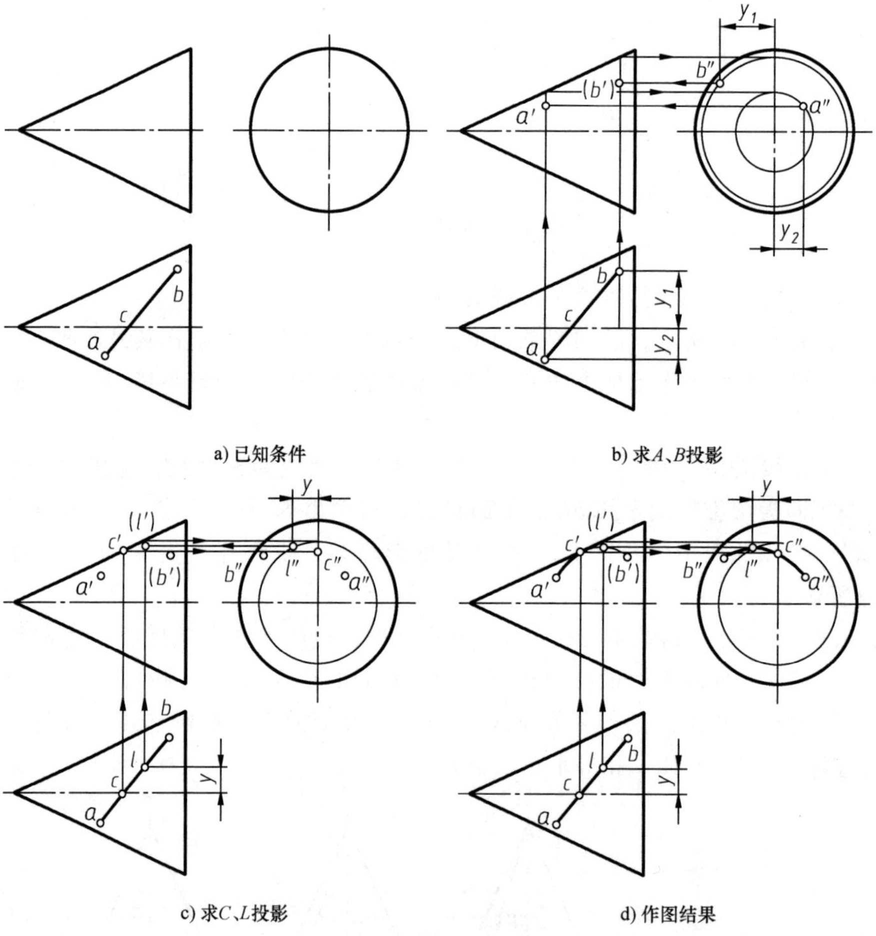

a) 已知条件　b) 求 A、B 投影　c) 求 C、L 投影　d) 作图结果

图 4-16　圆锥表面上的线

4.3.3　圆球

圆球的表面是球面。球面由圆绕其直径旋转而成。

1. 圆球的投影

如图 4-17 所示，圆球的三面投影均为大小相等的圆，其直径等于球的直径，它们分别是这个球面的三个投影面的转向轮廓线的投影。正面投影圆 a' 是球面上平行于正面的最大正平圆 A 的正面投影，此正平圆 A 将球面分成前半和后半部分，其水平投影 a 和侧面投影

a''分别与水平方向和垂直方向的细点画线重合，因球面是光滑过渡的，画图时不需要表示 a、a''。水平投影圆 b 是球面上平行于水平面的最大水平圆 B 的水平投影，侧面投影圆 c''是球面上平行于侧面的最大侧平圆 C 的侧面投影，其投影情况类同。作图时应分别用点画线画出对称中心线，再画出球的三面投影，球面的三个投影都没有积聚性，如图 4-17 所示。

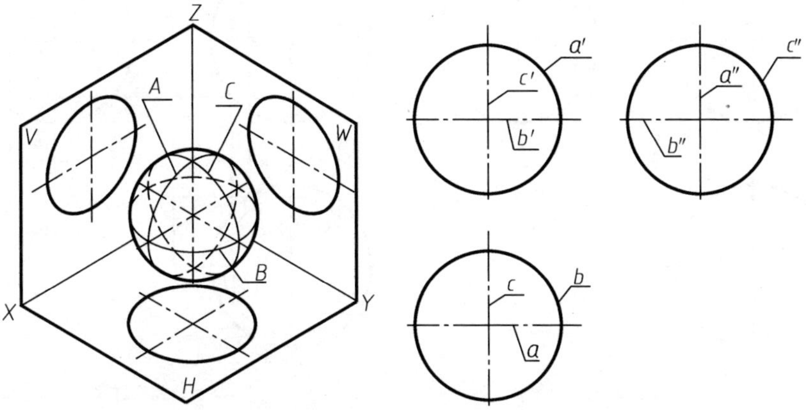

a) 立体图　　b) 投影图

图 4-17　球的三面投影

2. 球表面上点和线的投影

由于球表面上不存在直线，求属于球表面上的点，可利用过该点并与各投影面平行的圆作为辅助线，先求这条辅助线的投影，然后再求辅助线上点的投影。

例 4-11　如图 4-18a 所示，分别已知球表面上点 A、B、C、D、E 的一个投影，求作各点的另两个投影。

作图步骤：

1）求点 A 的投影。如图 4-18b 所示，过 a'作水平直线，与正面投影圆相交于两点，其长度等于球面上过点 A 的水平圆的直径，作出这个水平圆的水平投影和侧面投影，其水平投影反映实形。点 A 在这个水平圆上，由 a'引铅垂的投影连线，交水平圆的水平投影于 a，在侧面投影上度量宽 y_1坐标得 a''。由于点 A 在左半、上半球面上，所以 a、a''都可见。

2）求点 B 的投影。从图 4-18a 中可见，点 B 在右半、下半球面上，且点 B 在球面的正面投影转向轮廓线上，根据点的投影关系，过（b）作投影连线，可直接得 b'、（b''），点 B 的侧面投影不可见，结果如图 4-18b 所示。

3）求点 C 的投影。从图 4-18a 中可知，点 C 在右半、后半球面上，且点 C 在球面的水平投影转向轮廓线上，根据点的投影关系，由 c''通过宽 y_2坐标，先求出 c，再过点 c 作投影连线求出（c'）。由于点 C 在后半球面上，其正面投影不可见，结果如图 4-18b 所示。

4）求点 D 的投影。从图 4-18a 中可知，D 为球面上的最高点，在球面的正面投影转向轮廓线上，过 d'作投影连线得 d、d''，水平投影 d 在点画线的交点处，结果如图 4-18b 所示。

5）求点 E 的投影。从图 4-18a 中可知，E 为球面上的最前点，在球面的水平投影转向轮廓线上，可直接标出其正面投影 e'和水平投影 e，正面投影 e'在点画线的交点处，结果如图 4-18b 所示。

过点所作的辅助线有三种，即平行于正面的圆、平行于水平面的圆、平行于侧面的圆，这三种方法得到的结果是相同的。

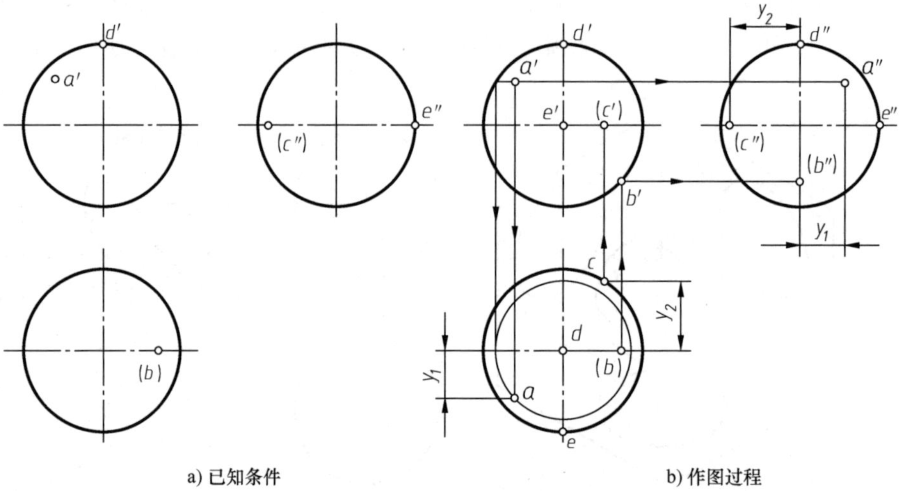

图 4-18　球表面上的点

例 4-12　如图 4-19a 所示，已知半球表面上一曲线 AB 的正面投影，求其另外两个投影。

分析：从图 4-19a 中可知，曲线 AC 位于左半球面上，曲线 BC 位于右半球面上。作出曲线 AB 上特殊点和若干一般点的投影，判断可见性并光滑连接。注意：球表面上的线段 AB 为曲线，不是折线，因此，不能只连接 A、B、C 的投影。

作图步骤：

1）求端点 A、B 的投影。如图 4-19b 所示，过点 A 作球面上的水平纬圆，在此纬圆上求水平投影 a，利用 y 相等求侧面投影 a''。点 B 在正面转向轮廓线上，根据投影关系可直接作出 b、(b'')。

2）求转向轮廓线上点 C 的投影。点 C 在侧面转向轮廓线上，根据投影关系，先求出 c''，然后根据宽相等或过 C 作水平纬圆，求得 c。

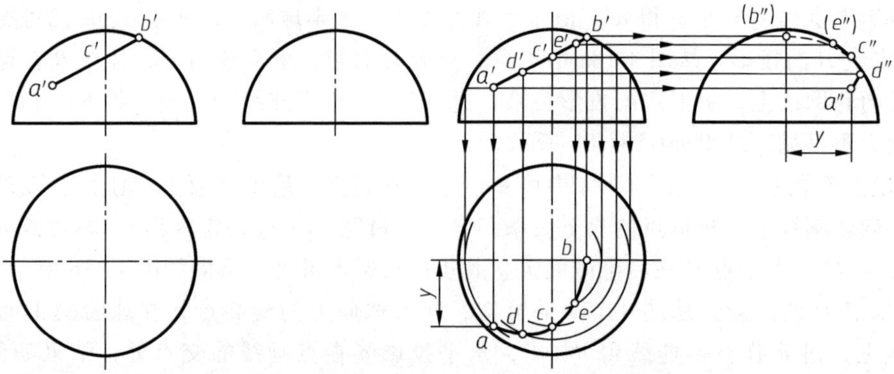

图 4-19　球表面上的线

3）正面投影中取一般点 D、E 的正面投影 d'、e'，过点 D、E 作球面上的水平纬圆，根据投影关系，可求其水平投影和侧面投影，方法与求点 A 的投影相似。

4）判断可见性并光滑连接。因曲线 AB 在上半球面中，水平投影全部可见，画粗实线。曲线 AC 在左半球面上，曲线 BC 在右半球面上，侧面投影以 c'' 分界，曲线 $a''c''$ 可见，画粗实线；曲线 c''（b''）不可见，画细虚线，结果如图 4-19b 所示。

4.3.4 圆环

圆环的表面是环面。环面由圆绕其所在平面上且在圆外的直线旋转而成。

1. 圆环的投影

如图 4-20 所示，圆环是圆心为 O 的正平圆绕圆所在平面上且在圆外的铅垂线旋转而成的，圆上任意点的运动轨迹为垂直于轴线的水平纬圆。靠近轴线的半个素线圆形成的环面称为内环面，远离轴线的半个素线圆形成的环面称为外环面。

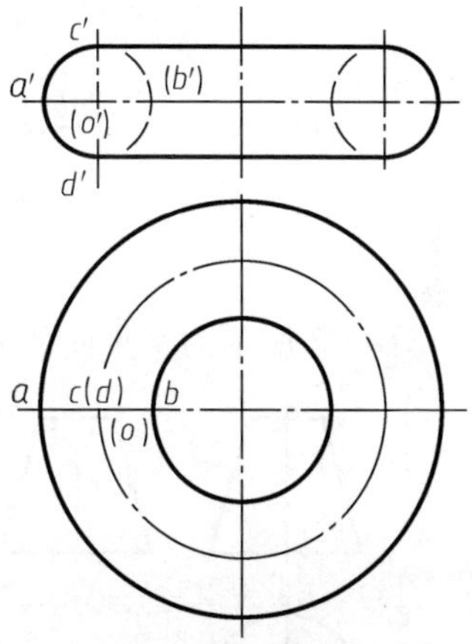

图 4-20 圆环的投影

圆环的正面投影为左、右两圆和与该两圆相切的直线，其中两圆是圆环面上最左、最右两素线圆的投影，实线半圆在外环面上，细虚线半圆在内环面上。上、下两条直线是圆素线上最高点 C、最低点 D 绕轴旋转而形成纬圆的正面投影，也是内、外环面的分界圆的投影。在正面投影中，前半外环面的投影可见，后半外环面的投影不可见。内环面的正面投影均不可见，内环面的正面投影转向轮廓线的投影也不可见，画细虚线。

圆环的水平投影是圆素线上离轴线最远点 A、最近点 B 绕轴旋转而形成的最大、最小纬圆的水平投影。该纬圆将圆环分成上、下两部分，上半部在水平投影中可见，下半部在水平投影中不可见，细点画线圆是素线圆的圆心 O 旋转而形成的水平圆的水平投影。

2. 圆环表面上点的投影

圆环面上取点，可过点作垂直于轴线的纬圆作为辅助线。

例 4-13 如图 4-21a 所示，已知圆环面上点 A、B 的一个投影，求它们的另一投影。

分析：由投影（a'）可知，圆环面上点 A 在圆环的上半部，又因点 A 在正面投影中不可见，所以点 A 可能在圆环上半部的内环面及后半外环面上。由投影（b）可知，点 B 在圆环下半部的前半外环面上。

作图步骤：

1）求点 A 的投影。如图 4-21b 所示，过（a'）作水平直线与左、右两圆相交，该直线与实线半圆的两交点间长度为外环面上过点 A 所作水平圆的直径，与细虚线半圆的两交点间长度为内环面上过点 A 所作水平圆的直径，因此在水平投影中分别作出内、外环面上的两个纬圆；由（a'）作铅垂投影连线与纬圆相交，可求出水平投影 a，根据分析可知共有三个解。

2）求点 B 的投影。在水平投影中，过（b）以环心为圆心作圆，此圆为过点 B 的水平纬圆的水平投影，再求出该圆对应的正面投影，这个投影为水平直线段。由（b）作铅垂投影连线，交这个水平直线段于 b'，根据分析可知，正面投影 b' 可见，只有一个解，结果如图 4-21b 所示。

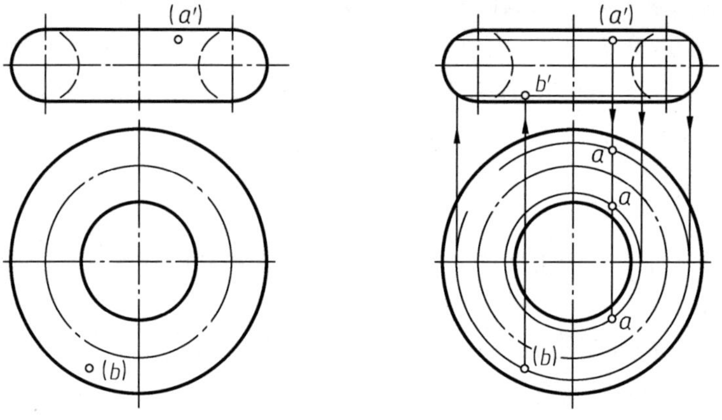

a) 已知条件　　b) 作图过程

图 4-21　圆环面上的点

图 4-22 所示为常见曲面立体的三面投影。

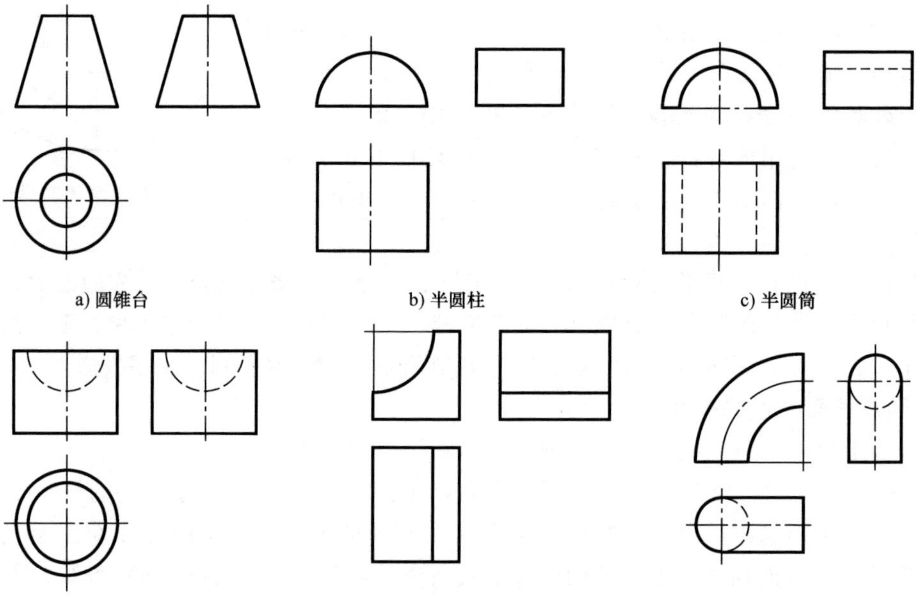

a) 圆锥台　　b) 半圆柱　　c) 半圆筒

d) 带半球槽的圆柱　　e) 带四分之一圆柱槽的四棱柱　　f) 四分之一圆环

图 4-22　常见曲面立体的三面投影

4.4　平面与曲面立体表面相交

如图 4-23 所示，平面与回转体表面相交，其截交线一般为一条封闭的平面曲线，或由直线与曲线，或由直线段围成的封闭平面图形。截交线是截平面和曲面立体表面的共有线，截交线上的点也是截平面和曲面立体表面的共有点。当截平面的投影有积聚性时，截交线的投影就积聚在截平面有积聚性的同面投影上，可利用求曲面表面上点、线投影的方法作截交线的投影。

求截交线的投影时，应先求出能确定截交线投影形状和范围的特殊点，如曲面的转向轮廓线上的点、截交线在对称轴上的点，以及最高、最低、最前、最后、最左、最右点等；然后根据具体情况作出一些一般点；最后依次将它们连成光滑的平面曲线，并按其可见与不可见分别画粗实线或细虚线。

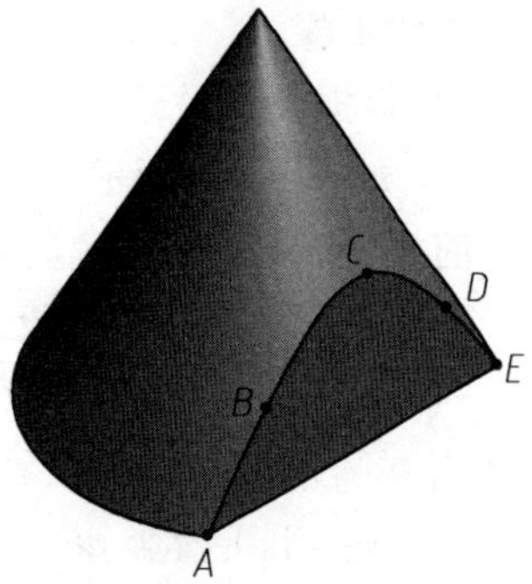

图 4-23 平面与回转体表面的截交线

4.4.1 平面与圆柱相交

平面与圆柱相交，根据截平面与圆柱轴线的相对位置不同，其截交线有三种情况：圆、椭圆（或椭圆弧加直线）和矩形，见表 4-1。

表 4-1 平面与圆柱的交线

立体图	投影图	截交线形状
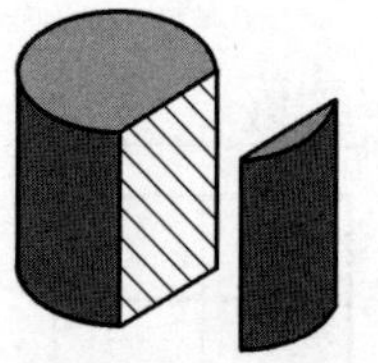	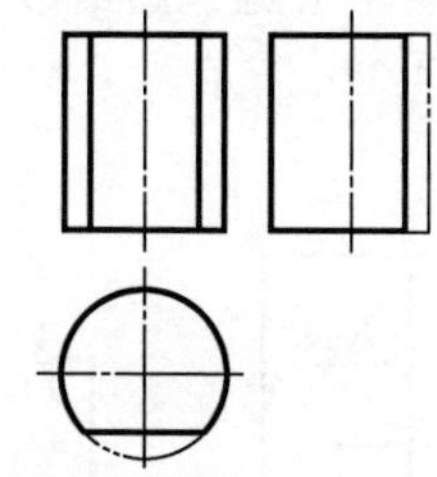	截平面平行于轴线，截交线为矩形
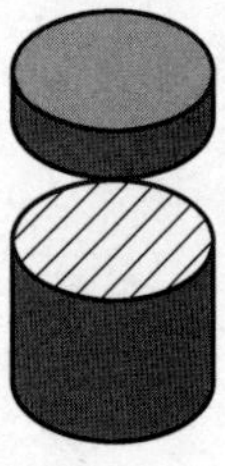	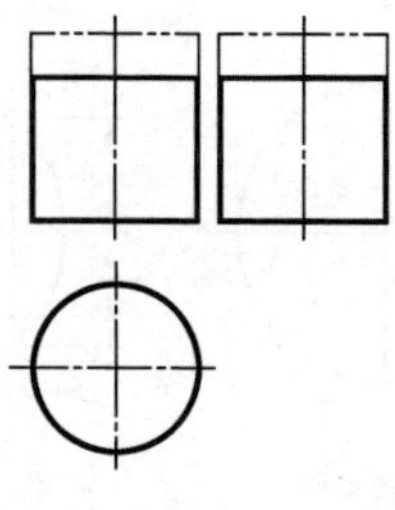	截平面垂直于轴线，截交线为圆
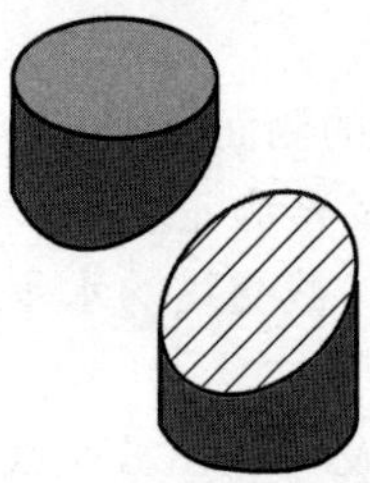	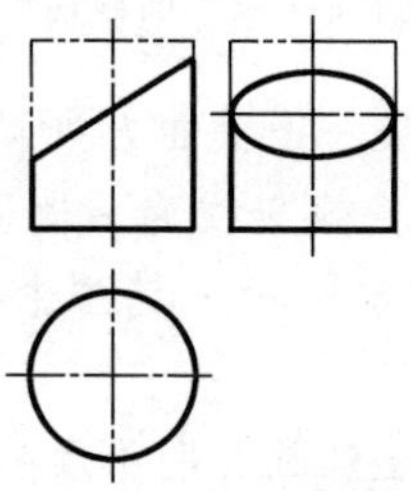	截平面倾斜于轴线，截交线为椭圆或椭圆弧加直线

例 4-14 已知条件如图 4-24b 所示，补画圆柱被平面截切后的侧面投影。

分析：如图 4-24a 所示，圆柱的左上角被一水平面 P 和侧平面 R 所截。P 截圆柱面为一段圆弧 AB，圆弧的正面投影 $a'b'$ 重合在 P_V上，水平投影重合在圆周上。R 截圆柱面是两直线 AA_1、BB_1，两条直线的正面投影 aa_1、bb_1重合在 R_V上，水平投影为点，且积聚在圆周上。两截平面的交线 AB 为正垂线，正面投影在两截平面有积聚性投影的交点处。圆柱下端的缺口左右对称，读者可自行分析它的截交线情况。

作图步骤：

1）根据投影关系，作出未截切前圆柱的侧面投影。

2）如图 4-24c 所示，在正面投影中标出侧平面 R 截圆柱面所得的两条铅垂线 AA_1、BB_1 的正面投影 $a'a_1'$、$b'b_1'$；过 a_1'、b_1'作铅垂投影连线，在水平投影的圆周上得到（a）a_1、（b）b_1；利用水平投影和侧面投影 y 相等的关系，可求得 $a''a_1''$、$b''b_1''$。

3）水平面 P 截圆柱面所得圆弧 AB 的正面投影 a'（b'）重合在 P_V上，圆弧的水平投影 ab 重合在圆柱面有积聚性的水平投影圆周上，侧面投影为 $a''b''$。

4）连接水平投影 ab 以及侧面投影 $a''a_1''$、$b''b_1''$、$a''b''$，得到平面截切左上角的投影图。

5）圆柱下部的缺口可看作由两个侧平面和一个水平面截圆柱而形成的，作法与上面类似。

注意：圆柱下部缺口水平面截切得前后两段圆弧，例如前面的圆弧为 MNT，点 N 位于圆柱最前素线上，侧面投影 m''、t''重合，因此，圆柱的侧面转向轮廓线下面部分被截断。两个侧平面和一个水平面交线的水平投影不可见，画细虚线；交线的侧面投影被圆柱面挡住部分不可见，画细虚线，作图结果如图 4-24c 所示。

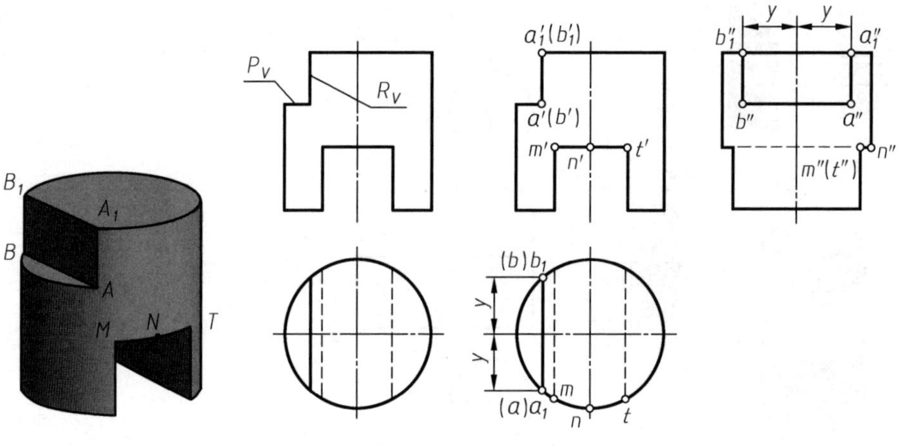

a) 立体图　　b) 已知条件　　c) 作图过程

图 4-24　补画圆柱被平面截切后的侧面投影

例 4-15　如图 4-25a 所示，圆柱被一正垂面 P 所截，补全截切后的侧面投影。

分析：正垂面 P 与圆柱轴线斜交，截交线为一椭圆。由于截平面 P 为正垂面，因此截交线的正面投影重合在 P_V上，圆柱的水平投影是一个有积聚性的圆，截交线的水平投影与这个圆重合。

截交线的侧面投影一般情况下仍是椭圆，但不反映实形。作图时必须找出截交线上的特殊位置点，然后找一般位置点，再用曲线光滑连接。可按前面已知圆柱表面上曲线的一个投影，求作其他投影的方法来解决。

作图步骤：

1）作截交线上的特殊位置点。如图 4-25b 所示，在正面投影中可直接定出截交线上的最低点 A、最高点 C 的正面投影 a'、c'；点 A、C 在圆柱的正面投影转向轮廓线上，水平投影 a、c 在圆周上，可直接标出 a、c。利用投影关系可求出侧面投影 a''、c''。点 A、C 同时也是截交线的最左点和最右点。

在水平投影中可直接标出截交线上最前点 B、最后点 D 的水平投影 b、d。因截交线的正面投影重合在 P_V上，利用投影关系作出 b'、d'和 b''、d''。B、D 在圆柱的侧面投影转向轮廓线上。

2）求一般位置点的投影。先在截交线的正面投影上任取一重影点 e'（f'），过点 e'（f'）作铅垂的投影连线，交水平投影的圆周于 e、f，利用 y 相等的关系求出 e''、f''。

3）按点水平投影的顺序，光滑地连接点的侧面投影，即得椭圆的侧面投影，结果如图 4-25b 所示。

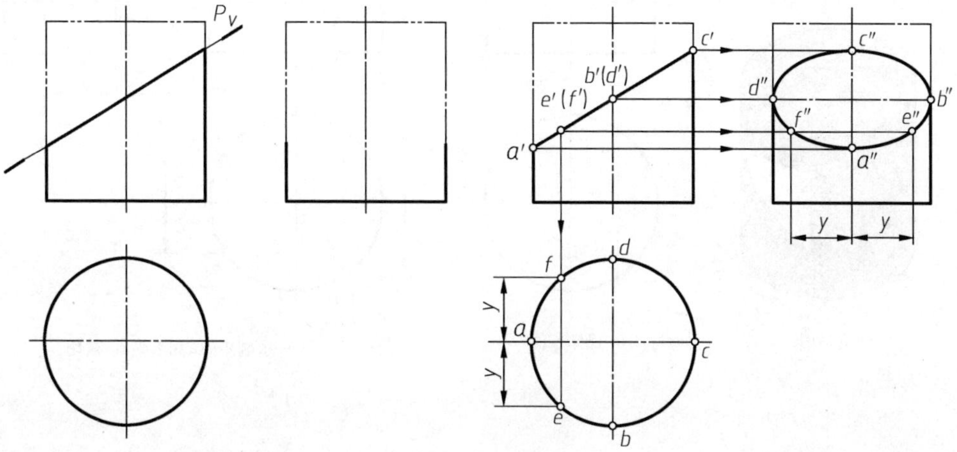

a) 已知条件　　b) 作图过程

图 4-25　正垂面截圆柱

当截平面与圆柱轴线相交的角度发生变化时，其侧面投影上椭圆的形状也随之发生变化，椭圆的长、短轴随之变化。当角度为 45°时，截交线的侧面投影为圆，如图 4-26 所示。

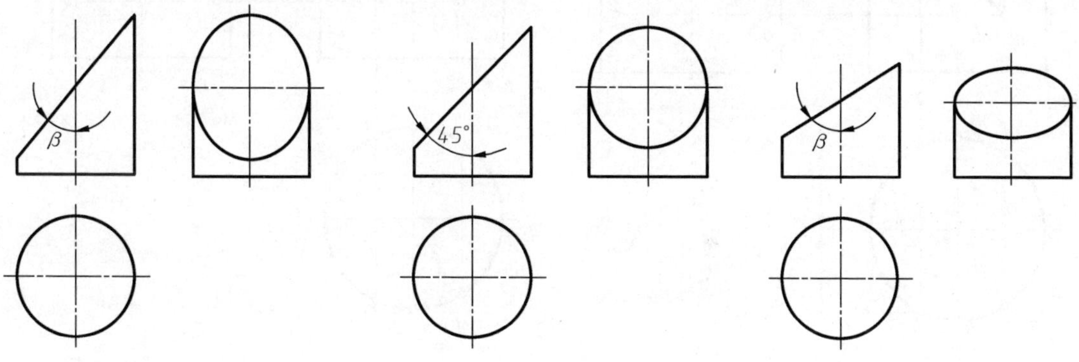

a) $\beta<45°$　　b) $\beta=45°$　　c) $\beta>45°$

图 4-26　截平面与圆柱斜交角度变化情况

例 4-16　已知如图 4-27b 所示，求圆柱穿孔后的侧面投影。

分析：对照正面投影和水平投影，可知圆柱被三个平面截切。水平面 S 截圆柱面为水平圆的一部分，侧平面 R 截圆柱面为两条素线，正垂面 P 截圆柱面为椭圆的一部分。从图 4-26a可以看出，截交线的正面投影积聚在三个截平面有积聚性的投影上，水平投影积聚在圆柱面上，现求截交线的侧面投影。

作图步骤：

1）根据投影关系，作出未截切前圆柱的侧面投影，如图 4-27c 所示。

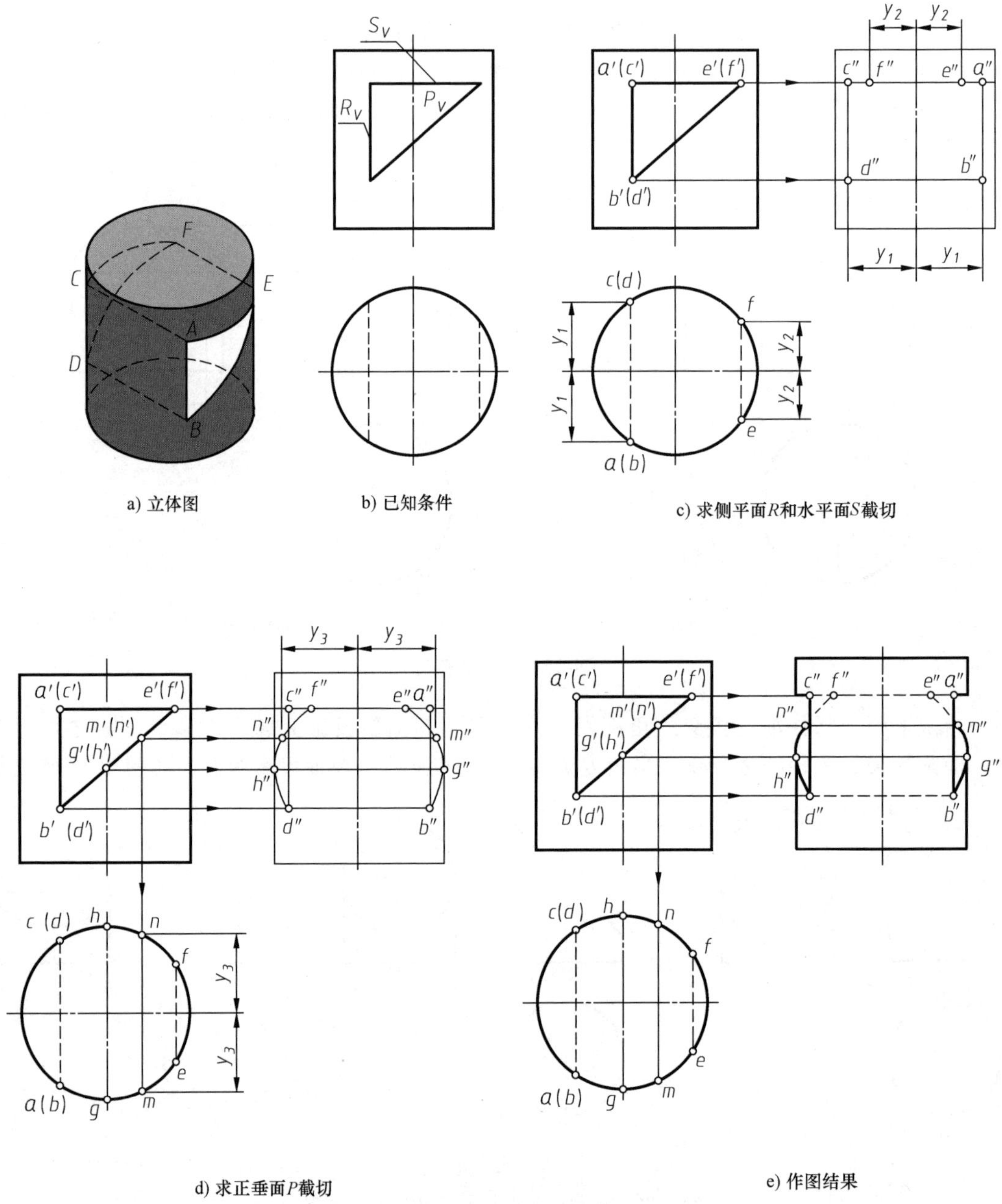

a) 立体图　b) 已知条件　c) 求侧平面R和水平面S截切

d) 求正垂面P截切　e) 作图结果

图 4-27　求圆柱穿孔后的侧面投影

2）侧平面 R 截圆柱面为两条素线。在正面投影中可标出素线 AB、CD 的正面投影 $a'b'$、$c'd'$。过这几点作投影连线，在水平投影的圆周上得到两素线的水平投影 a（b）、c（d），积聚为点。利用投影关系，在侧面投影中量取 y_1，得到两素线的侧面投影 $a''b''$、$c''d''$，如图 4-27c 所示。

3）水平面 S 截圆柱为水平圆的一部分。在正面投影中可标出$\widehat{AE}$、$\widehat{CF}$的正面投影 $a'e'$、$c'f'$，它们重合在水平面 S 有积聚性的投影上。过这几点作投影连线，在水平投影的圆周上得到圆弧 ae、cf。利用投影关系，在侧面投影中量取 y_2，得到侧面投影 e''、f''，如图 4-27c 所示。

4）正垂面 P 截圆柱为椭圆的一部分，椭圆弧的两端点分别为正垂面 P 与侧平面 R、正垂面 P 与水平面 S 相交的正垂线 BD、EF 的两端点。在水平投影中可定出椭圆弧的最前点 G、最后点 H 的水平投影 g、h。因椭圆弧的正面投影与 P_V 重合，可直接得 g'、h'。过 g'、h'作投影连线得 g''、h''，点 G、H 在圆柱面的侧面投影转向轮廓线上，如图 4-27d 所示。

求椭圆弧上一般位置点投影。在椭圆弧的正面投影中定出一般位置点 M、N 的正面投影 m'、n'，根据投影关系，在水平投影的圆周上得到 m、n，利用 y_3 相等的关系，得到 M、N 的侧面投影 m''、n''，如图 4-27d 所示。

5）两条素线 AB 与 CD 的侧面投影 $a''b''$、$c''d''$可见，画粗实线。圆弧 AE、CF 的侧面投影位于素线 AB 前方和素线 CD 后方的部分线段可见，画粗实线；位于两素线之间的部分线段不可见，画细虚线。椭圆弧的侧面投影被两素线 AB、CD 之间的圆柱面挡住部分不可见，画细虚线，其余画粗实线。三个截平面的交线不可见，画细虚线。注意：圆柱侧面投影转向轮廓线的投影画到 g''、h''，结果如图 4-27e 所示。

4.4.2 平面与圆锥相交

平面与圆锥相交，根据截平面与圆锥轴线的相对位置不同，其截交线有五种不同形状：圆、等腰三角形、椭圆或椭圆弧加直线、抛物线加直线和双曲线加直线，见表 4-2。

表 4-2 平面与圆锥的交线

立体图	投影图	截交线形状
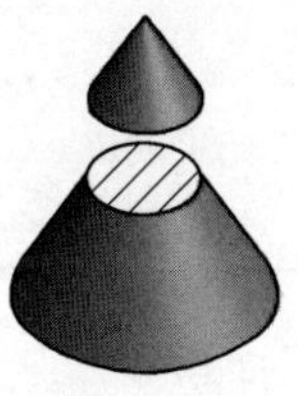	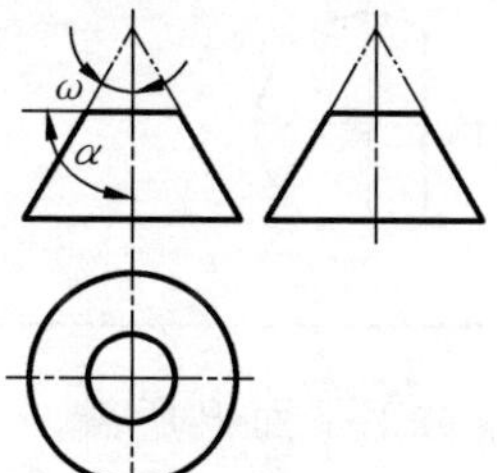	截平面垂直于轴线（$\alpha = 90°$），截交线为圆
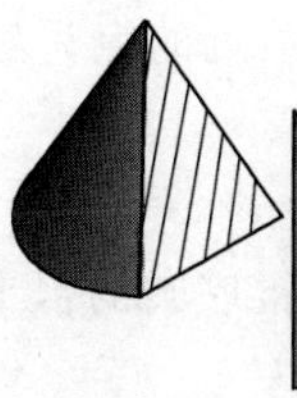	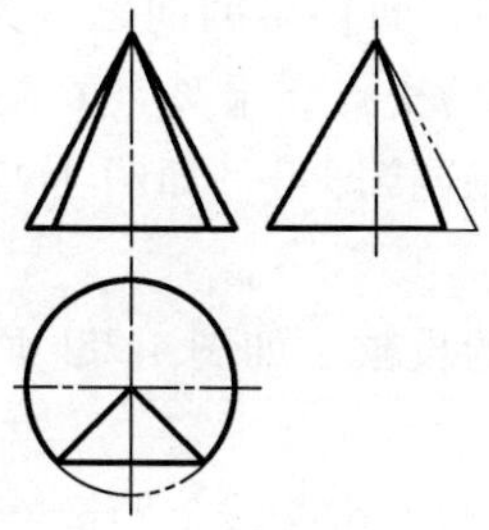	截平面通过圆锥顶点，截交线为等腰三角形

（续）

立体图	投影图	截交线形状
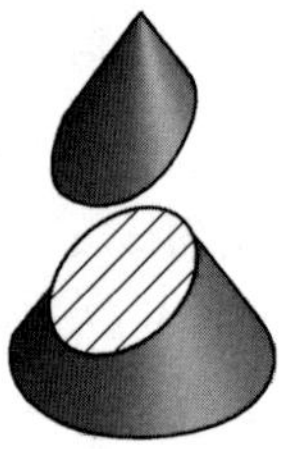	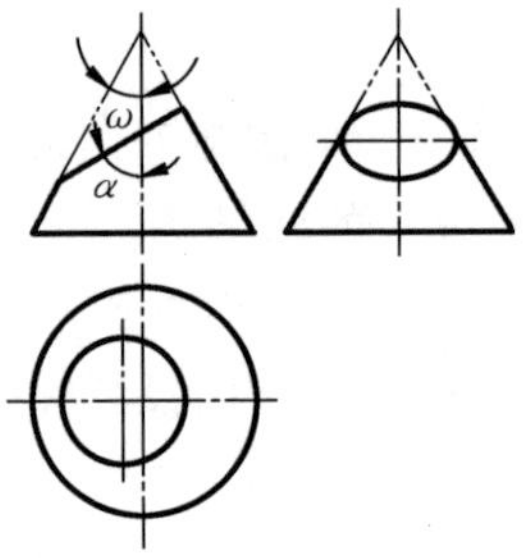	截平面倾斜于轴线，且 $\alpha>\omega$，截交线为椭圆
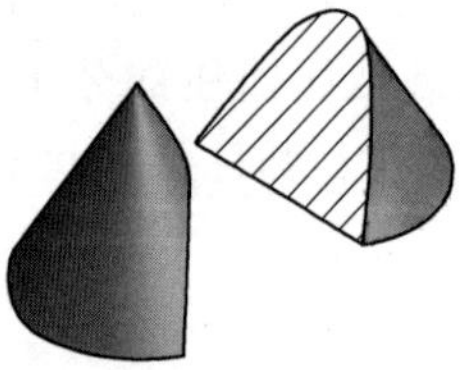	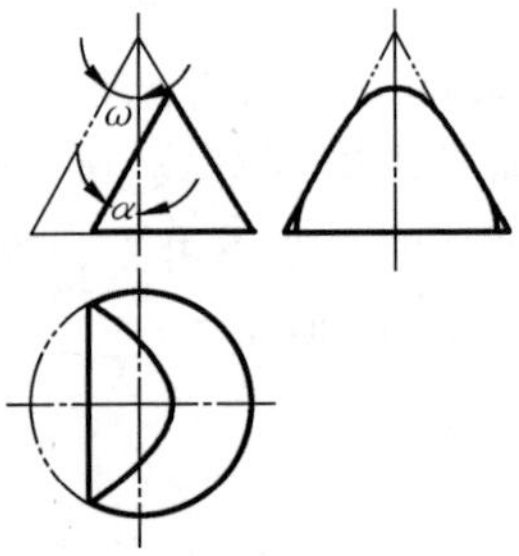	截平面倾斜于轴线，且 $\alpha=\omega$，截交线为抛物线加直线
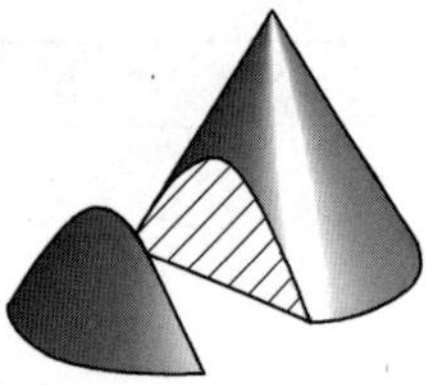	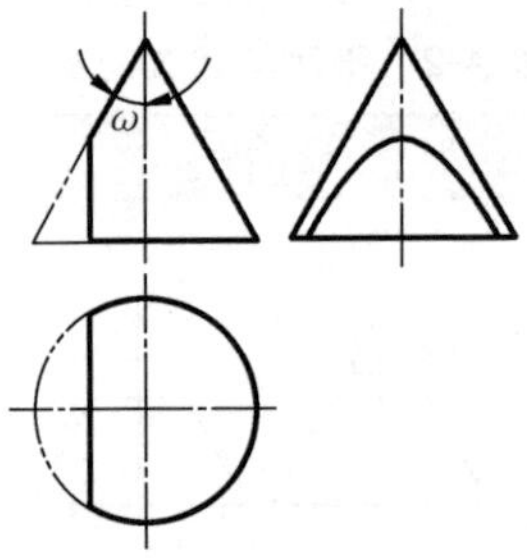	截平面倾斜于轴线，且 $\alpha<\omega$，或平行于轴线（$\alpha=0°$），截交线为双曲线加直线

例 4-17　如图 4-28a 所示，圆锥被正平面 P 所截，求作截交线的正面投影。

分析：截平面 P 与圆锥面的轴线平行，截交线在圆锥面上是双曲线。截平面 P 的水平投影有积聚性，因此截交线的水平投影重合在 P_H上，正面投影反映实形。该例可以看作已知圆锥表面一曲线的水平投影，求作正面投影的问题。先找出双曲线上特殊位置点的投影，如最低点 A、E 是截平面与圆锥底圆的交点，最高点 C 是截平面上离轴线最近的点；然后确定一般位置点 B、D 的投影，再光滑连接即可，如图 4-23 所示。

作图步骤：

1）求作双曲线上最低点 A、E 的投影。如图 4-28b 所示，双曲线与圆锥底圆的水平投影相交处于 a、e，相应找出 a'、e'。

2）求作截交线上最高点 C 的投影。截交线上距离圆锥面轴线最近的点，即为锥面上的最高点。此截交线水平投影的中点，即是最高点 C 的水平投影 c，利用圆锥面上过点 C 的水平纬圆作为辅助线求出 c'。

3）在截交线的适当位置作两个一般位置点 B、D 的投影。在截交线的水平投影中取一般位置点 B、D 的水平投影 b、d，过 B、D 作两条素线 SM、SN，求出素线的正面投影，由 b、d 分别引投影连线，在 $s'm'$、$s'n'$ 上得到 b'、d'。

4）按截交线水平投影的顺序，光滑连接截交线的正面投影 $a'b'c'd'e'$，截交线正面投影可见，画粗实线，结果如图 4-28b 所示。

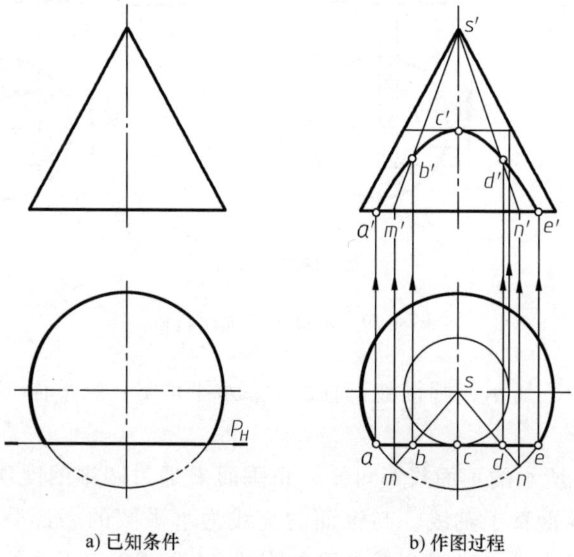

图 4-28 圆锥被正平面所截

例 4-18 如图 4-29a 所示，圆锥被正垂面 P 截去左上端，求截交线的投影。

分析：从所给的情况可知，截交线是一个椭圆，截平面 P 的正面投影有积聚性，因此截交线的正面投影与 P_V 重合，水平投影和侧面投影仍然是椭圆。作图时，应先找出椭圆长、短轴的端点，长轴端点在截平面与圆锥最左、最右素线的交点上，短轴端点位于通过长轴中点的正垂线上；再找侧面投影转向轮廓线上的点，然后适当作一些一般位置点的投影，最后用曲线光滑连接。

作图步骤：

1）如图 4-29b 所示，在截平面和圆锥最左、最右素线的正面投影的交点处，作出最低点 A、最高点 B 的正面投影 a'、b'，由投影关系可作出 a、b 和 a''、b''。A、B 同时也是截交线上的最左点和最右点，还是截交线椭圆长轴的端点。

2）正面投影 $a'b'$ 的中点，即为椭圆短轴 CD 有积聚性的正面投影 c'（d'），利用纬圆法在圆锥表面求点，可找出 c'、d' 和 c''、d''，如图 4-29b 所示。

3）求侧面投影转向轮廓线上的点 E、F。如图 4-29c 所示，在正面投影中标出截交线和圆锥最前、最后素线交点 E、F 的正面投影 e'、f'，它们互相重合。由 e'、f' 可直接在侧面投影中作出 e''、f''；再用纬圆法，可求出其水平投影 e、f。

4）在正面截交线投影的适当位置取一般位置点 M、N 的正面投影 m'、n'，过 M、N 作水平纬圆，由 m'、n' 作投影连线，在纬圆的水平投影上作出 m、n，再作出相应的 m''、n''。

5）光滑连接截交线的水平投影和侧面投影。水平投影、侧面投影均可见，画粗实线。注意：圆锥侧面转向轮廓线的投影画到 e''、f''为止，结果如图 4-29c 所示。

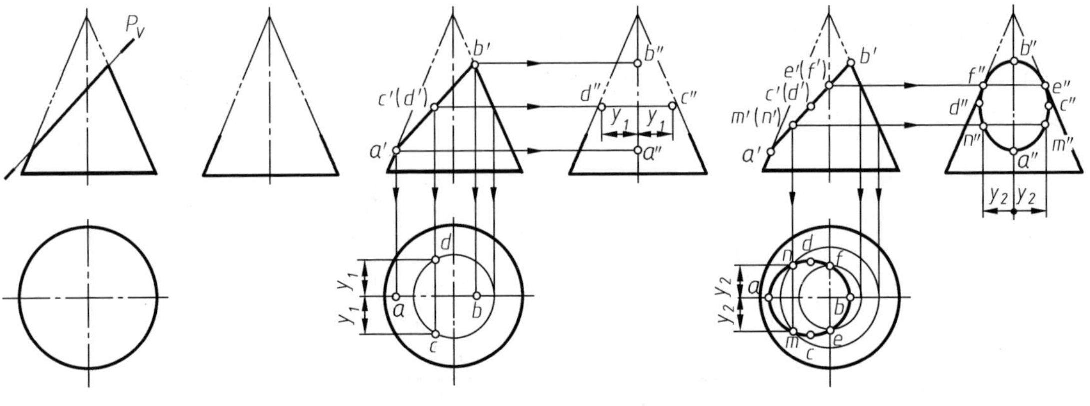

a) 已知条件　　b) 求椭圆的长短轴　　c) 求侧面转向轮廓线上的点和一般位置点

图 4-29　圆锥被正垂面斜截

例 4-19　如图 4-30b 所示，圆锥被正垂面 P、水平面 S、侧平面 T 所截，求截切后圆锥的水平投影和侧面投影。

分析：从图 4-30b 所示的正面投影可知，正垂面 P 通过圆锥的锥顶，与锥面的交线为过锥顶的素线；水平面 S 垂直于轴线，与锥面的交线为水平圆的一部分；侧平面 T 平行于轴线，与锥面的交线为双曲线。这三个截平面的交线 AB 、CD 为正垂线，侧平面 T 与圆锥底面的交线 HG 也为正垂线。这些交线的正面投影与正垂面 P、水平面 S、侧平面 T 有积聚性的正面投影重合，立体图如图 4-30a 所示。

作图步骤：

1）作圆锥未截切前的侧面投影。在适当位置作圆锥轴线的侧面投影，根据圆锥底圆直径可绘出圆锥未截切前的侧面投影，如图 4-30c 所示。

2）作截平面 P 与圆锥的交线。该平面过锥顶，交线为过锥顶的素线，在正面投影上可直接定出正垂线 AB 的正面投影 a'（b'），连接 $s'a'$、$s'b'$并延长交圆锥底圆于 m'和（n'），过 m'、（n'）作投影连线，可求出水平投影 m、n 和侧面投影 m''、n''，点 A、B 在素线 SM、SN 上，过 a'、b'作投影连线，可求出 a、b、a''、b''，如图 4-30c 所示。

3）作截平面 S 与圆锥的交线。该平面垂直于圆锥轴线，交线为水平圆，在正面投影上可直接定出正垂线 CD 的正面投影 c'（d'），过 c'（d'）作 CD 所在纬圆的正面投影，由纬圆的半径作出纬圆的水平投影，在纬圆上确定 CD 的水平投影 c、d 和侧面投影 c''、d''，AB 也在此纬圆上，如图 4-30c 所示。

4）作截平面 T 与圆锥的交线。该平面为侧平面，平行于圆锥的轴线，交线为双曲线，在正面投影上可直接定出截平面 T 与圆锥底圆交点的正面投影 g'（h'），过 g'（h'）作投影连线，得到水平投影 g、h，利用 y 坐标相等的关系，得侧面投影 g''、h''。在正面投影适当位置确定一般点 E、F 的正面投影 e'（f'），用纬圆法求 E、F 的水平投影 e、f 和侧面投影 e''、f''，方法同求 CD 的投影，如图 4-30d 所示。

5）截平面 *P* 与截平面 *S* 交线 *AB* 的水平投影不可见，画细虚线；截平面与圆锥表面的交线可见，画粗实线。补全圆锥侧面转向轮廓线的投影，结果如图 4-30d 所示。

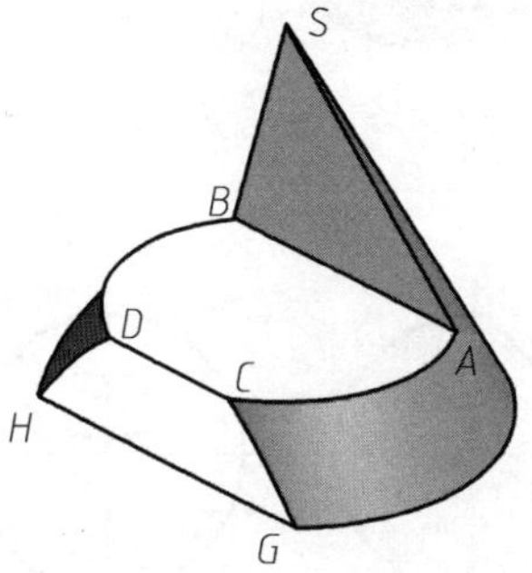

a) 立体图

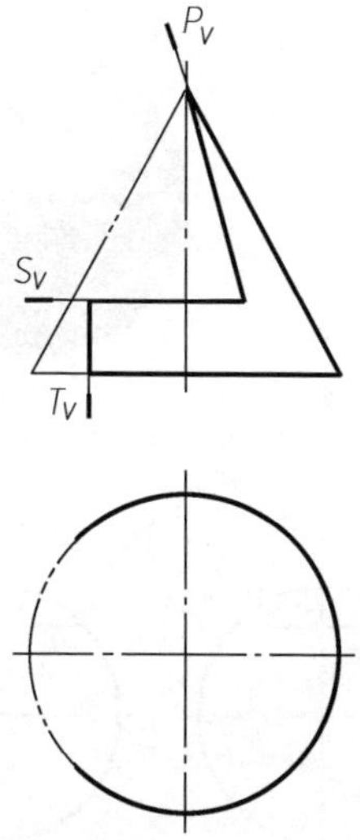

b) 已知条件

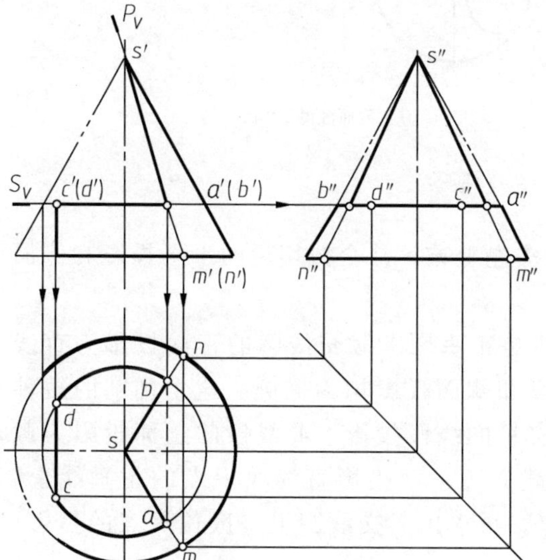

c) 求*P*和*S*平面的截交线

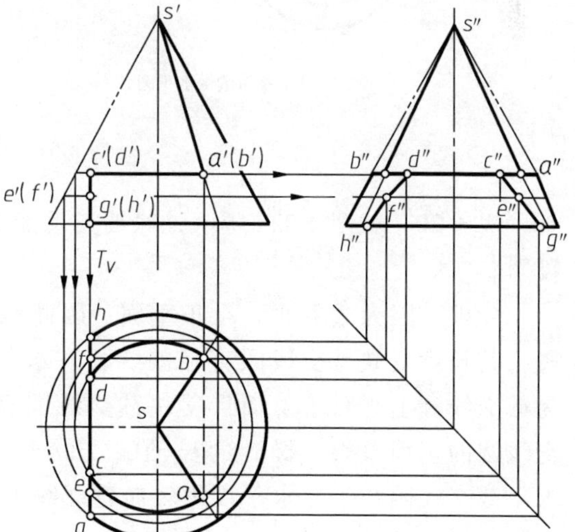

d) 求*T*平面的截交线

图 4-30 圆锥被 *P*、*S*、*T* 平面所截

4.4.3 平面与球相交

平面与球的截交线是圆。当截平面平行于投影面时，截交线在该投影面上的投影为

实形；当截平面垂直于投影面时，截交线在该投影面上的投影为直线段，长度等于截交线圆的直径；当截平面倾斜于投影面时，截交线在该投影面上的投影为椭圆，如图 4-31 所示。

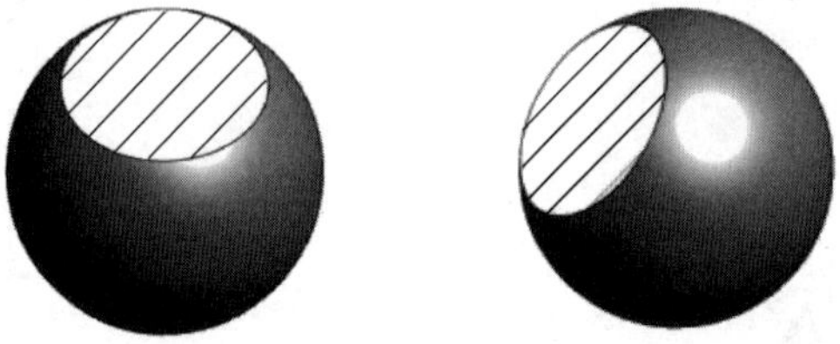

a) 立体图

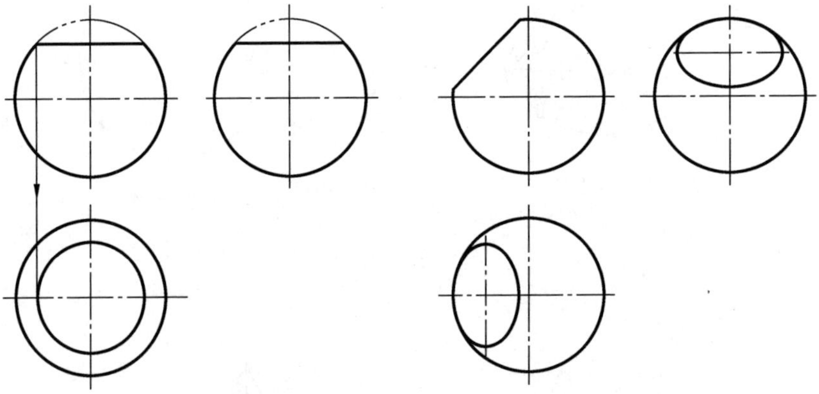

b) 水平面截得水平圆

c) 正垂面截得正垂圆

图 4-31 球面的截交线

例 4-20 如图 4-32a 所示，球被正垂面 P 截去左上方，补全截切后的水平投影和侧面投影。

分析：因为截平面 P 是正垂面，因此截交线是正垂圆。截交线圆的正面投影为直线段，其长度反映截交线圆直径的实长。水平投影和侧面投影均为椭圆。这个椭圆的短轴为截交线圆上平行于 V 面且反映截交线圆直径实长的线段投影，此线段的正面投影为截交线圆的正面投影。椭圆的长轴端点位于通过截交线正面投影直线段中点的正垂线上。求出截交线圆位于球水平投影转向轮廓线上的点，再求出截交线圆上一般位置点的投影，最后光滑连接。

作图步骤：

1）在球和截平面正面投影的交点处标出截交线圆最高点 A、最低点 B 的正面投影 a'、b'，因 A、B 在球面的正面投影转向轮廓线上，可直接找出 a、b 和 a''、b''。a、b 是截交线圆水平投影椭圆短轴的两端点，a''、b''是截交线圆侧面投影椭圆短轴的两端点，A、B 也是截交线圆上的最右点、最左点，如图 4-32b 所示。

2）在 $a'b'$的中点处定出截交线圆上处于正垂线位置的直径 CD 的正面投影 c'（d'）。在球面上作过点 C、D 作水平纬圆，并作出此水平纬圆的水平投影，过 c'（d'）作投影连线，交该水平纬圆的水平投影于 c、d，c、d 是水平投影椭圆长轴的端点。利用 y_1 相等的关系，可求出 c''、d''，c''、d''是侧面投影椭圆长轴的端点，如图 4-32b 所示。

3）在截交线圆和球面上、下分界圆的正面投影相交处定出 e'、f'，在球面水平转向轮廓线的投影上作出 e、f，利用 y_2 相等的关系，可求出侧面投影 e''、f''。

4）在截交线圆的正面投影中任意定出一般位置点 M、N 的正面投影 m'、n'，利用球表面上取点的方法求出 m、n 和 m''、n''，方法与求 C、D 的投影相同，如图 4-32c 所示。

5）用粗实线光滑连接截交线圆的水平投影和侧面投影，注意球面水平转向轮廓线的投影画到 e、f 为止，结果如图 4-32d 所示。

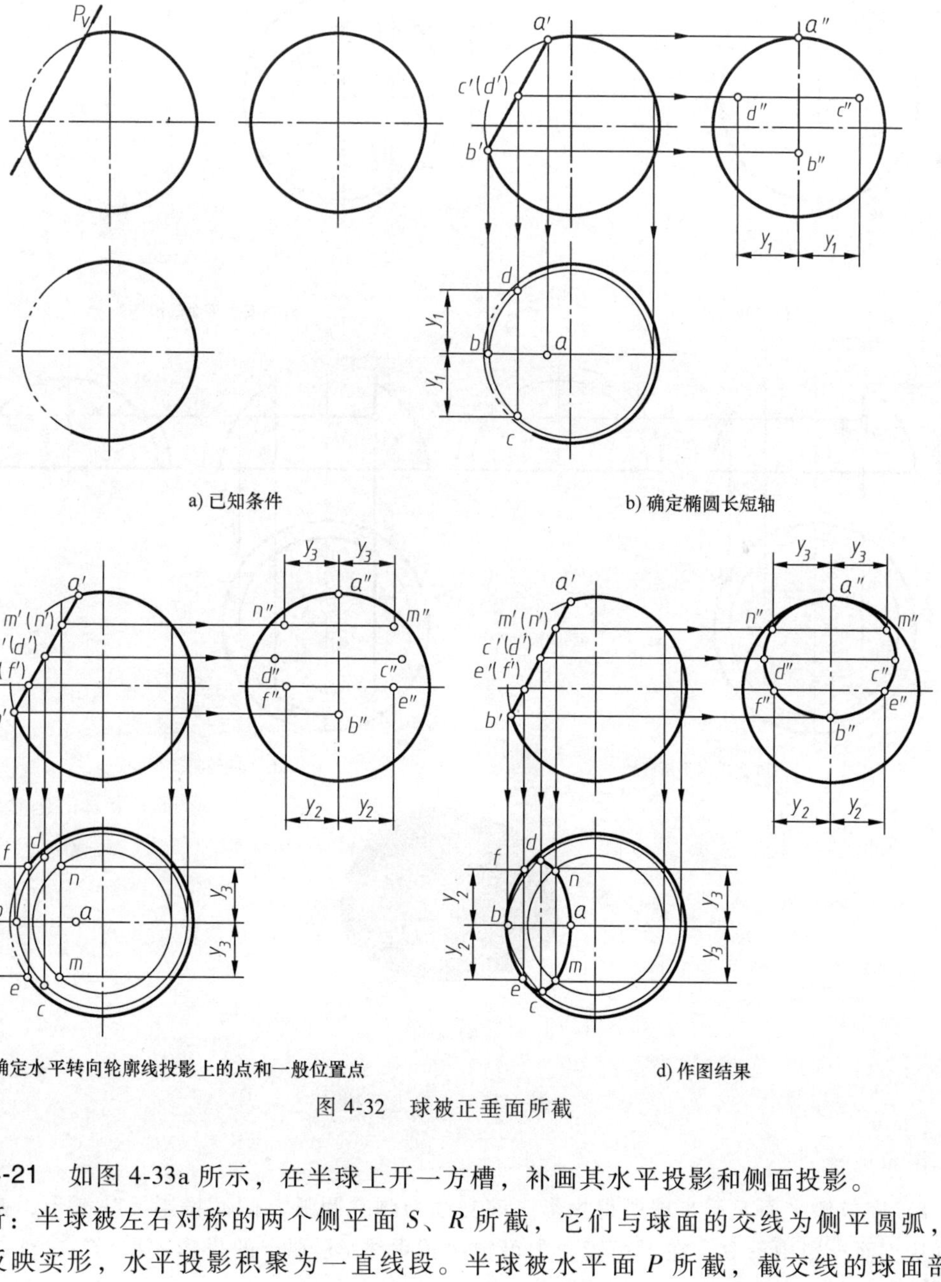

a) 已知条件　　b) 确定椭圆长短轴

c) 确定水平转向轮廓线投影上的点和一般位置点　　d) 作图结果

图 4-32　球被正垂面所截

例 4-21　如图 4-33a 所示，在半球上开一方槽，补画其水平投影和侧面投影。

分析：半球被左右对称的两个侧平面 S、R 所截，它们与球面的交线为侧平圆弧，侧面投影反映实形，水平投影积聚为一直线段。半球被水平面 P 所截，截交线的球面部分为水平圆弧，水平投影反映实形，侧面投影积聚为直线段。侧平面 S、R 与水平面 P 相交为两条正垂线，正垂线的正面投影积聚为点，水平投影和侧面投影反映实长，立体图如图 4-33e 所示。

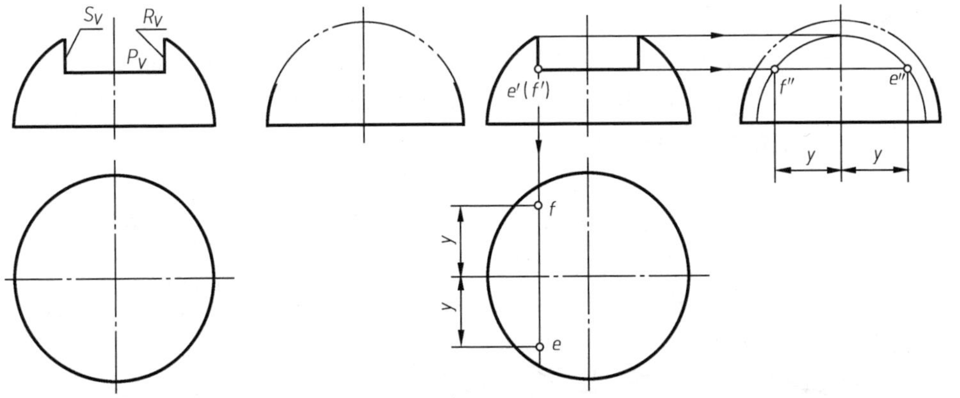

a) 已知条件　　b) 完成侧平面截切

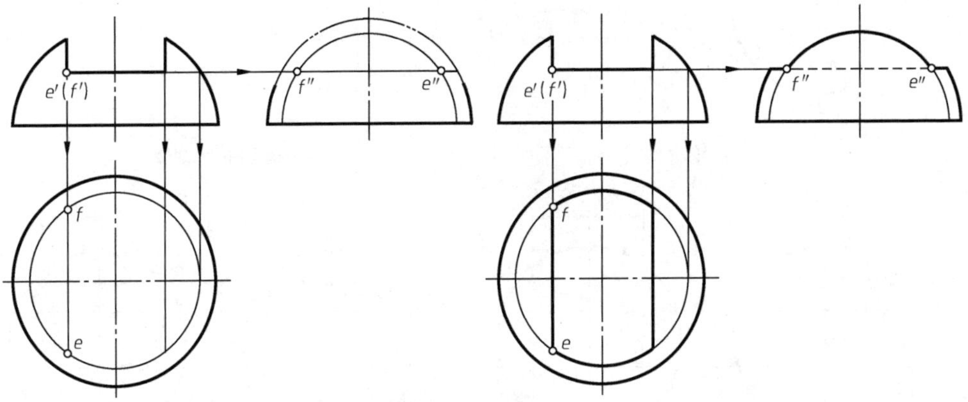

c) 完成水平面截切　　d) 作图结果

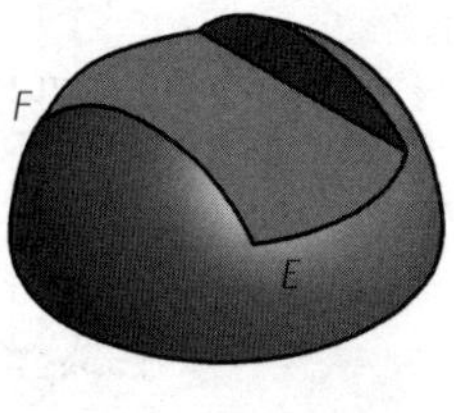

e) 立体图

图 4-33　半球上开槽

作图步骤：

1）完成侧平面 S 截半球所得投影。该交线为侧平圆弧，侧面投影反映实形，圆弧的半径可从正面投影中量取。在 V 面投影中可定出正垂线 EF 端点的投影 e'、(f')，作投影连线

可得到 e''、f''，水平投影积聚为一直线段，利用 y 相等由 e''、f'' 和 e'、(f') 作出 e、f，如图 4-33b 所示。同样，可作出侧平面 R 截半球所得投影。

2）完成水平面 P 截半球所得投影。该交线为水平圆弧，水平投影反映实形，圆弧的半径可从正面投影中量取，正垂线 EF 的端点在此水平圆弧上，该圆弧的侧面投影积聚为一直线段，如图 4-33c 所示。

3）侧平圆弧和水平圆弧的水平投影可见，画粗实线；侧面投影也可见，画粗实线。正垂线 EF 的侧面投影 $e''f''$ 不可见，画细虚线。注意：半球的侧面转向轮廓线的投影在方槽范围内不存在，结果如图 4-33d 所示。

4.4.4 平面与其他回转体相交

例 4-22 如图 4-34 所示，回转体被正平面 P 所截，补画其正面投影。

分析：截交线的水平投影与截平面有积聚性的水平投影重合，利用回转面过点作纬圆的方法作出截交线上特殊位置点 A、B、C 和一般位置点 D、E 的投影，最后用曲线光滑连接即可。

最左、最右点 A、B 为截平面与回转体底圆的交点，最高点 C 为截交线上离轴线最近的点。作图过程如图 4-34b、c 所示。

思考：如图 4-34d 所示，如果回转体被铅垂面 R 所截，截交线的正面投影如何？回转体的正面转向轮廓线完整吗？试求截平面与回转体最右素线的交点。

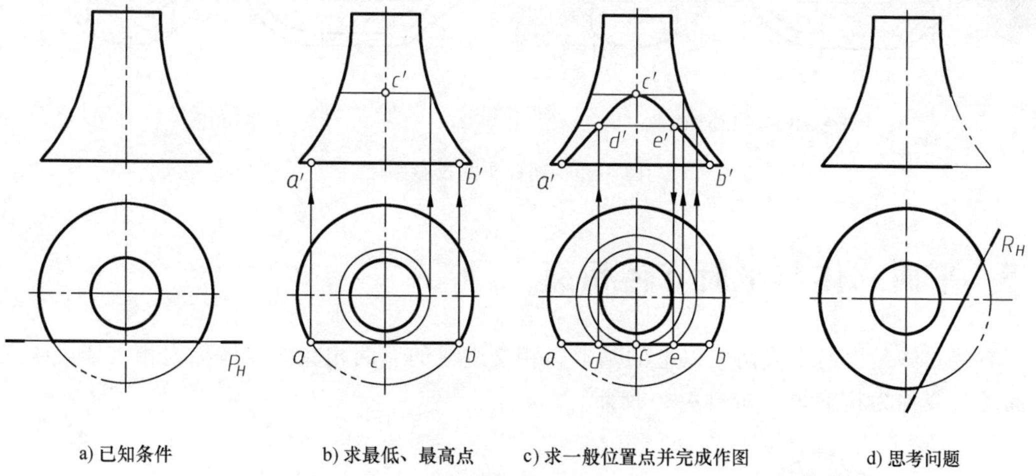

图 4-34 平面截回转体

例 4-23 已知如图 4-35a 所示，求连杆头的正面投影。

分析：此连杆头由同轴的小圆柱、圆锥台、大圆柱及球组成，连杆头的前后被两个平行于轴线的对称平面所截。截平面与圆锥面的交线为双曲线，与大圆柱面的交线为两条平行直线，与球面的交线为半个圆，截交线是由这些交线围成的封闭平面曲线。由于两截平面前后对称，且平行于正面，因此两截交线的正面投影前后重合，截交线的侧面投影与截平面有积聚性的侧面投影重合，故只需作前面截平面与回转体的截交线。

作图步骤：

1）截平面与大圆柱面的交线为垂直于侧面的两条直线，侧面投影为（1″）2″、（3″）4″，过这些点作投影连线，可作出正面投影 1′2′、3′4′，如图 4-35b 所示。

2）截平面与球面的交线为半个圆，其直径为侧面投影 1″3″的长度，正面投影反映实形，如图 4-35b 所示。

3）截平面与圆锥面的交线为双曲线。如图 4-35c 所示，在侧面投影上标出最左点的投影 5″、一般位置点的投影 6″、7″，利用纬圆法求圆锥台表面上点的投影，可得这些点的正面投影 5′、6′、7′，光滑连接 2′6′5′7′4′，即完成截交线的正面投影，结果如图 4-35d 所示。

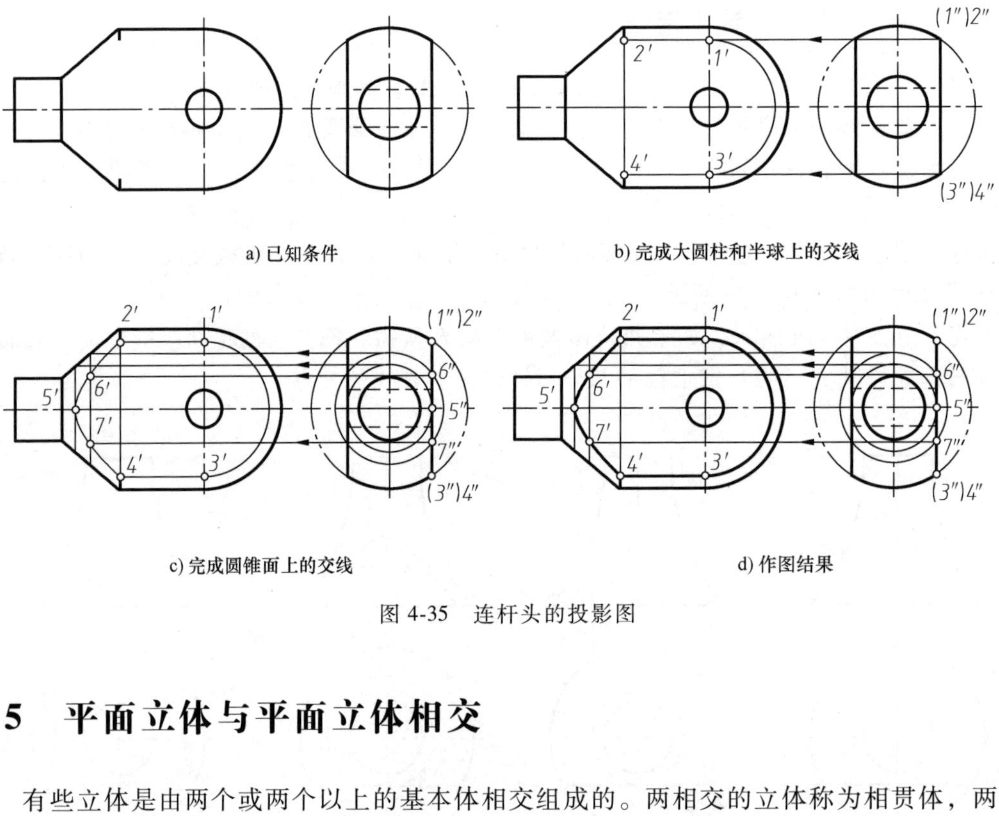

a) 已知条件　　b) 完成大圆柱和半球上的交线

c) 完成圆锥面上的交线　　d) 作图结果

图 4-35　连杆头的投影图

4.5　平面立体与平面立体相交

有些立体是由两个或两个以上的基本体相交组成的。两相交的立体称为相贯体，两立体表面的交线称为相贯线，如图 4-36 所示。

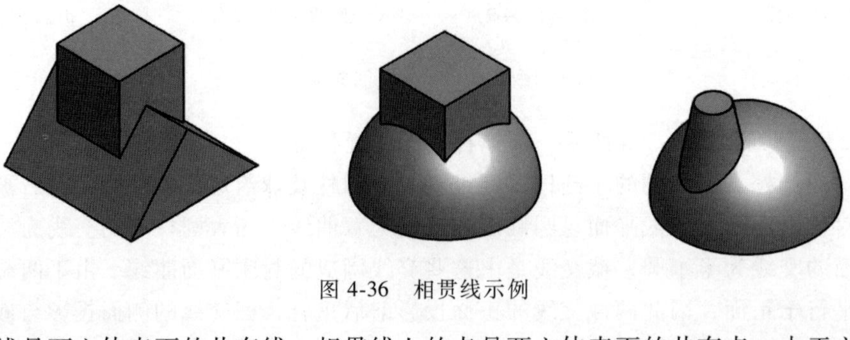

图 4-36　相贯线示例

相贯线是两立体表面的共有线，相贯线上的点是两立体表面的共有点。由于立体有一定的范围，所以相贯线一般是闭合的。

判断相贯线可见性的原则：同时位于两立体可见表面上的线段是可见的，画粗实线；否则为不可见的线段，画细虚线。

按立体的类型，两立体相交可分为两平面立体相交、平面立体与曲面立体相交、两曲面立体相交三种情况。每种立体的相交，又可分为两立体的外表面与外表面相交，两立体的外表面与内表面相交，或两立体的内表面与内表面相交。本节介绍两平面立体相交的情况。

两平面立体相交，其相贯线一般情况下是封闭的空间折线，折线为两立体表面的交线。因此，求两立体的相贯线可按求直线与平面的交点或两平面的交线解决。

例 4-24 如图 4-37b 所示，已知三棱柱与三棱锥相交，求它们的表面交线。

分析：由图 4-37a 可知，三棱柱棱线垂直于 *H* 面，其各棱面的 *H* 面投影有积聚性，相贯线的 *H* 面投影重影在三棱柱的 *H* 面投影上。三棱锥完全贯穿三棱柱，其相贯线分为两组，分别在三棱柱的左右两棱面上，形成两条闭合的平面折线。

作图步骤：

1）分别求出三棱锥的三条侧棱 *SI*、*SG*、*SH* 与三棱柱的左右两棱面的交点。如图 4-37c 所示，利用三棱柱在 *H* 面上投影的积聚性，可直接求得 *SI*、*SG*、*SH* 与三棱柱左右两棱面交点的 *H* 面投影 *a*、*b*、*c*、*d*、*e*、*f*，过这些点的水平投影引投影连线，得到 *V* 面投影 *a′*、*b′*、*c′*、*d′*、*e′*、*f′*。

2）*A*、*C*、*E* 位于三棱柱的左棱面上，在 *V* 面投影上连接 *a′c′e′*；*B*、*D*、*F* 位于三棱柱的右棱面上，在 *V* 面投影上连接 *b′d′f′*。

3）判断可见性。根据“同时位于两立体都可见侧面上的交线才可见”的原则，在 *V* 投影面上，三棱柱的左右侧面均可见，三棱锥的 *SGH*、*SHI* 面均可见，所以 *a′e′*、*e′c′* 和 *f′d′*、*f′b′* 可见，画粗实线，*a′c′*、*d′b′* 不可见，画细虚线，结果如图 4-37c 所示。

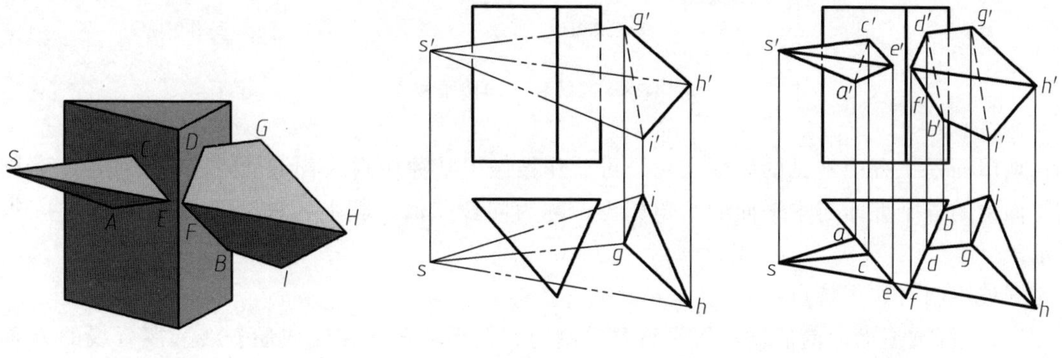

a) 立体图　　b) 已知条件　　c) 作图过程

图 4-37　三棱柱与三棱锥相交

例 4-25 如图 4-38b 所示，已知四棱柱与四棱锥相交，求它们表面的交线。

分析：如图 4-38a 所示，四棱柱棱线垂直于 *W* 面，其 *W* 面投影有积聚性，相贯线的 *W* 面投影与四棱柱的 *W* 面投影重合。四棱柱完全贯穿四棱锥。四棱柱与四棱锥前后、左右对称，它们的交线也前后、左右对称。相贯线分为两组，分别在四棱锥左边和右边的四个棱面上。

作图步骤：

1）先求棱锥上的左侧棱 SA 被棱柱截断的点。因相贯线的 W 面投影重影在四棱柱的 W 面投影上，在 W 面投影中可直接确定棱线 SA 被棱柱截断的点的投影 f''、i''，利用投影关系可得到 f'、i'、f、i。

2）求棱柱的四条棱线与棱锥的两个棱面 SAB、SAD 的交点。因棱柱的四条棱线在 W 面投影中积聚为点，因此可直接确定交点的 W 面投影 e''、g''、h''、j''，利用 EF 平行于 AD 或 E 在棱面 SAD 上可求出 e'、e，同样求出 g'、g、h'、h、j'、j。

3）在 SAD 的水平投影上连接 $fehi$，在 SAD 的正面投影上连接 $f'e'h'i'$，在 SAB 的水平投影上连接 $fgji$，在 SAB 的正面投影上连接 $f'g'j'i'$。

4）相贯线前后对称，其 V 面投影前后重合，画粗实线。相贯线位于棱柱、棱锥可见表面的水平投影 $hefgj$ 可见，画粗实线，其余部分 hij 画细虚线。

5）用同样的方法作出棱柱与棱锥右棱面的交线。

6）完成棱柱、棱锥棱线的投影，结果如图 4-38c 所示。

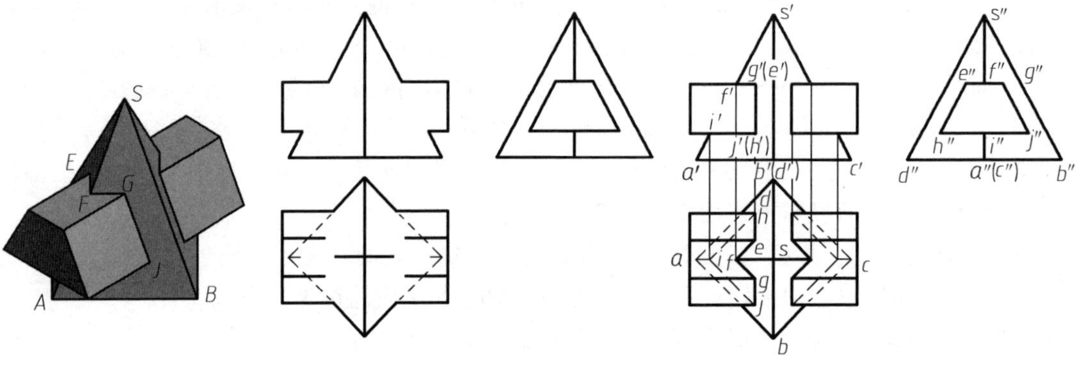

a) 立体图　　b) 已知条件　　c) 作图过程

图 4-38　四棱柱与四棱锥相交

坡屋面是工程中常见的屋面实例，可看作被做了某种切割的若干个棱柱相交而成。若同一屋面上的各个坡面与水平面的倾角相等，称为同坡屋面，其上各种交线的名称如图 4-39a 所示。

同坡屋面有如下特点：

1）当同坡屋面的前后檐口线平行且等高时，前后坡面必相交成屋脊线。屋脊线的 H 面投影必平行于檐口线的 H 面投影，且与两檐口线等距。

2）檐口线相交的相邻两个坡面，相交于倾斜的斜脊线或天沟线。它们的 H 面投影为两檐口线 H 面投影的夹角的平分线，如图 4-39b 所示。当两檐口线相交成直角时，两坡面的交线在 H 面上的投影与两檐口线的 H 面投影成 45°角。

3）在屋面上如果有两斜脊线交于一点、两天沟线交于一点或一斜脊线和一天沟线相交于一点，则必有屋脊线通过该点，它是三个相邻屋面的共有点。如图 4-39a 所示，坡面Ⅰ与坡面Ⅱ相交于 AC，坡面Ⅱ与坡面Ⅲ相交于 AE，AC、AE 相交于点 A，点 A 在屋脊线 AB 上，则点 A 为坡面Ⅰ、Ⅱ、Ⅲ三面的共有点。

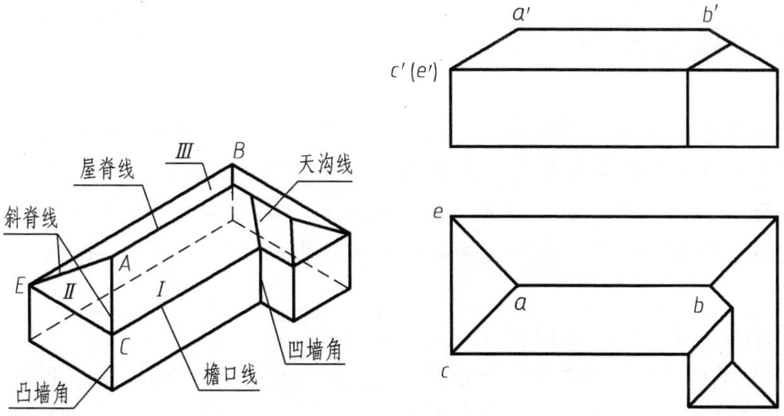

a) 立体图　　b) 投影图

图 4-39　同坡屋面

例 4-26　如图 4-40b 所示，已知房屋的平面图形和屋面倾角 $\alpha=30°$，求屋面的 V 面投影和屋面交线。

根据同坡屋面交线的投影特性，作图步骤如下：

1）在屋面平面投影的每一屋角作 45°分角线，其中两对斜脊线分别交于点 A、F，如图 4-40c 所示。

2）作每一对檐口线的中线，即屋脊线。过点 A 的屋脊线与墙角 1 的天沟线交于 B；过点 F 的屋脊线与墙角 4 的斜脊线交于 E；檐口线 14、23 的屋脊线与墙角 3 的天沟线交于 D，与墙角 2 的斜脊线交于 C。

3）连接 BC、DE，折线 $ABCDEF$ 即为所求的屋脊线，如图 4-40d 所示。

4）根据屋面倾角 α 和投影规律，可求出屋面的 V 面投影，结果如图 4-40e 所示。

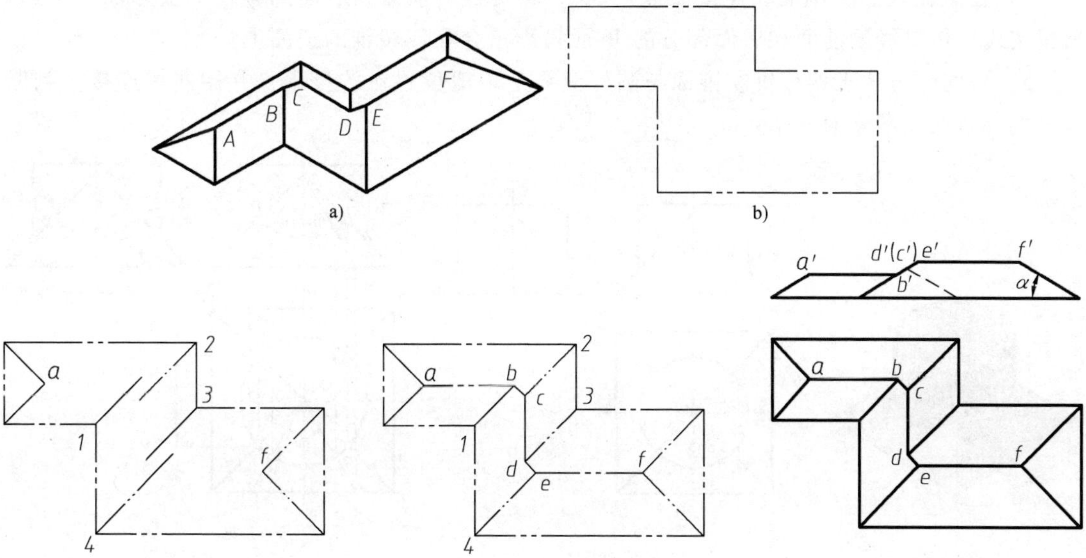

a)　b)　c)　d)　e)

图 4-40　屋面交线

4.6 平面立体与曲面立体相交

平面立体与曲面立体相交的相贯线，可按求平面立体上参与相贯的各平面与曲面立体的交线而得。平面立体与曲面立体相交，其交线为平面曲线或直线。当交线为平面曲线时，作图时应求出其特殊位置点的投影，再求一些一般位置点的投影，最后按顺序光滑连接各点。因此，平面立体与曲面立体的相贯线是由若干段平面曲线或若干段平面曲线与直线段组成的闭合图形。

例 4-27 求图 4-41b 所示的四棱锥与圆柱的交线。

分析：如图 4-41a 所示，四棱锥左右锥面为正垂面，前后锥面为侧垂面。圆柱轴线垂直于 H 面，因此，相贯线的水平投影与圆柱的 H 面投影重合。四棱锥的四个棱面分别与圆柱交于四段平面曲线，整个立体前后、左右对称，因此相贯线是前后、左右对称的空间闭合曲线。

作图步骤：

1）求四棱锥四条棱线与圆柱面的交点 A、B、C、D。如图 4-41c 所示，可直接定出交点的 H 面投影 a、b、c、d，过 a、b、c、d 作投影连线，或根据立体宽 y_1 相等，得 $a'(d')$、$b'(c')$ 和 $d''(c'')$、$a''(b'')$。这四个点为相贯线上的最高点。

2）求四棱锥左锥面、前锥面与圆柱交线上的最低点 E、F。在 H 面投影上可直接定出圆柱最左素线、最前素线与四棱锥交点 E、F 的水平投影 e、f；因四棱锥左锥面的 V 面投影有积聚性，可直接求出 e'；四棱锥前锥面的 W 面投影有积聚性，可直接求出 f''；再根据点的投影特性求出 e''、f'。E、F 为相贯线的最低点。

3）求四棱锥前锥面与圆柱交线上一般位置点 M、N 的投影。在 H 面投影上任意找左右对称的两点 m、n，在四棱锥前锥面上过 m、n 分别连线 sk、sl，根据投影关系得 $s'k'$、$s'l'$，作投影连线得 m'、n'。

4）在 V 面投影上用曲线连接 $a'm'f'n'b'$，相贯线的前面和后面部分在 V 投影面中重影，画粗实线；相贯线的前面和后面部分的 W 面投影重合在四棱锥的棱面上。

5）按同样方法求四棱锥左锥面与圆柱交线上一般位置点的投影，并用曲线连接，判断可见性，结果如图 4-41c 所示。

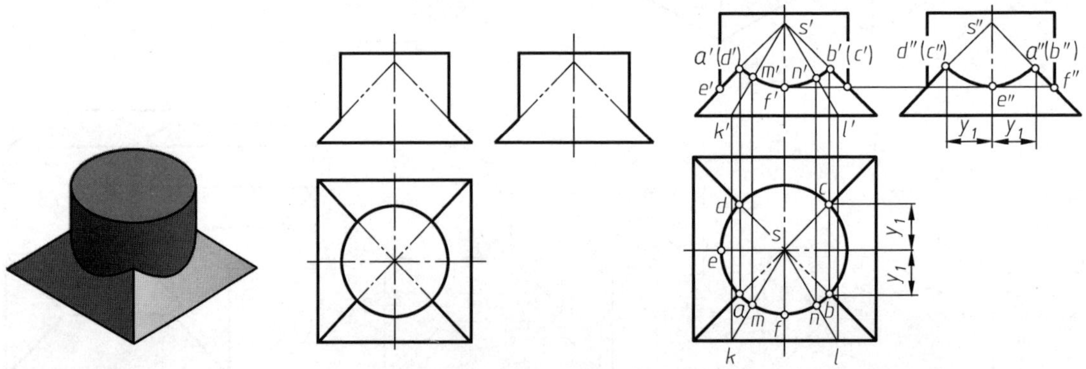

a) 立体图　　b) 已知条件　　c) 作图结果

图 4-41　四棱锥与圆柱的交线

4.7 曲面立体与曲面立体相交

两曲面立体相交，其交线大多为封闭的空间曲线。相贯线是两立体表面的共有线，相贯线上的点是两立体表面的共有点。求相贯线的问题，实质上是求两立体表面一系列共有点的问题。作图时，先求相贯线上特殊位置点的投影，即能够确定相贯线的形状和范围的点，如曲面立体表面投影的转向轮廓线上的点、对称相贯线在其对称平面上的点，以及最高、最低、最前、最后、最左、最右点等，然后根据需要求一些一般位置点的投影，最后按顺序光滑连接各点。

一般情况下，相贯线是一条封闭的空间曲线，如图 4-42 所示，特殊情况下也可能为一条平面曲线或直线，如图 4-43 所示。

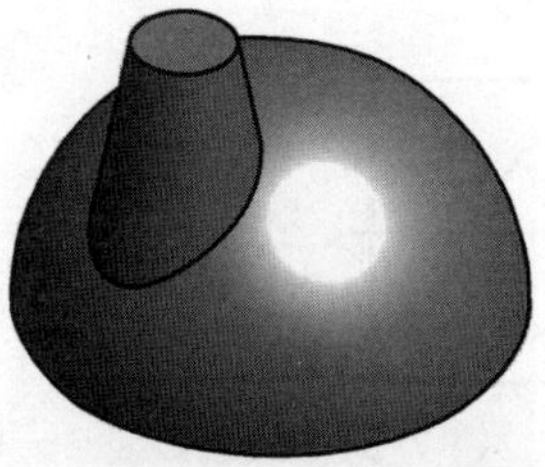

图 4-42 两回转体表面的相贯线示例

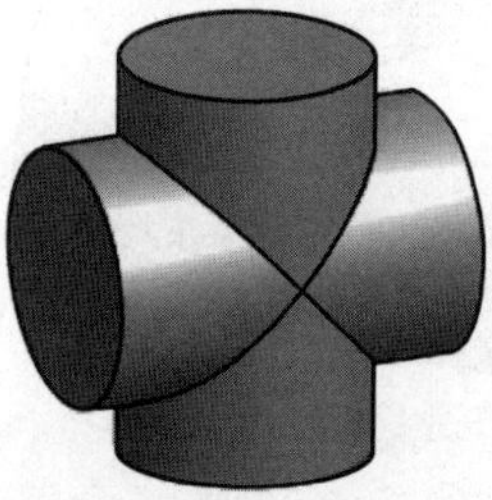

图 4-43 相贯线的特殊情况

由相贯线的几何性质可知，求相贯线的实质是求相贯线上一系列点的问题，其作图方法一般有以下三种：表面取点法、辅助平面法和辅助球面法，下面通过一些例子具体说明。

1. 表面取点法

当相贯的两立体中有一个是轴线垂直于投影面的圆柱时，相贯线在该投影面上的投影就积聚在圆柱面所投影的圆周上。因此，求圆柱与另一回转体相贯线的投影，就可以看作已知另一回转体表面上线段的一个投影，求作其他投影的问题。

按已知回转体表面上点的一个投影求作其他投影的方法，先在相贯线上找出特殊位置点的投影，再找一般位置点的投影，最后按是否可见用细虚线或粗实线依次光滑连接这些点的同面投影，完成相贯线的绘制，此方法称表面取点法。

例 4-28 如图 4-44b 所示，大圆柱与小圆柱相贯，完成其相贯线的投影。

分析：从图 4-44a 可知，小圆柱全部穿进大圆柱内，两圆柱轴线垂直相交，有公共的前后对称面和左右对称面，故相贯线是一条闭合的空间曲线，前后、左右对称。小圆柱的水平投影积聚为圆，相贯线的水平投影即为圆；大圆柱的侧面投影积聚为圆，相贯线的侧面投影为一段圆弧。因此相贯线的两个投影已知，需要求其第三个投影。

作图步骤：

1）求特殊位置点的投影。如图 4-44c 所示，在相贯线的水平投影中定出最左点 A、最右点 C 的水平投影 a、c，相应标出其在相贯线上的侧面投影 $a''(c'')$，利用点的投影连线求出其正面投影 a'、c'。A、C 也是相贯线的最高点。

在相贯线的水平投影中定出最前点 B 和最后点 D 的水平投影 b、d，B、D 在小圆柱最前、最后素线上，相应标出其在相贯线上的侧面投影 b''、d''，利用点的投影连线求出其正面

投影 $b'(d')$。D、B 也是相贯线的最低点，如图 4-44c 所示。

2）求一般位置点的投影。如图 4-44d 所示，在相贯线的侧面投影上任意找两点 E、F 的侧面投影 e''、f''，利用 y 相等的关系可求出其在相贯线水平投影上的位置 e、f，过水平投影和侧面投影作投影连线求其正面投影 e'、f'。

3）按相贯线上点的水平投影顺序，连接相贯线的正面投影。相贯线的正面投影前后重合，画粗实线，结果如图 4-44d 所示。

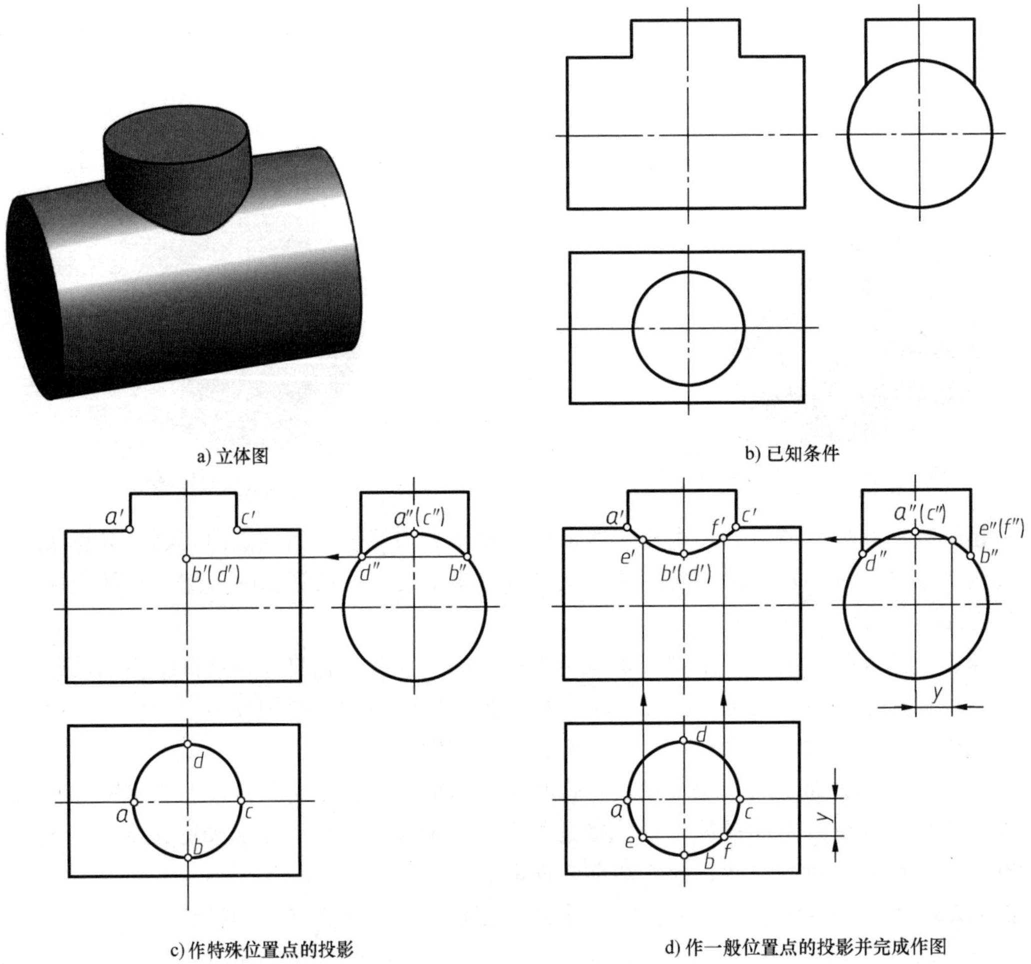

图 4-44　两圆柱正交时相贯线的投影

从图 4-45a 可以看出，两轴线垂直相交的圆柱相贯，其相贯线一般有下面三种形式：

1）图 4-45b 所示为小实心圆柱全部贯穿大实心圆柱。

2）图 4-45c 所示为在实心圆柱上从上向下贯穿一小的圆柱孔。

3）图 4-45d 所示为在长方体内两圆柱孔相贯。

上面三种形式的相贯线都是上下对称的两条闭合的空间曲线，具有相同的形状，绘制这些相贯线的作图方法也是相同的。

例 4-29　如图 4-46b 所示，在半球的左边从上向下穿通一圆柱孔，求其相贯线的投影。

分析：从图 4-46a 可以看出，半球与圆柱孔有公共的前后对称面，因此相贯线是前后对

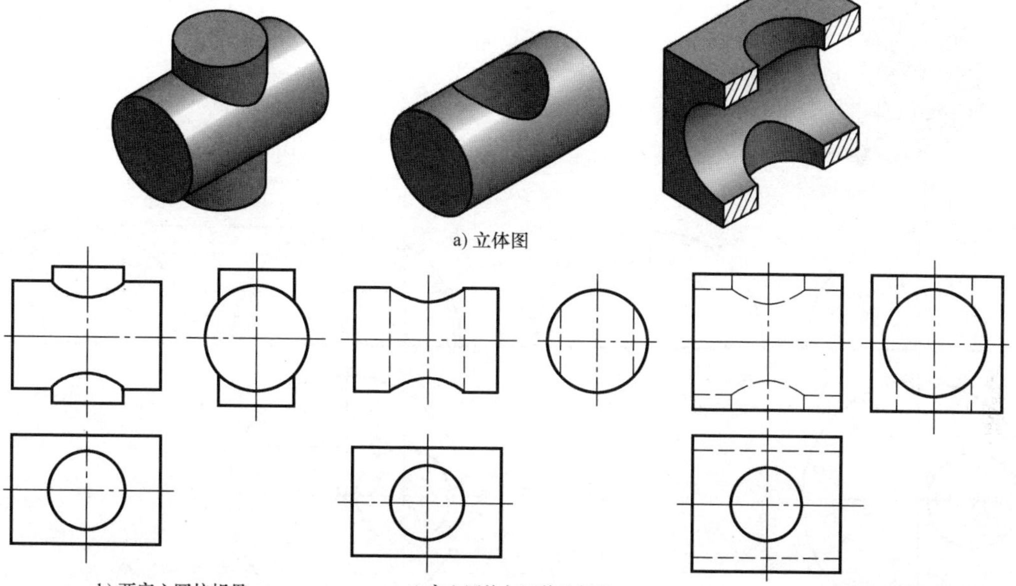

a) 立体图

b) 两实心圆柱相贯　c) 实心圆柱与圆柱孔相贯　d) 两圆柱孔相贯

图 4-45　两圆柱相贯常见的三种情况

称的。圆柱孔的水平投影有积聚性，相贯线的水平投影即为这个圆，只需求相贯线的正面投影和侧面投影。此题可看作已知半球表面上一曲线的水平投影，求其正面和侧面投影的问题，采用表面取点法。

作图步骤：

1）求特殊位置点的投影。如图 4-46c 所示，在相贯线的水平投影中，最左点 A 和最右点 C 的水平投影为 a、c，由点 A、C 在球面的正面转向轮廓线上作出 a'、c'，从而求出其侧面投影 a''、c''。可知 A、C 两点也分别是相贯线上最高、最低点。

同样可直接定出相贯线上最前点 B 和最后点 D 的水平投影 b、d。过点 D、B 在球面上作平行于正面的半圆（它们的正面投影重合），过 b、d 作投影连线，得到正面投影 b'、d'。由水平投影可知孔的直径，作孔的最前、最后素线的侧面投影，在孔侧面转向轮廓线的投影上利用投影关系得 b''、d''。

2）求一般位置点的投影。如图 4-46d 所示，在相贯线的水平投影中，定出前后对称的两点 E、F 的水平投影 e、f，在球面上过这些点作侧平圆（在侧面投影中，以 y_1 为半径作半球的侧平圆），利用 E 和 F 的 y_2 坐标找出这些点的侧面投影 e''、f''。由 e、f 和 e''、f'' 可求出其正面投影 e' 和 f'。

同样，在相贯线的水平投影中，定出前后对称的两点 G、H 的水平投影 g、h，利用点在球表面的侧平圆（半径为 y）上求出 g'、h' 和 g''、h''，方法同求 E、F 的投影。

3）按相贯线上点的水平投影顺序，连接相贯线的正面投影和侧面投影。由于两立体前后对称，相贯线前半和后半的正面投影 $a'e'b'g'c'$ 和 $c'h'd'f'a'$ 重合，画粗实线。由于孔口在半球的左边，相贯线的侧面投影可见，因此画粗实线。注意：圆柱孔的正面和侧面转向轮廓线的投影为细虚线，结果如图 4-46e 所示。

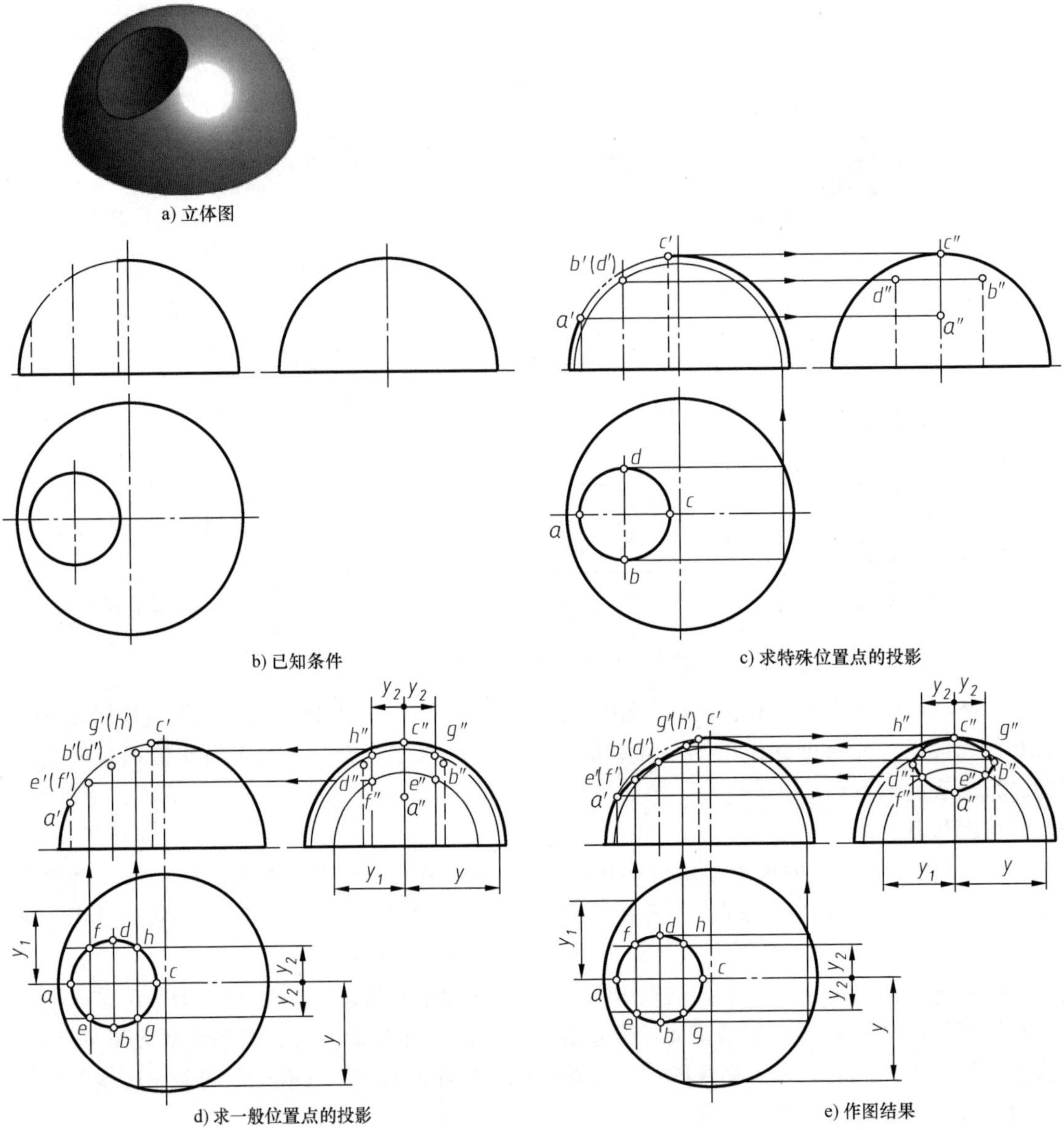

图 4-46　求圆柱与球的相贯线

2. 辅助平面法

用与两立体都相交或相切的辅助平面切割这两个立体，则两组截交线或切线的交点就是辅助平面与两曲面立体表面三个面的交点，即为相贯线上的点。用这种方法求相贯线，称为辅助平面法。

图 4-47 所示为轴线侧垂的圆柱和轴线铅垂的圆锥相贯。图 4-47a 所示为用水平面 P 作为辅助平面截两回转体，与圆锥的截交线是水平圆，与圆柱面的交线是平行于轴线的两素线，在辅助平面 P 上，这两组交线的交点 C、D 即为相贯线上的点。

图 4-47b 所示为过圆锥轴线的正平面 N 截两回转体，与圆锥相交得圆锥最左、最右两条素线，与圆柱相交得圆柱最高、最低两条素线，在辅助平面 N 上，这两组交线的交点 A、B

即为相贯线上的点。

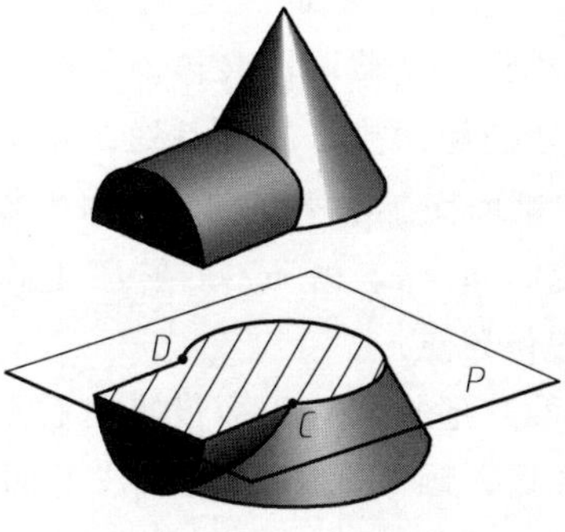

a) 水平面剖切

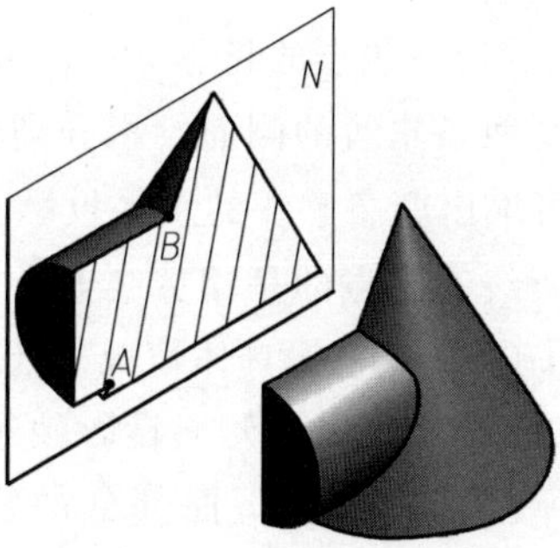

b) 正平面剖切

图 4-47 辅助平面法概念

由此可看出，为便于作图，辅助平面最好选用特殊位置平面，此时截两回转体所得交线的投影为简单易画的圆或直线。

例 4-30 已知如图 4-48a 所示，求圆柱与圆锥的相贯线。

分析：由图 4-48a 可知，圆柱从左边全部穿进圆锥，相贯线是一条闭合的空间曲线。两回转体有公共的前后对称面，因此相贯线前后对称。圆柱的侧面投影具有积聚性，相贯线的侧面投影积聚为圆。求相贯线的问题归结为已知圆锥表面上相贯线的侧面投影，求相贯线的正面投影和水平投影，可采用表面取点法或辅助平面法求解。本例采用辅助平面法。

辅助平面的选择：对圆柱而言，辅助平面可采用平行或垂直于圆柱轴线的平面；对圆锥而言，辅助平面可采用垂直于圆锥轴线或通过锥顶的平面。综合这两种情况，为使辅助平面截圆柱、圆锥所得交线的投影为直线或圆，本例中的辅助平面可采用水平面、过锥顶的正平面和过锥顶的侧垂面，如图 4-47 所示。

作图步骤：

1）求特殊位置点的投影。如图 4-48b 所示，用过锥顶的正平面 N 截两回转体，与圆锥交于最左、最右两条素线，与圆柱面交于最高、最低两条素线，这几条素线正面投影的交点即为相贯线上最低点 A、最高点 B 的正面投影 a'、b'，作出 a'、b'对应在 N_H、N_W上的 a、b 和 a''、b'',。

用过圆柱轴线的水平面 P 截两回转体，与圆锥交于水平纬圆，与圆柱面交于最前和最后两条素线，这些纬圆和素线在水平投影中的交点是相贯线上最前点 C、最后点 D 的水平投影 c、d，作出 c、d 对应在 P_V、P_W上的 c'、d'（c'、d'重合）和 c''、d''，如图 4-48b 所示。

如图 4-48c 所示，求相贯线上最右点的投影。过锥顶作与圆柱面相切的侧垂面 Q 截两回转体，与圆柱面相切于一条素线，该素线的侧面投影积聚在 Q_W与圆柱面投影的切点处。Q 面与圆锥面相交于一条素线，该素线的侧面投影与 Q_W相重合。这两条素线的交点就是相贯线上点 E 的侧面投影 e''，e''重合在圆柱面切线的侧面投影上。量取 y_2坐标，求得圆锥表面上素线的水平投影。由 y_1坐标相等，求得圆柱表面上素线的水平投影，它们的交点为点 E 的水平投影 e，再由 e''、e 作出 e'。

同理，过锥顶作与圆柱面相切的侧垂面 S 截两回转体，求出相贯线上点 F 的三面投影

f、f'、f''。相贯线位于圆锥表面上通过点 E、F 的两条素线之间的左锥面上，即点 E、F 是确定相贯线最右边界的特殊点，如图 4-48c 所示。

2）求一般位置点的投影。如图 4-48d 所示，作水平面 R 截两回转体，与圆柱面交于两条素线。这两条素线的侧面投影分别积聚在 R_W 与圆柱面侧面投影的交点处，即 m''、n''。由 y_3 坐标，可求出两条素线的水平投影。水平面 R 与圆锥面交于水平纬圆，在水平投影中，纬圆与两条素线的交点即是相贯线上点 M、N 的水平投影 m、n。由 m、n 在 R_V 上作出重合的正面投影 m'、n'。根据具体情况，还可多作一些一般位置点。

3）按相贯线上点的侧面投影顺序，连接相贯线的其他投影。正面投影前后重合，画粗实线。水平投影在圆柱下面部分的线段 *cmand* 不可见，画细虚线。在圆柱上面部分线段 *dfbec* 可见，画粗实线。

最后，注意回转体轮廓线的完整性。根据圆柱与圆锥的相对位置可看出，圆柱面的最前、最后两条素线的水平投影是可见的，所以用粗实线将这两条素线的投影画到 d、c 为止。水平投影中，圆锥底圆在圆柱下面的部分不可见，画细虚线，结果如图 4-48e 所示。

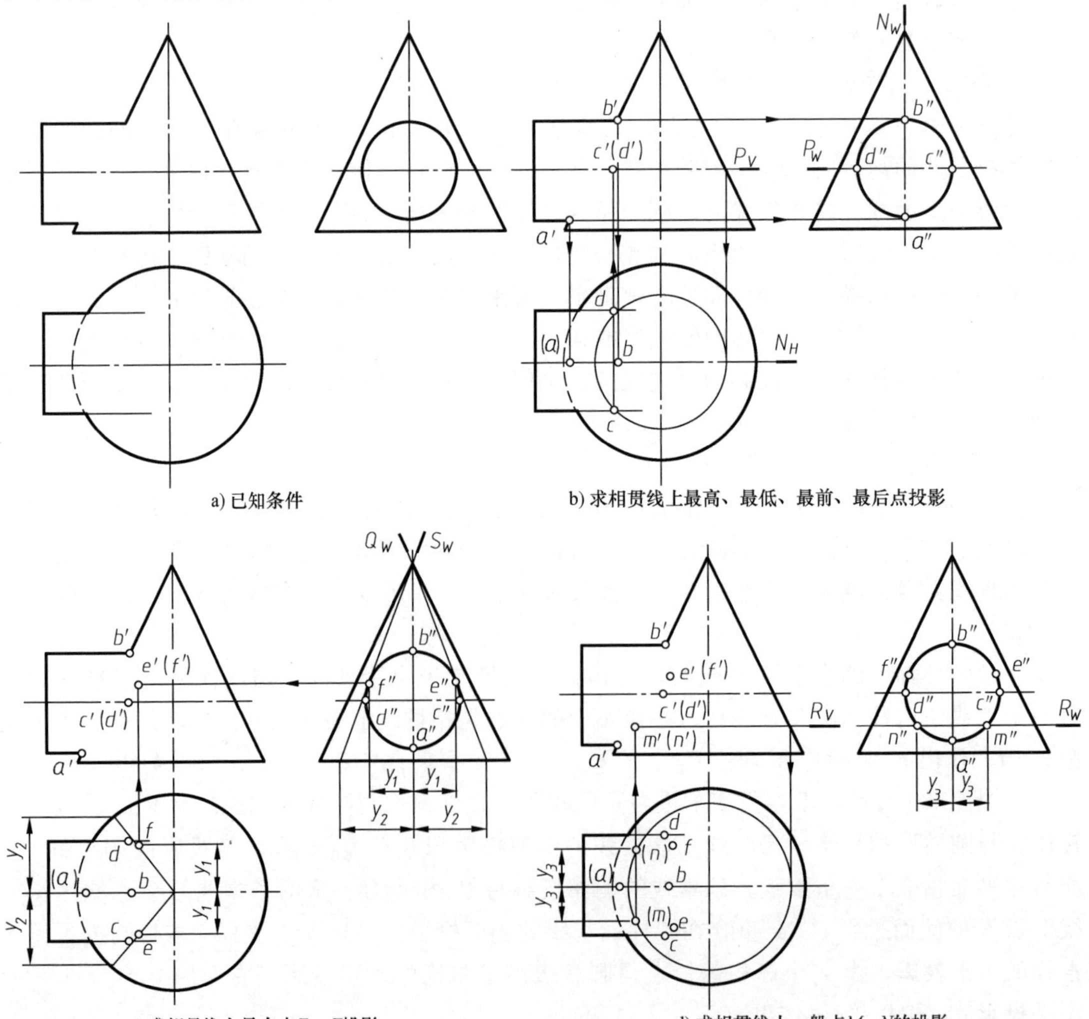

a) 已知条件

b) 求相贯线上最高、最低、最前、最后点投影

c) 求相贯线上最右点E、F投影

d) 求相贯线上一般点M、N的投影

图 4-48 圆柱与圆锥相贯

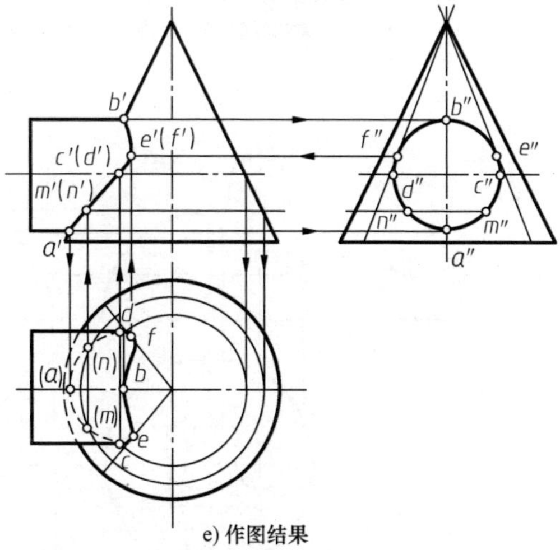

e) 作图结果

图 4-48 圆柱与圆锥相贯（续）

例 4-31 已知如图 4-49a 所示，求半球与圆台的相贯线。

分析：本题中圆台从半球的左上方穿进，两回转体有公共的前后对称面，因此相贯线是一条前后对称的封闭空间曲线。两回转体的三面投影都没有积聚性，相贯线的三面投影均未知，不可用表面取点法，只能采用辅助平面法求解。因相贯线前后对称，所以前半相贯线与后半相贯线的正面投影互相重合。

辅助平面的选择：对圆台而言，辅助平面应通过圆台延伸后的锥顶或垂直于圆台的轴线；对半球而言，辅助平面可选用投影面的平行面。综合这两种情况，为了使辅助平面截圆台、半球所得交线的投影为直线或圆，辅助平面应选用水平面、过圆台轴线的侧平面、过圆台轴线的正平面，如图 4-49e、f、g 所示。

作图步骤：

1）求特殊位置点的投影。如图 4-49b 所示，用过圆台轴线的正平面 S 截两回转体，与圆台表面相交于最左、最右两条素线，与半球的交线为半球的正面转向轮廓线。在正面投影中，这两条素线与半圆的交点，即为相贯线上最左点 A、最右点 B 的正面投影 a'、b'，由 a'、b'在 S_H、S_W上作出 a、b 和 a''、(b'')。

用过圆台轴线的侧平面 T 截两回转体，与圆台表面相交于最前、最后两条素线，与半球相交于平行于侧面的半圆，通过 y 相等可求得侧平圆的侧面投影。在侧面投影中，这两条素线与半圆的交点即为相贯线上最前点 C、最后点 D 的侧面投影 c''、d''，由 c''、d''根据 y_1 相等的关系在 T_V、T_H上作出 c、d 和 c'、(d')。

2）求一般位置点的投影。如图 4-49c 所示，作水平面 P 截两回转体分别得两水平纬圆，它们水平投影的交点即为相贯线上点 M、N 的水平投影 m、n，由 m、n 在 P_V、P_W上通过 y_2 相等的关系作出 m'、n'（m'、n'重合）和 m''、n''。

3）按相贯线上点的水平投影顺序，连接相贯线的其他投影。相贯线的正面投影可见部分 $a'm'c'b'$与不可见部分 $b'd'n'a'$互相重合，画粗实线；相贯线的水平投影 $amcbdna$ 全部可见，画粗实线。侧面投影位于圆台右边部分 $c''(b'')d''$不可见，画细虚线；位于圆台左边部分 $d''n''a''m''c''$可见，画粗实线。

注意圆台轮廓线的完整性。圆台表面的最前、最后两条素线的侧面投影可见，所以圆台侧面转向轮廓线的投影画到 c''、d''为止。半球的侧面转向轮廓线被圆台挡住部分不可见，画细虚线，结果如图 4-49d 所示。

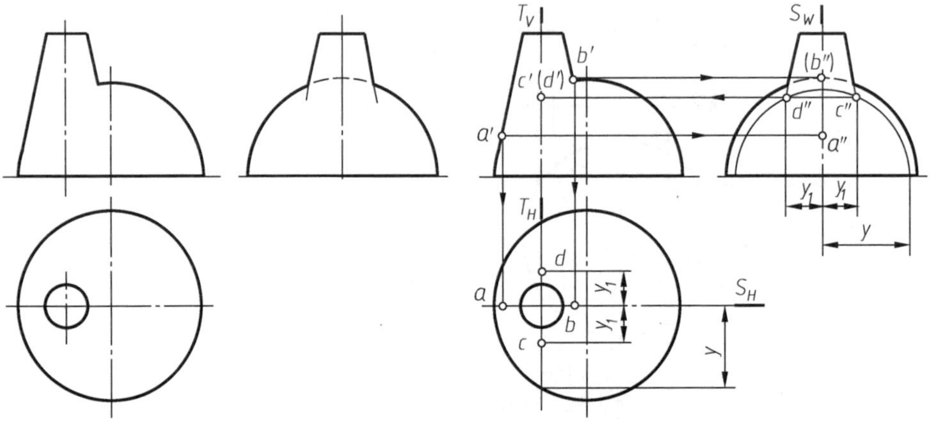

a) 已知条件　　b) 求相贯线上最左、最右、最前、最后点的投影

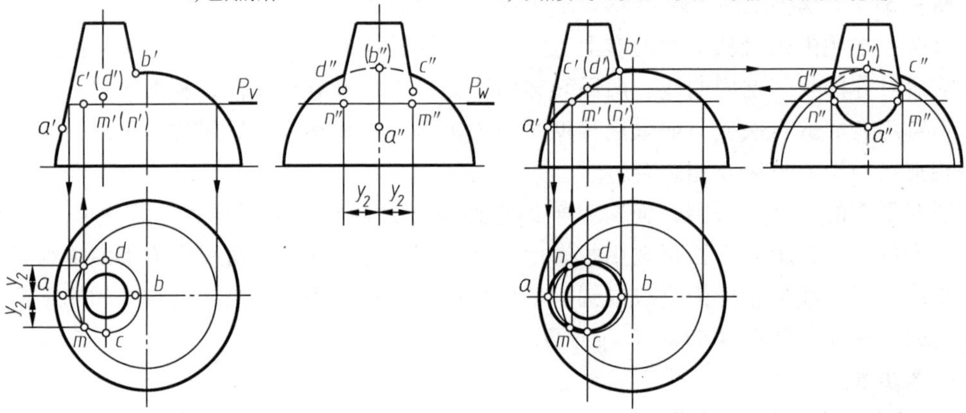

c) 求相贯线上一般位置点的投影　　d) 作图结果

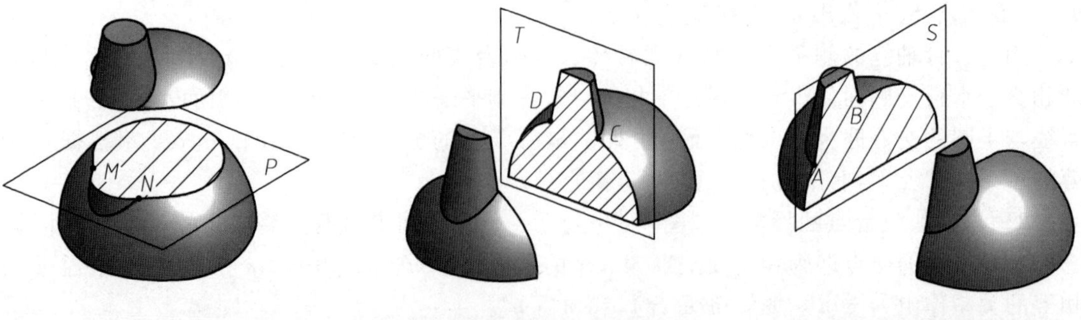

e) 辅助平面为水平面　　f) 辅助平面为过圆台轴线侧平面　　g) 辅助平面为过圆台轴线的正平面

图 4-49　半球与圆台的相贯线

例 4-32　已知如图 4-50b 所示，求轴线交叉垂直的两圆柱的相贯线。

分析：由图 4-50a 可知，大圆柱的轴线垂直于侧面，小圆柱的轴线垂直于水平面。两圆柱的轴线交叉垂直，有公共的左右对称面，相贯线左右对称。相贯线的水平投影和侧面投影分别积聚在小圆柱的水平投影和大圆柱的侧面投影上，因此，本题相贯线的水平投影、侧面投影已知，求相贯线的正面投影。

作图步骤：

1）求相贯线上特殊位置点的投影。如图 4-50c 所示，在相贯线的水平投影上，可直接定出相贯线上最前点 A、B 的水平投影 a、b，点 A、B 是大圆柱的最前素线与小圆柱的交点，也是相贯线上的最低点，标出 a''、(b'')，利用点的投影关系求出 a'、b'。

在相贯线的水平投影上，可直接定出相贯线上最左点 C、最右点 D 的水平投影 c、d，点 C、D 是小圆柱的最左、最右素线与大圆柱的交点，标出 c''、(d'')，利用点的投影关系求出 c'、d'。

从相贯线的侧面投影可直接定出相贯线上最高点 E、F 的侧面投影 e''、(f'')，点 E、F 是大圆柱的最高素线与小圆柱的交点，标出 e、f，利用点的投影关系求出（e'）、(f')。

从相贯线的水平投影可定出相贯线的最后点 G 的水平投影 g，点 G 是小圆柱的最后素线与大圆柱的交点，标出 g''，求出（g'），如图 4-50c 所示。

2）求相贯线上一般位置点的投影。在 A、C 之间作正平面 P_1 作为辅助面，即图 4-50d 中的 P_{1H}、P_{1W}，面 P_1 截小圆柱得两条铅垂素线，截大圆柱得一条侧垂素线，它们的交点为相贯线上的点。在 H 面投影上由 P_{1H} 得 m、n，在 W 面投影上由 P_{1W} 得 m''（n''），求出 m'、n'。同理，以正平面 P_2 为辅助面求出 K、L 的三面投影，如图 4-50d 所示。

3）按照相贯线上点的水平投影顺序，光滑连接相贯线的正面投影。位于小圆柱后面部分的线段不可见，即 $c'e'k'g'l'f'd'$ 画细虚线，其余部分可见，画粗实线，结果如图 4-50e 所示。

注意：在正面投影中，大圆柱最高素线的投影画到（e'）、(f'）为止，被小圆柱挡住部分画细虚线，e' 与 f' 之间不画大圆柱的最高素线；小圆柱最左、最右素线的投影画到 c'、d' 为止。

3. 辅助球面法

由相贯线的性质可知，当球心位于回转面的轴线上时，该球面与回转面的交线为垂直于回转面轴线的圆，如图 4-51a 所示。若回转面的轴线为某一投影面的平行线，则交线圆在该投影面上的投影积聚为一直线段，如图 4-51b 所示。

当两回转面的轴线相交，且轴线同时平行于一个投影面时，以交点为圆心作辅助球面，则此辅助球面与两曲面的交线分别为圆，这两个圆均在辅助球面上，它们的交点即为相贯线上的点。如图 4-51c 所示，两回转面的轴线平行于 V 面，以 O 为球心，选适当半径作球面，与圆柱面和圆锥面分别相交于两圆，两圆的正面投影为直线段，交点 $1'(2')$ 即为相贯线上点的投影。

例 4-33 用辅助球面法求图 4-52 所示两回转体的相贯线。

分析：从图 4-52a 可知，两回转体的轴线相交，且平行于 V 面。两立体有公共的前后对称面，相贯线的正面投影前后重合。只有以过两回转体轴线的正平面为辅助平面截两立体，才可求出相贯线上特殊位置点Ⅰ、Ⅱ的投影，采用其他辅助平面截两立体，其截交线不可能为直线或圆，只能采用辅助球面法求相贯线上点的投影。

作图步骤：

1）如图 4-52a 所示，过回转体轴线的正平面截两立体，截平面与两回转体的交线为正

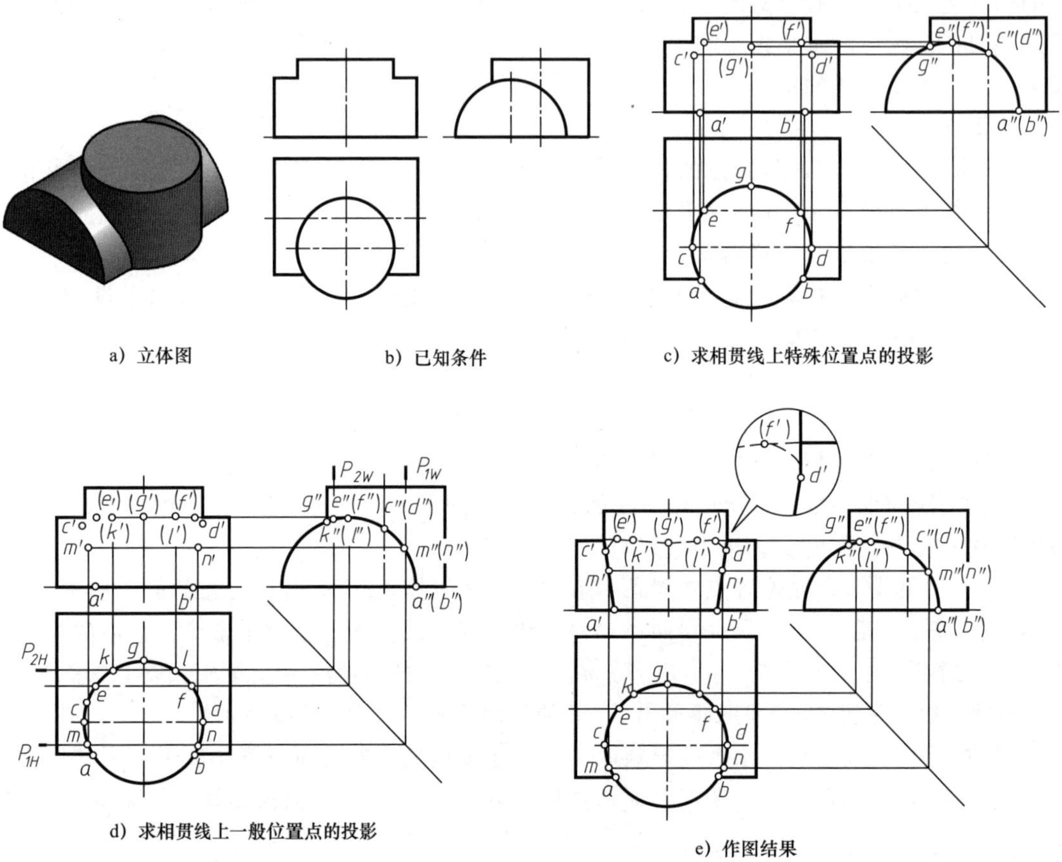

a）立体图　　b）已知条件　　c）求相贯线上特殊位置点的投影

d）求相贯线上一般位置点的投影　　e）作图结果

图 4-50　轴线交叉垂直的两圆柱相贯

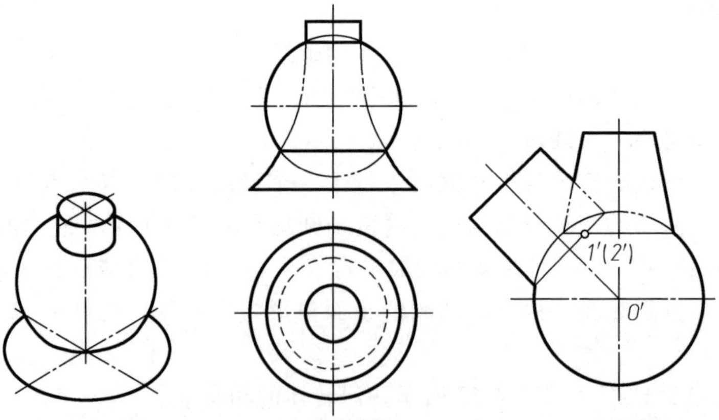

a) 立体图　　b) 投影图一　　c) 投影图二

图 4-51　球面与回转面的交线

面投影转向轮廓线，它们交于Ⅰ、Ⅱ，其正面投影为 1′、2′，求出水平投影 1、(2)。点Ⅰ、Ⅱ分别为相贯线上的最高、最低点。

2）以两轴线交点 O 为圆心，以适当长度 R 为半径作球面，球面与两回转体的交线均为圆，其正面投影积聚为两条线段，它们的交点为 3′、（4′），用纬圆法求出水平投影 3、4，如图 4-52a 所示。

3）改变辅助球面的半径，可求出相贯线上其他点的投影。最小的辅助球面应与其中的一个曲面相切，与另一个曲面相交，如图 4-52b 中半径为 R_1 的辅助球面，由此辅助球面求得相贯线上的点Ⅴ、Ⅵ。最大的辅助球面半径应为 O Ⅰ（点Ⅰ是回转体外形线交点中距离球心最远的一点），如图 4-52b 所示。

4）相贯线水平投影的细虚线、粗实线应以圆柱水平外形轮廓线的投影上的点 7、8 为界，但 7、8 不可直接用辅助球面法求出，需要先把相贯线正面投影上的点连成线，此线交圆柱轴线投影于 7′、（8′），然后作投影连线，在圆柱最前、最后转向轮廓线上求出其水平投影 7、8，如图 4-52b 所示。

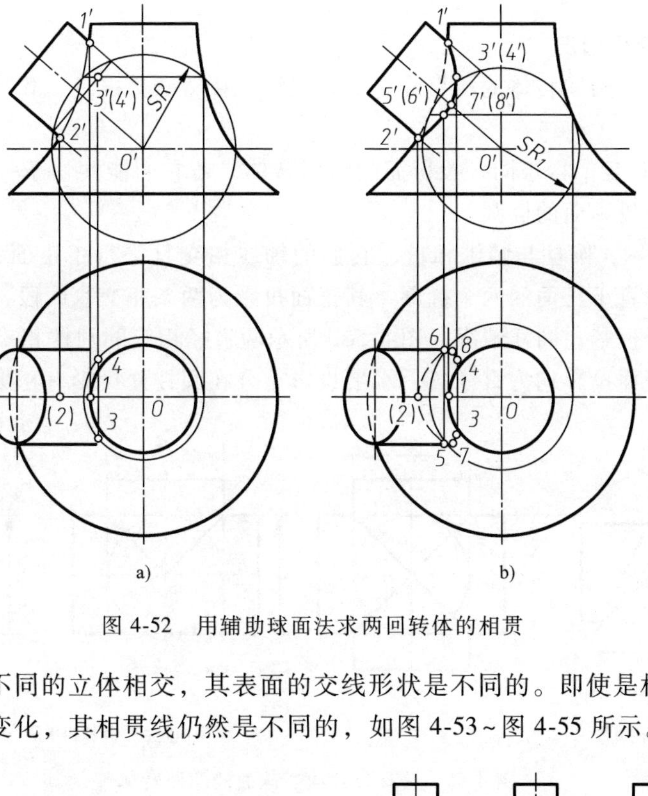

图 4-52 用辅助球面法求两回转体的相贯

从上面可知，不同的立体相交，其表面的交线形状是不同的。即使是相同的形状，若大小或相对位置发生变化，其相贯线仍然是不同的，如图 4-53～图 4-55 所示。

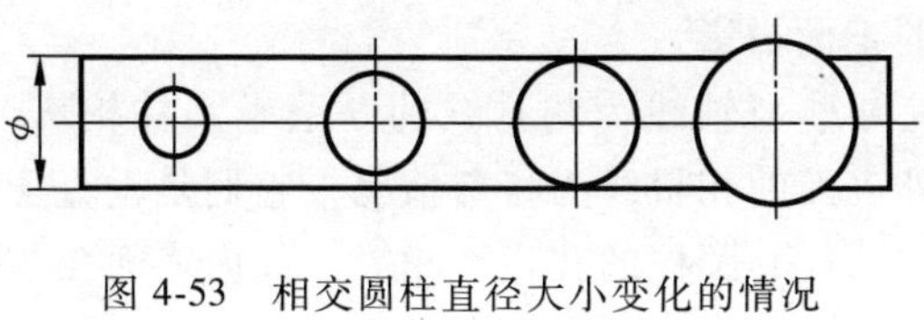

图 4-53 相交圆柱直径大小变化的情况

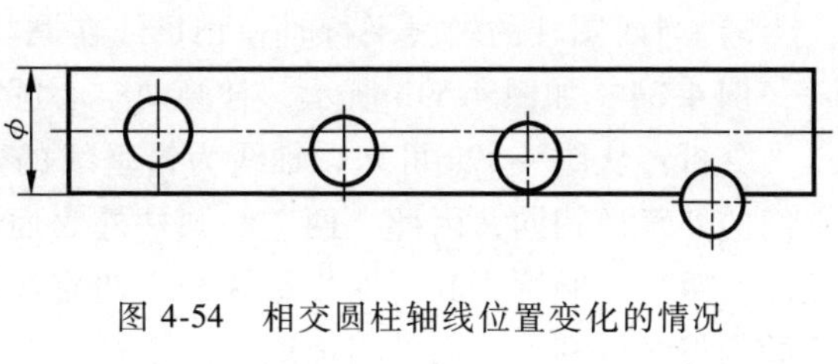

图 4-54 相交圆柱轴线位置变化的情况

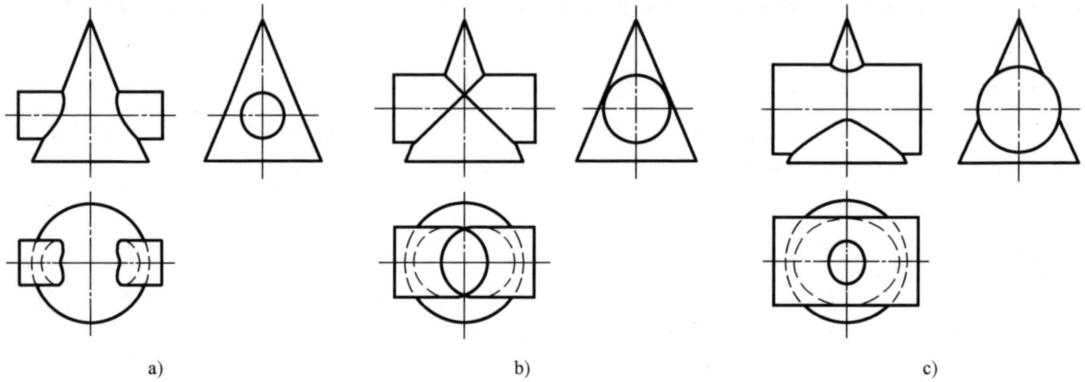

图 4-55　不同直径的圆柱与圆锥相交的情况

4. 相贯线的特殊情况

在一般情况下，两回转体的相贯线是空间曲线。在特殊情况下，相贯线也可能是平面曲线或直线。

1）轴线相交，且平行于同一投影面的两回转体，若它们能共切于一个球，则它们的相贯线是垂直于这个投影面的椭圆。

如图 4-56a 所示，圆柱与圆锥相贯，它们的轴线相交且平行于正面，并公切于一个球，它们的相贯线是垂直于正面的两个椭圆，其正面投影为两条相交直线段，通过在面上取点可作出相贯线的水平投影。同样情况，图 4-56b 所示两直径相等的圆柱相贯，相贯线为垂直于正面的椭圆，其正面投影均为直线段，水平投影重合在圆柱面投影有积聚性的圆周上。

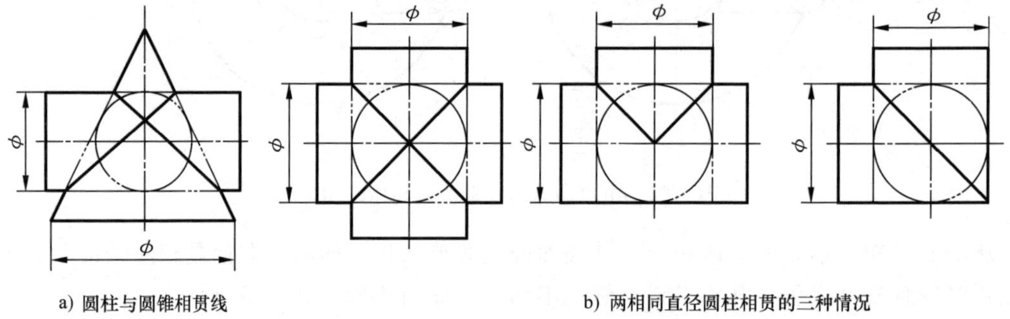

图 4-56　具有公共内切球面的两回转体

2）如图 4-57 所示，两同轴回转体的相贯线是垂直于轴线的圆。当轴线平行于投影面时，交线圆在该投影面上的投影积聚为一直线段；当轴线垂直于投影面时，交线圆在该投影面上的投影为圆。

3）当两圆柱的轴线平行时，相贯线在圆柱面部分为直线段，如图 4-58 所示。

例 4-34　如图 4-59b 所示，补画两空心圆柱的正面投影。

分析：从图 4-59a 可知，轴线为铅垂线的薄壁圆柱与轴线为侧垂线的厚壁半圆柱相贯，它们的外直径相同，因此，两空心圆柱外表面与外表面的相贯线为特殊情况，它们是垂直于正面的两个半椭圆，其正面投影为相交两直线段。两空心圆柱的孔径不相等，其内表面孔与孔的相贯线可利用前面的表面取点法求得。

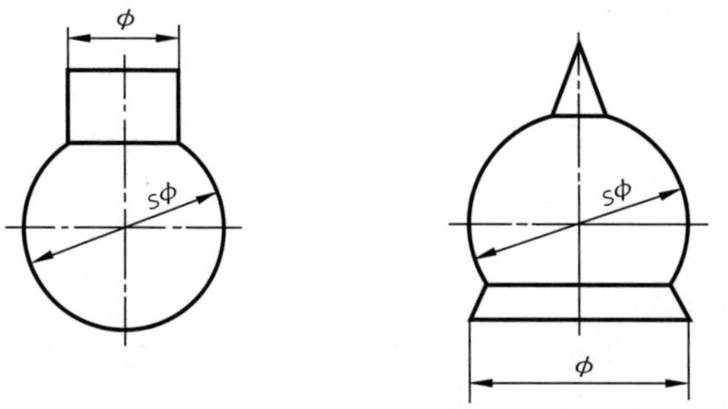

a) 圆柱与球同轴　b) 圆锥与球同轴

图 4-57　同轴回转体的相贯线为圆

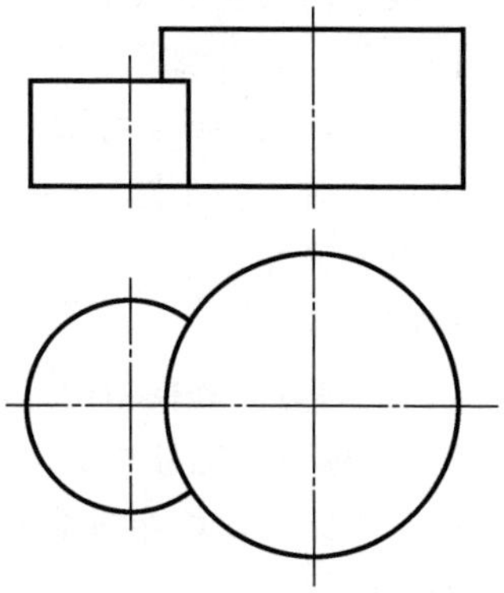

图 4-58　两圆柱的轴线平行

作图步骤：

1）求两空心圆柱外表面与外表面的相贯线。根据投影关系绘出两空心圆柱外表面的 V 面投影，根据分析可知，其外表面相贯线的 V 面投影为直线段，可直接绘出，如图 4-59c 所示。

2）求两空心圆柱内表面孔与孔的相贯线。根据投影关系绘出两空心圆柱内表面孔的正面转向轮廓线的投影，此线段不可见，为细虚线。大孔的水平投影有积聚性，小半圆孔的侧面投影有积聚性。

求特殊位置点的投影。根据表面取点法，可直接从水平投影上得相贯线的最左点 A、最右点 B 的水平投影 a、b，利用投影关系得 a''、(b'')、(a') 和 (b')。

在侧面投影中，可直接定出相贯线的最低点 C、D、E、F 的侧面投影 c''、d''、(e'')、(f'')，利用投影关系可求出其水平投影和正面投影。

求一般位置点的投影。在水平投影中任意找左右对称的两点 M、N 的水平投影 m、n，利用 y_1 相等的关系可求出其侧面投影 m''、(n'')，利用投影关系可求出 (m')、(n')。

在正面投影中，用细虚线分别光滑连接相贯线的左右两部分，结果如图 4-59c 所示。

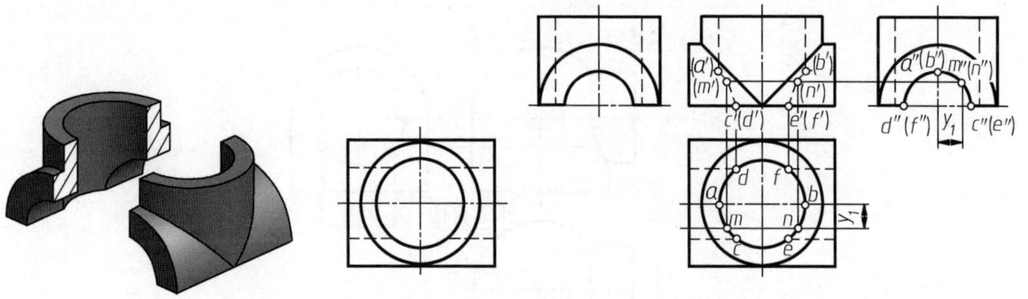

a) 立体图　b) 已知条件　c) 作图过程

图 4-59　两空心圆柱相贯

5. 组合相贯

组合相贯线是指三个或三个以上的立体相交，其表面所形成的交线。作图时，先进行形体分析，弄清各部分形体的相对位置，判断各段相贯线的空间形状、位置、方向，再逐段求出相贯线。两段相贯线的交点，必定是相贯体上三个表面的共有点。

例 4-35 已知如图 4-60b 所示，求半球与两个圆柱的相贯线。

分析：从图 4-60a 可知，半球与大、小两圆柱相贯，三个立体有公共的前后对称面，相贯线也前后对称。小圆柱轴线为侧垂线，其侧面投影有积聚性；大圆柱轴线为铅垂线，其水平投影有积聚性。

作图步骤：

1）半球与大圆柱相切，由于相切是光滑过渡，不必画出相切的圆。

2）半球与小圆柱相交，可以看作有公共侧垂轴的同轴回转体，相贯线为垂直于这条轴的半圆，因此，此段相贯线的正面、水平投影均为直线段，侧面投影重合在小圆柱积聚投影为圆的上半部。

3）小圆柱与大圆柱相交，此段相贯线是一条空间曲线，因为小圆柱侧面投影有积聚性，所以此段相贯线的侧面投影重合在小圆柱侧面投影为圆的下半部；因为大圆柱水平投影有积聚性，所以此相贯线的水平投影重合在大圆柱水平投影为圆的部分圆弧上。利用表面取点法可求出此相贯线的正面投影，结果如图 4-60c 所示。

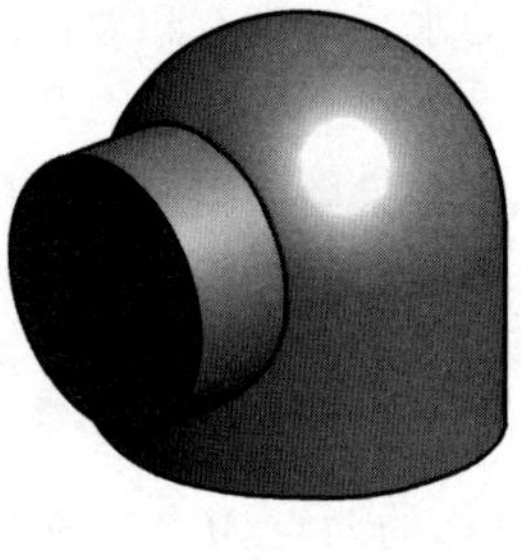
a) 立体图

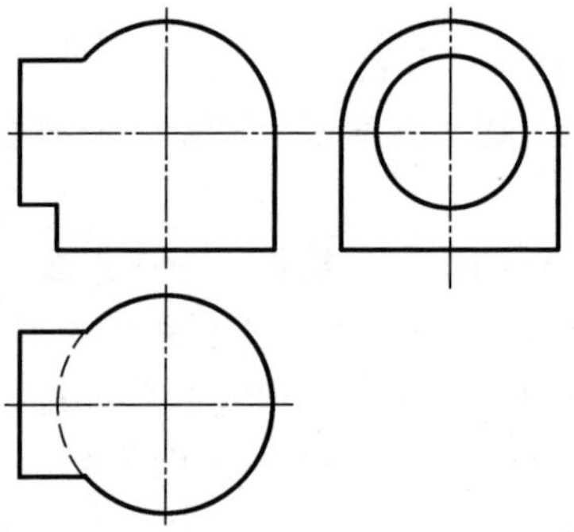
b) 已知条件

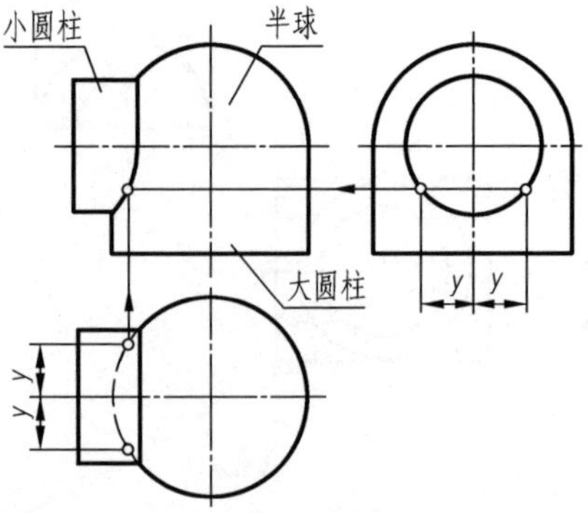

c) 分析和作图

图 4-60　半球与两个圆柱相贯

第5章 组合体的视图

由基本几何形体按照一定的组合方式组合而成的较复杂的几何形体称为组合体，如图5-1所示。

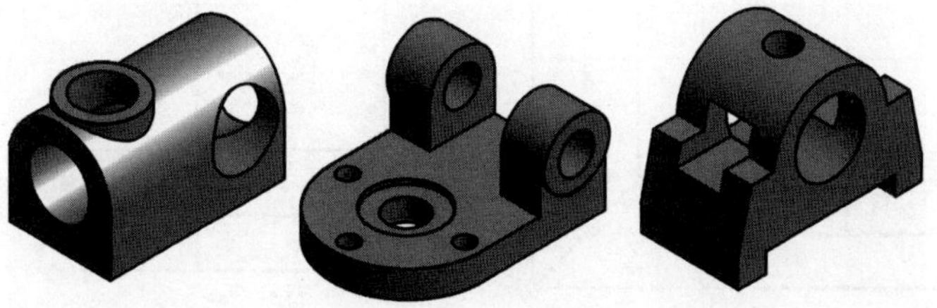

a)　　b)　　c)

图5-1　组合体

5.1　三视图的形成及投影规律

5.1.1　三视图的形成

物体向投影面投射所得到的图形称为视图。如图5-2a所示，将物体放在三面投影体系中，向正面投射得到的图形称为主视图；向水平面投射得到的图形称为俯视图；向侧面投射得到的图形称为左视图。视图中可见的轮廓线画成粗实线，不可见的轮廓线画成虚线。

三投影面的展开过程如图5-2b所示，正投影面不动，水平投影面向下旋转90°，侧投影面向右旋转90°，使其与正面重合，将三个视图画在同一张图纸上，如图5-2c所示。视图主要用以表达物体的结构形状，故略去视图名称、投影面边框线、投影轴线和投影连线，正确的物体三视图如图5-2d所示。

5.1.2　三视图的投影规律

三个视图的方位关系如图5-2d所示，如果把左右方向的尺寸称为长，前后方向的尺寸称为宽，上下方向的尺寸称为高，那么主视图和俯视图同时反映物体的长度，主视图和左视图同时反映物体的高度，俯视图和左视图同时反映物体的宽度，三视图之间的投影规律为：

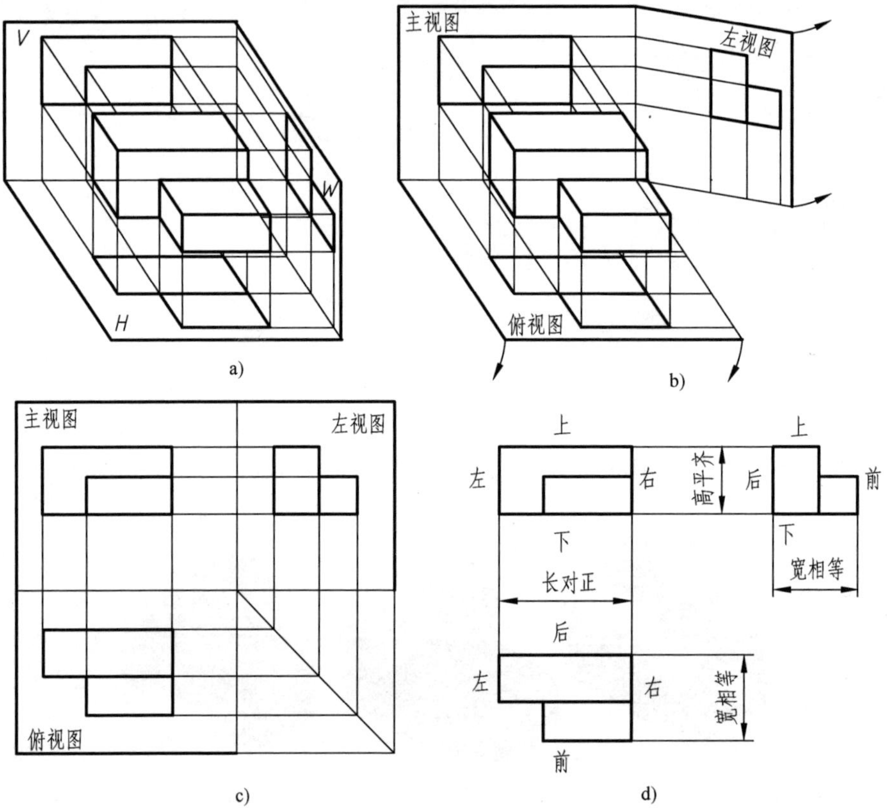

图 5-2　三视图的形成及投影规律

主视图与俯视图长对正；主视图与左视图高平齐；俯视图与左视图宽相等，且前后对应。

5.2　形体分析法和线面分析法

组合体画图、看（读）图和标注尺寸的方法，包括形体分析法和线面分析法。

5.2.1　形体分析法

组合体的形体分析法是假想把组合体分解成若干个基本几何形体（简称形体），并分析各形体间的组合方式、相互位置以及形体相邻表面之间的过渡关系的方法。

1. 形体间的组合方式

形体间的组合方式分为叠加、挖切以及叠加和挖切的综合。

（1）叠加　叠加是实体与实体之间的组合，图 5-3a 所示螺栓毛坯可以看作是由圆柱和六棱柱叠加而形成的。

（2）挖切　挖切是实体与虚体之间的组合，挖切可分为两种情况：

1）切割。用一个或多个平面切割某一形体（实体），从而形成不完整的形体，如图 5-3b所示；或在立体上形成切口，如图 5-3c 所示。

2）挖孔。在一个形体上挖切掉一个或多个形体，从而形成空腔或孔洞，如图 5-3d 和 e 所示。

（3）叠加和挖切的综合　组合体中各形体之间既有叠加又有挖切。例如，图 5-3f 所示形体可以看作是由底板、立板和半圆柱先经过叠加，然后再挖出圆柱孔而形成。

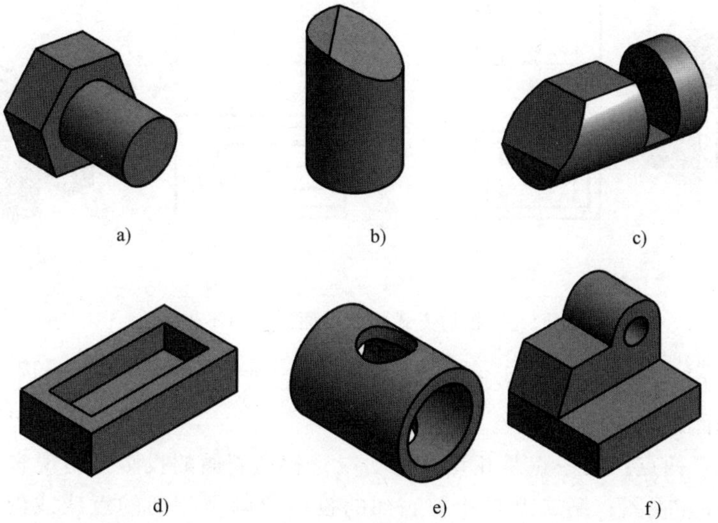

图 5-3　组合体的组合方式

2. 形体相邻表面之间的过渡关系

形体相邻表面之间的过渡关系有平齐、相切、相交三种情况。

（1）平齐　当两个形体的相邻表面平齐（共面）时，平齐两表面按照同一个面进行投射，之间不画分界线。如图 5-4a 所示，其正面投影为一个封闭的线框，两形体之间无分界线。

当两个形体的表面不平齐时，应分别画出两个表面的投影，如图 5-4b 所示，其正面投影为两个封闭线框。

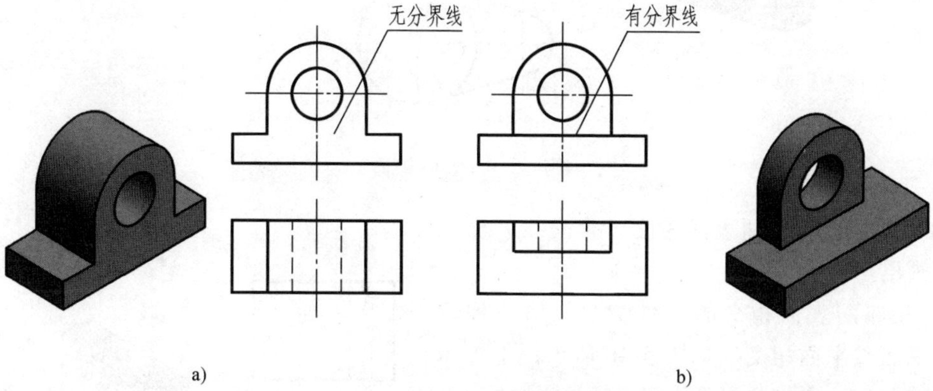

图 5-4　叠加方式相邻表面平齐与不平齐

图 5-5a 所示为挖切方式中相邻表面平齐，从四棱柱上部挖去一个大方孔，下部挖去一个小方孔，两孔前后相邻两表面平齐，即共面，因此其投影按照一个平面画出，之间无分界线；图 5-5b 所示为挖切方式中相邻表面不平齐，从四棱柱上部挖去的大 U 形柱孔与下部挖去的小 U 形柱孔前后相邻两表面不平齐，之间有分界线。

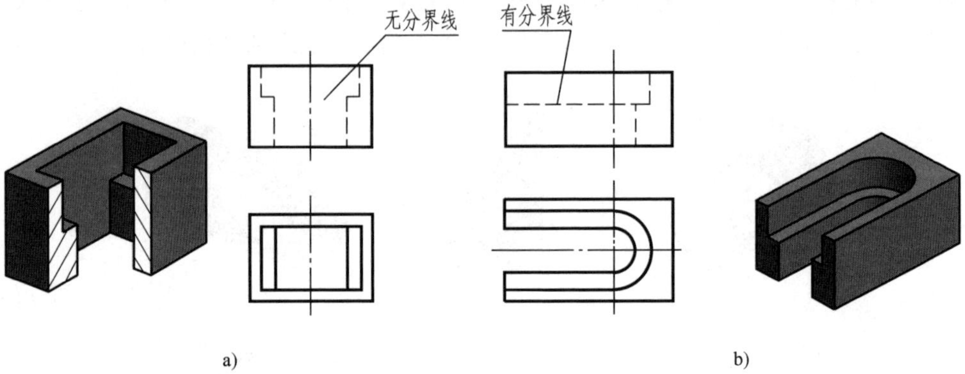

图 5-5　挖切方式相邻表面平齐与不平齐

（2）相切　由一个形体的某表面以相切的形式过渡到另一形体的表面，即形体相邻两表面相切，两表面之间不画切线。

此时，应注意两点：第一点是相切处无切线，相切表面的投影会出现非封闭线框，如图 5-6 中的主视图和左视图；第二点是相关表面的投影应画至相切的点或线处，如图 5-6 中 P 平面的正面投影 p'右侧应画至 1′(2′) 处，其侧面投影 p''的前、后位置应分别画到为 1″、2″处。图 5-7 是挖切方式中内表面相切的图例，长圆孔的前、后两平面与半圆柱孔相切，在正面投影上，q'平面画到 1′点为止，两相切处的切线不画。

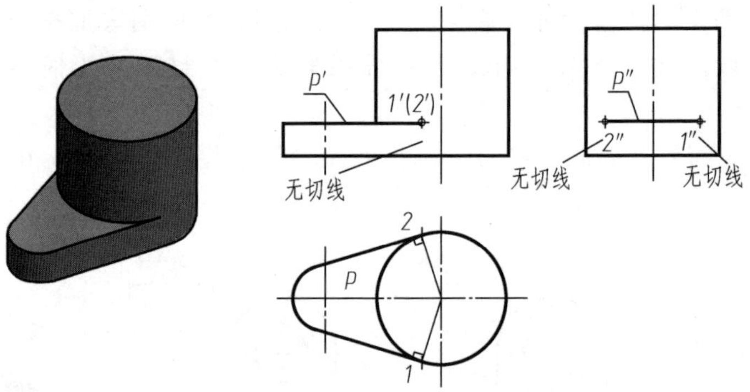

图 5-6　外表面相切

（3）相交　相邻两表面相交产生交线，交线一定要画出。

1）相邻两表面相交的三种情况。第一种情况，即平面与平面相交，如图 5-4b 所示，上方 U 形柱的前、左、右侧的平面与下方四棱柱的顶平面相交；第二种情况，即平面与曲面相交，如图 5-8 所示，U 形柱的前、后、顶平面与圆柱面相交；第三种情况，即两曲面相交，如图 5-9 所示。

2）交线的求解方法。平面与平面相交，利用 4.2 节中平面相交求交线的方法求解；平面与

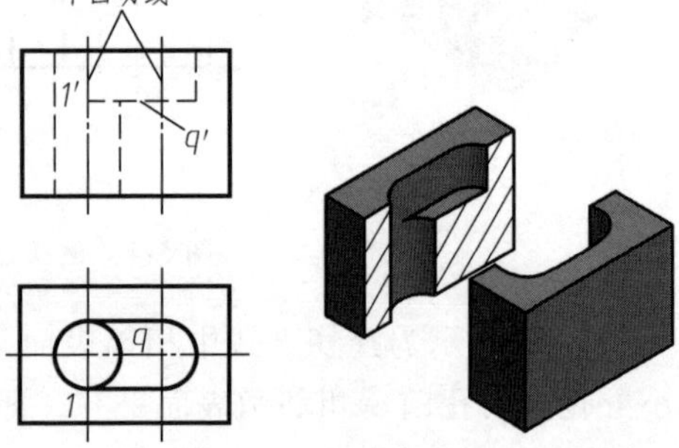

图 5-7　内表面相切

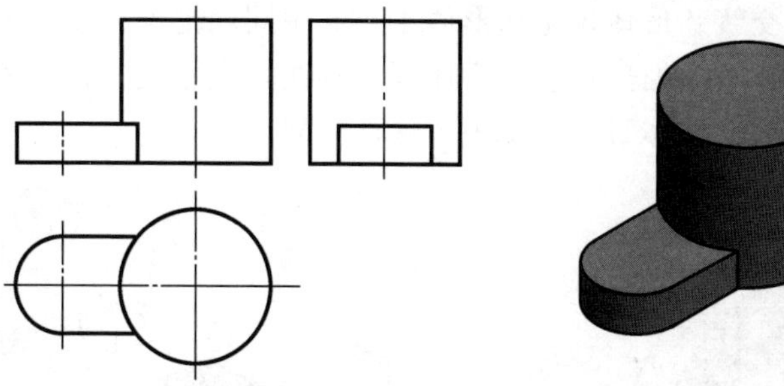

图 5-8　平面与曲面相交

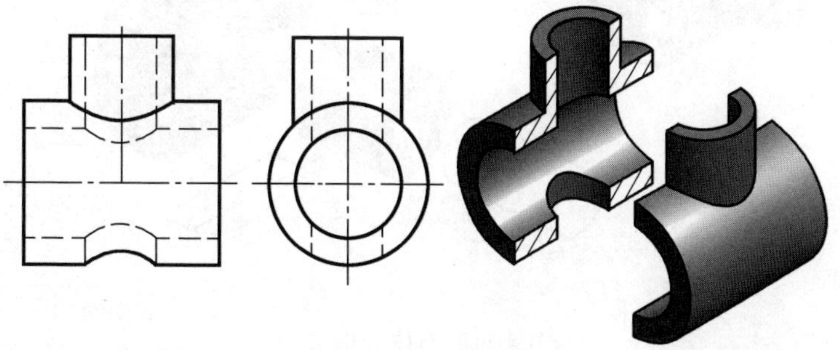

图 5-9　两曲面相交

曲面相交，采用 4.4 节中求截交线的方法求交线；曲面与曲面相交，应用 4.7 节中求相贯线的方法求交线。

在组合体中，对于轴线正交的两不等直径圆柱相交的情况，其相贯线可用近似画法画出。即以大圆柱的半径为半径，在小圆柱轴线上找圆心，朝向大圆柱轴线弯曲画弧，如图 5-10 所示。

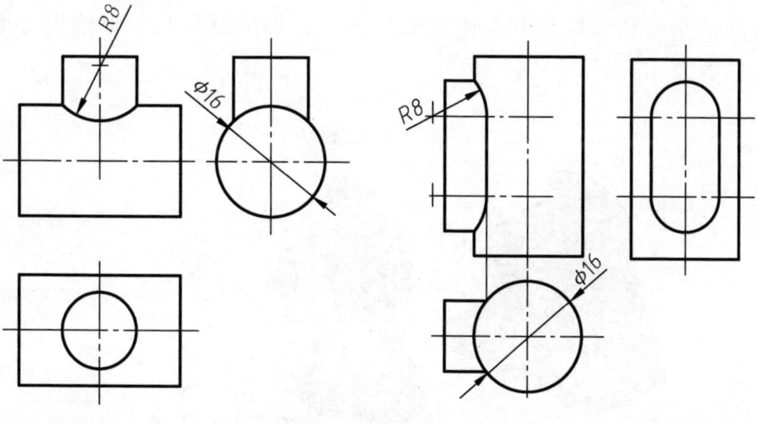

a)　　b)

图 5-10　相贯线的近似画法

3. 形体分析法应用举例

图 5-11a 所示组合体是由形体Ⅰ、Ⅱ、Ⅲ、Ⅳ、Ⅴ、Ⅵ、Ⅶ组合而成的，如图 5-11b 所示。形体Ⅰ和形体Ⅱ是两个侧垂圆柱同轴叠加；形体Ⅱ和形体Ⅲ是两个圆柱轴线垂直相交叠

加，两圆柱表面将产生交线；形体Ⅳ是从形体Ⅰ、Ⅱ中同轴挖出，使形体Ⅰ、Ⅱ形成圆柱空腔；形体Ⅴ是从形体Ⅲ、Ⅱ中挖出，它与形体Ⅳ的轴线垂直相交，相邻表面产生交线；在形体Ⅰ上按圆周均布挖去三个形体Ⅵ，并切去一块形体Ⅶ。

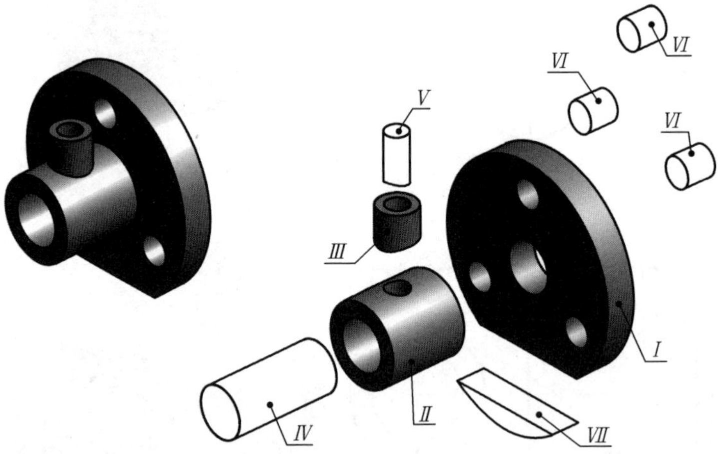

a)　b)

图 5-11　形体分析法一

图 5-12a 所示组合体为一轴承座，由形体Ⅰ、形体Ⅱ、形体Ⅲ、形体Ⅳ、形体Ⅴ以及形体Ⅵ、两个形体Ⅶ、形体Ⅷ和形体Ⅸ组成。其中形体Ⅱ与形体Ⅰ后表面平齐，其他相邻表面相交，上下叠加，且左右对称。形体Ⅲ与形体Ⅰ上下叠加、与形体Ⅱ前后叠加，且左右对称，各相邻表面之间相交。形体Ⅳ与形体Ⅱ、Ⅲ上下叠加，左右对称，形体Ⅱ的左右两表面与形体Ⅳ的表面相切，其他各相邻表面均相交。形体Ⅴ与形体Ⅳ上下叠加，轴线垂直相交，两表面相交。从形体Ⅰ中挖去一个形体Ⅵ和两个形体Ⅶ，从而形成凹槽和圆柱孔；从形体Ⅳ挖去形体Ⅷ形成圆柱孔；从形体Ⅳ和Ⅴ中挖去形体Ⅸ，形成圆柱孔，形体Ⅸ与形体Ⅷ的轴线垂直相交，两圆柱表面相交。

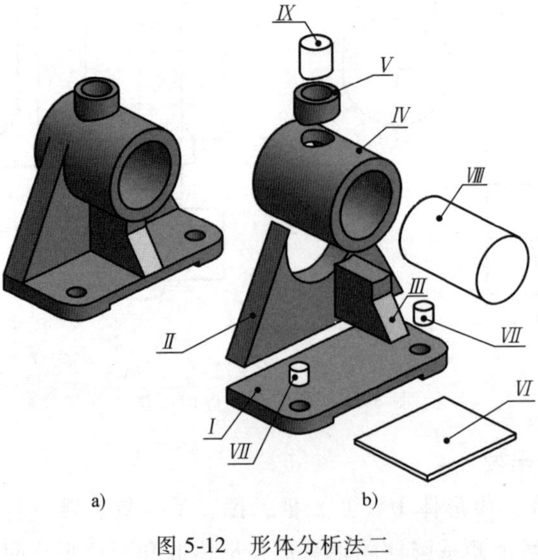

a)　b)

图 5-12　形体分析法二

注意：把组合体分解为若干个形体，仅是一种假想的分析问题的方法，实际组合体是一个完整的整体。例如，图 5-12 中形体Ⅸ是从形体Ⅴ和形体Ⅳ中挖出的，形体Ⅴ和形体Ⅳ已融为一体，所以形体Ⅸ只与形体Ⅷ相交，而与形体Ⅳ无关。

由以上分析可知，运用形体分析法把组合体分解为基本几何形体，可以把生疏的画、读组合体视图的问题，转化为熟悉的画、读基本形体视图的问题。对于同一组合体来说，形体分析的方法并不唯一，如果能在理解的基础上记忆一些形体的三视图，就有利于画、读组合体三视图。可见，形体分析法是学习画、读组合体三视图的最基本的方法。

5.2.2 线面分析法

线面分析法是在形体分析法的基础上，运用面、线的投影特性，分析形体表面的投影，从而看图与画图的方法。

我们知道，求形体的投影实际是画形体表面的投影。因而，在画出的视图中，除相切的情况外，每一个封闭的线框都表示形体某一表面（平面或曲面）的投影，若表面为平面，则该线框可能是平面的实形，如图 5-13a、b、c 中三种平行面在所平行投影面中的投影；也可能是平面的类似形，如图 5-14a、b、c 中三种垂直面在另外两投影面中的投影以及 5-14d 中一般位置平面的三个投影。

视图中的线可能表示形体表面的轮廓线，如图 5-13d、e、f 中三种垂直线在另外两投影面中的投影；还有可能是平面的积聚性投影，如图 5-13a、b、c 中三种平行面在另外两投影面中的投影以及图 5-14a、b、c 中垂直面在所垂直投影面中的投影。

注意：视图中每一线框或线的三面投影一定要满足“长对正、高平齐、宽相等”的投影规律。

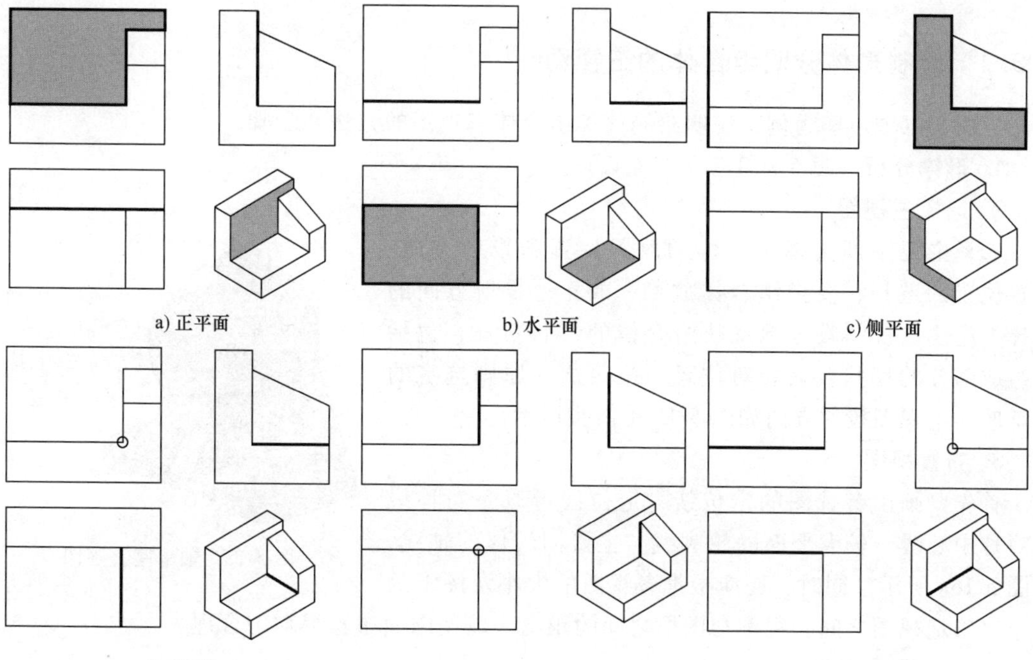

a) 正平面　　b) 水平面　　c) 侧平面

d) 正垂线　　e) 铅垂线　　f) 侧垂线

图 5-13　平行面及垂直线的投影

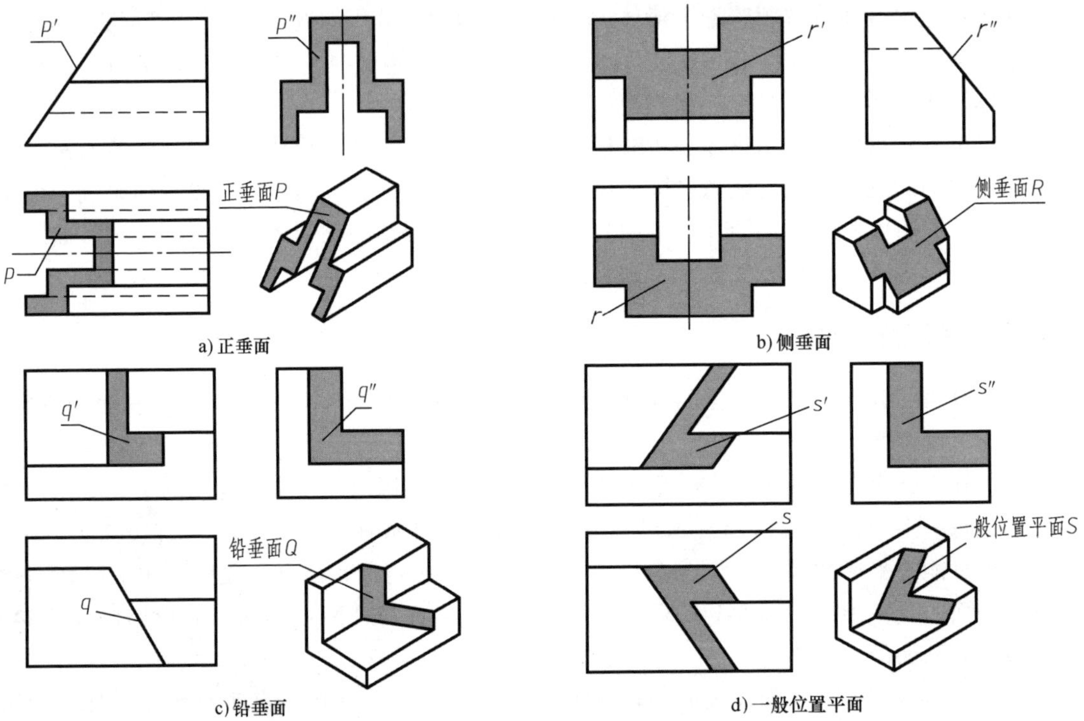

图 5-14　垂直面及一般位置平面的投影

5.3　组合体的画图

5.3.1　绘制形体分明组合体的三视图

下面仍以轴承座为例，说明绘制该类组合体三视图的方法和步骤。

1. 形体分析（见 5.2.1 节）

2. 选择主视图

选择主视图即选择组合体的放置位置和投射方向。放置位置的选择，要把组合体放稳、放正；投射方向的选择，应使主视图较好地反映组合体的形状特征，包括各组成部分的形状及其相对位置。按照这一原则选定的轴承座的主视图投射方向如图 5-15 中箭头所示。

图 5-15　轴承座直观图

3. 布置视图

首先要画出各视图的定位线，定位线可以是对称线或对称中心线、较大平面的轮廓线、主要回转体的轴线，如图 5-16a 所示。同时，还应根据各视图的大小及图纸的大小，确定视图之间、视图与图框之间的距离，以使图面布置得均匀合理。

4. 依次画出各形体的三视图

画各形体三视图的顺序：先画主要形体，后画次要形体；先画实体，后画虚体；画每个

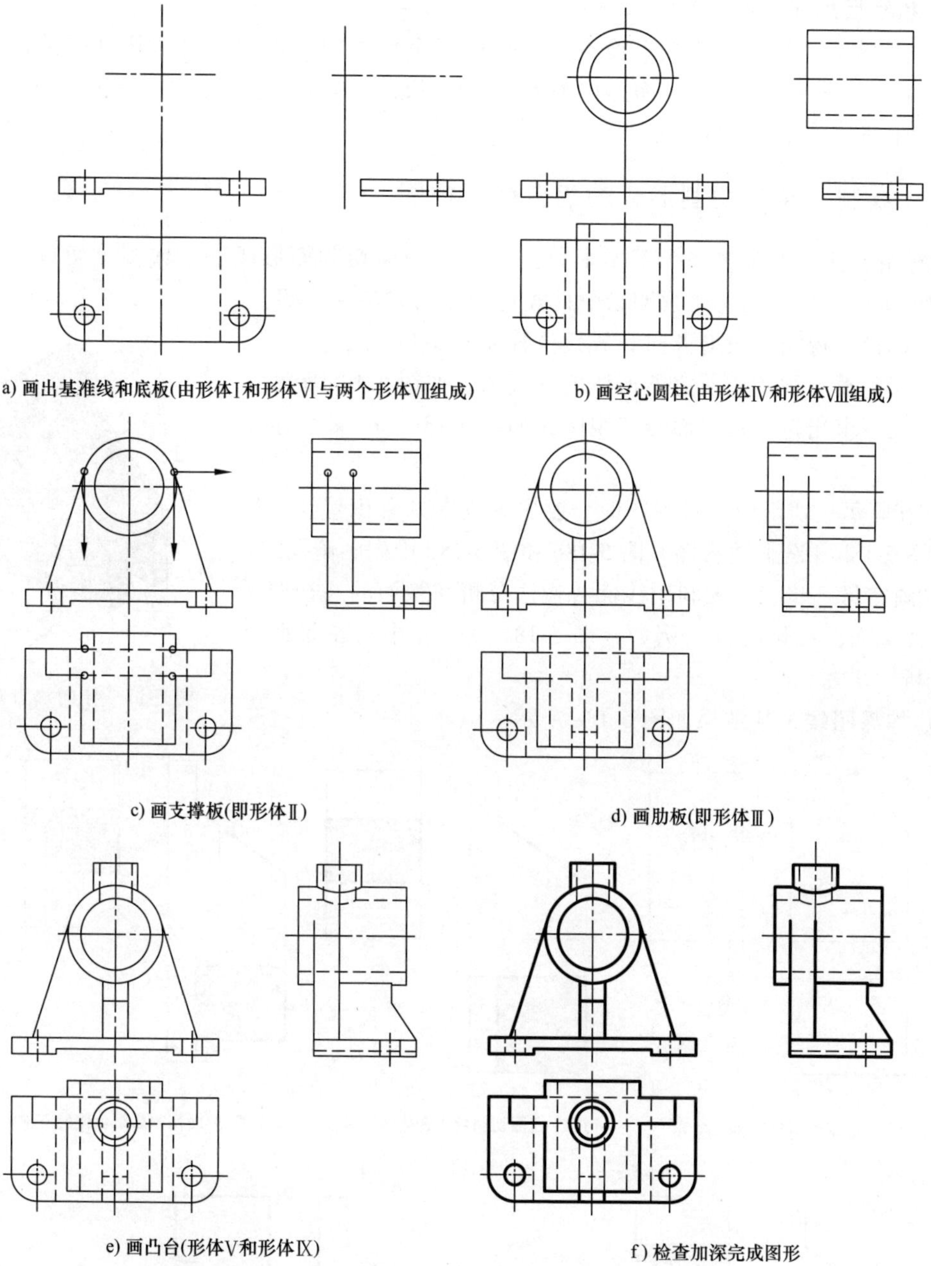

a) 画出基准线和底板(由形体Ⅰ和形体Ⅵ与两个形体Ⅶ组成)

b) 画空心圆柱(由形体Ⅳ和形体Ⅷ组成)

c) 画支撑板(即形体Ⅱ)

d) 画肋板(即形体Ⅲ)

e) 画凸台(形体Ⅴ和形体Ⅸ)

f) 检查加深完成图形

图 5-16 组合体三视图的画图步骤

形体的三视图时，一般先从反映形状特征的视图入手，先画形体的基本轮廓，最后完成细节，如图 5-16a~e 所示。

注意：在画每个形体的三视图时，要仔细分析其与相邻形体表面的连接关系（相切、平齐和相交），以及是否有被遮挡或融合在一起的轮廓线。例如，图 5-16c 中支承板的前后两面在俯视图中有一部分被空心圆柱挡住，所以画虚线；空心圆柱的左右两轮廓素线、最下面轮廓的素线有一部分与支承板融为一体，因此在俯、左视图中，空心圆柱的一部分轮廓线去掉不画。

5. 检查后加深

底稿完成后，应仔细检查。检查时要分析每个形体的三视图，包括其投影是否都画全了，相对位置是否都对了，表面连接关系是否都正确。最后，经过修改，擦去多余的线条并加深完成图形，如图 5-16f 所示。

5.3.2　绘制完全由切割形成的组合体三视图

这种组合体一般是在一个基本形体上用多个平面切割而形成一个或多个切口。下面以图 5-17所示的导向块为例来说明绘制此类组合体的方法和步骤。

1）选择主视图，投射方向和放置位置如图 5-17 所示。

2）绘制没有被挖切前完整形体的三视图，如图 5-18a 所示。

3）逐一求出每一切割面的三视图，如图 5-18b、c、d 所示。

注意：

① 在画每一切割面的三视图时，要先画投影具有积聚性的视图，如图 5-18b 中先画主视图，图 5-18c 和图 5-18d 中先画俯视图。

② 画完每一步后，要利用线面分析法分析切割面的三视图是否符合线、面的投影特性，例如，图 5-18b、c、d 中对正垂面进行了分析。

4）加深图线，其结果如图 5-18e 所示。

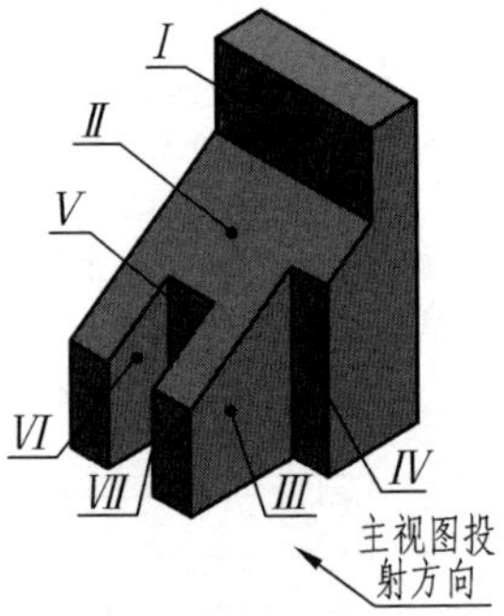

图 5-17　导向块直观图

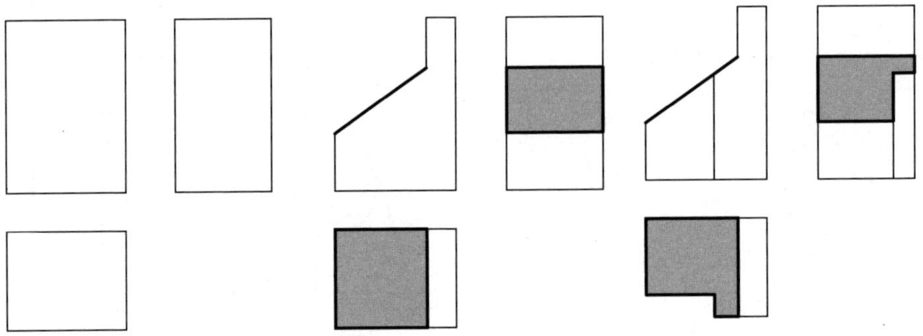

a) 画完整形体的三视图　　b) 被Ⅰ、Ⅱ面切割后组合体的三视图　　c) 被Ⅲ、Ⅳ面切割后组合体的三视图

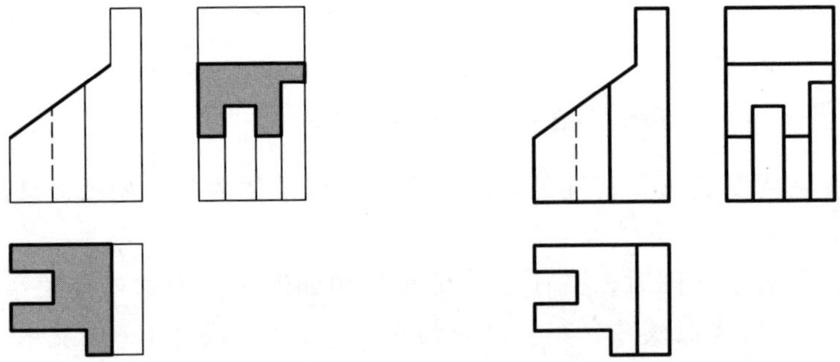

d) 被Ⅴ、Ⅵ、Ⅶ面切割后组合体的三视图　　e) 加深结果

图 5-18　导向块的绘图步骤

在绘制组合体三视图时，应根据具体情况，采用适当的方法绘图，一般首先采用形体分析法，再结合线面分析法，按照投影关系，有规律、有步骤地画图。若组合体完全由切割形成，则主要采用线面分析法绘图。

5.4 组合体的读图

读图就是根据视图想象出组合体的空间形状。

5.4.1 读图时应注意的问题

1. 几个视图联系起来看

由于通过一个视图不能确定形体的形状，因此，读图时一般从主视图入手，结合其他视图联系起来看。如图 5-19a 所示四个主视图都相同，而俯视图则不同，当将主、俯视图联系起来看时，它们是形状不相同的直立柱体，其直观图如图 5-19b 所示。

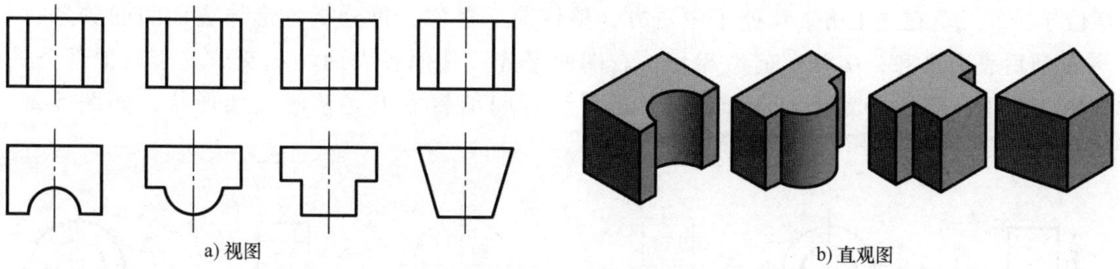

图 5-19　一个视图相同但空间形状不同的组合体

2. 找最能反映物体形状特征的视图

在图 5-19a 所示物体的两个视图中，俯视图反映底面的实形，物体形状是由底面向上拉伸形成的直立柱体。因此，对于直立柱体，可从反映底面实形的视图来判断其形状特征。

有时虽然有两个视图，但没有一个能反映物体的形状特征，则物体的形状也不能确定。例如，根据图 5-20a 所示的主、俯两视图并不能确定物体的空间形状，确切形状还必须由左视图来确定，如图 5-20b 所示为三个不同组合体的空间形状。

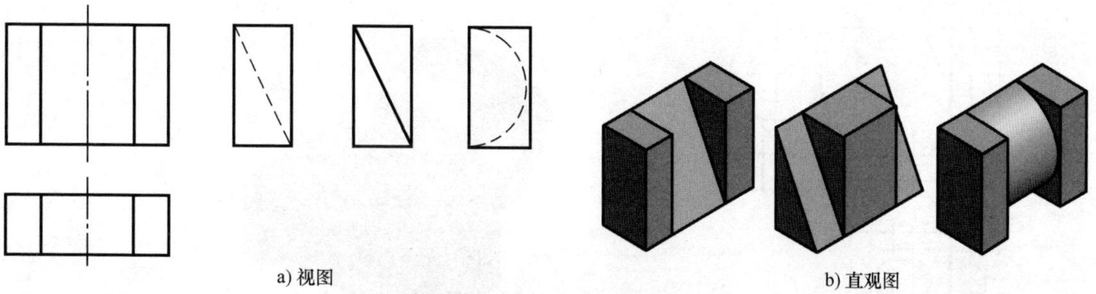

图 5-20　两个视图相同但空间形状不同的组合体

5.4.2 读图方法

读图是画图的逆过程。组合体读图的基本方法有形体分析法和线面分析法，一般以形体分析法为主，线面分析法为辅。

在看比较复杂的组合体的视图时，通常在运用形体分析法的基础上，对不易看懂的部分，还要采用线面分析法，结合线、面进行进一步的投影分析。所以，组合体读图和画图的方法又可概括为：形体分析识形体，线面分析攻难点。

下面以支架为例，说明组合体读图的方法和步骤。

读图一般先采用形体分析法，并从主视图入手，借助丁字尺、三角板、分规等工具，根据“长对正、高平齐、宽相等”的规律把几个视图联系起来分析投影关系。对支架的具体分析步骤如下：

（1）按线框分形体　以主视图中的封闭线框（粗实线、虚线、粗实线与虚线围成）为基础，结合其他视图，将表示形体轮廓的线框划分为五部分，如图 5-21a 所示。

（2）对投影识形体　根据各部分的投影对应关系，找出它们在其他视图上的投影，想象出各部分的形体，如图 5-21b、c、d 所示。

（3）定位置想整体　由视图可知，各部分的相对位置：*A* 位于右下方、*E* 位于左下方、*D* 位于中间、*C* 在左上方、*B* 处于中右方，整体前后对称。再分析各形体表面间的关系：*A* 与 *D* 前后表面平齐，*D* 与 *C* 前后相切、右端面平齐，其他各表面均相交。关于其他部分的结构，如孔、槽等，请读者自行分析。最后综合归纳想象出完整的支架形状，如图 5-21e 所示。

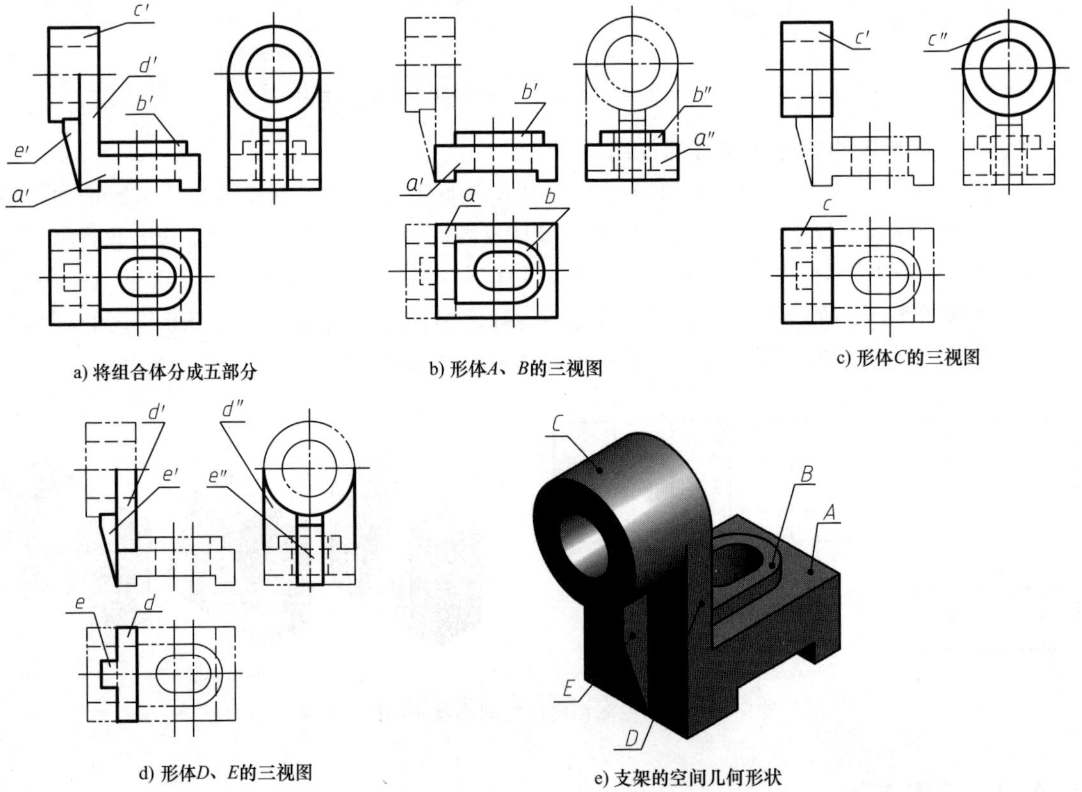

a) 将组合体分成五部分　b) 形体*A*、*B*的三视图　c) 形体*C*的三视图

d) 形体*D*、*E*的三视图　e) 支架的空间几何形状

图 5-21　看懂支架三视图并想象出完整形状

有些组合体用两个视图就能表达清楚它的形状，看懂两个视图后，就能根据这两个视图画出第三视图，这一过程可简称为二求三。

例 5-1 看懂图 5-22 所示压板的两个视图并补画左视图。

1）先读懂视图。如果将图 5-22 两视图中的缺角补上，可以看出原始形体为长方体，如图 5-23a 所示，然后进一步进行线面分析：

① 由主视图可知，在长方体的左上方切去一角，根据主、俯视图“长对正”可知，该斜线对应的俯视图为一前后对称的六边形，因此是被一正垂面切割的，如图 5-23b 所示。

② 用同样的方法可知，俯视图中缺少的两个角，俯视图为斜线而主视图为一不规则六边形，因此是被两个铅垂面切割的，如图 5-23c 所示。

③ 分析主视图左下方缺少的部分。主视图中的水平线对应的俯视图是带虚线的梯形，因此是被一水平面切割；主视图中的竖直线对应俯视图中的虚线，因此是被一侧平面切割的，如图 5-23d 所示。

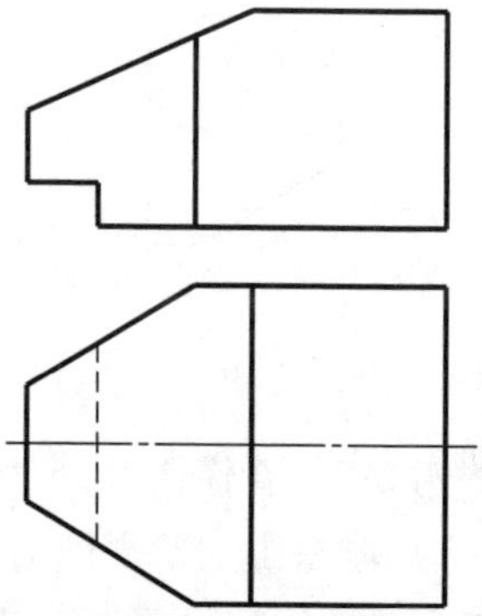

图 5-22 压板的两视图

由此可知，该组合体是由长方体经过多次切割而成，切割过程图如 5-23 所示。

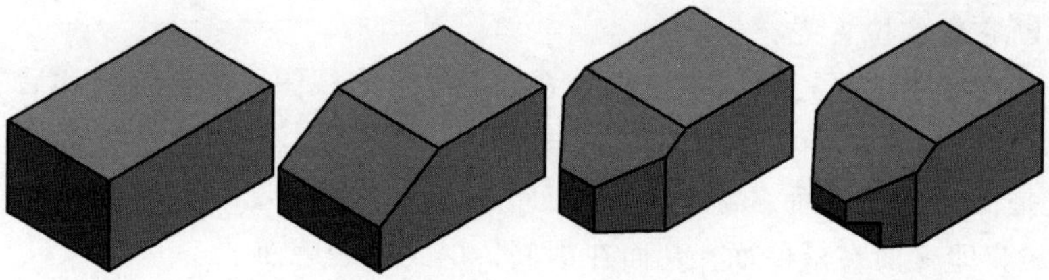

a) b) c) d)

图 5-23 压板的切割过程

2）按照切割过程逐一画出每一切割面的左视图，画图过程如图 5-24a、b、c 所示。

3）经线面分析无误后，完成左视图，如图 5-24d 所示。

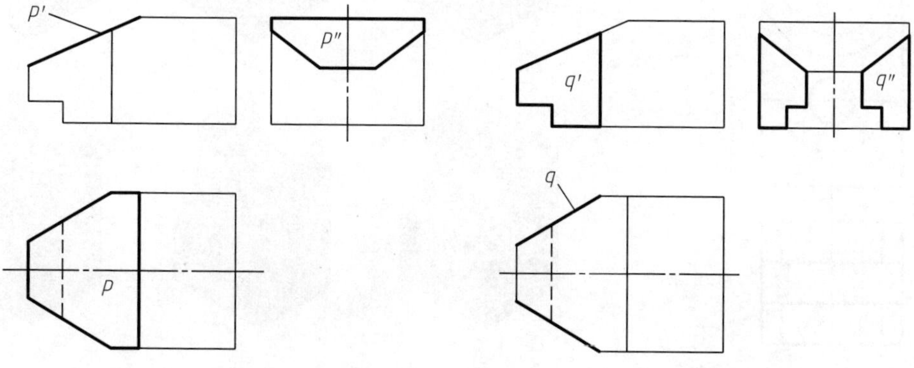

a) b)

图 5-24 补画压板的左视图

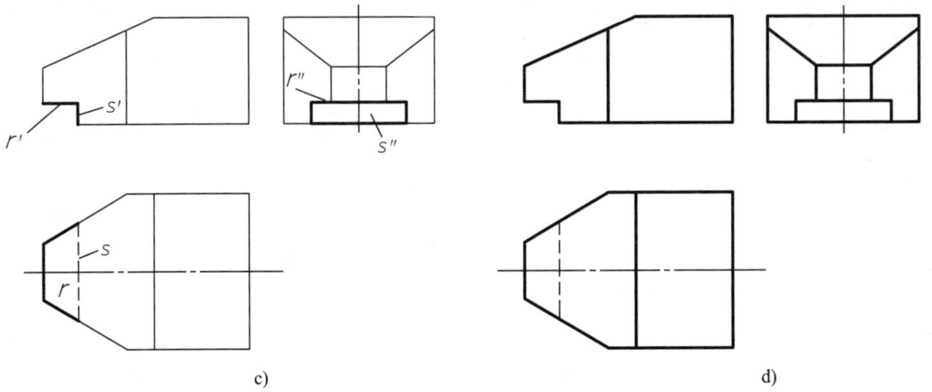

图 5-24　补画压板的左视图（续）

例 5-2　看懂图 5-25 所示架体的主、俯视图并补画左视图。

1）联系主、俯视图的轮廓，读懂视图　根据主、俯视图进行大体分析，可初步判断该形体为一四棱柱经多次挖切形成的组合体。首先对图中线框进行线面分析，为了看清各部分的形状和位置，现把主视图分为三个线框 a'、b'、c'，视图中任何相邻的线框（除通孔外）一定是物体上相交或平行的两个面的投影，a'、b'、c'在俯视图中的投影可能是 1、2、3 三条线，如何判断它们的位置呢？

将架体分为前、中、后三层，按投影关系分析主、俯视图可知：前层和后层都被切掉一个直径相同的半圆柱孔，中间层和后层有一个小圆柱通孔，又因为三层的主、俯视图均可见，所以一定是低的在最前面，高的在最后面。因此，在图 5-25 中，1 对应于 c'，2 对应于 b'，3 对应于 a'。即 A 面在最前面，B 面在中间，C 面在最后面。

架体的形成过程如图 5-26 所示。

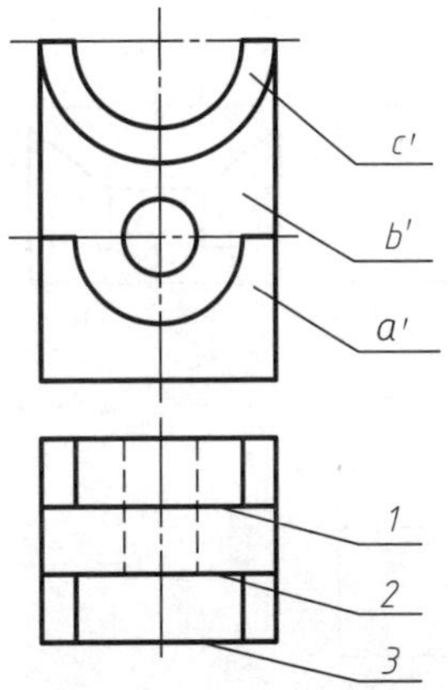

图 5-25　架体的主、俯视图

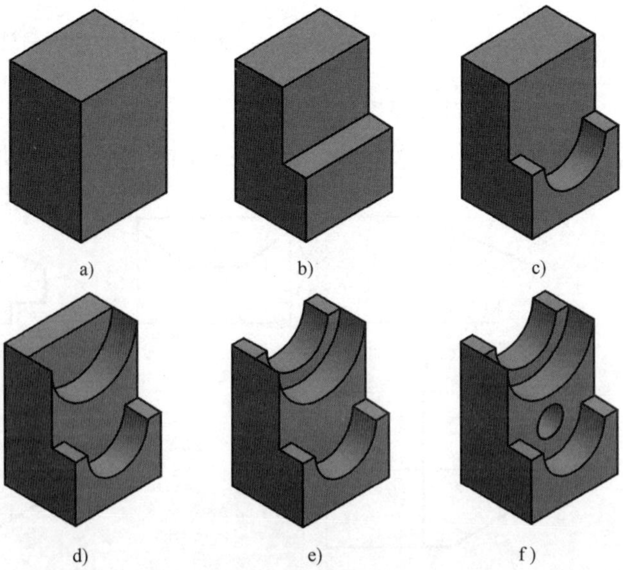

图 5-26　架体的形成过程

2）按照形成过程补画左视图　画图步骤如图 5-27 所示。

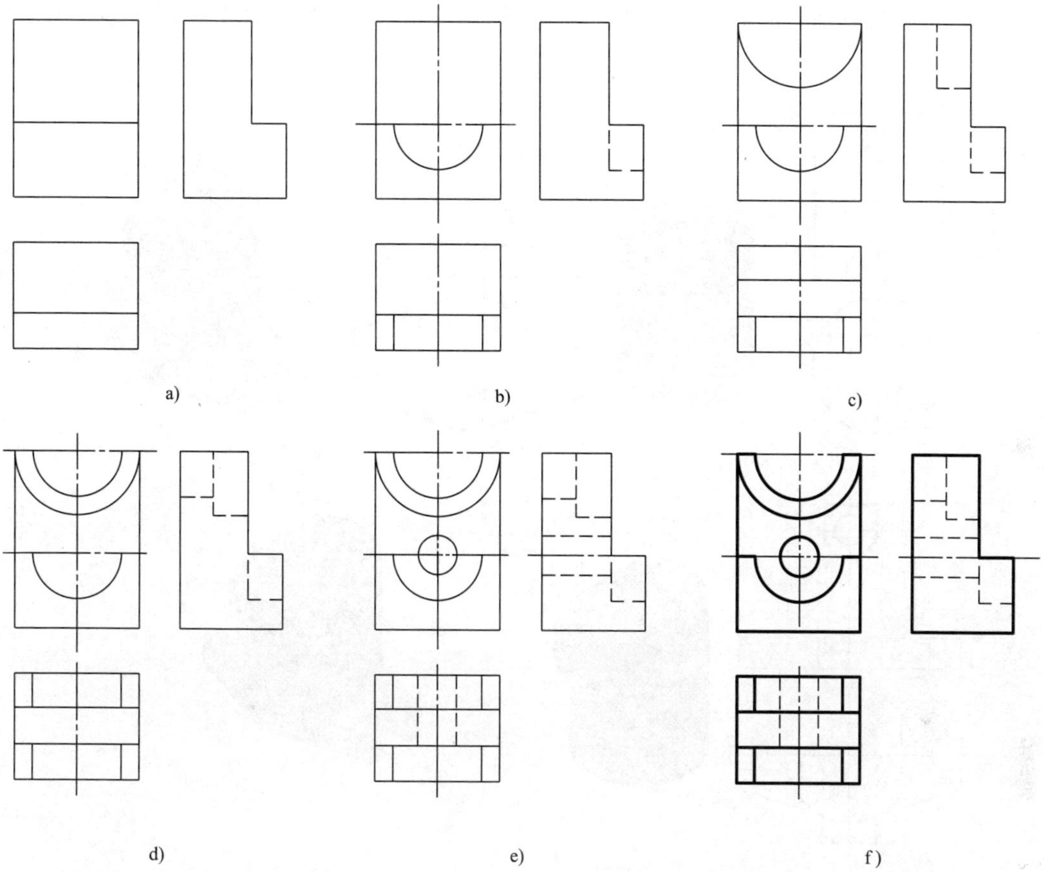

图 5-27　按照架体的形成过程补画左视图的步骤

例 5-3　看懂图 5-28 所示机座的主、俯视图并补画左视图。

（1）读懂视图，想象空间形状　从主视图入手，其按线框基本可分成空心圆柱 *B*、底板 *C* 和上部凸台 *A* 三个部分，联系俯视图，分析想象这三部分的形状。

1）空心圆柱上部两侧被侧平面和水平面切去两块，俯视图中的两条线段就是侧平面的积聚性投影，如图 5-29a 所示。

2）底板在空心圆柱的下边，它的投影如图 5-29b 所示。由于底板上、下底面平行于水平投影面，水平投影反映实形。由俯视图可知，底板的前、后侧面和空心圆柱外表面相切于Ⅰ、Ⅱ两点，因此正面投影上，底板的上端面投影仅画到切点 1′处。

3）凸台在空心圆柱的正前方。凸台中间有小孔，由俯视图可知，小孔一直贯穿到与圆柱中间的圆孔相交。凸台和空心圆柱的上端面平齐，在俯视图中和圆弧没有分界线，

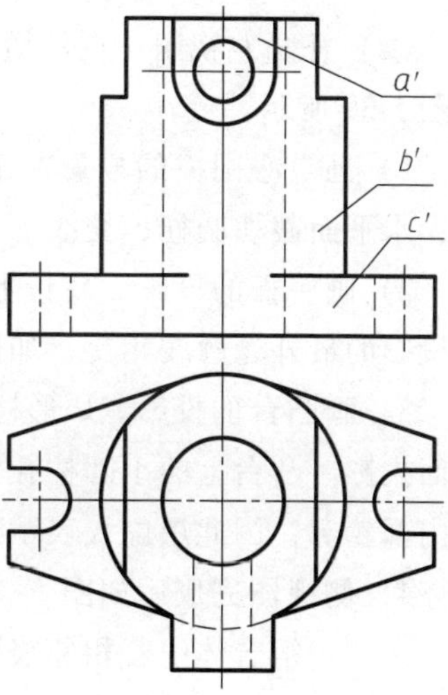

图 5-28　机座的主俯视图

所画的虚线圆弧是圆柱下面部分的表面投影，如图 5-29c 所示。

4）分析清楚各部分的形状和投影后，就可以综合想象出如图 5-29d 所示的空间形状。

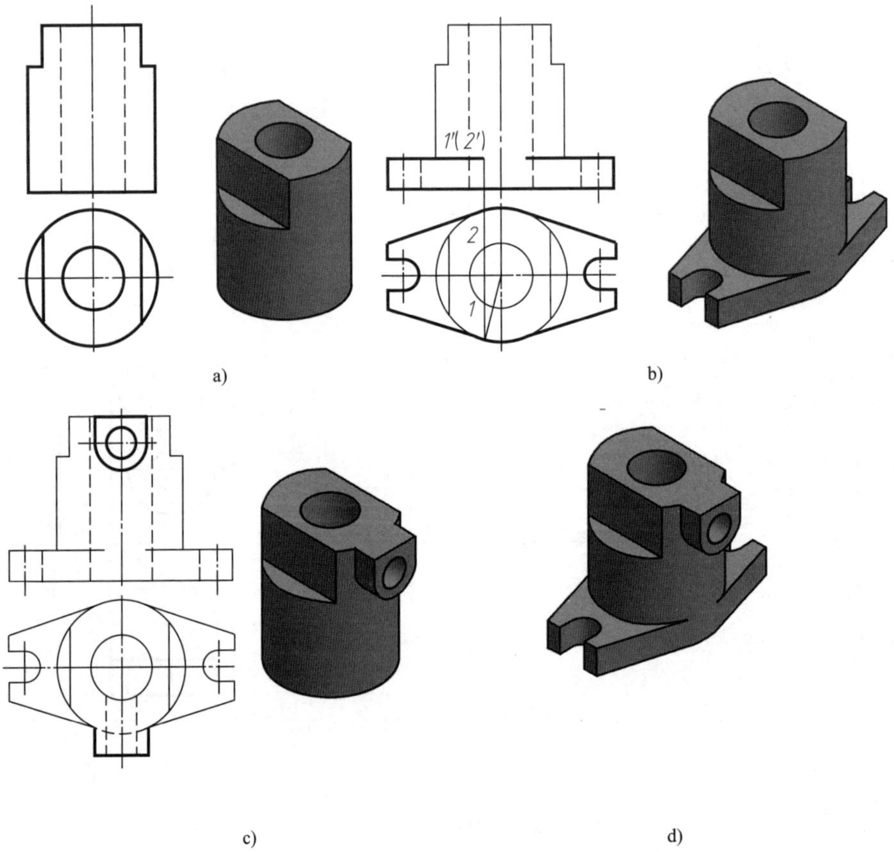

图 5-29　机座的看图分析过程

（2）补画左视图　在看懂视图的基础上，用形体分析法，依次画出各组成部分的投影，如图 5-30 所示。

1）画空心圆柱的投影。上部切口中侧平面和圆柱相交，交线为两条平行于轴线的线段；水平面截切圆柱，交线为水平圆弧。其侧面投影如图 5-30a 所示。

2）画底板的投影。底板上端面的侧面投影在前、后切点 1″和 2″之间，它不与圆柱面侧面投影的最外轮廓线相交，如图 5-30b 所示 。

3）画凸台的投影。U 形柱的外表面和空心圆柱的外表面相交，产生交线，画出交线的侧面投影。凸台上的小圆柱孔和直立圆柱孔相交，在侧面投影上也要画出它们的交线，由于是内部轮廓，因此用虚线表示，如图 5-30c 所示 。

4）侧视图完成后如图 5-30d 所示 。

注意：组合体中若相邻表面相交，则一定要画出交线，如图 5-30 中凸台的外表面与空心圆柱外表面的相贯线，以及凸台中圆柱孔与空心圆柱孔的相贯线。

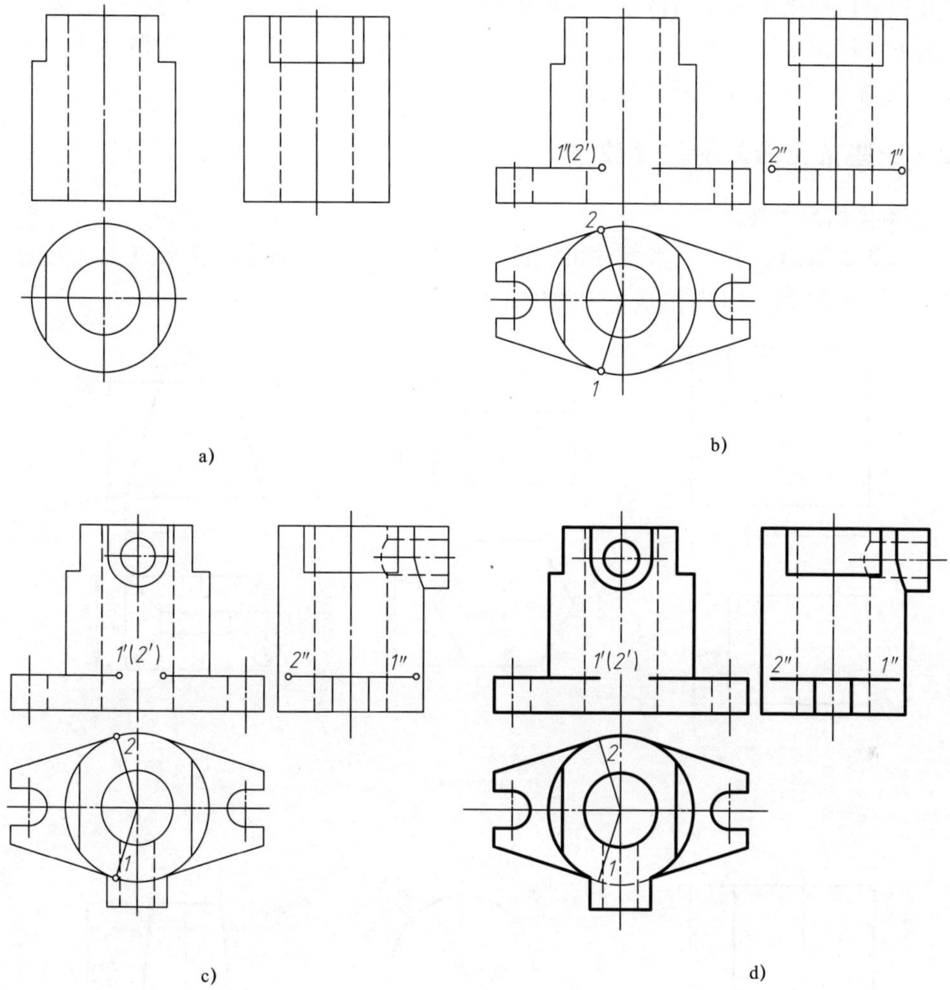

图 5-30 补画左视图的过程

5.5 组合体的尺寸标注

视图只能表示组合体的形状，而其真实的大小则要靠尺寸来确定。尺寸是图样中一项重要的内容，尺寸标注上出现的任何问题，都有可能给生产造成损失。因此，标注尺寸要认真负责，一丝不苟。

5.5.1 尺寸标注的基本要求

尺寸标注的基本要求是正确、完全、清晰。

（1）正确　尺寸标注要符合国家标准的有关规定。

（2）完全　尺寸必须能完全确定物体的大小和位置，既无遗漏，也不能有多余的尺寸。为了达到尺寸标注完全的要求，应首先按形体分析的方法将组合体分解为若干基本形体，注出确定各基本体的大小尺寸——定形尺寸；再注出确定各基本体之间的相对位置的尺寸——

定位尺寸；最后根据组合体的特点，注出组合体的总长、总宽和总高尺寸——总体尺寸。按照这样的方法标出上述三类尺寸，就比较容易做到既不多注尺寸，又不遗漏尺寸。

（3）清晰　尺寸要注在适当的位置，应整齐、清晰，便于看图。

5.5.2　一些常见形体的尺寸注法

1. 基本体的尺寸注法

为表示基本体的大小，一般要注出它的长、宽、高三个方向的定形尺寸。常见基本体的尺寸注法如图 5-31 所示（图中括号中的尺寸是参考尺寸）。

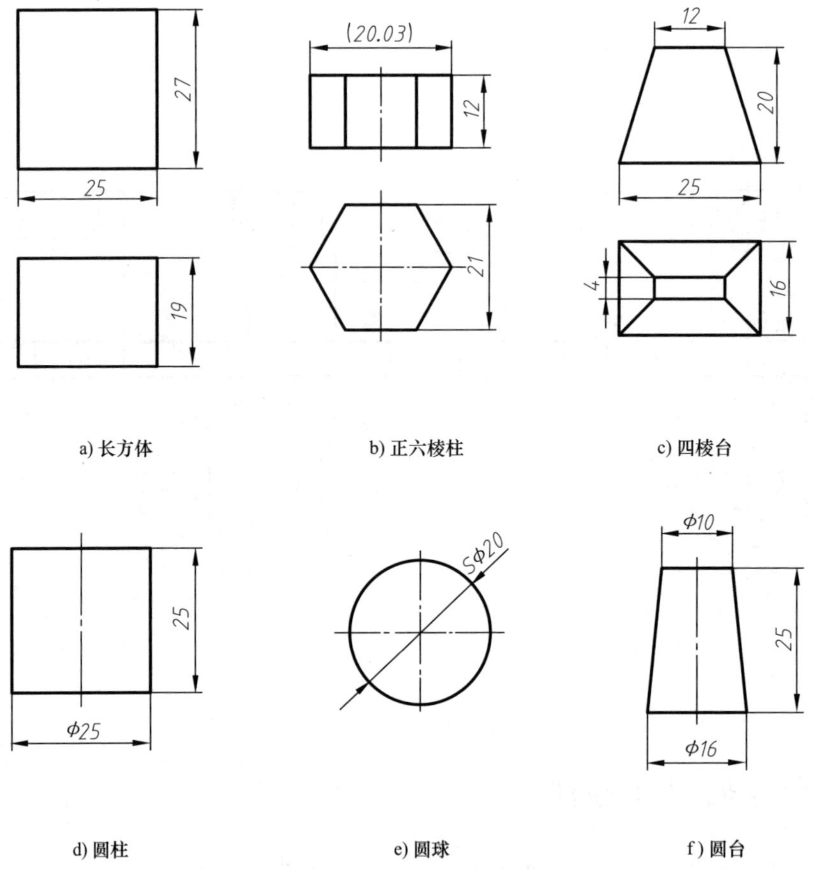

a) 长方体　b) 正六棱柱　c) 四棱台

d) 圆柱　e) 圆球　f) 圆台

图 5-31　常见基本体的尺寸注法

2. 带切口形体的尺寸注法

带切口的形体除了注出几何体的定形尺寸外，还要注出截平面的定位尺寸。切口的交线不必标注尺寸，因为几何体和截平面的相对位置确定后，交线已完全确定。图 5-32 所示为带切口的圆柱和半球的尺寸注法，图 5-32a、c 所示为正确注法，图 5-32b、d 错误注法，请读者仔细比较。

3. 机件上常见底板的尺寸注法

图 5-33 所示为机件上常见底板的尺寸注法。从这些示例中，可体会机件上定位尺寸的（带“○”记号者）注法。

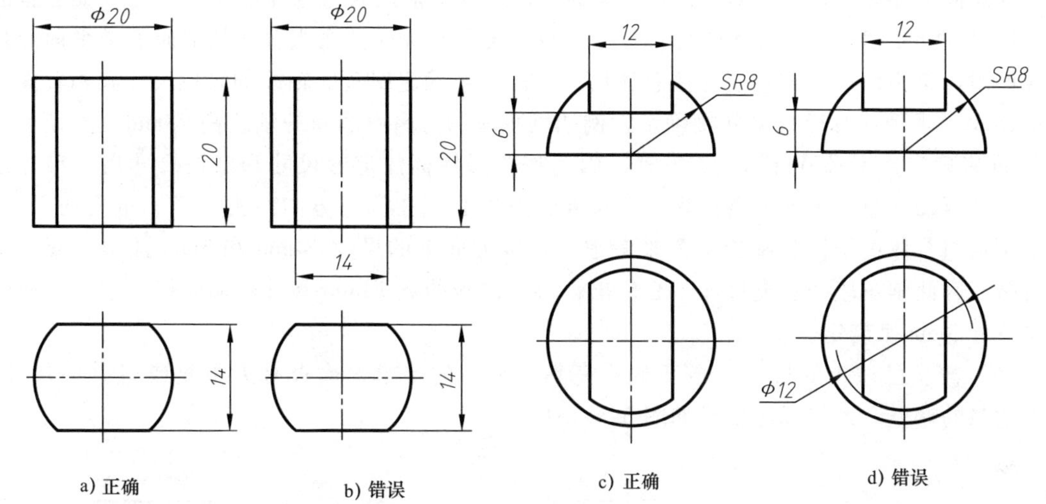

图 5-32 带切口形体的尺寸注法

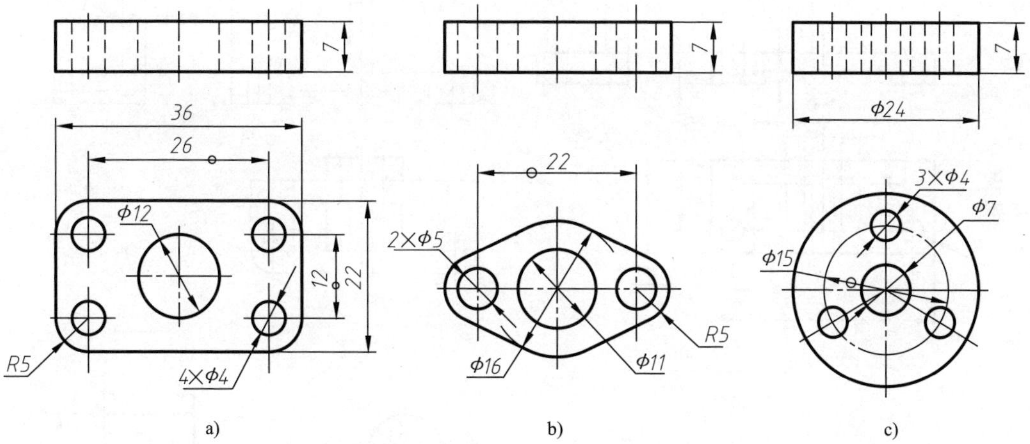

图 5-33 机件上常见底板的尺寸注法

5.5.3 组合体的尺寸注法

下面以图 5-34 所示轴承座为例，说明标注组合体尺寸的方法和步骤。

（1）进行形体分析　形体分析类似于 5.2.1 中图 5-12 的分析。

（2）确定长、宽、高三个方向的尺寸基准　在组合体中，确定尺寸位置的点、线、面称为尺寸基准，物体有长、宽、高三个方向的尺寸，每个方向至少有一个尺寸基准。通常将物体的底面、端面、对称面、轴线等作为尺寸基准。就本例而言，以底板的底面为高度方向基准，以左、右对称面为长度方向基准，以底板的后端面为宽度方向基准。

（3）逐个注出各基本体的定形、定位尺寸（尺寸线上注有“○”记号的为定位尺寸）底板的尺寸如图 5-34a 所示，圆筒的尺寸如图 5-34b 所示，支承板和肋板的尺寸如图 5-34c 所示。

（4）标注总体尺寸　为了明确组合体所占体积的大小，一般需要标注组合体的总长、总宽和总高，如图 5-34d 所示。有时形体的定形尺寸就能反映组合体的总体尺寸，如底板的长度尺寸 34mm 就是该组合体的总长尺寸，故不再重复标注。当组合体的端面不是平面而是回转面时，该方向一般不直接标注总体尺寸，而是由确定回转面轴线的定位尺寸和回转面的定形尺寸（半径或直径）来间接确定，例如轴承座的总高由圆筒的轴线高 23mm、直径尺寸 ϕ10mm 来确定，不必另行标注。另外，因为按照形体标注定形尺寸和定位尺寸后，尺寸已完整，若再加注总体尺寸就会出现多余尺寸，所以必须在同一方向减去一个不重要的尺寸，而本例从组合体的结构和制造工艺来考虑，宽度方向上的尺寸 14mm 和 3mm 都很重要，不可省略，因此轴承座的总宽尺寸不必标出，可由底板的宽 14mm 和圆筒端面相对于支承板的定位尺寸 3mm 来确定。

（5）校核已注出的尺寸　按正确、完整、清晰的要求，检查有无重复或遗漏的尺寸，并作适当的调整。最终标注结果如图 5-34d 所示。

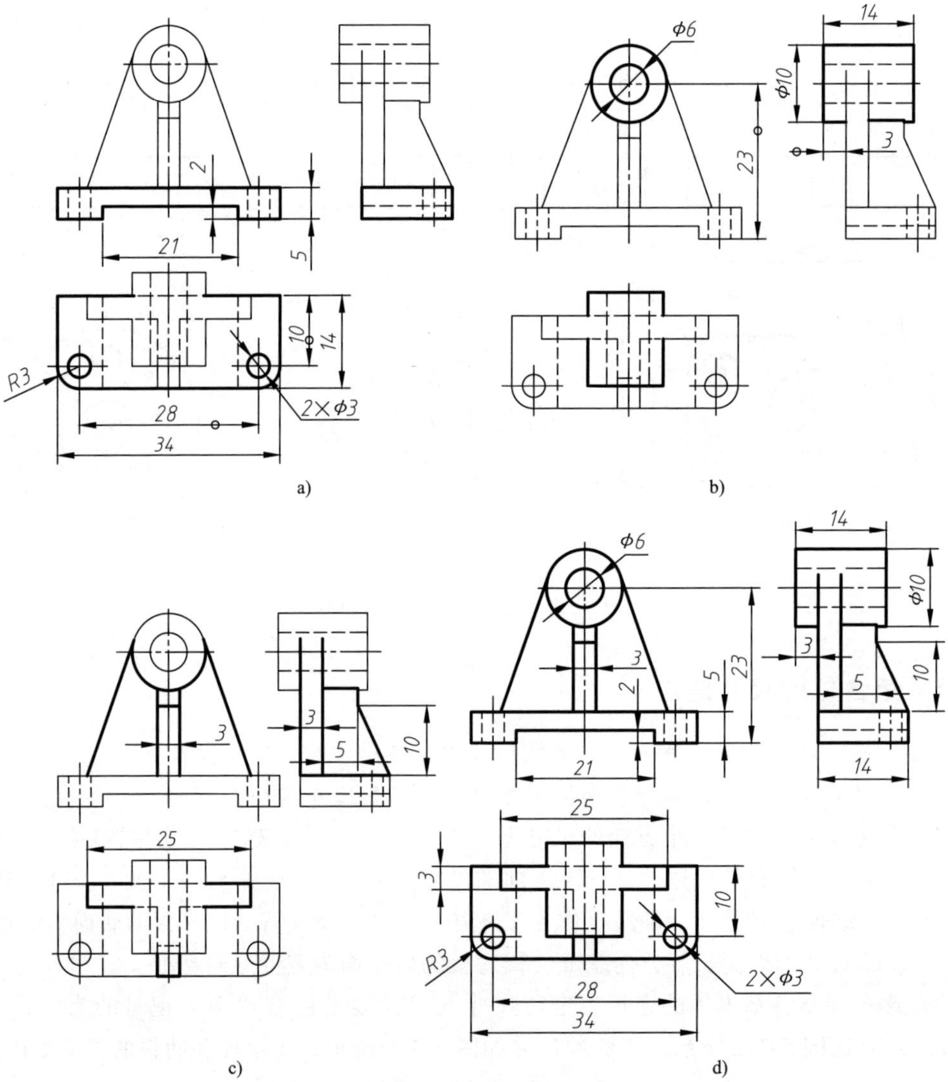

图 5-34　组合体尺寸注法

5.5.4 尺寸的清晰布置

为使尺寸的标注清晰，应注意如下几点：

1）要把大多数尺寸注在视图外面。在不影响图形清晰的条件下，尺寸最好注在两视图之间，如图 5-34 中的 5、23、21、25 等。

2）尺寸应尽量标注在能最明显地表示该形状的视图上。例如，图 5-34a 中底板的尺寸 R3、2×ϕ3、10、34 均标注在俯视图中。

3）标注同一方向的尺寸时，应排列整齐。将大尺寸排在小尺寸以外，以免尺寸线和尺寸界线出现不必要的相交，如图 5-34d 俯视图的尺寸 28 和 34。

4）同一形体的尺寸应尽量集中标注。如图 5-35a 所示，圆柱上部方槽的形状在主视图中表示得最明显，这部分的尺寸应集中标注在这个视图上。

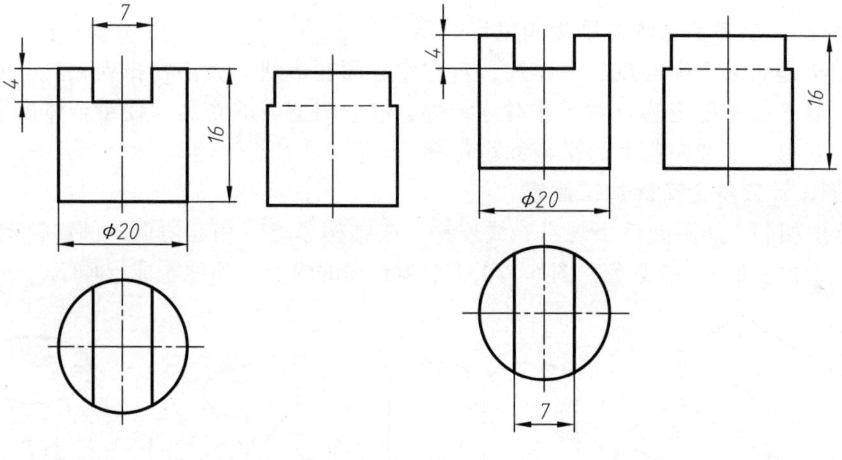

a) 好　　b) 不好

图 5-35　同一形体的尺寸最好集中标注

5）同一轴线上的直径尺寸应尽量标注在非圆视图上，如图 5-36 所示。

6）虚线上尽量不注尺寸。

以上各点在标注尺寸时有时不能兼顾，应灵活运用，合理布置尺寸。

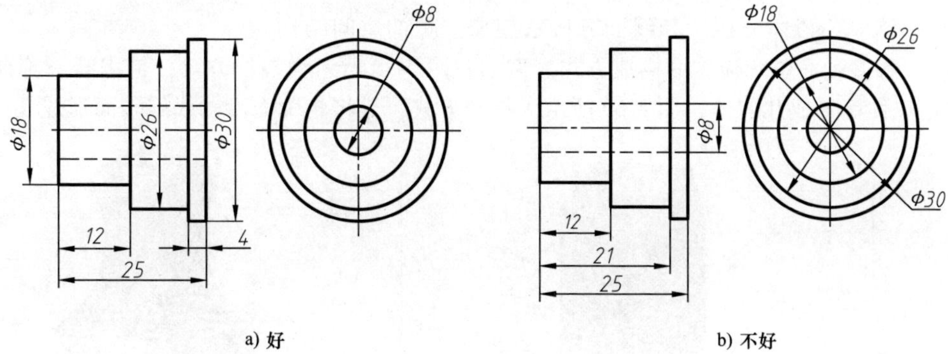

a) 好　　b) 不好

图 5-36　直径尺寸最好标注在非圆视图上

5.6 组合体的构形设计

组合体的构形设计是根据立体的形状、功能、结构要求，对空间立体进行想象、构思或设计，并用一组视图表达出来。在掌握组合体的绘图和读图的基础上进行组合体的构形设计训练，可充分提高学生的空间想象力，为进一步提高学生的工程设计能力打下基础。

5.6.1 组合体构形设计的基本要求

1. 构形设计应以基本体为主

复杂形体一般都是基本体组合而成的。利用常见的平面立体、回转体作为构形单元，便于绘图和标注尺寸，同时便于加工制作，因此，基本体的投影特点及相互位置关系是组合体构形设计的基础。

2. 构形设计应满足立体的平衡和稳定效果

对称结构是对某个中心点、中心线、对称中心面在形状、大小或排列上具有对称关系的结构，给人以平衡和稳定感。对于非对称结构，应采用适当的布局，使组合体的重心落在支承面之内，获得力学和视觉上的平衡和稳定感。

3. 构形设计应符合实际加工需求

组合体中相邻立体不允许出现点、线连接，应结构紧凑、相互协调。例如，图 5-37a、b、c 所示为不合理的结构，应避免；图 5-37d 所示为封闭的内腔，不便于成形加工，一般不采用。

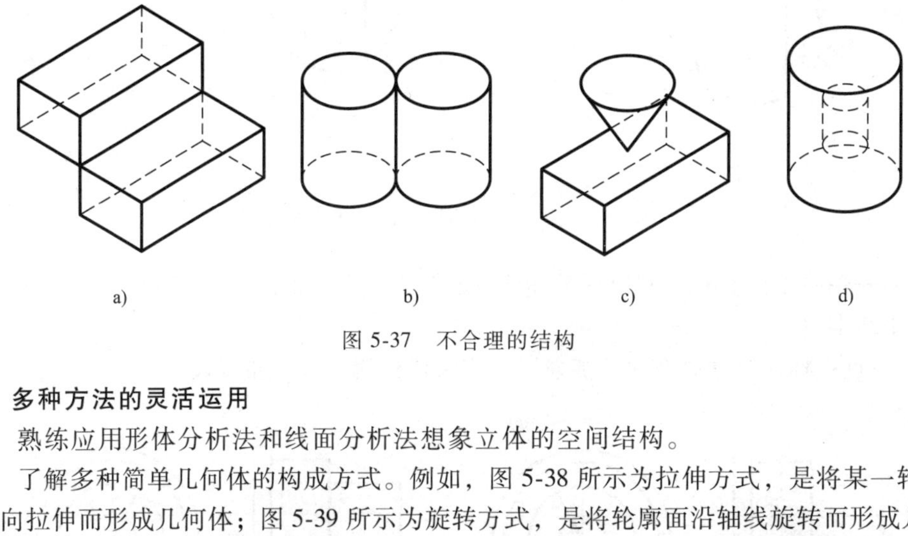

a)　b)　c)　d)

图 5-37　不合理的结构

4. 多种方法的灵活运用

1）熟练应用形体分析法和线面分析法想象立体的空间结构。

2）了解多种简单几何体的构成方式。例如，图 5-38 所示为拉伸方式，是将某一轮廓面沿法线方向拉伸而形成几何体；图 5-39 所示为旋转方式，是将轮廓面沿轴线旋转而形成几何体。

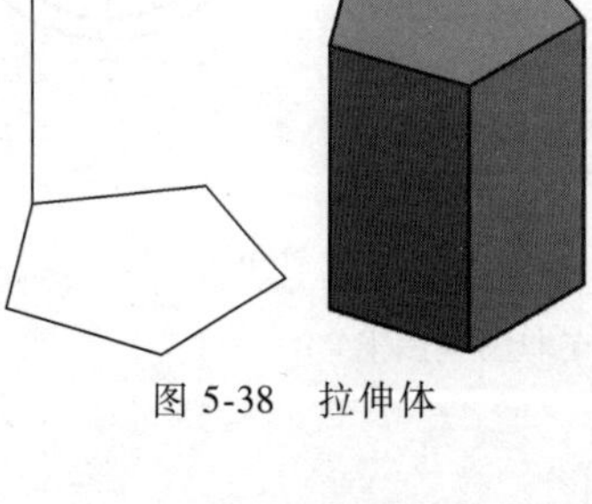

图 5-38　拉伸体

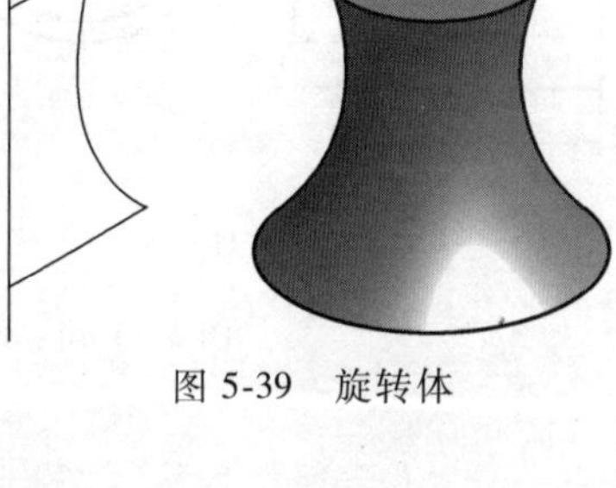

图 5-39　旋转体

5.6.2 组合体构形设计的基本方法

1. 利用形体表面的正斜、平曲、凸凹的差异构思联想组合体

对视图中的相邻线框，通过正斜、平曲、凸凹的不同，将投影图与空间形体对应联系，来构思空间形体。图 5-40 所示为由相同主视图构思出的不同几何形体。

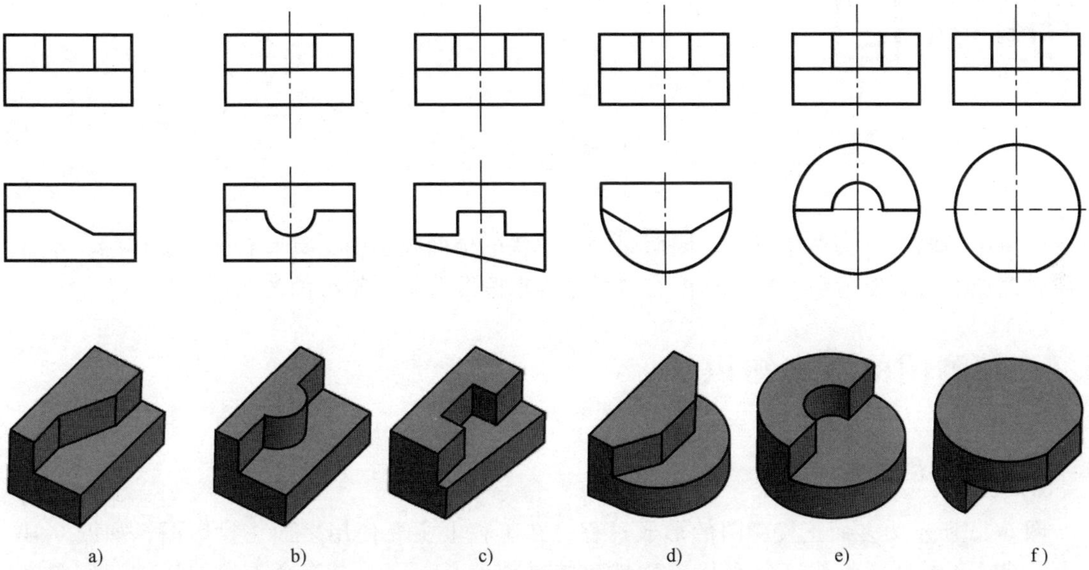

图 5-40 主视图相同的不同几何形体

2. 根据组合体的组合方式构思不同的组合体

根据组合体的多种组合方式（叠加、切割、相交等）分析投影图，对应其空间组合方式，构思出不同形状的组合体。图 5-41 所示为由相同俯视图构思出的不同组合体。

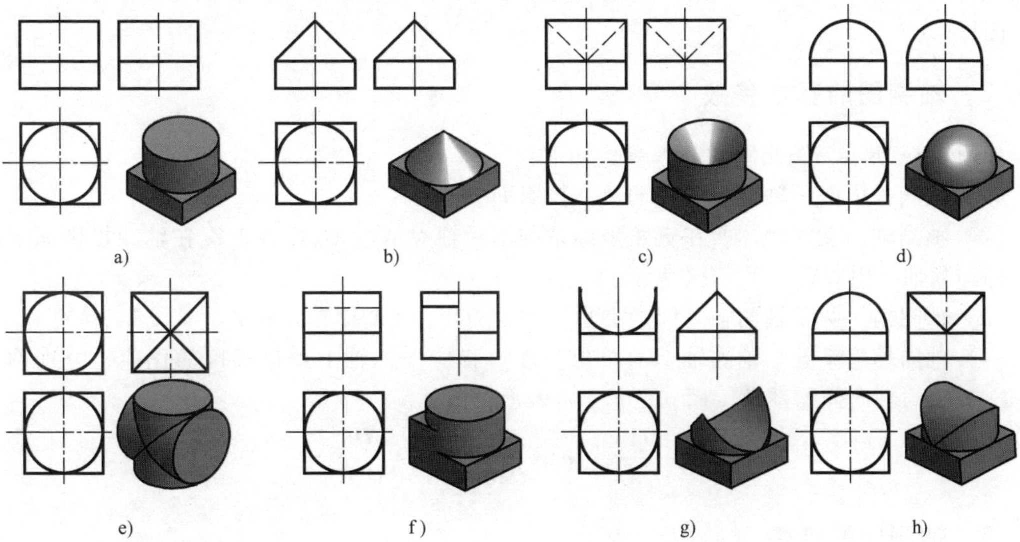

图 5-41 俯视图相同的不同组合体

第 6 章

轴测图

轴测图是同时反映立体正面、侧面和水平形状的单面投影图，具有较强的立体感。本章介绍轴测图的绘制原理和方法，其内容包括正等轴测图和斜二轴测图的绘制。

6.1 轴测图的基本知识

6.1.1 轴测图的形成

图 6-1a 所示为多面正投影图的形成过程，在工程上主要使用多面正投影图，如图 6-1b 所示。多面正投影图的优点是可以准确地反映立体的长、宽、高三个方向的尺寸，作图简便，度量性好。但每个投影只反映立体的二维坐标，因此其缺点是立体感差。

图 6-1c 所示为轴测投影图的形成过程，轴测投影图是将立体连同确定其空间位置的直角坐标系，沿不平行于任何坐标面的投射方向，用平行投影法在单一投影面上投射所得的图形，如图 6-1d 所示。轴测投影图又称轴测图，它能同时反映立体的三维坐标，其优点是立体感强，但不易反映立体各表面的实形，度量性差，作图复杂，因此轴测图常作为生产中的辅助图样。

6.1.2 轴测图的基本参数

如图 6-1c 所示，轴测图的基本参数如下：

（1）轴测投影面　轴测图所在的单一投影面 P。

（2）轴测轴　空间物体所在直角坐标系的坐标轴 O_0X_0、O_0Y_0、O_0Z_0 在轴测投影面上的投影称轴测轴，用 OX、OY、OZ 表示。

（3）轴间角　两条轴测轴之间的夹角，即 $\angle XOY$、$\angle XOZ$、$\angle YOZ$。

（4）轴向伸缩系数　轴测轴上的单位长度与相应坐标轴上单位长度的比值，分别称为 X、Y、Z 轴的轴向伸缩系数，用 p_1、q_1、r_1 表示，即

$$p_1 = \frac{OA}{O_0A_0},\quad q_1 = \frac{OB}{O_0B_0},\quad r_1 = \frac{OC}{O_0C_0}$$

6.1.3 轴测图的特性

由于轴测投影采用平行投影法，因此轴测图具有以下平行投影特性：

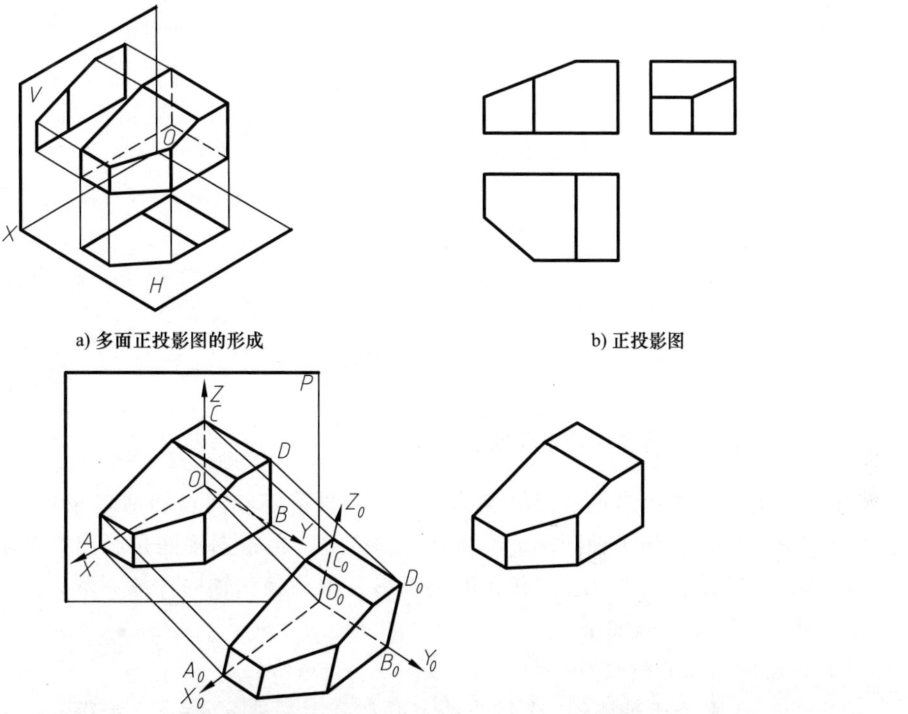

a) 多面正投影图的形成　b) 正投影图

c) 轴测图的形成　d) 轴测图

图 6-1　多面正投影图和轴测图的比较

1）空间立体上相互平行的线段，其轴测投影仍互相平行。因此，当空间直线平行于某坐标轴时，其轴测投影仍平行于相应的轴测轴。例如，图 6-1c 中 B_0D_0平行于 O_0C_0，则 BD 平行于 OC。

2）空间直线若平行于某坐标轴，则其轴测投影长度等于空间直线的真实长度与该坐标轴的轴向伸缩系数的乘积。例如，图 6-1c 中直线 B_0D_0平行于 O_0Z_0轴，则$\overline{BD}=\overline{B_0D_0}\cdot r_1$。空间中不平行于坐标轴的线段，不能用轴向伸缩系数来推算其轴测投影的长度。

3）立体上平行于轴测投影面的直线和平面在轴测图上反映实长和实形。

6.1.4　轴测图的分类

1. 根据投射方向与轴测投影面的相互位置分类

（1）正轴测图　投射方向垂直于轴测投影面所得的轴测图。

（2）斜轴测图　投射方向倾斜于轴测投影面所得的轴测图。

2. 按轴向伸缩系数是否相等分类

（1）正（或斜）等轴测图　三个轴向伸缩系数均相等，即 $p_1=q_1=r_1$。

（2）正（或斜）二轴测图　只有两个轴向伸缩系数相等，如 $p_1=r_1\neq q_1$。

（3）正（或斜）三轴测图　三个轴向伸缩系数各不相等，即 $p_1\neq q_1\neq r_1$。

由上所述，轴测图分类如图 6-2 所示。

为了使轴测图具有一定的直观性，并使作图方便，常采用正等轴测图和斜二轴测图，本章分别介绍它们的作图方法。

- 轴测图
  - 正轴测图
    - 正等轴测图
    - 正二轴测图
    - 正三轴测图
  - 斜轴测图
    - 斜等轴测图
    - 斜二轴测图
    - 斜三轴测图

图 6-2 轴测图分类

6.1.5 轴测图的基本作图方法

作轴测图时应先恰当地选择轴测图的种类，即确定轴间角和轴向伸缩系数。为使轴测图清晰和作图方便，通常将轴测轴 OZ 画成铅垂位置，再根据轴间角画出其余轴测轴。

图 6-3a、b 所示分别为已知点 A 的正投影、轴测轴和轴向伸缩系数，点 A 的轴测投影如图 6-3c 所示，绘制步骤如下：

1）沿轴测轴 OX 截取 $Oa_x=x_A \cdot p_1$ 得 a_x。

2）过 a_x 作平行于轴测轴 OY 的直线，并在其上截取 $a_xa=y_A \cdot q_1$ 得 a。

3）过 a 作平行于轴测轴 OZ 的直线，并在其上截取 $aA=z_A \cdot r_1$ 得 A，点 A 即为正投影的相应空间点的轴测投影。

从上述步骤可知，求作点的轴测投影是根据点的坐标和轴向伸缩系数，沿轴测轴方向确定轴测投影。直线、平面、立体的轴测投影可通过确定相应点的轴测投影来得到。

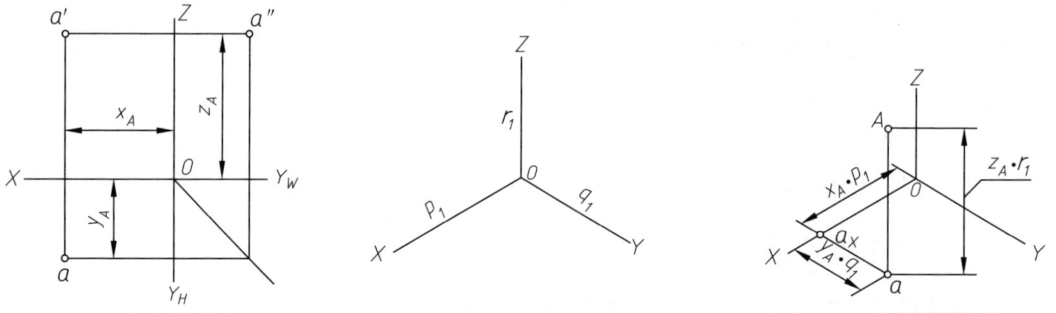

a) 点的正投影　　b) 轴测轴和轴向伸缩系数　　c) 点的轴测投射

图 6-3 点的轴测图

6.2 正等轴测图的画法

6.2.1 正等轴测图的形成、轴间角和轴向伸缩系数

1. 正等轴测图的形成

使空间三个坐标轴对轴测投影面 P 处于倾角相等的位置，如图 6-4a 所示，相当于旋转

正方体，使正方体的对角线 A_0O_0 垂直于轴测投影面 P，并以 A_0O_0 为投射方向向轴测投影面投射，即得到正方体的正等轴测图，简称正等测。

2. 正等轴测图的轴间角

正等轴测图的轴间角均为120°，如图6-4b所示，可用60°的三角板绘制轴测轴。

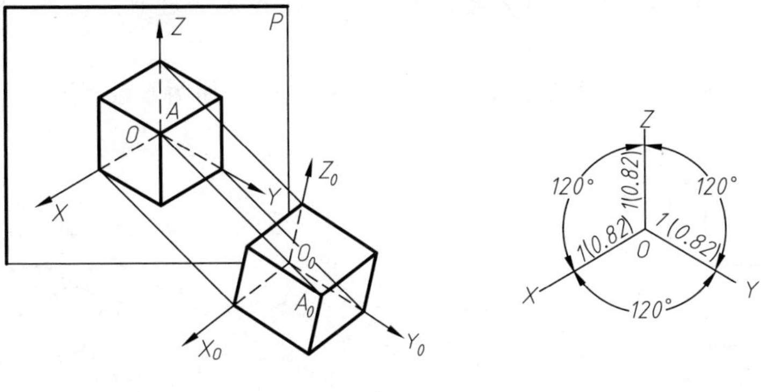

a) 正等轴测图的形成　　b) 轴间角和轴向伸缩系数

图6-4　正等轴测图的形成和基本参数

3. 正等轴测图的轴向伸缩系数

正等轴测图的轴向伸缩系数都相等，即 $p_1=q_1=r_1\approx0.82$，如图6-4b所示。为了作图方便，一般采用简化伸缩系数，即 $p=q=r\approx1$，这样绘出的轴测图沿各轴向的长度分别放大了 $1/0.82\approx1.22$ 倍，如图6-5所示。本节例题均采用简化的轴向伸缩系数绘制轴测图。

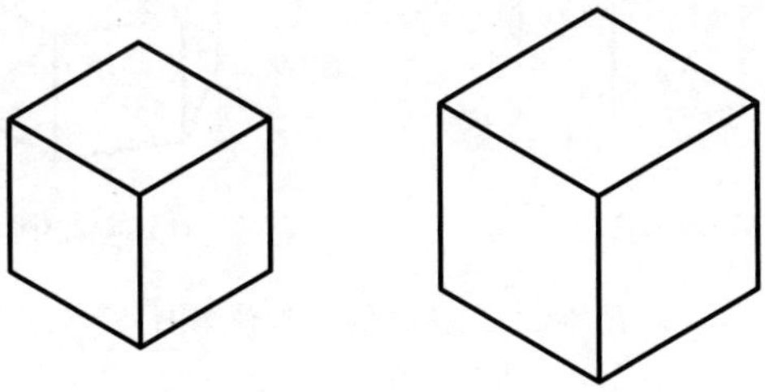

a) $p_1=q_1=r_1\approx0.82$　　b) $p=q=r\approx1$

图6-5　不同轴向伸缩系数下立方体的正等轴测图

6.2.2　平面立体的正等轴测图

根据立体的形状特点，先选取其空间坐标轴的位置，然后画出轴测轴，依次作出立体上各直线和各平面的轴测图，从而完成平面立体的轴测图。轴测图一般只需画出立体可见部分的轮廓线，所以绘图时应注意先后顺序。

例6-1　如图6-6a所示，已知六棱柱的两个视图，画出它的正等轴测图。

作图步骤：

1）在正投影图上定出原点和坐标轴的位置。为作图方便，选定原点在顶面六边形的中心点上，如图6-6a所示。

2）作正等轴测轴 OX、OY、OZ，并在 OX 轴上截取 d，得点 A、B，在 OY 轴上截取 s，得点 C、D，如图 6-6b 所示。

3）过点 C、D 分别作 OX 轴的平行线，量取 $t/2$，得点 E、F、M、N，依次连线得六棱柱顶面的轴测图，如图 6-6c 所示。

4）过点 E、A、M、N 分别作 OZ 轴的平行线，在各线上量取高度 h，得底面四点，如图 6-6d 所示。

5）依次连接底面各点，即完成六棱柱的正等轴测图，如图 6-6e 所示。

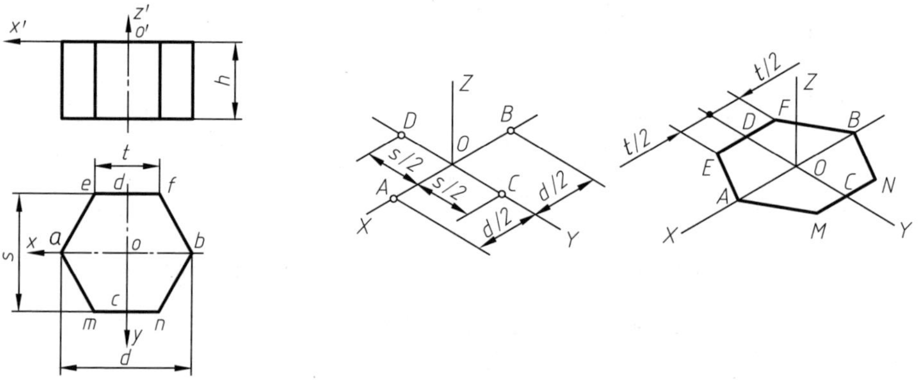

a) 正投影图　　b) 确定顶面四点　　c) 确定顶面的轴测图

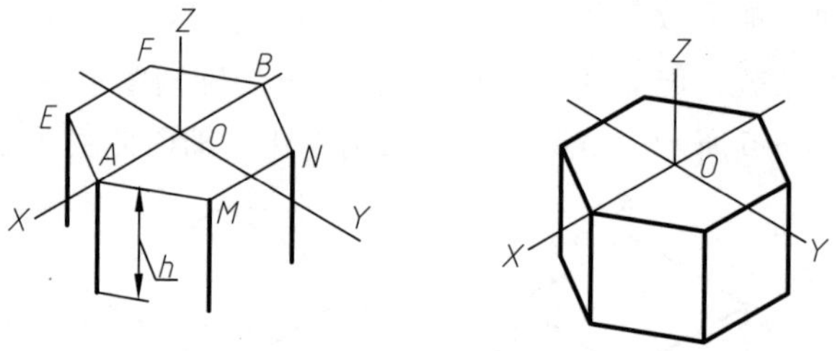

d) 确定棱柱高　　e) 完成轴测图

图 6-6　六棱柱的正等轴测图

在轴测图中，用粗实线画出物体的可见轮廓线。一般情况下，不可见轮廓（虚线）不必画出。所以，作轴测图一般是从上往下画，从前往后画，从左往右画。

例 6-2　如图 6-7a 所示，已知立体的正投影图，用切割法求其正等轴测图。

作图步骤：

1）在正投影图上定出原点和坐标轴的位置。原点取在右、下、后角处，如图 6-7a 所示。

2）作正等轴测轴 OX、OY、OZ，沿 X 轴截取 a，沿 Y 轴截取 b，沿 Z 轴截取 h，作出未切割时长方体的正等测，如图 6-7b 所示。

3）沿 X 轴截取 c，沿 Z 轴截取 d，作出长方体左上角被正垂面截切掉一个三棱柱后的正等测，如图 6-7c 所示。

4）沿 X 轴截取 e，沿 Y 轴截取 f，作出长方体左前角被铅垂面截切掉一个三棱柱后的正等测，如图 6-7d 所示。注意：此铅垂面与正垂面的交线 MN 为一般位置直线。

5）加深可见轮廓线，整理完成正等轴测图，如图 6-7e 所示。

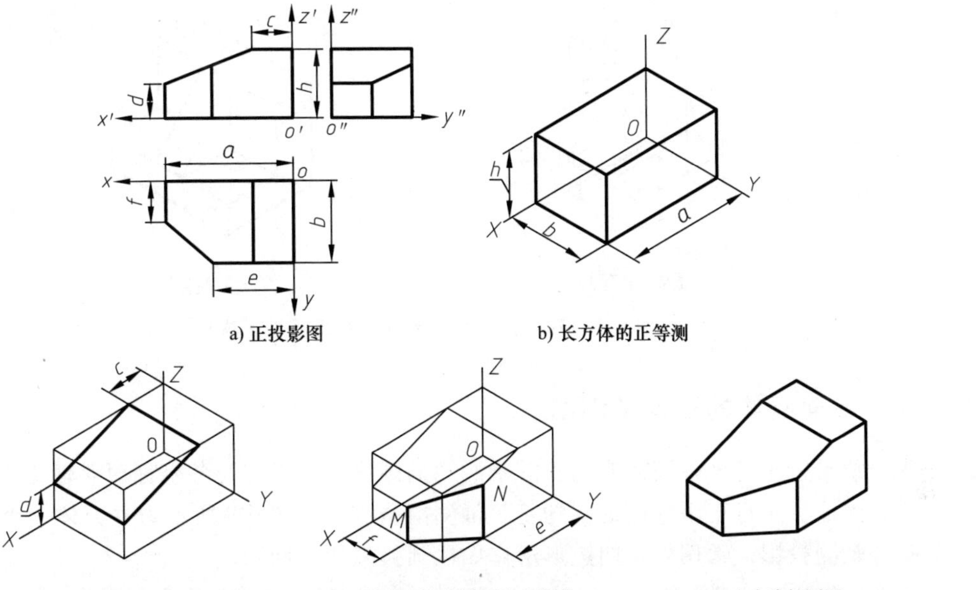

a) 正投影图　b) 长方体的正等测

c) 左上角被截切后的正等测　d) 左前角被截切后的正等测　e) 完成轴测图

图 6-7　用切割法求立体的正等轴测图

例 6-3　如图 6-8a 所示，已知立体的正投影图，用叠加法求其正等轴测图。

作图步骤：

1）在正投影图上定出原点和坐标轴的位置。因立体左右对称，所以原点取在后、中、下位置，如图 6-8a 所示。

2）作正等轴测轴 OX、OY、OZ，沿 X 轴截取 a，沿 Y 轴截取 b，沿 Z 轴截取 c，作出底板的正等测，如图 6-8b 所示。

3）竖板与底板的后面平齐，沿 Y 轴截取 d，沿 Z 轴截取 $h-c$，作出竖板的正等测，如图 6-8c 所示。

4）确定底板前表面和竖板上表面的中线，截取尺寸 e，作出斜板的正等测，如图 6-8d 所示。

5）加深可见轮廓线，整理完成正等轴测图，如图 6-8e 所示。

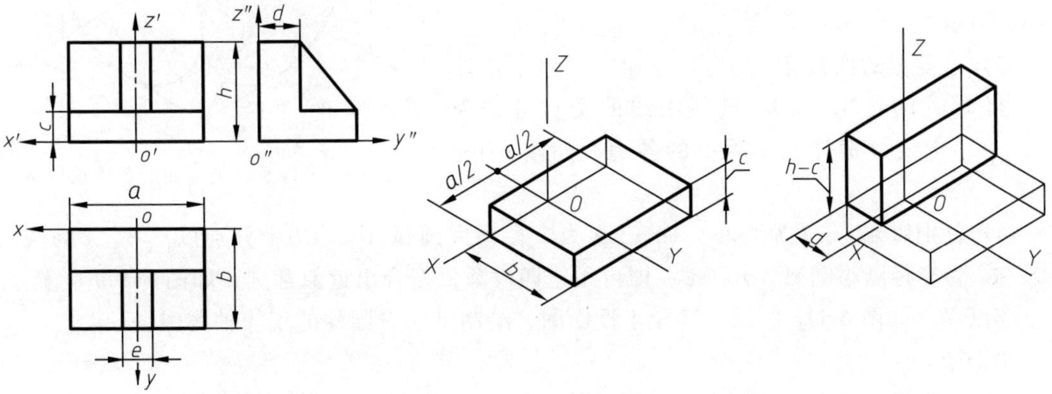

a) 正投影图　b) 底板的正等测　c) 竖板的正等测

图 6-8　用叠加法求立体的正等轴测图

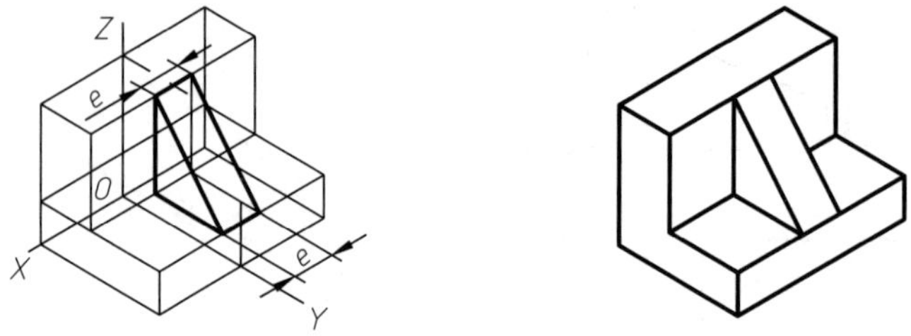

d) 斜板的正等测　　　　e) 完成轴测图

图 6-8　用叠加法求立体的正等轴测图（续）

6.2.3　曲面立体的正等轴测图

先介绍平行于各坐标面的圆的正等轴测图的画法。由于空间各坐标面对轴测投影面都是倾斜的，因此，平行于坐标面的圆的正等轴测图是椭圆。图 6-9 所示为立方体三个坐标面上圆的正等轴测投影，常用外切四边形法作四段圆弧来代替椭圆。

由图 6-9 可知，椭圆的长、短轴方向和大小分别有下列特点。

（1）椭圆长、短轴的方向　若圆所在的平面平行于 $X_0O_0Y_0$ 面（即 H 面），则椭圆的长轴垂直于 OZ 轴，短轴平行于 OZ 轴；若圆所在的平面平行于 $X_0O_0Z_0$ 面（即 V 面），则椭圆的长轴垂直于 OY 轴，短轴平行于 OY 轴；若圆所在的平面平行于 $Y_0O_0Z_0$ 面（即 W 面），则椭圆的长轴垂直于 OX 轴，短轴平行于 OX 轴，如图 6-9 所示。

（2）椭圆长、短轴的长度　若圆的直径为 d，则椭圆长轴的长度约为 $1.22d$，短轴的长度约为 $0.7d$，如图 6-9 所示。

现以平行于水平面（$X_0O_0Y_0$ 面）的圆的正等轴测图为例讲述近似椭圆的画法，具体步骤如下：

1）如图 6-10a 所示，在正投影中定出原点和坐标轴，并作出圆的外切正方形，得点 a、b、c、d。

2）作正等轴测轴，在 X 轴、Y 轴上截取圆的半径，分别得点 A、B、C、D，过这些点作轴测轴的平行线，得圆外切正方形的轴测图（菱形），如图 6-10b 所示。

3）过菱形的两钝角点 1、2 分别向对边中点连线，得 $1A$、$1B$、$2C$、$2D$，这些中线的交点分别为点 3、4，中线分别垂直于菱形的各边，如图 6-10c 所示。

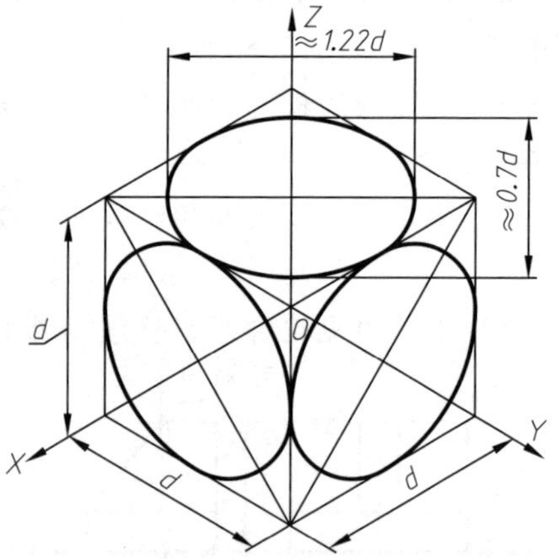

图 6-9　平行于各坐标面的圆的正等测

4）分别以点 1、2 为圆心，$1A$、$2D$ 为半径画大圆弧 AB、CD；分别以点 3、4 为圆心，$3D$、$4C$ 为半径画小圆弧 AD、BC，即可用这四段圆弧拟合出近似椭圆，如图 6-10d 所示。

例 6-4　如图 6-11a 所示，已知正投影图，绘制带切口圆柱的正等轴测图。

作图步骤：

1）在正投影图上定出原点和坐标轴的位置。将原点定在圆柱上表面的中心点，Z 轴正方向朝下，如图 6-11a 所示。

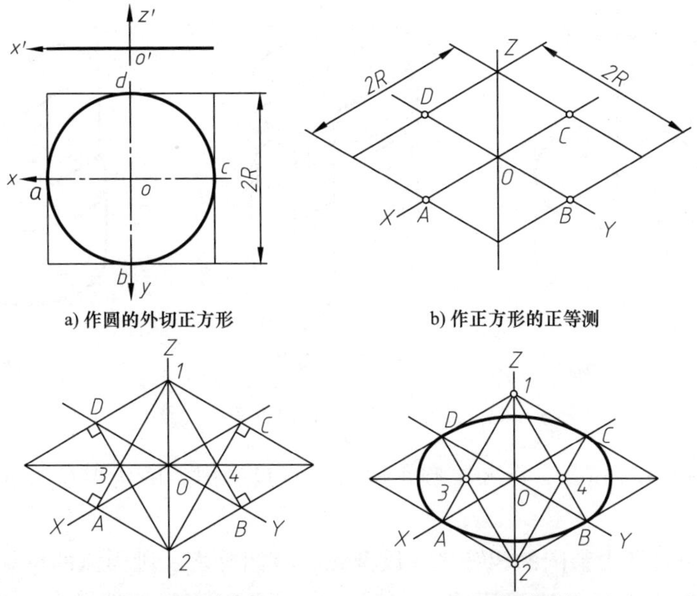

a) 作圆的外切正方形　　b) 作正方形的正等测

c) 确定四个圆心和半径　　d) 画四段圆弧

图 6-10　绘制水平圆的正等测

2）作正等轴测轴 *OX*、*OY*、*OZ*，参见图 6-10 作出顶圆的正等测，如图 6-11b 所示。

3）将顶圆各段圆弧的圆心 1、3、4 分别向下移 *h* 得底面圆弧的圆心 5、6、7，分别用相应的半径画弧，得底圆的正等测，注意圆弧的分界点在 56、57 连线的延长线上。再作上下圆弧的外公切线，完成圆柱的正等测，如图 6-11c 所示。

4）将顶圆圆心的轴测图沿轴测轴 *OZ* 下移 *a*，得截面圆圆心 *M* 的轴测图，参见图 6-10 作出截面圆的正等测，如图 6-11d 所示。

5）在顶面椭圆上沿 *X* 轴截取 *AB*=*b*，过 *A*、*B* 分别作 *OY* 轴的平行线，交顶面椭圆于点 *C*、*D*、*E*、*F*。过 *C*、*D*、*E* 作 *OZ* 轴的平行线，分别交截面椭圆于点 8、9、10，连接89，结果如图 6-11e 所示。

6）加深可见轮廓线，整理完成正等轴测图，如图 6-11f 所示。

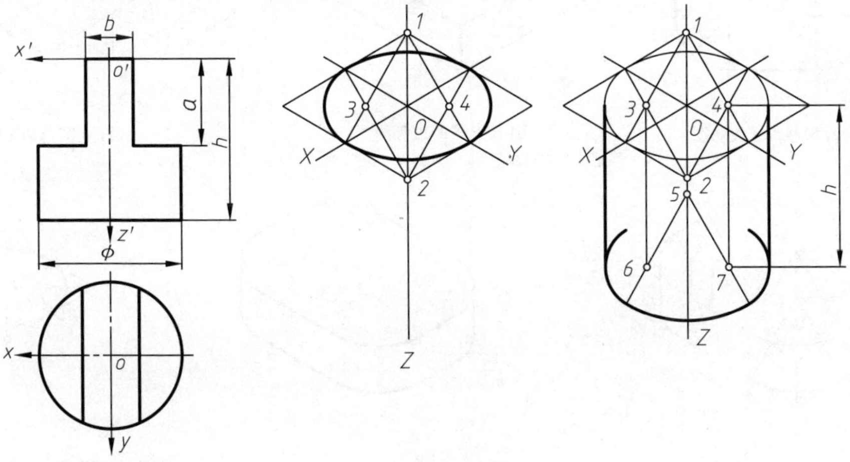

a) 正投影图　　b) 顶圆的正等测　　c) 圆柱的正等测

图 6-11　绘制带切口圆柱的正等测

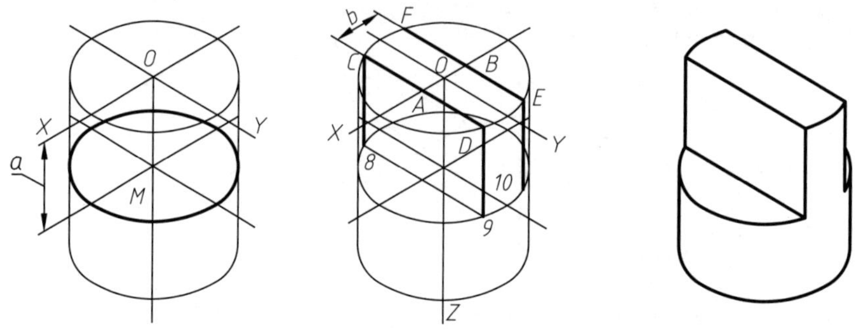

d) 截圆的正等测　　e) 切口的正等测　　f) 完成轴测图

图 6-11　绘制带切口圆柱的正等测（续）

例 6-5　如图 6-12a 所示，已知带圆角底板的正投影图，圆角半径为 R，绘制其正等轴测图。

分析：圆角一般是指整圆的四分之一段圆弧，该四分之一段圆弧的正等轴测图是四分之一段椭圆弧，为作图简便，这里用圆弧代替。作圆角正等轴测图的要点是找出各段圆弧（代替各段椭圆弧）的圆心、半径和起止点。

作图步骤：

1）先作出长方体的正等测，如图 6-12b 所示。

2）由顶角沿两边分别量取半径 R 得点 1、2、3、4、5、6、7、8，并从这些点分别作其所在边的垂线，各顶角两边垂线的交点分别为 O_1、O_2、O_3、O_4。分别以 O_1、O_2、O_3、O_4 为圆弧的圆心，相应以 $1O_1$、$3O_2$为半径画弧 12、34、56、78，如图 6-12c 所示。

3）分别将点 O_1、O_2、O_4沿铅垂方向向下量取 h，得点 O_5、O_6、O_7，分别以这三点为

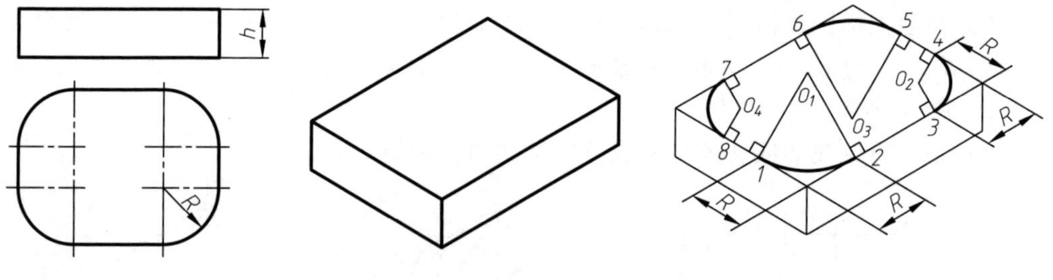

a) 底板的正投影图　　b) 长方体的正等测　　c) 上圆角的正轴测

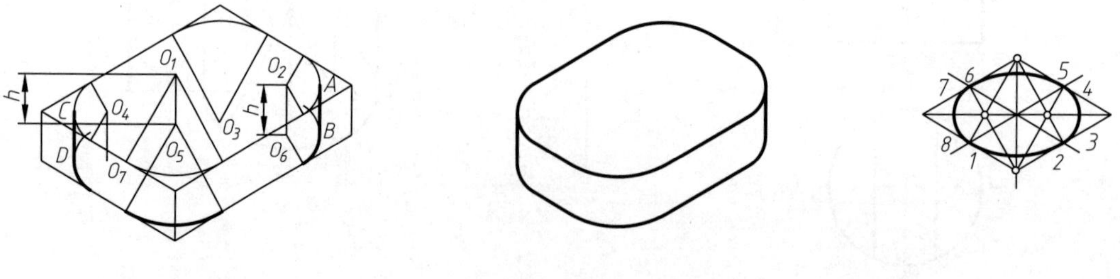

d) 下圆角的正轴测　　e) 完成轴测图

图 6-12　绘制圆角的正等测

圆心作圆弧与底面两边相切，再作两小圆弧的外公切线 AB、CD，如图 6-12d 所示。

4）加深可见轮廓线，整理完成正等轴测图，如图 6-12e 所示。

6.2.4 综合举例

例 6-6 如图 6-13a 所示，已知叉架的正投影图，绘制其正等轴测图。

作图步骤：

1）确定坐标轴。因支架左右对称，故原点取在如图 6-13a 所示的位置。

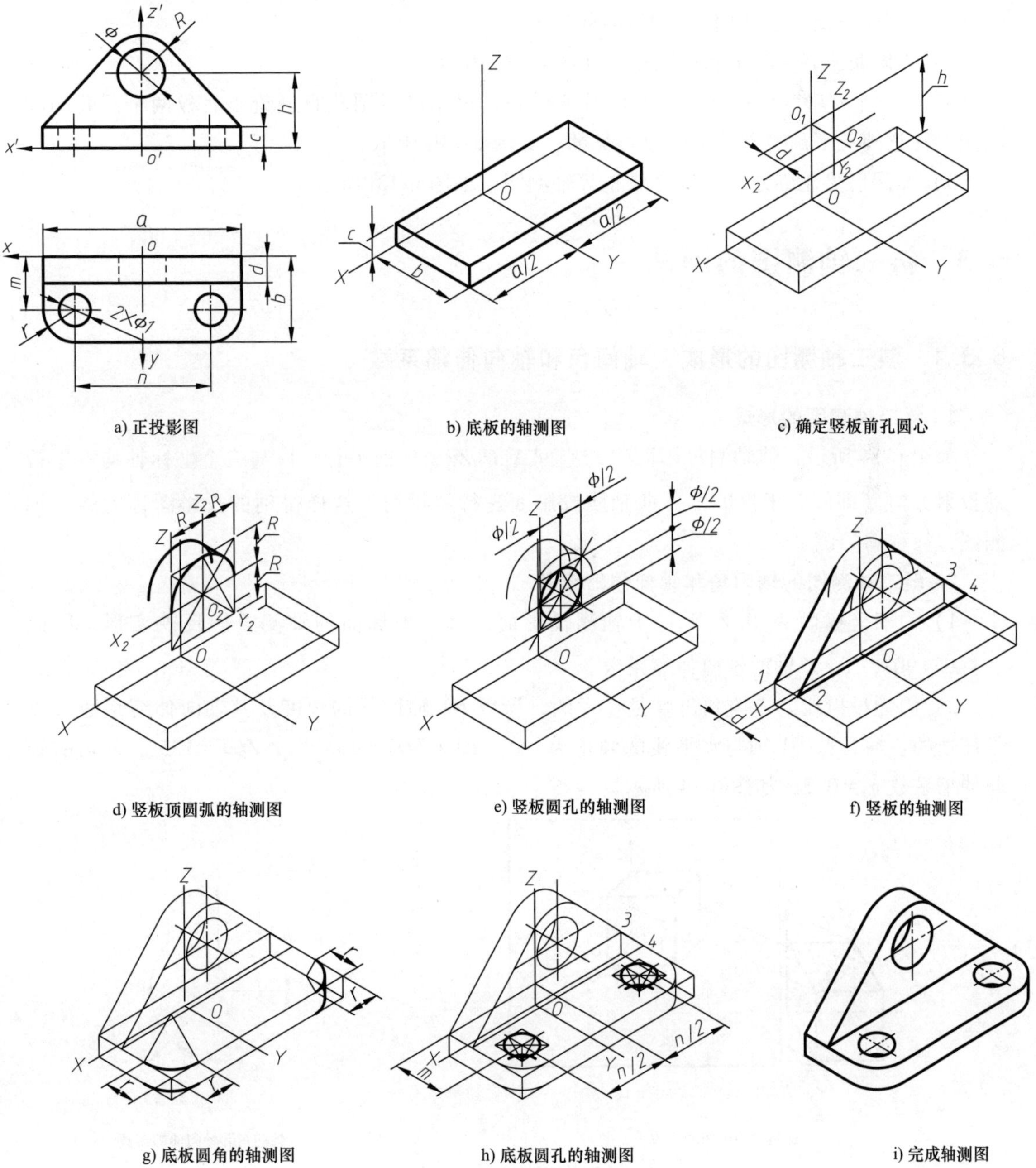

a) 正投影图　b) 底板的轴测图　c) 确定竖板前孔圆心

d) 竖板顶圆弧的轴测图　e) 竖板圆孔的轴测图　f) 竖板的轴测图

g) 底板圆角的轴测图　h) 底板圆孔的轴测图　i) 完成轴测图

图 6-13 绘制叉架的正等测

2）绘出正等轴测轴 OX、OY、OZ，按尺寸 a、b、c 绘出底板的轴测图，如图 6-13b 所示。

3）在 OZ 轴上截取 $O\,O_1=h$ 得点 O_1，并过点 O_1 作 O_1O_2 平行于 OY，且 $O_1O_2=d$，O_2 为竖板前孔圆心，如图 6-13c 所示。

4）绘出竖板顶圆弧的轴测图，并作两顶圆弧的外公切线，如图 6-13d 所示。

5）绘出竖板圆孔的轴测图，注意后面圆孔有部分圆弧是可见的，如图 6-13e 所示。

6）在底板上表面沿 Y 轴截取 d 得点 1、2、3、4，过点 1、2、3、4 分别作竖板顶圆弧的切线，完成竖板的轴测图，如图 6-13f 所示。

7）由圆角半径 r 绘出底板圆角，如图 6-13g 所示。

8）由 m、n 确定底板圆孔圆心的轴测位置，根据底板圆孔直径绘出底板两个圆孔的轴测图，注意圆孔下面有部分圆弧是可见的，如图 6-13h 所示。

9）加深可见轮廓线，整理完成正等轴测图，如图 6-13i 所示。

6.3 斜二轴测图的画法

6.3.1 斜二轴测图的形成、轴间角和轴向伸缩系数

1. 斜二轴测图的形成

如图 6-14 所示，使轴测投影面 P 与空间 $X_0O_0Z_0$ 坐标面平行，以与三个坐标轴均不平行的投射方向（即倾斜于投影面）向轴测投影面进行斜投射，这样得到的投影图称为斜二轴测图，简称斜二测。

2. 斜二轴测图的轴间角和轴向伸缩系数

1）由于坐标面 $X_0O_0Z_0$ 平行于轴测投影面，这个坐标面的轴测投影反映实形，因此 $\angle XOZ=90°$，X、Z 轴的轴向伸缩系数 $p_1=r_1=1$。

2）因为投射线的方向和角度是任意的，所以 OY 轴倾斜的角度及其轴向伸缩系数可以是任选的。通常取 OY 轴与水平线的倾角为 45°，即 $\angle XOY=135°$，$\angle ZOY=135°$，Y 轴的轴向伸缩系数 $q_1=0.5$，如图 6-14 所示。

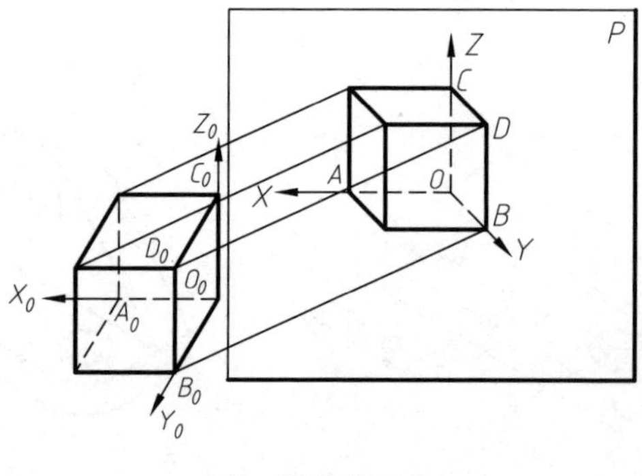

a) 斜二轴测图的形成

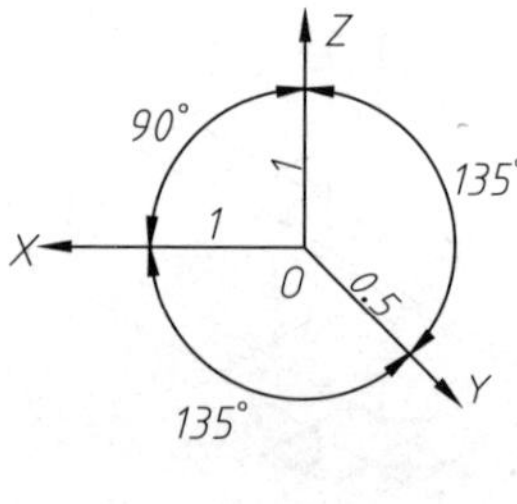

b) 轴间角和轴向伸缩系数

图 6-14 斜二轴测图的形成和基本参数

6.3.2 平行于各坐标面的圆的斜二测

图 6-15 所示为正方体表面上平行于各坐标面的圆的斜二测，由斜二测的投影可知，平行于坐标面 $X_0O_0Z_0$ 的圆的斜二轴测反映实形，平行于坐标面 $X_0O_0Y_0$ 和 $Z_0O_0Y_0$ 的圆倾斜于轴测投影面，因此，平行于这两个坐标面的圆的斜二测为椭圆。

对照图 6-9 可知，当物体上有平行于两个或三个坐标面的圆时，用正等测表达；当物体上的所有圆都平行于一个坐标面时，适合用斜二测表达。

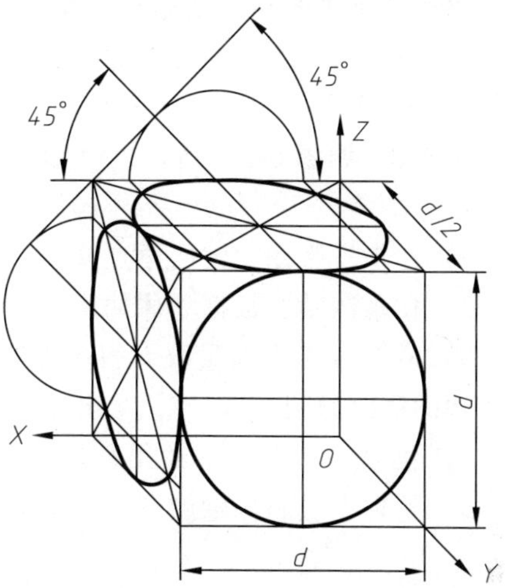

图 6-15 平行于各坐标面的圆的斜二测

6.3.3 斜二轴测图绘制实例

例 6-7 如图 6-16a 所示，已知支架的正投影图，画出其斜二轴测图。

作图步骤：

1）在正投影图上定出原点和坐标轴的位置，如图 6-16a 所示。

2）参照图 6-14b 作轴测轴，注意本例中确定的 Y 轴正方向朝后；绘出前端面的斜二测，实际上与 V 面投影完全一样，如图 6-16b 所示。

3）确定后端面轴心 M 的位置，$OM=w/2$，作出后端面的斜二测，与 V 面投影完全一

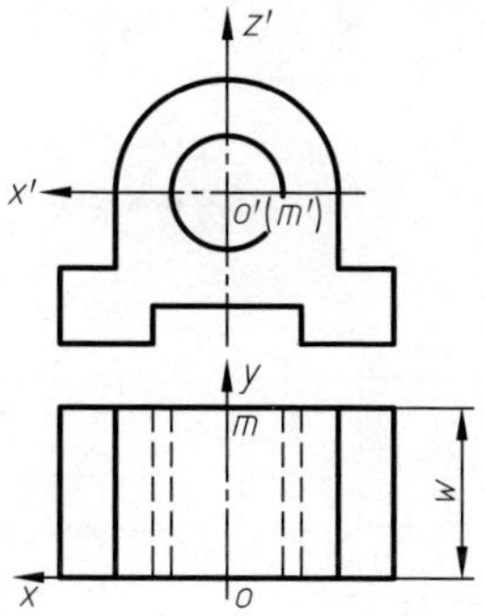

a) 投影图

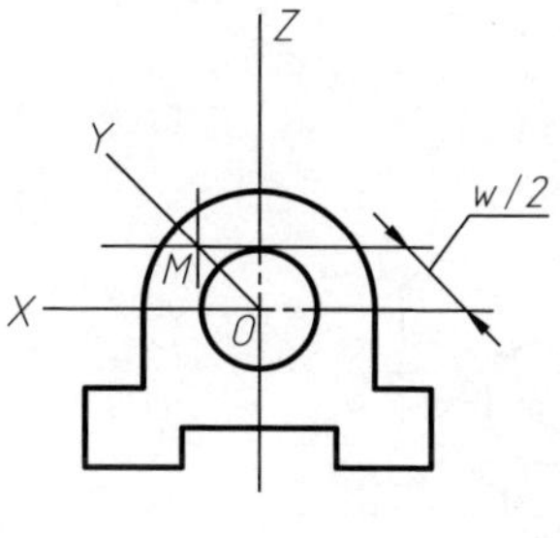

b) 前端面的斜二测

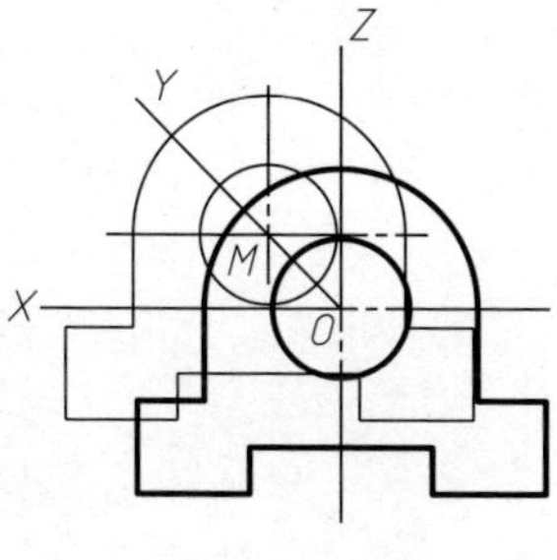

c) 后端面的斜二测

d) 完成轴测图

图 6-16 支架的斜二测

样，注意被遮住的不可见部分可省略不画，如图 6-16c 所示。

4）作顶部半圆柱面的轮廓线，即作两半圆弧的公切线，最后整理完成斜二轴测图，如图 6-16d 所示。

例 6-8 如图 6-17a 所示，已知组合体的正投影图，画出其斜二测。

作图步骤：

1）在正投影图上定出原点和坐标轴的位置，如图 6-17a 所示。

2）作轴测轴，根据立体的长、宽、高尺寸绘出其基本形状，如图 6-17b 所示。

3）沿 Z 轴正方向量取 h 得后面圆孔的圆心 M，沿 Y 轴正方向分别量取 $c/2$ 和 $b/2$ 确定圆孔和圆柱面的圆心 N、S，绘出其斜二测，如图 6-17c 所示。

4）根据尺寸 f、$g/2$ 绘出缺口的斜二测，如图 6-17d 所示。

5）整理完成斜二轴测图，如图 6-17e 所示。

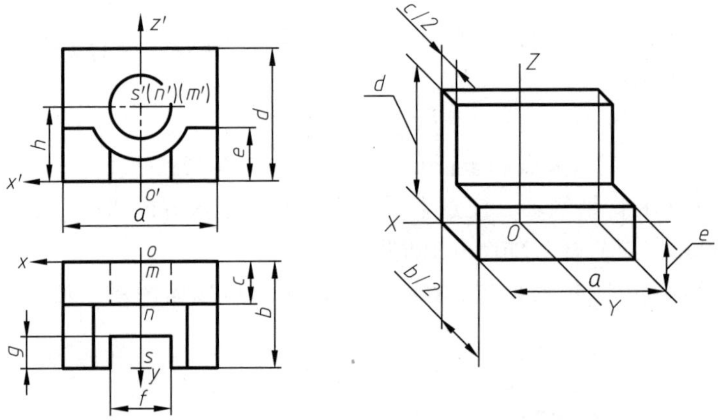

a) 正投影图　　b) 立体的基本形状

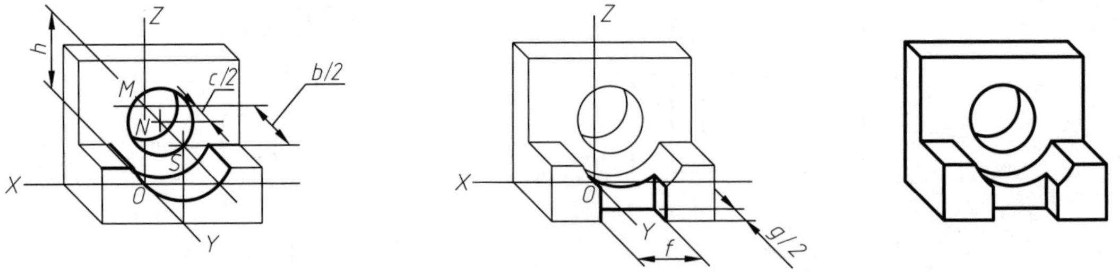

c) 圆孔和圆柱面的斜二测　　d) 缺口的斜二测　　e) 完成轴测图

图 6-17　组合体的斜二测

第 7 章

机件的表达方法

针对复杂机件，为了清楚地表达其各部分的形状和结构，技术制图和机械制图规定了图样的画法，如视图、剖视图、断面图、简化画法等。本章重点介绍这些常用的表达方法，并讨论如何根据机件的特点，采用适当的表达方法，完整、清晰地表达机件各部分的结构形状。

7.1 视图

机件放置在观察者和投影面之间，用正投影法绘制的机件形状和结构的图形称为视图。视图主要用来表达机件的外部结构形状。

7.1.1 基本视图

在机械制图中，采用正六面体的六个面作为基本投影面，与基本投影面垂直的投射方向为基本投射方向。机件在基本投影面上，以基本投射方向投射所得的视图称为基本视图。基本视图除第 5 章讲过的主视图、俯视图和左视图外，还有右视图（由右向左投射所得）、仰视图（由下向上投射所得）和后视图（由后向前投射所得）。各投影面的展开方法如图 7-1a

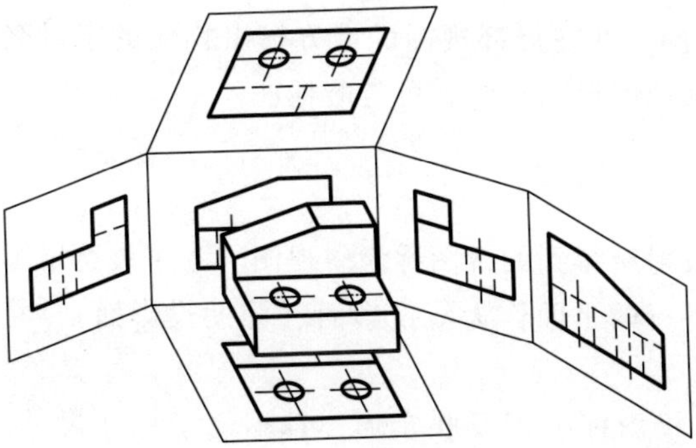

a)

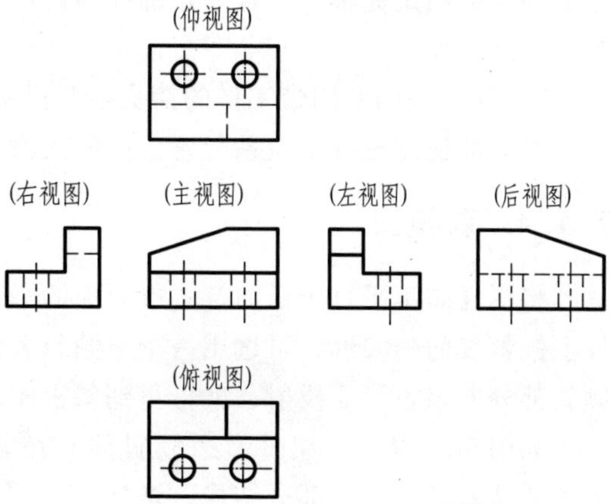

b)

图 7-1　六个基本视图的形成和配置

所示，展开后的配置关系如图 7-1b 所示。国家标准规定：在同一张图样上，当基本视图按照图 7-1b 所示配置时，不需要标注视图名称。

7.1.2 向视图

向视图是可以自由配置的视图。当六个基本视图没有按图 7-1b 所示配置时，应在向视图的上方标注大写拉丁字母，并在相应的视图附近用箭头指明投射方向，并标注相同的字母。如图 7-2 所示，在视图的上方分别标注大写字母 *A*、*B*、*C* 的三个视图均为向视图，未标注的三个视图是按投影关系配置的主视图、左视图和俯视图。

7.1.3 局部视图

当只需表达机件的某一部分结构形状时，可将该部分向基本投影面投射，所得到的视图称为局部视图，如图 7-3 所示。

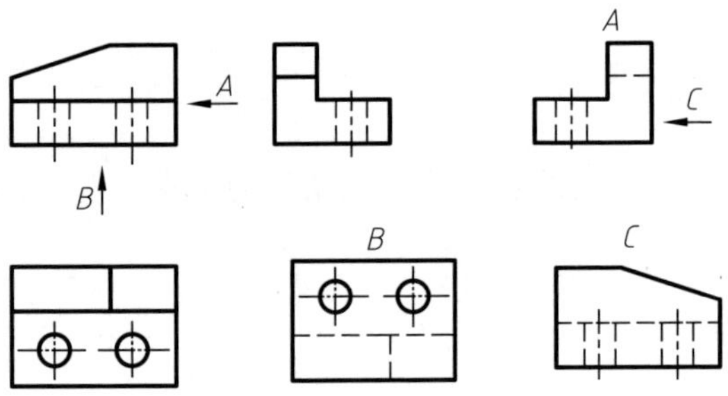

图 7-2 向视图

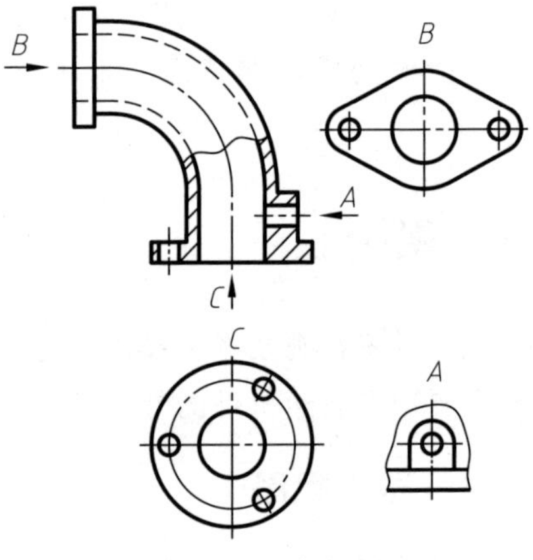

图 7-3 局部视图

画局部视图时应注意以下几点：

1）局部视图的断裂边界应以波浪线或双折线表示，如图 7-3 中的 *A* 视图所示。当所表示的局部结构是完整的，且外轮廓线为封闭图形时，波浪线可省略不画。如图 7-3 中的 *B* 视图、*C* 视图所示。

2）局部视图要用带字母的箭头指明投射方向，并在局部视图的上方标出相应的字母名称。当局部视图按投影关系配置，中间又没有其他图形隔开时，可省略标注。

7.1.4 斜视图

将机件向不平行于任何基本投影面的平面投射所得到的视图称为斜视图。为了表达出零件上倾斜表面的实形，可选用一个与倾斜表面平行的平面作为新投影面（辅助投影面），将倾斜部分向该投影面投射，就可得到斜视图。

如图 7-4a 所示，机件右边倾斜部分在基本投影面上不反映实形，且不便于标注尺寸。为了清楚地表达这一部分结构，增加一个平行于倾斜结构的正垂面 *P* 作为新的投影面，然后用正投影理论将该倾斜部分向新增加的投影面投射，得到反映实形的斜视图，如图 7-4b 所示。

画斜视图时应注意的问题与画局部视图相同，但不可省略标注。斜视图最好配置在箭头所指的方向，如图 7-4b 所示。也允许平移到其他位置，或按旋转后的位置画出，标注时加画旋转符号，如图 7-4c 所示。按旋转配置时，允许将旋转的角度标在大写字母之后，如图 7-4d所示。旋转符号的尺寸和比例要求如图 7-5 所示。

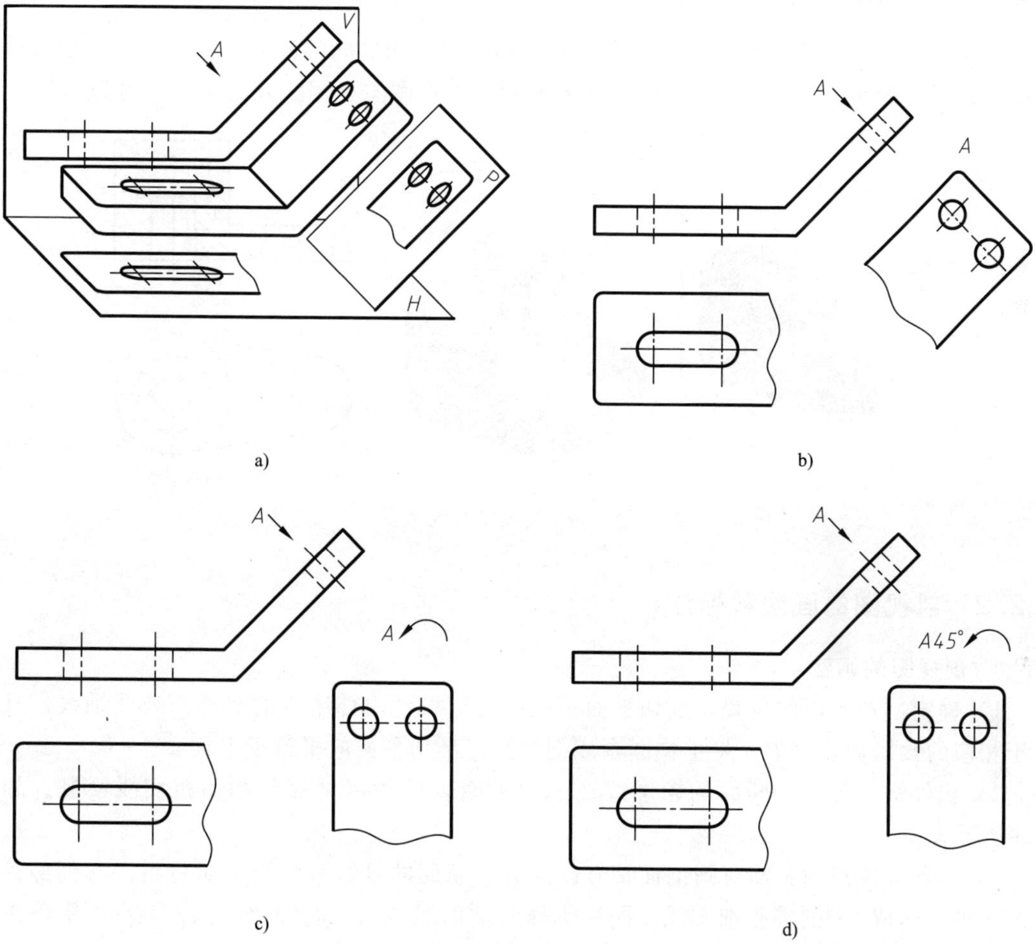

图 7-4 斜视图

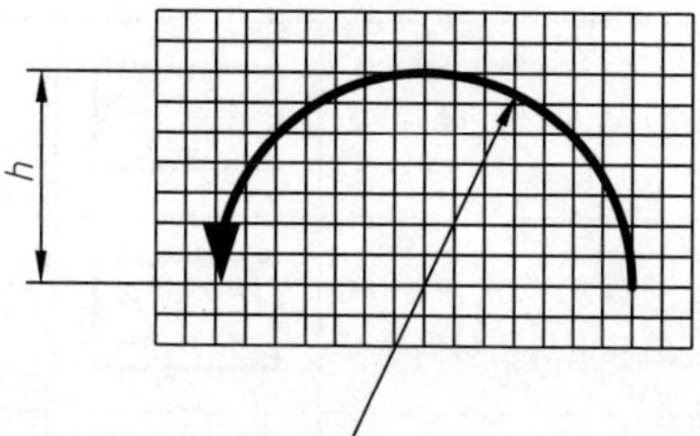

h— 符号与字体高度

R=h

符号笔画宽度=h/10

图 7-5 旋转符号的尺寸和比例要求

7.2 剖视图

7.2.1 剖视图的概念

用假想的剖切平面剖开机件，移去观察者和剖切平面之间的部分，而将剩余部分向投影面投射所得到的图形称为剖视图，如图 7-6 所示。剖视图主要用于表达机件的内部形状。

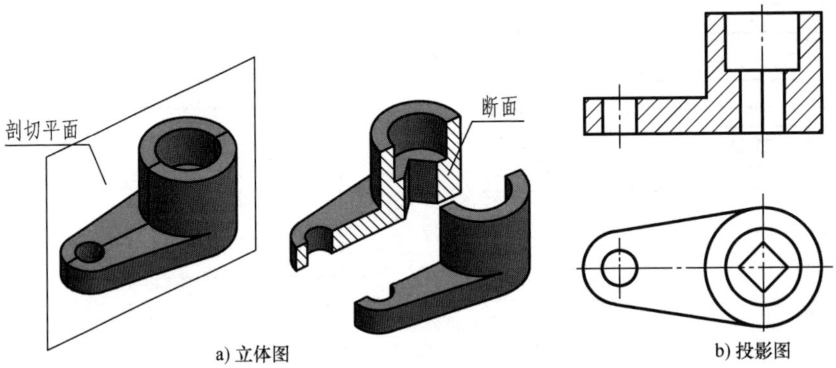

a) 立体图　　b) 投影图

图 7-6　剖视图的概念

7.2.2 剖视图的画法和标注

1. 剖视图的画法

1）确定剖切平面的位置。剖切平面一般应通过机件内部结构的对称面或孔轴线，且平行于相应的投影面。例如，将主视图画成剖视图，剖切平面应平行于 V 面。

2）机件被切开后，断面的轮廓线及剖切平面以后的可见部分都用粗实线绘制，如图 7-6b所示。

3）在断面图形内，需要画剖面符号以区分非断面的投影。对于金属材料，其剖面符号为与水平方向成 45°的等距细实线。同一机件的剖面线方向、间隔要一致。表 7-1 中列出了常见材料的剖切符号。

表 7-1　常见材料的剖切符号

金属材料(已有规定剖面符号者除外)	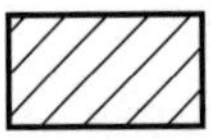	型砂、填砂、粉末冶金、砂轮、硬质合金刀片等	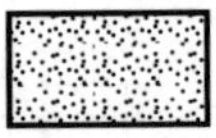	混凝土	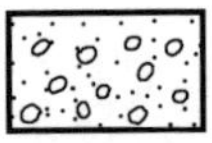
非金属材料(已有规定剖面符号者除外)	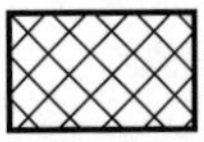	玻璃及供观察用的其他透明材料	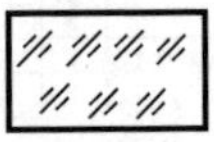	钢筋混凝土	
线圈绕组元件	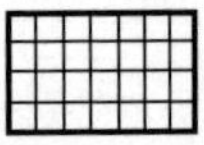	木材 纵剖面		砖	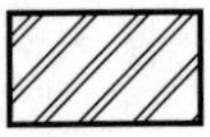
转子、电枢、变压器和电抗器等的叠钢片		木材 横剖面		液体	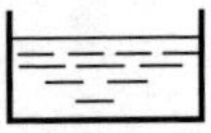

4）当一个视图画成剖视图后，其他视图不受影响，仍应完整地画出。因为剖切是假想的，它仅仅是一种表达方法。

2. 剖视图的标注

1）剖切符号。剖切位置线用短粗实线表示，在剖切位置线的外侧画箭头，表示投射方向（箭头与剖切位置线垂直），箭头外侧注以相同的大写字母。

2）剖视名称。在剖视图的上方，要用与剖切符号中相同的大写字母标出名称。如图7-7所示的主视图是剖视图，其名称为 *A—A*。

3）当剖视图按投影关系配置，且中间没有其他图形隔开时，可以省略箭头。如果剖切平面与机件的对称平面重合，可以不标注，如图 7-8 所示；当剖切平面与机件的对称平面不重合时，则需要标注。

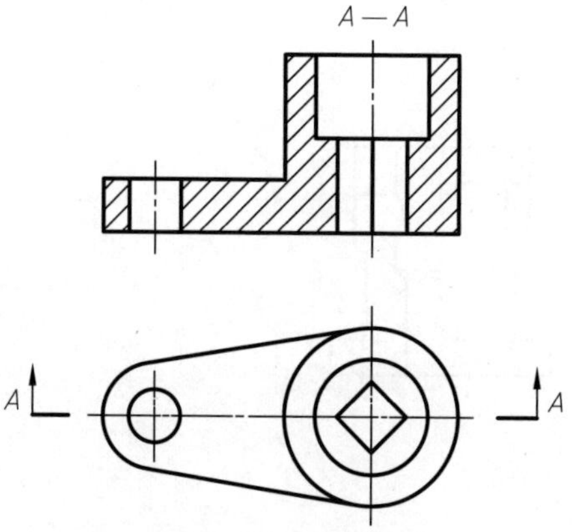

图 7-7 剖视图的标注

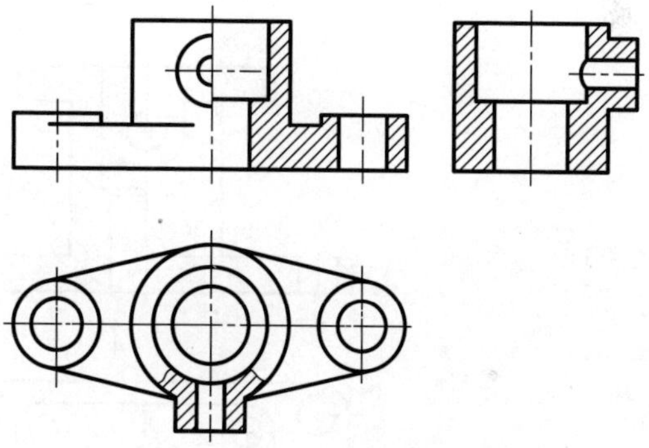

图 7-8 省略标注

7.2.3 剖视图的分类

剖视图按剖切范围分为全剖视图、半剖视图和局部剖视图三种。

1. 全剖视图

用剖切平面把机件完全地剖开后所得到的剖视图，称为全剖视图。例如，图 7-7 中的主视图、图 7-8 中的左视图是全剖视图。全剖视图用于表达内形比较复杂而外形简单的机件。

2. 半剖视图

当机件具有对称平面时，在垂直于对称平面的投影面上投射所得的图形，可以对称中心线为界，一半画成视图，另一半画成剖视图，这种组合图形称为半剖视图。例如，图 7-9 中的主视图、俯视图和左视图都是半剖视图。

半剖视图同时表达了机件的内形和外形，在画半剖视图时应注意以下几点：

1）半剖视图中间的分界线应画成细点画线，不要画成粗实线。

2）表示外形的那一半视图，一般不画表达内形的细虚线。

3）半剖视图的标注与全剖视图相同，如图 7-9 所示。

4）半剖视图适用于对称或基本对称，且外形较复杂的机件，这类机件的内形、外形都需要表达。例如，图 7-8 中的主视图采用半剖视图表达。

5）图 7-10 所示的主视图采用半剖视图表达，对于 ϕ44mm 和 ϕ32mm 的孔的尺寸标注，仅在尺寸线的剖面一端画箭头，另一端略超过对称中心线，且不画箭头。

3. 局部剖视图

用剖切平面局部剖开机件所得到的剖视图称为局部剖视图，如图 7-11 所示。

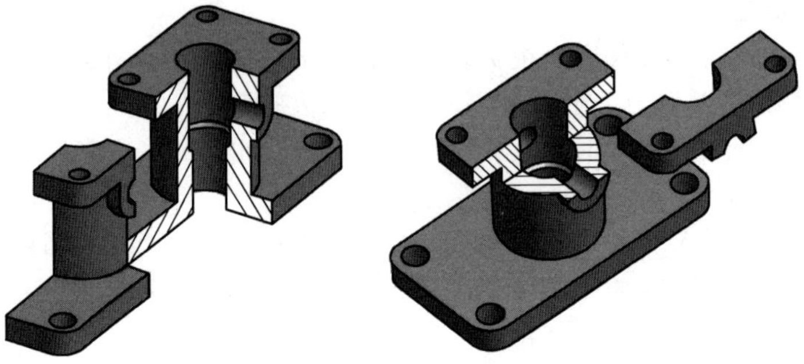

a) 立体图

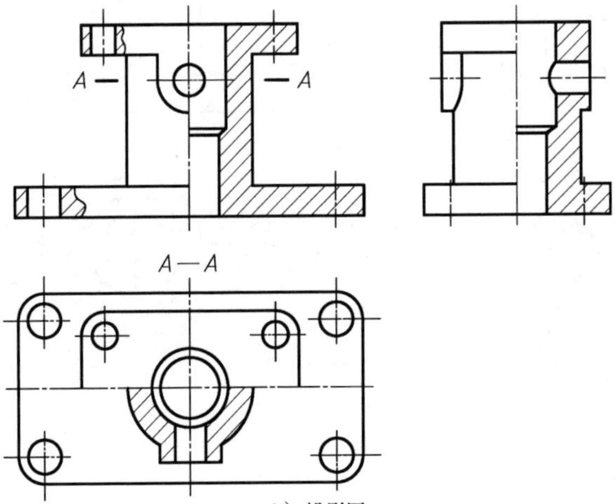

b）投影图

图 7-9　半剖视图

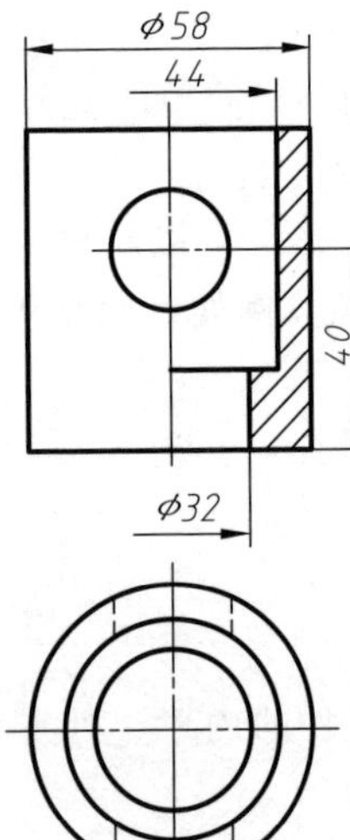

图 7-10　半剖视图中尺寸的标注

a) 立体图

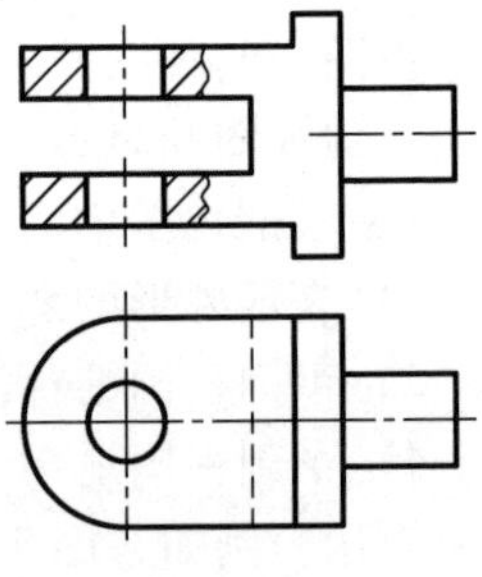

b) 投影图

图 7-11　局部剖视图

画局部剖视图时应注意以下几点：

1）局部剖视图用波浪线或双折线表示内形与外形的分界线。波浪线和双折线不能超出视图的轮廓线，不能与图样上的其他图线重合，也不能画在轮廓线的延长线上。

2）波浪线要画在机件的实体部分，空的部分没有波浪线（波浪线不得穿孔而过）。局部剖视图一般不用标注，如图 7-11 所示。

图 7-8 中的俯视图采用局部剖视图表达。图 7-9 中的主视图有两处局部视图，表达上、下板上的八个孔为通孔。

7.2.4 剖切平面的种类及剖切方法

由于机件的结构形状不同，需要采用不同的剖切方法获得合适的剖视图。

1. 单一剖切平面

用平行于某一基本投影面的单一平面剖切是最常用的方法。如前面介绍的全剖视图、半剖视图、局部剖视图，都可以用这种单一的剖切平面剖切。

用不平行于任何基本投影面的单一剖切平面剖开机件所得到的剖视图，称为斜剖视图。例如，图 7-12 中的 *A—A* 全剖视图是采用正垂面剖切得到的斜剖视图。

斜剖视图主要用来表达机件上倾斜部分的内部结构形状。用投影面平行面剖切就不可能把该处的内部结构表达清楚。斜剖视图的标注如图 7-12 所示，表示投射方向的箭头应与剖切平面垂直，字母一律水平书写。斜剖视图最好放在箭头所指的方向，也允许将斜剖视图平移到其他位置，或将图形旋转，但旋转后必须在标注中加画旋转符号，如图 7-12b 所示。

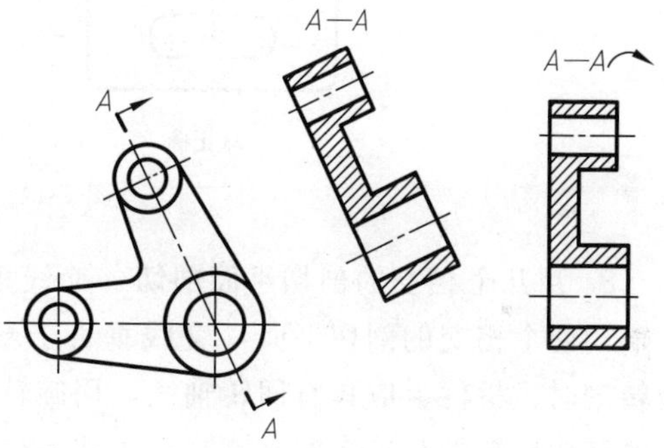

a)　　b)

图 7-12　斜剖视图

2. 用几个互相平行的剖切平面剖切

用几个互相平行的剖切平面剖开机件的方法称为阶梯剖，如图 7-13 所示。采用阶梯剖方法画剖视图时，应注意以下几点：

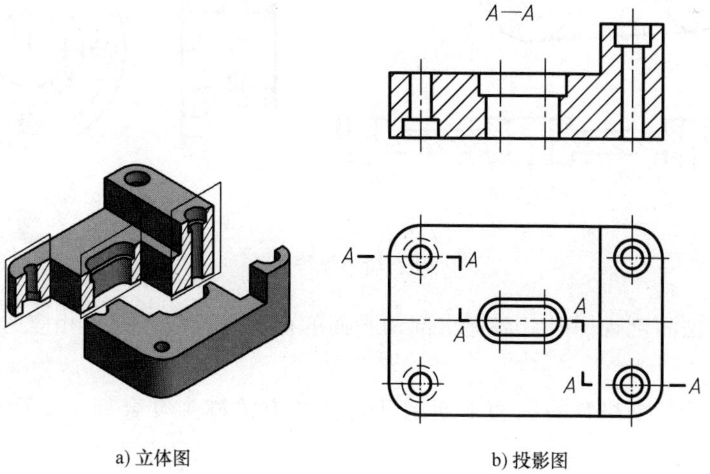

a) 立体图　　b) 投影图

图 7-13　阶梯剖（一）

1）除与全剖视图的标注方法相同外，还必须在转折处画出短粗画线，且标出相同字母，如图 7-13b 所示。当转折处地方有限，且不至于引起误解时，允许省略字母。

2）剖切位置的转折处不要与图中的轮廓线重合。两个剖切平面转折处的投影不要画出，如图 7-13b 中的 *A*—*A* 剖视图所示。

3）在剖视图上不应出现不完整的要素，如图形中的孔、槽等结构应表示完整。当图形中有对称中心线时，可以各画一半，如图 7-14 所示。

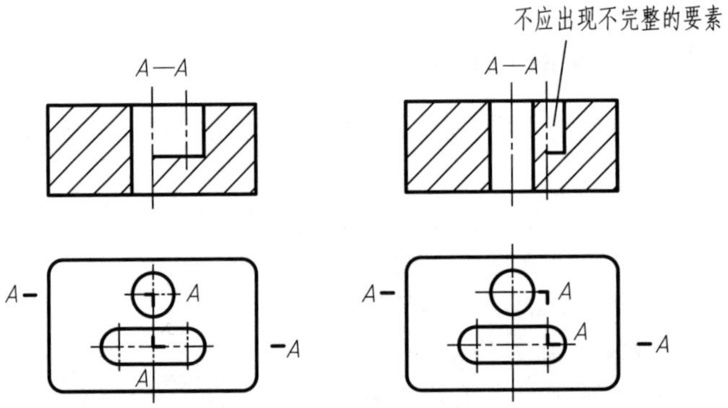

a) 正确　　b) 错误

图 7-14　阶梯剖（二）

3. 用几个相交的剖切平面剖切（交线垂直于基本投影面）

用两个相交的剖切平面（交线垂直于基本投影面）剖开机件的方法称为旋转剖，应用旋转剖时，机件上应具有回转轴线。用旋转剖方法画剖视图时，要先把用倾斜的剖切平面剖开的结构旋转到与选定的基本投影面平行，再进行投射，如图 7-15 所示。剖切平面以后的结构按原来的位置投射，如图 7-15b 中 *A*—*A* 所示。

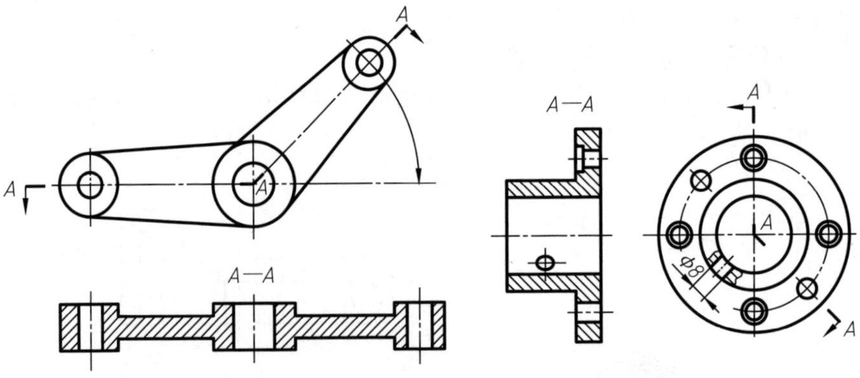

a)　　b)

图 7-15　旋转剖

用旋转剖方法画剖视图时，需标出剖切平面的位置、投射方向及相应的名称，如图 7-15 中的“*A*—*A*”。

用阶梯剖、旋转剖组合的剖切平面剖开机件的方法称为复合剖，其标注方法如图 7-16 所示。

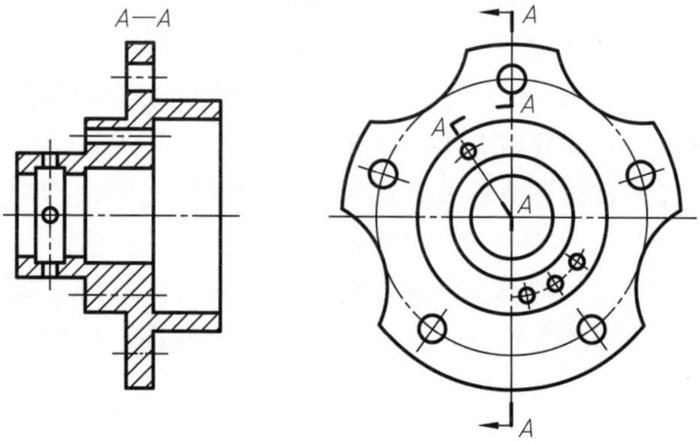

图 7-16 复合剖

7.3 断面图

7.3.1 断面图的概念

用假想的剖切平面将机件的某处切断，仅画出断面的图形，称为断面图。断面图主要用来表达机件某部分断面的形状，常用于肋板、键槽、孔等。例如，图 7-17 所示就是采用断面图表示轴上键槽的形状。

7.3.2 断面图的种类及画法

断面图分为移出断面图和重合断面图两种。

1. 移出断面图

把断面图画在视图之外，如图 7-17、图 7-18 所示，这种断面图称为移出断面图。断面图的标注方法与剖视图基本相同，具有剖切符号和剖视名称，但应注意以下几点：

1）移出断面图的轮廓线用粗实线画出。

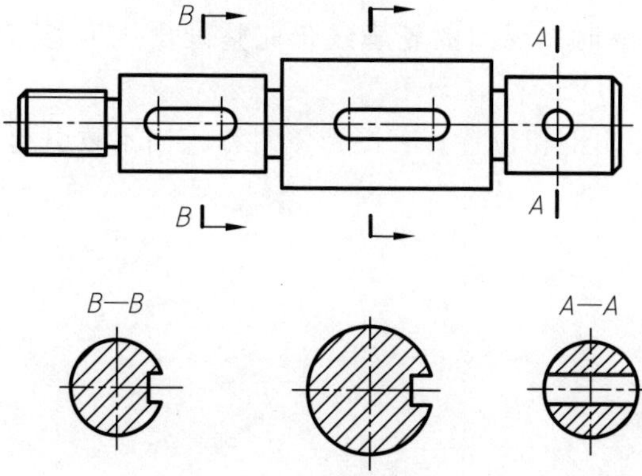

图 7-17 移出断面图（一）

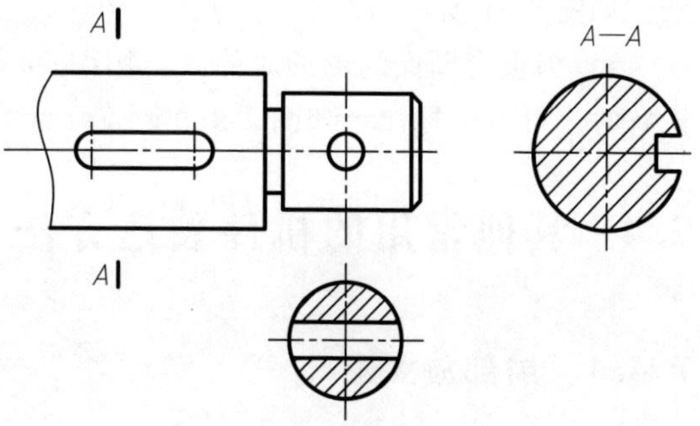

图 7-18 移出断面图（二）

2）移出断面图应尽量画在剖切位置线的延长线上。断面不对称时不必标字母，如图

7-17所示；断面对称时不必标字母和剖切符号，如图 7-18 所示。

3）移出断面也可配置在其他适当位置，但应标注名称。例如，图 7-17 中的 *B—B* 移出断面为不对称结构，应标注方向箭头；图 7-17 中的 *A—A* 移出断面为对称结构，不必标箭头。

4）移出断面按投影关系配置时，不必加箭头，如图 7-18 中的 *A—A*。

5）当剖切平面通过回转面形成的孔或凹坑的轴线时，这些结构均应按剖视绘制，如图 7-17 中的 *A—A*。

6）若断面图的图形对称，则移出断面图可画在视图的中断处，如图 7-19 所示。

7）由两个或多个相交剖切平面剖切机件所得的移出断面，中间一般应断开，如图 7-20 所示。

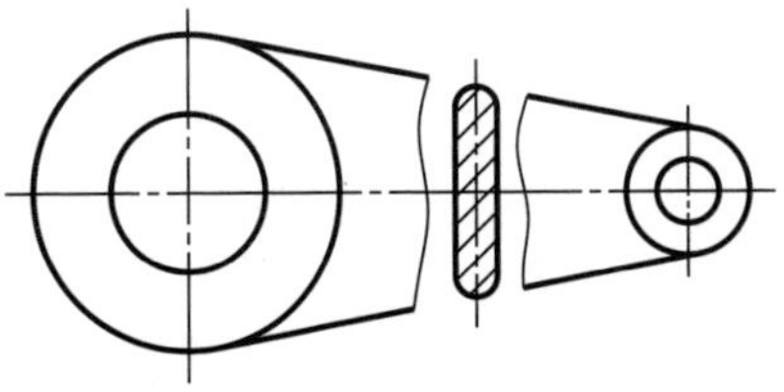

图 7-19　移出断面图（三）

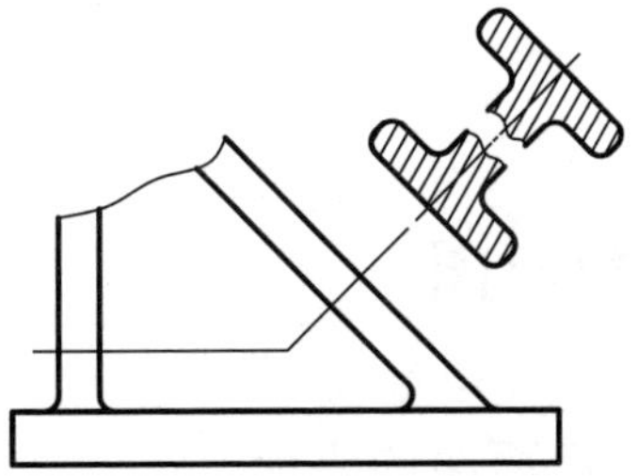

图 7-20　移出断面图（四）

2. 重合断面图

把断面图画在图形之内，称为重合断面图，如图 7-21 所示。当断面形状简单，不影响图形的清晰程度时，可采用重合断面图。

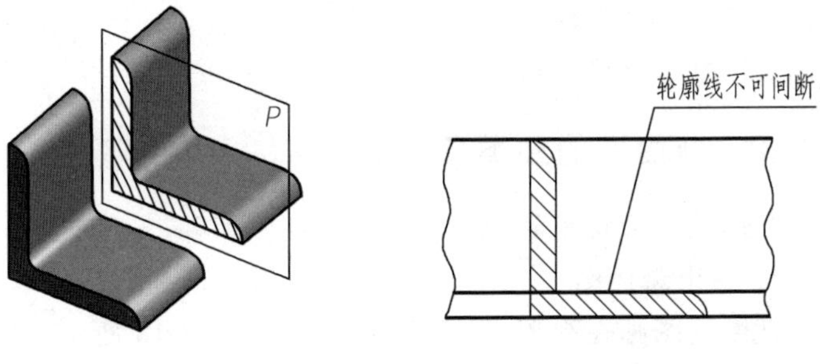

a) 立体图　b) 投影图

图 7-21　重合断面图

画重合断面图时应注意以下几点：

1）重合断面图的轮廓线用细实线画出。

2）当视图中的轮廓线与重合剖面的图形重叠时，视图的轮廓线仍完整画出，不能间断，如图 7-21 所示。

3）当重合断面的图形对称时，用细点画线标出剖切位置；若图形不对称，当不致引起误解时，可省略标注，如图 7-21 所示。

7.4　其他常用的机件表达方法

7.4.1　局部放大图

将机件的部分结构用大于原图形所采用的比例画出的图形，称为局部放大图。局部放大图可以画成视图、剖视图、断面图。当零件的某些结构较小，读图及标注尺寸都比较困难时，采用局部放大图可使图形清楚，便于标注尺寸。

画局部放大图时，用细实线圆圈出被放大的部位，并在附近画出局部放大图。当需要多处放大时，必须用罗马数字分别标明各个被放大的部位，并在局部放大图的上方标出相应的罗马数字和采用的比例，如图 7-22 所示。

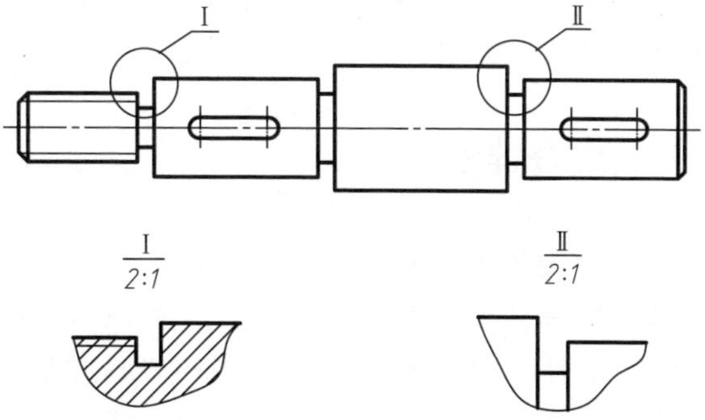

图 7-22 局部放大图

7.4.2 简化画法

下面介绍国家标准中规定的部分简化画法。

1）对于机件上的肋板、轮辐、薄壁等，在纵向剖切时，这些结构都不画剖面符号，与其相邻部分用粗实线分开，如图 7-23 中左视图的画法；如果按横向剖切，则这些结构要画剖面符号，如图 7-23 中俯视图的肋板要画剖面符号。

2）当机件上均匀分布的肋板、孔等结构不处于剖切平面上时，可将这些结构旋转到剖切平面上画出。在剖视图中，对于均匀分布的孔只需画出一个，其他的只画出中心线即可；均匀分布的肋板要画成对称的，如图 7-24 所示。

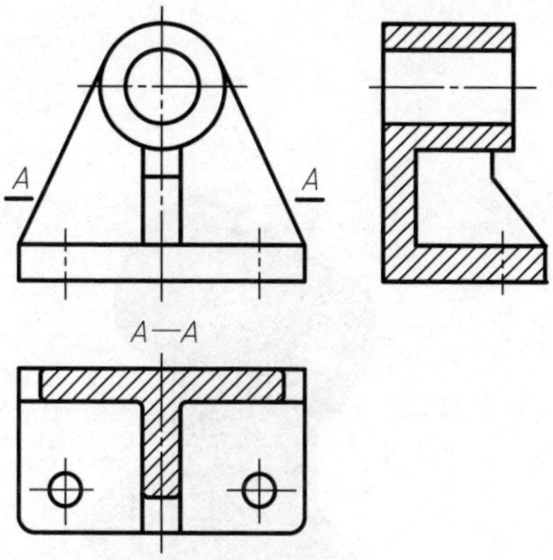

图 7-23 简化画法（一）

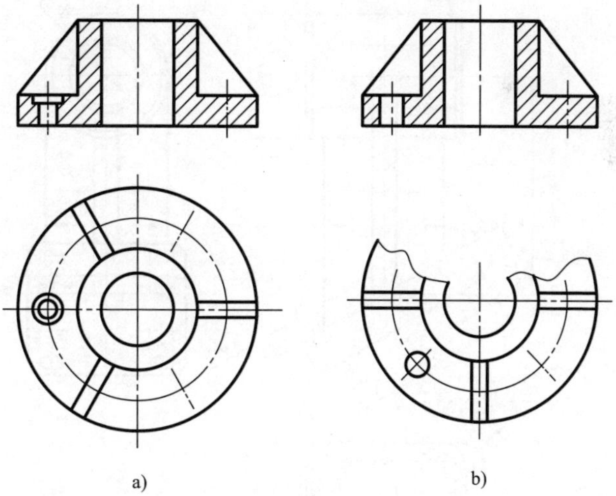

图 7-24 简化画法（二）

3）对于较长的机件，当其形状沿长度方向一致或按一定规律变化时，可以断开后缩短绘制，断裂处用波浪线表示，如图 7-25 所示。

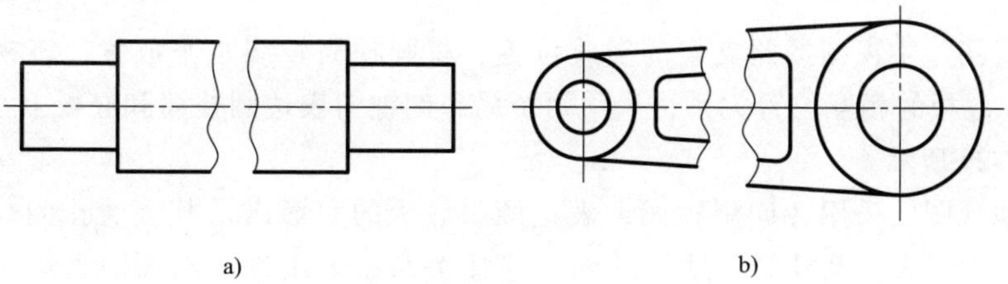

图 7-25 较长零件的简化画法

4）与投影面的倾斜角度不大于30°的圆或圆弧，其投影可用圆或圆弧代替，如图7-26所示。

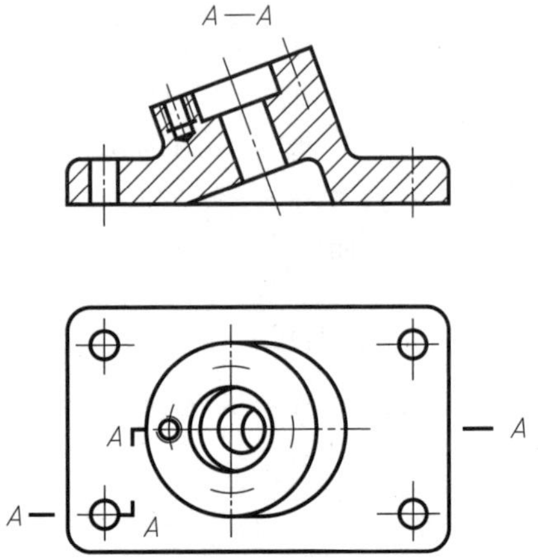

图7-26　斜圆的简化画法

7.5　综合举例

前面介绍了关于机件的国标规定画法，如视图、剖视图、断面图和常用的表达方法，在实际应用中，应根据机件的具体结构，选择适当的表达方法。选择表达方案的原则，是在正确、完整、清晰地表达机件各部分结构形状的前提下，尽量使绘图数量少、绘图简单、看图方便。

例7-1　图7-27为支架的三视图，采用适当的表达方法表达该机件。

由图7-27想象支架的空间结构，它由三部分组成：圆柱筒、肋板和底板，立体图如图7-28所示。

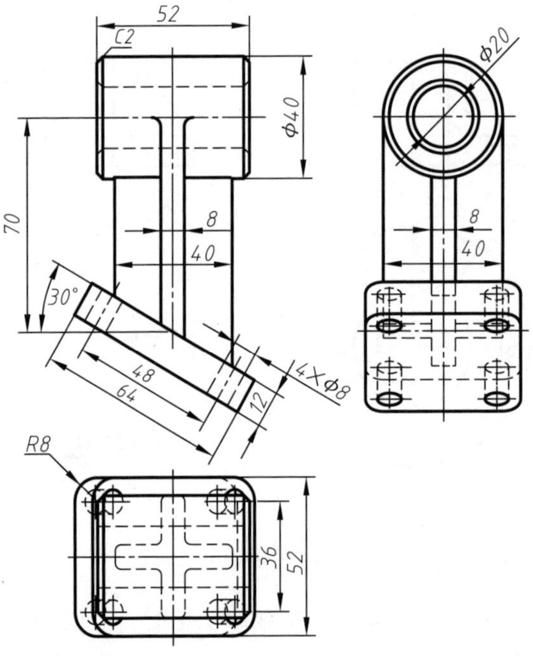

图7-27　支架的三视图

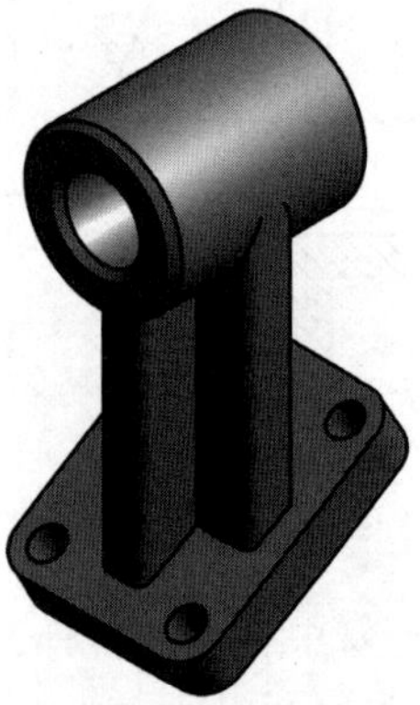
图7-28　支架的立体图

（1）主视图　主视图按照支架的安放位置，将圆柱筒轴线水平放置，该视图表达了圆柱筒与肋板、底板的相互位置关系，采用两个局部剖视图表达圆柱筒和底板上小通孔的内部结构，如图7-29所示。

（2）其他视图　采用A向斜视图，表达倾斜底板的实形以及其上通孔的分布情况；采用B向局部视图，表达圆柱筒与肋板的前后连接关系；采用移出断面图表达十字肋板的断面实形，如图7-29所示。

比较图 7-27 与图 7-29 可看出，采用图 7-29 所示的表达方法既完整、清晰，又绘图简单、看图方便，避免了椭圆的绘制。

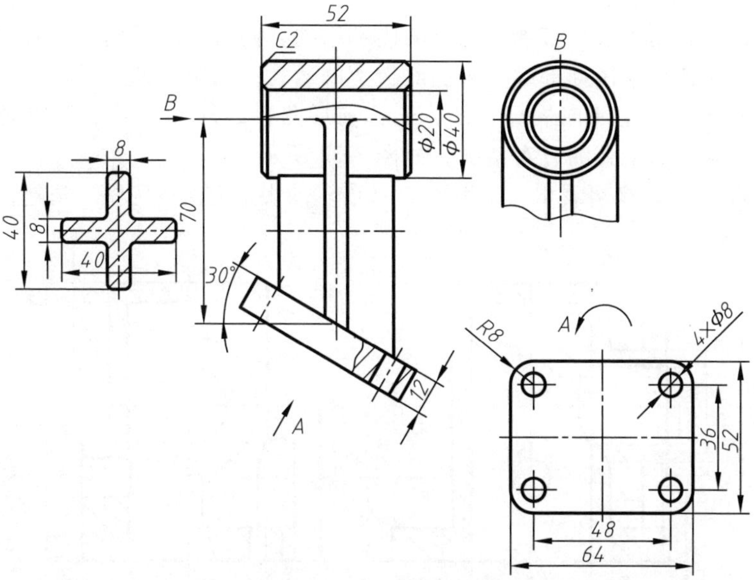

图 7-29　支架的表达方法

例 7-2　图 7-30 为箱体的三视图，采用适当的表达方法表达该机件。

由图 7-30 可想象出该箱体的空间结构，该箱体前后对称，前后有两个带通孔的凸台，左边有通孔圆筒，其下面为起支撑作用的肋板，中间为空腔，立体图如图 7-31 所示。

（1）主视图　按箱体的工作位置放置，主视图采用全剖，清楚地表达箱体的空腔和左

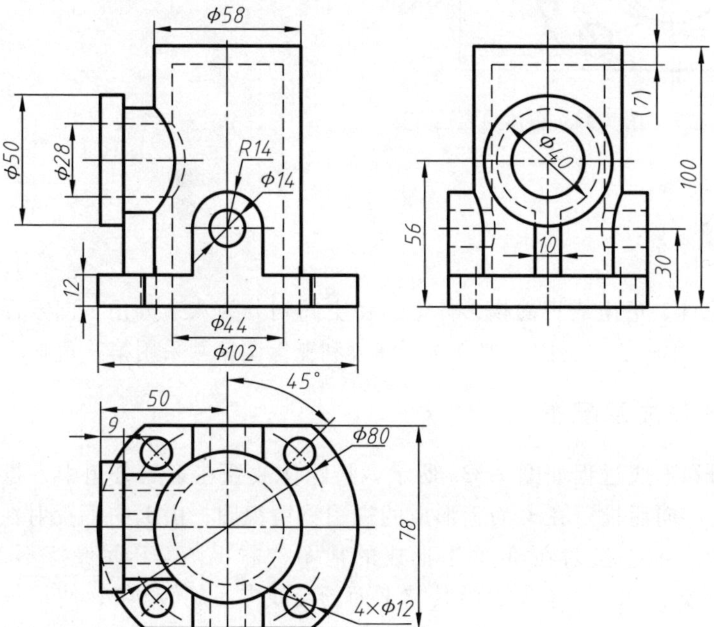

图 7-30　箱体的三视图

图 7-31　箱体的立体图

边通孔圆筒的内部结构，同时表达它们之间的相互位置关系，肋板采用重合断面图表达其厚度，如图 7-32 所示。

（2）左视图　因箱体前后对称，左视图采用半剖，这样即保留了外形，反映了左边通孔圆筒的形状，又表达了前后带通孔凸台的内部结构，同时反映了前后通孔与空腔的相互位置关系。同时，左视图采用局部剖，表达底板上的通孔，如图 7-32 所示。

（3）其他视图　采用 *A* 向局部视图，表达前后凸台的外形；采用 *B* 向局部视图，表达底板的外形以及其上四个孔的分布情况，如图 7-32 所示。

比较图 7-30 与图 7-32 可看出，采用图 7-32 所示的表达方法既完整、清晰，又看图方便。

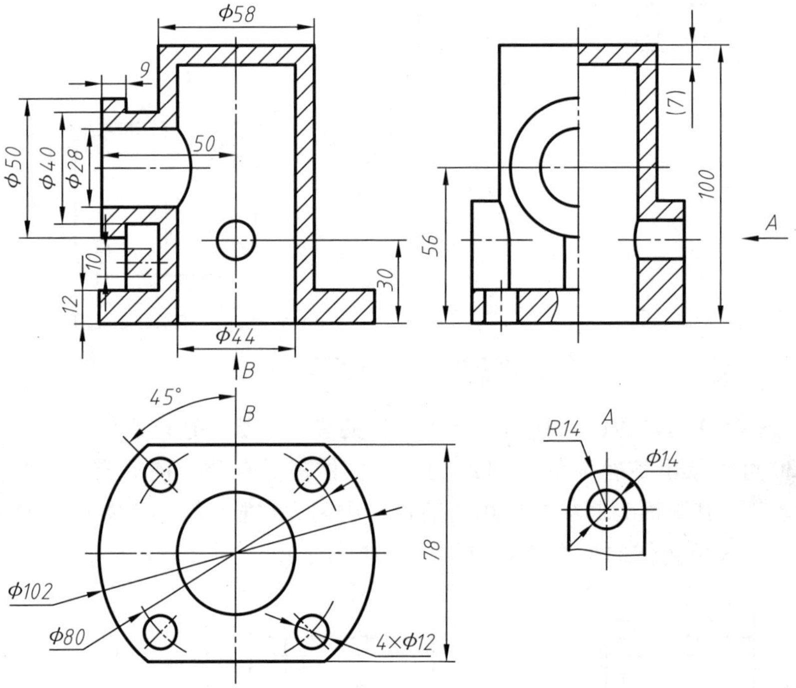

图 7-32　箱体的表达方法

7.6　第三角投影简介

三个互相垂直的投影面 *H*、*V*、*W* 组成三面投影体系，将空间划分为八个分角。国家标准规定我国工程图样优先采用第一角画法。美国、加拿大、澳大利亚等国家则采用第三角画法。

7.6.1　第三角画法视图的形成及配置

采用第三角画法时，视图的形成过程如图 7-33a 所示，将物体放置在第三分角中，投影面处于物体与观察者之间，由前向后投射在 *V* 面上形成的视图称主视图，由上向下投射在 *H* 面上形成的视图称俯视图，由右向左投射在 *W* 面上形成的视图称右视图。*V* 面保持不动，将 *H* 面沿其与 *V* 面的交线向上旋转 90°，将 *W* 面沿其与 *V* 面的交线向右旋转 90°，使这三个面展开成同一个平面，如图 7-33b 所示。与第一角画法相似，也存在第三角画法中三视图的投影特性，即俯视图和主视图长对正，主视图和右视图高平齐，俯视图和右视图宽相等，且前后对应。

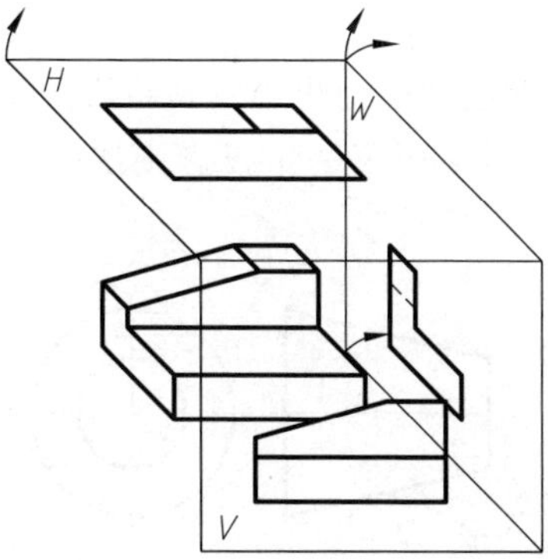

a) 形成过程

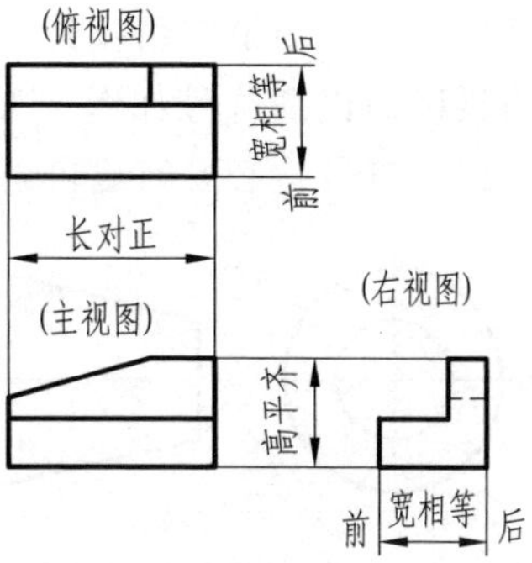

b) 三视图及其特性

图 7-33　采用第三角画法的三视图

图 7-34a 所示为第三角投影中六个基本视图的展开过程，这六个基本视图分别为主视图、俯视图、右视图、左视图、后视图、仰视图，它们的基本配置关系如图 7-34b 所示，按基本关系配置时可不标注视图名称。

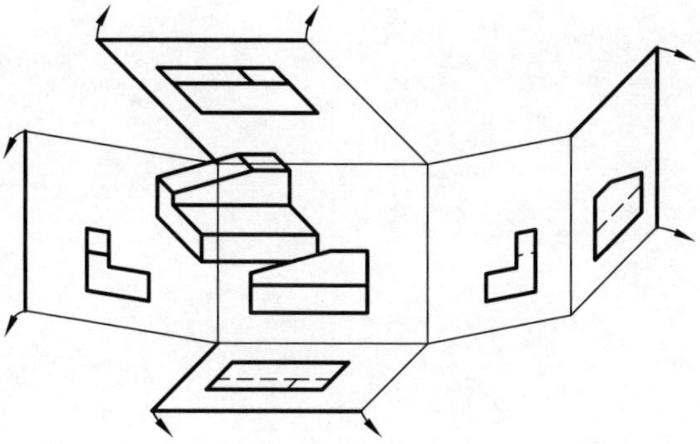

a) 六个基本投影面及其展开

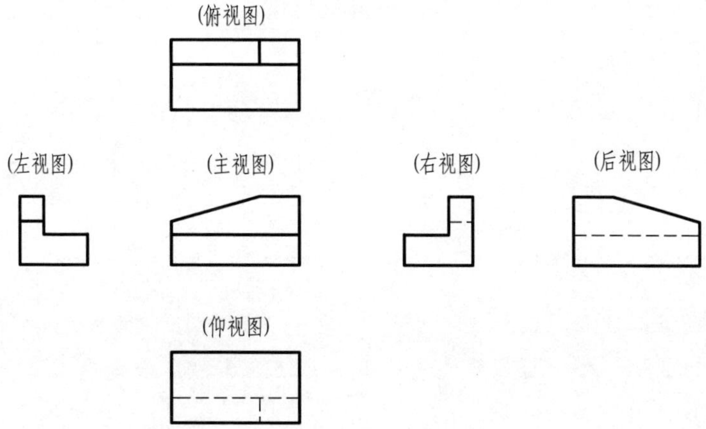

b) 六个基本视图及其配置

图 7-34　第三角投影六个基本视图的配置

7.6.2 第三角画法的标识

国家标准规定，当采用第三角投影时，必须在图样中画出第三角投影的识别符号。第三角投影和第一角投影的识别符号如图 7-35 所示。当采用第一角投影画法时，图样中一般不画第一角投影的识别符号，必要时也可画出。

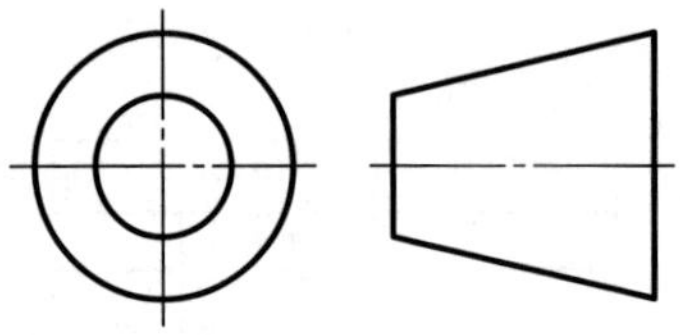

a) 第三角投影识别符号

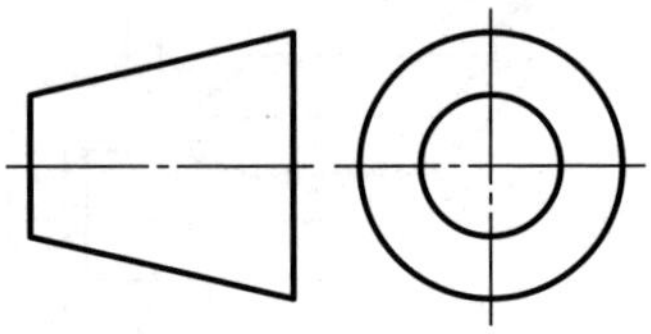

b) 第一角投影识别符号

图 7-35 投影的标识符号

第 8 章 标准件与常用件简介

在各种机械设备中，会经常遇到一些通用的零件或部件，如螺钉、螺母、螺栓、垫圈、轴承、弹簧、齿轮等，这些零件的使用量很大，需要成批生产。为了便于制造和选用，它们的结构尺寸和画法已全部标准化，这种零件称为标准件。还有一些零件，它们的一部分结构尺寸已经标准化，如弹簧、齿轮等，这些零件通常称为常用件。本章主要介绍这些零件的规定画法及标注方法。

8.1 标准件

8.1.1 螺纹的基本知识

1. 螺纹的形成

螺纹是机器上常见的结构，主要用于连接和紧固零件。在实际生产中，圆柱螺纹是在圆柱表面加工而成的。将零件装夹在机床卡盘上，开动机床后，零件做等速旋转，刀具沿轴线方向做匀速直线运动，当车刀切进零件表面一定深度时，零件表面就形成了螺纹。在圆柱体外表面加工的螺纹称为外螺纹，如图 8-1a 所示；在圆柱体内表面（圆孔表面）加工的螺纹称为内螺纹，如图 8-1b 所示。加工直径较小的螺孔时，可先用钻头钻出光孔，如图 8-1c 所示，再用丝锥攻螺纹，如图 8-1d 所示，由于钻头钻尖顶角约为 120°，因此孔的锥顶角画成 120°。

2. 螺纹的要素

（1）牙型　沿螺纹轴线方向将其剖开，所得到的螺纹剖面形状称为牙型。常见的牙型有三角形、梯形、锯齿形等，如图 8-2 所示。

（2）公称直径　螺纹的公称直径通常是指螺纹的大径，即与外螺纹的牙顶或内螺纹的牙底相重合的假想圆柱面的直径，内螺纹用 D 表示，外螺纹用 d 表示，如图 8-3 所示。

螺纹的小径（d_1 或 D_1）是指与外螺纹的牙底或内螺纹的牙顶相重合的假想圆柱面的直径，如图 8-3 所示。

（3）螺纹的线数　在同一圆柱表面加工螺纹的条数称为线数，用字母 n 表示。螺纹有单线螺纹和多线螺纹之分。圆柱表面只有一条螺纹时称单线螺纹，有两条螺纹时称双线螺

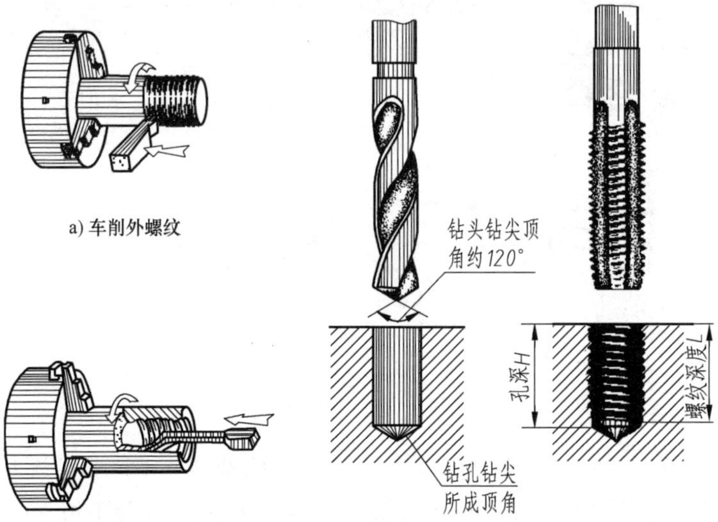

a) 车削外螺纹　b) 车削内螺纹　c) 钻孔　d) 攻螺纹

图 8-1　螺纹的形成

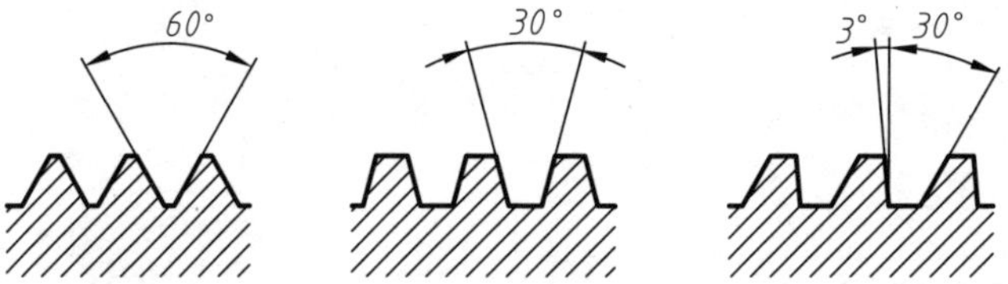

a) 三角形　b) 梯形　c) 锯齿形

图 8-2　螺纹的牙型

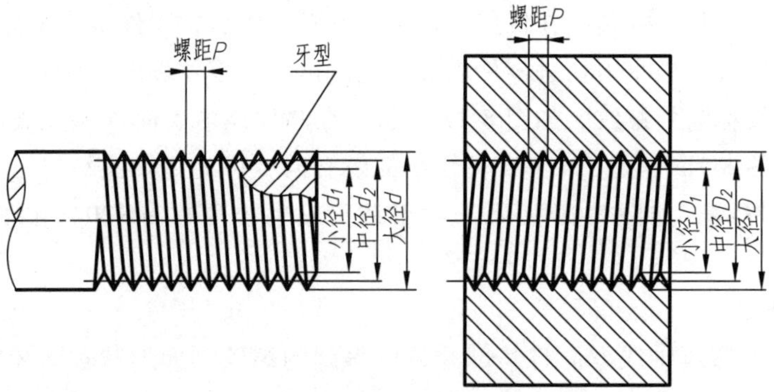

a) 外螺纹　b) 内螺纹

图 8-3　螺纹的要素

纹，有两条以上的螺纹时称多线螺纹。

（4）螺距和导程

1）螺距。相邻两牙在中径线（母线通过牙型上沟槽和凸起宽度相等之处的假想圆柱的直径称为中径，中径圆柱的素线称为中径线）上对应点之间的轴向距离称为螺距，用字母 P

表示，如图 8-3 所示。

2）导程。在同一条螺纹上，相邻两牙在中径线上对应点之间的轴向距离称为导程，用字母 Ph 表示。

对于单线螺纹，$P=Ph$；对于多线螺纹，$P=Ph/n$。

（5）螺纹的旋向　螺纹可以分为左旋螺纹与右旋螺纹。沿顺时针方向旋转为旋入时，称为右旋螺纹；沿逆时针方向旋转为旋入时，称为左旋螺纹。

判断左旋螺纹与右旋螺纹时，使螺纹的轴线垂直于水平面，看螺旋线的左右高度，螺旋线左高右低时是左旋螺纹，反之是右旋螺纹，如图 8-4 所示。

在螺纹的各要素中，螺纹的牙型、直径和螺距是决定螺纹性能的最基本要素，通常称为螺纹的三要素。凡是三要素符合国家标准的螺纹称为标准螺纹。牙型符合标准，直径和螺距中的一项或两项不符合标准的螺纹称为特殊螺纹。牙型不符合标准的螺纹称为非标准螺纹。

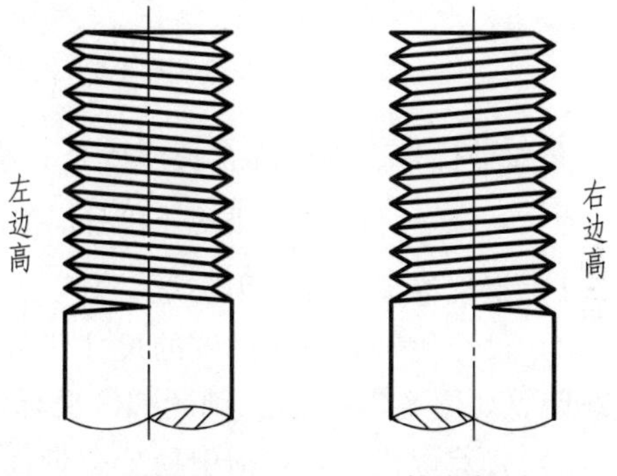

a) 左旋螺纹　　b) 右旋螺纹

图 8-4　螺纹的旋向

3. 螺纹的规定画法

由于螺纹的结构尺寸已标准化，作图时没有必要按其真实形状画出，国家标准中对各种螺纹的画法都做了具体规定。

（1）外螺纹的画法　外螺纹大径用粗实线表示，小径用细实线表示，终止线用粗实线表示；在投影为圆的视图上，外螺纹小径用 3/4 圈细实线表示，倒角投影不画，如图 8-5a 所示。

（2）内螺纹的画法　内螺纹大径用细实线表示，小径用粗实线表示，终止线用粗实线表示；在投影为圆的视图上，内螺纹大径用 3/4 圈细实线表示，倒角投影不画，如图 8-5b 所示。

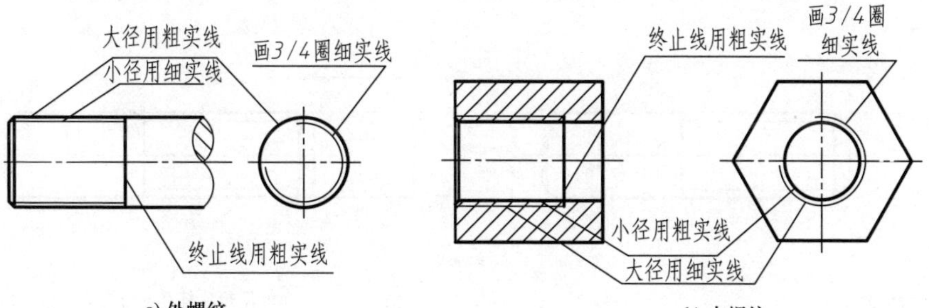

a) 外螺纹　　b) 内螺纹

图 8-5　螺纹的规定画法

（3）内、外螺纹旋合在一起的画法　结合部分按外螺纹画，其余部分仍按各自的画法表示，剖面线画到粗实线，如图 8-6 所示。

4. 螺纹的种类及标注方法

常用螺纹可分为两大类，即连接螺纹与传动螺纹。连接螺纹有普通螺纹和管螺纹，传动螺纹有梯形螺纹和锯齿形螺纹。

（1）普通螺纹的标记（GB/T 197—2018）　普通螺纹的标记由螺纹特征代号、尺寸代

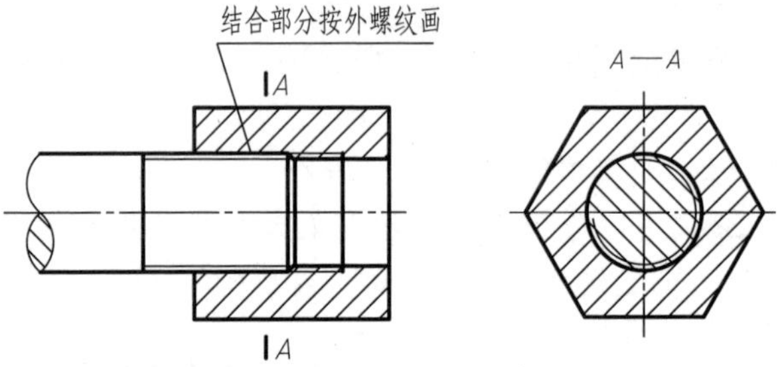

图 8-6　内、外螺纹旋合在一起的画法

号、公差带代号、螺纹旋合长度代号和旋向组成，并按下列顺序注写：

螺纹特征代号 尺寸代号 - 螺纹公差带代号 - 旋合长度代号 - 旋向代号

1）螺纹特征代号。用字母“M”表示。

2）尺寸代号。单线螺纹的尺寸代号为“公称直径×螺距”，单位为 mm。粗牙螺纹不标注螺距，如图 8-7a 所示；细牙螺纹要标注螺距，如图 8-7b 所示。

3）公差带代号。包括中径公差带代号和顶径公差带代号，可参阅有关标准。外螺纹公差带代号用小写字母，如 5g；内螺纹公差带代号用大写字母，如 6H。当螺纹的中径公差带代号和顶径公差带代号不同时，要分别标注。例如 M20-5g6g，5g 是中径公差带代号，6g 是顶径公差带代号。如果中径与顶径公差带代号相同，则只需要标注一个代号，如 M20×2-6H。

4）旋合长度代号。螺纹的旋合长度规定为短（S）、中（N）、长（L）三组，中等旋合长度（N）不必标注。在一般情况下，不标螺纹的旋合长度。

5）旋向代号。右旋螺纹可省略不标注，左旋螺纹加注“LH”表示旋向。

例如，M20×2-6H-LH 表示公称直径为 20mm，螺距为 2mm 的细牙普通内螺纹，中径和顶径公差带代号均为 6H，中等旋合长度，左旋。

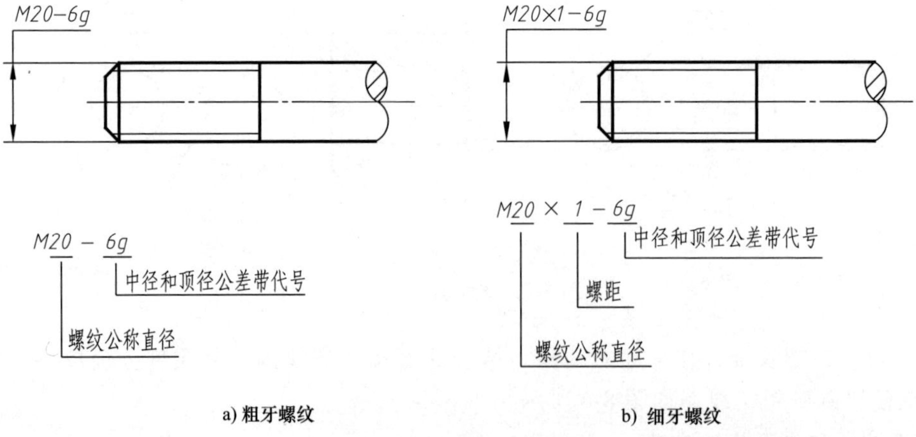

a) 粗牙螺纹　　b) 细牙螺纹

图 8-7　普通螺纹的标注

（2）梯形螺纹的标记（GB/T 5796.4—2005）　梯形螺纹的标注与普通螺纹相似，其标记格式如下：

螺纹特征代号 尺寸代号 旋向代号 - 螺纹公差带代号 - 旋合长度代号

1）螺纹特征代号。用字母“Tr”表示。

2）尺寸代号。单线梯形螺纹的尺寸代号为“公称直径×螺距”，多线梯形螺纹的尺寸代号为“公称直径×导程（P 螺距）”，单位都是 mm。

3）公差带代号。只标注中径公差带代号。

4）旋合长度代号。有中等旋合长度（N，可省略）和长旋合长度（L）之分。例如，Tr36×12（P6）LH-8e 表示公称直径为 36mm，导程为 12mm，螺距为 6mm，双线左旋梯形螺纹，中径公差带代号为 8e，中等旋合长度，如图 8-8 所示。

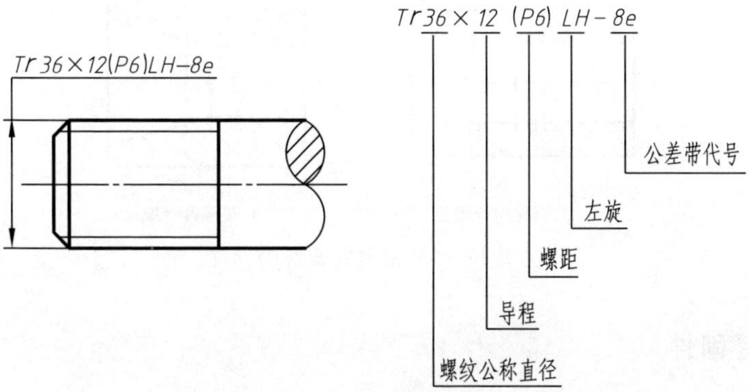

图 8-8 梯形螺纹的标注

（3）管螺纹的标注

1）55°非密封管螺纹（GB/T 7307—2001）。55°非密封圆柱管螺纹的标记方法如下：

螺纹特征代号 尺寸代号 公差等级代号 - 旋向代号

① 螺纹特征代号。用字母“G”表示。

② 尺寸代号。是指管子内径（通径）的“英寸”数值，而不是螺纹大径，画图时可根据尺寸代号查出大、小径的数值。

③ 螺纹公差等级代号。外螺纹中径的公差等级分为 A、B 两级；内螺纹只规定一种公差等级，不标注。

④ 旋向代号。左旋螺纹用“LH”表示。

例如，55°非密封圆柱外管螺纹 G1 A 的标注如图 8-9a 所示，尺寸代号为 1，公差等级为

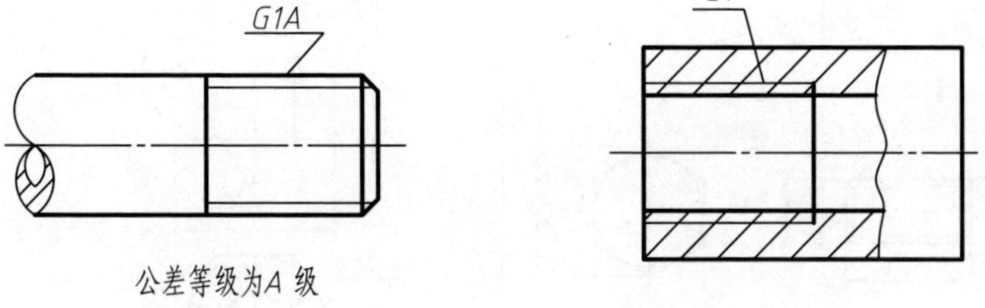

a) 外管螺纹　　b) 内管螺纹

图 8-9 55°非密封管螺纹的标注

A，右旋。尺寸代号为 1 的圆柱内管螺纹，应标注为 G1，如图 8-9b 所示。

2）55°密封的管螺纹（GB/T 7306—2000）。用 55°密封管螺纹的标记方法如下：

螺纹特征代号	尺寸代号	旋向代号

圆柱内螺纹的特征代号用“Rp”表示，与其相配合的圆柱外螺纹用“R_1”；圆锥内螺纹的特征代号用“Rc”表示，与其相配合的圆锥外螺纹的特征代号用“R_2”表示。

例如，尺寸代号为 1/2 的圆柱内螺纹的标注为 Rp1/2，如图 8-10a 所示；尺寸代号为1/2 的圆锥内螺纹的标注为 Rc1/2，如图 8-10b 所示。

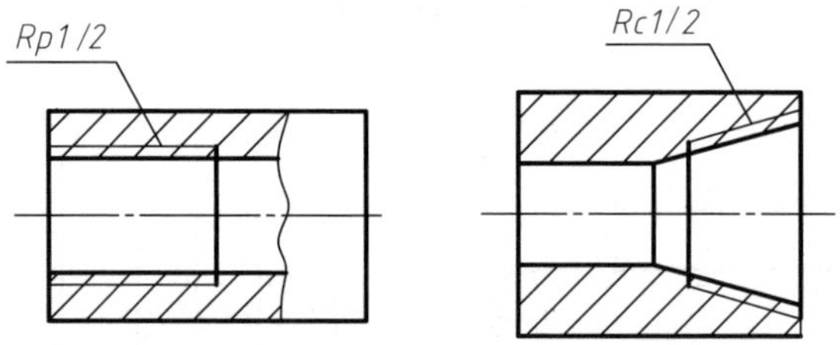

a) 圆柱内管螺纹　　b) 圆锥内管螺纹

图 8-10　55°密封管螺纹的标注

8.1.2　螺纹紧固件

机器上常用螺纹紧固件把零件连接起来，这些零件有螺栓、双头螺柱、螺钉、螺母、垫圈等，这是一种可拆式连接，且应用非常广泛。常用螺纹紧固件的标记与画法见表 8-1。

表 8-1　常用螺纹紧固件的标记与画法

名称及规定标记图例	名称及规定标记图例
双头螺柱的比例画法　螺柱　GB/T 897 M20×L 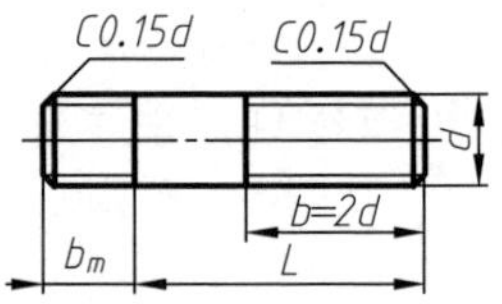 旋入端长度 b_m 钢 $b_m=d$ 铸铁 $b_m=1.25d$ 或 $1.5d$ 铝 $b_m=2d$	开槽沉头螺钉的比例画法　螺钉 GB/T 68 M10×L 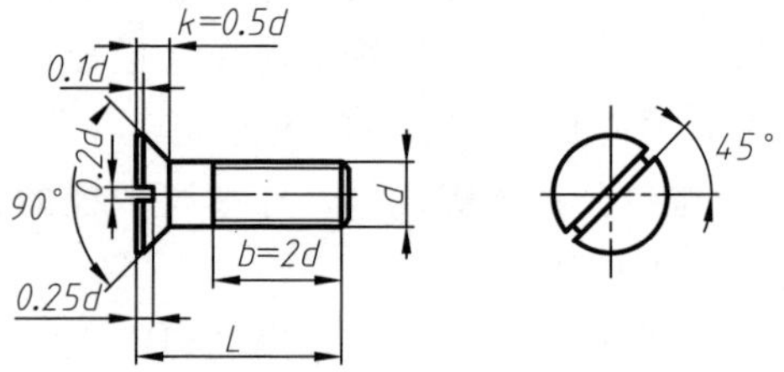
六角头螺栓的比例画法　螺栓 GB/T 5782 M20×L 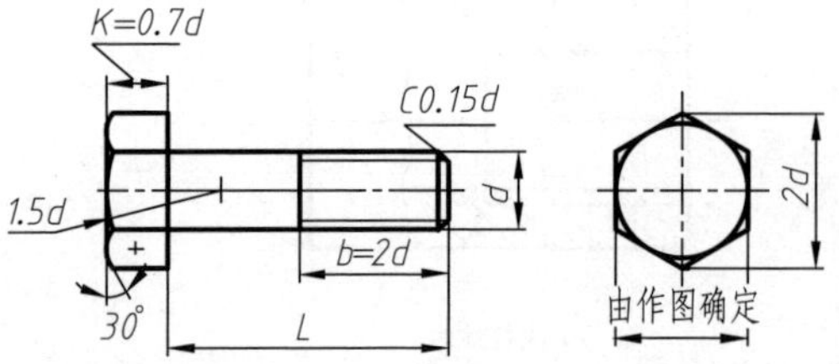	螺母的比例画法　螺母 GB/T 6170 M12 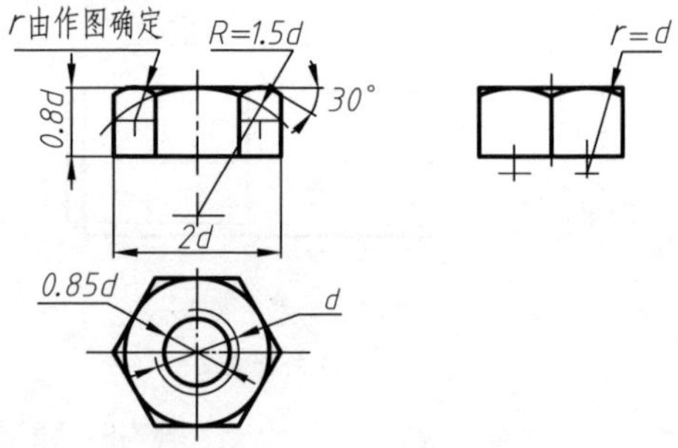

（续）

名称及规定标记图例	名称及规定标记图例
开槽圆柱头螺钉的比例画法　螺钉 GB/T 65 M10×L 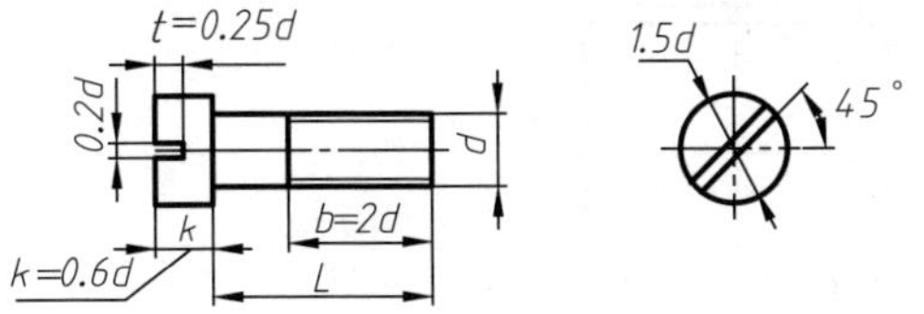	垫圈的比例画法　垫圈 GB/T 97.1 16-A140 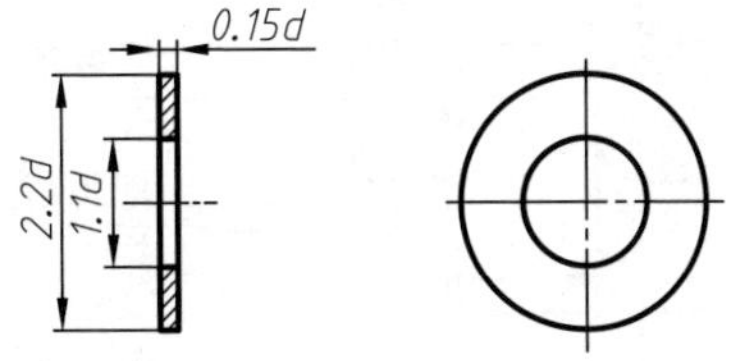

螺纹连接的基本方式有三种：螺栓连接、双头螺柱连接和螺钉连接。

1. 螺栓连接

螺栓连接中应用最广泛的是六角头螺栓连接，它是用六角头螺栓、螺母、垫圈来连接零件，如图 8-11 所示。螺栓连接一般用于连接两个不太厚的零件，在被连接件上加工出通孔，孔的直径稍大于螺纹大径，其优点是加工简单，拆装方便。垫圈的作用是防止拧紧螺母时划伤零件表面，并使螺母的压力均匀分布到零件表面。

画螺栓连接的步骤如下：

1）确定螺栓的有效长度 L。L 的计算公式为

$$L=\delta_1+\delta_2+0.15d+0.8d+0.3d$$

式中，δ_1、δ_2 为零件的厚度；d 为螺纹大径；$0.15d$ 为垫圈厚度；$0.8d$ 为螺母厚度；$0.3d$ 为螺栓末端高出螺母的尺寸。

根据计算出的数值在国家标准中查出螺栓的有效长度 L（选取相近的标准数值）。

2）剖切平面通过螺栓的轴线时，螺栓、螺母、垫圈均画外形。只有被连接的零件按剖视画出，它们的剖面线方向相反。

3）在被连接件上钻出光孔，为装配方便，孔的直径为 $1.1d$，螺栓的轮廓线与孔是不接触表面，画两条线。两零件的接触表面画一条线，并与螺栓的轮廓线接触。

4）螺纹的终止线要低于零件的顶面，如图 8-11a 所示。在装配图中，螺栓连接可采用简化画法，如图 8-11b 所示。

2. 双头螺柱连接

双头螺柱连接是由双头螺柱、螺母、垫圈组成的。双头螺柱两端均有螺纹，连接时，一端直接旋入被连接零件的螺纹孔中，另一端用螺母拧紧。双头螺柱连接多用于被连接件之一较厚，不适于钻成通孔或不能钻成通孔的情况。

（1）确定螺柱的有效长度　有效长度 L 的计算公式为

$$L=\delta+0.15d+0.8d+0.3d$$

式中，δ 为板厚；$0.15d$ 为垫圈厚度；$0.8d$ 为螺母厚度；$0.3d$ 为螺柱末端高出螺母的尺寸。

算出的 L 值是近似的，需查表确定标准数值。

（2）确定双头螺柱旋入端的长度 b_m　b_m 与被连接件的材料有关，钢的 $b_m=d$，铸铁的 $b_m=1.25d$ 或 $1.5d$，铝的 $b_m=2d$。旋入端应全部旋入零件的螺纹孔内，其螺纹终止线与零件的端面平齐，具体画法如图 8-12 所示。

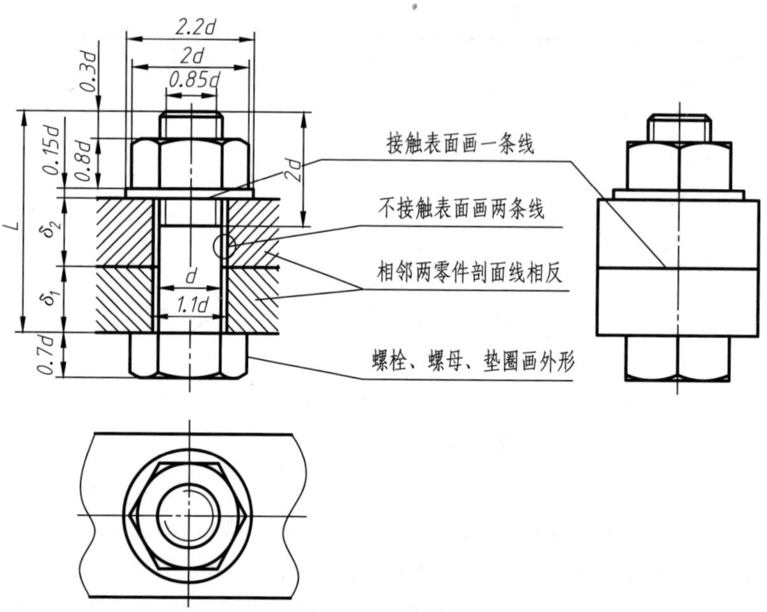

a) 标准画法

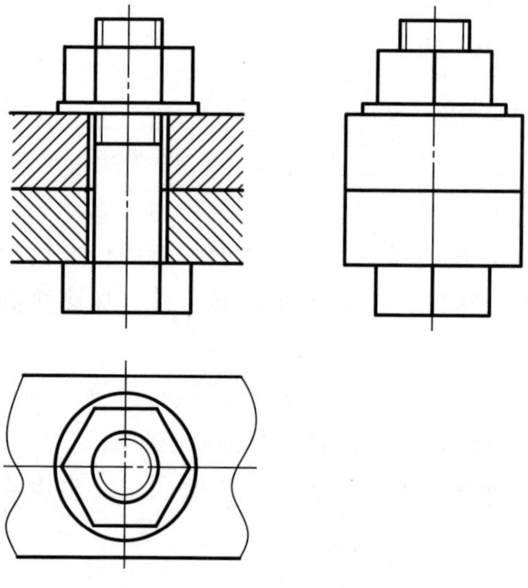

b) 简化画法

图 8-11　螺栓连接的画法

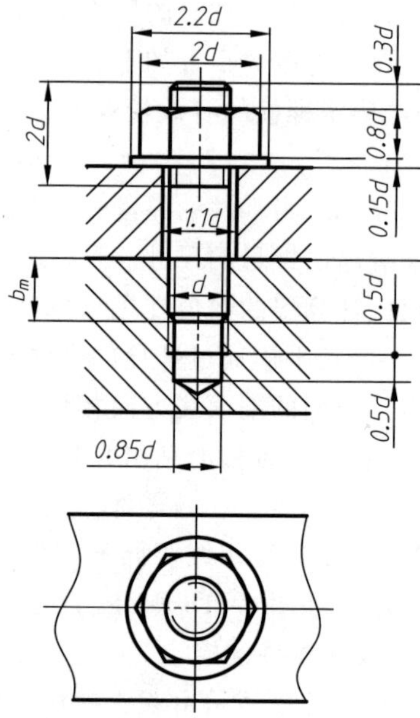

图 8-12　双头螺柱连接

3. 螺钉连接

螺钉连接用于受力不大的情况，是一种不用螺母的连接方式。螺钉头部有不同形式，分为一字形和十字形槽，旋紧时用螺钉旋具拧入。

1）确定螺钉的有效长度 L。L 的计算公式为

$$L=\delta+L_1$$

式中，δ 为通孔零件的厚度；L_1 为螺钉旋入的深度，L_1 与材料的种类有关。

算出 L 的值后，按标准选取数值。

2）螺纹终止线应高出螺纹孔的表面，以保证被连接件紧固连接。

3）螺钉头部的一字形和十字形槽的投影可以涂黑表示。在投影为圆的视图中，这些槽画成与中心线成45°角。螺钉连接的画法如图8-13所示。

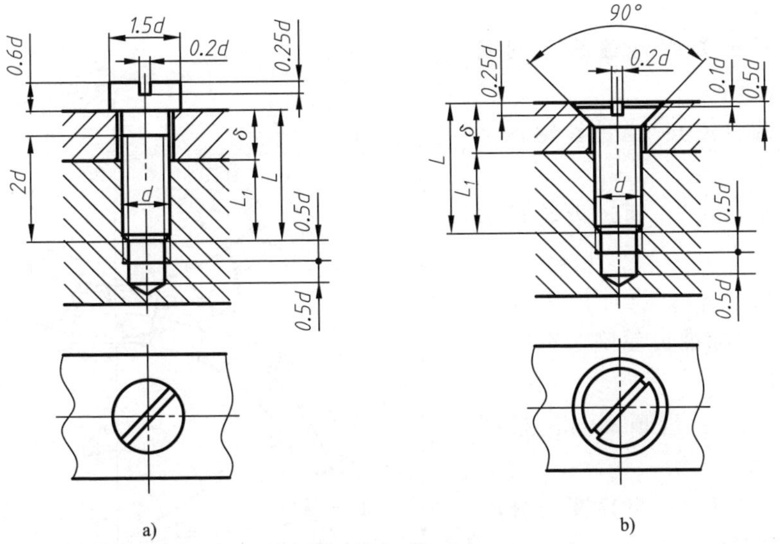

图8-13 螺钉连接

8.2 常用件

在机械设计中，除标准件使用量较大外，常用件的使用量也很大，如齿轮、弹簧等，它们的尺寸一部分已标准化，其余尺寸按设计要求确定。

8.2.1 齿轮的作用及分类

齿轮在机器中用以传递动力或运动，并且可以改变运动的速度和方向。例如，在机床变速箱中，通过几组齿轮传动就能实现所需要的不同速度，也可以改变运动的方向。

齿轮按传动形式分为三种：

（1）圆柱齿轮传动 用于两平行轴之间的传动，如图8-14a所示。

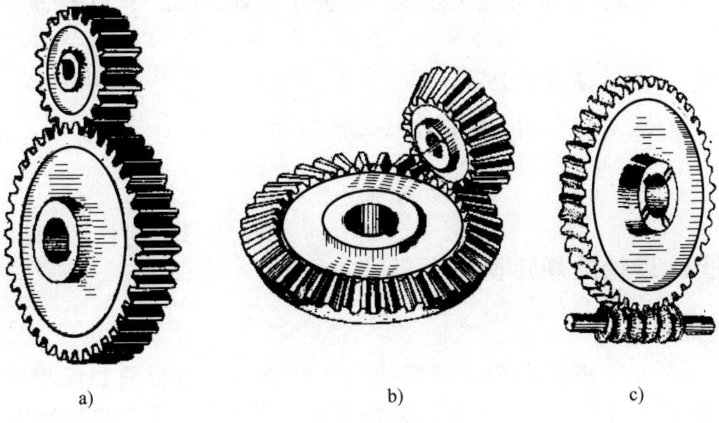

图8-14 齿轮的种类

（2）锥齿轮传动　用于两相交轴之间的传动，如图 8-14b 所示。

（3）蜗杆传动　用于两交叉轴之间的传动，如图 8-14c 所示。

8.2.2　直齿圆柱齿轮各部分的名称及计算

图 8-15 所示为齿轮各部分的名称，具体分述如下。

1）齿顶圆（d_a）：通过齿轮顶部的圆。

2）齿根圆（d_f）：通过齿轮根部的圆。

3）分度圆（d）：设计齿轮时的一个基准圆，两标准齿轮啮合时，它们的分度圆相切。

4）齿高（h）：齿顶圆与齿根圆之间的径向距离。

5）齿顶高（h_a）：齿顶圆与分度圆之间的径向距离。

6）齿根高（h_f）：齿根圆与分度圆之间的径向距离。可见，齿高等于齿顶高与齿根高的和，即

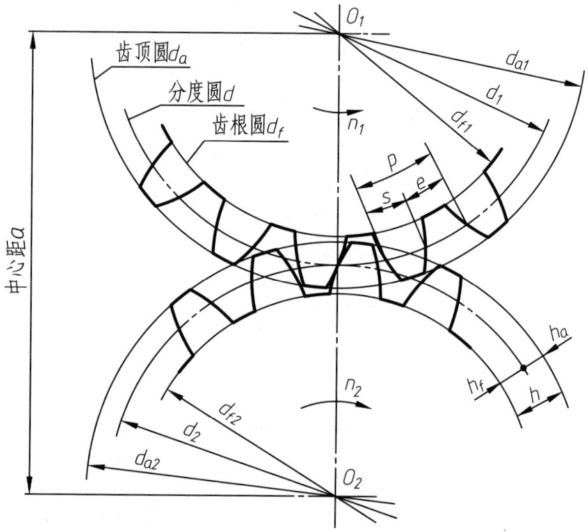

图 8-15　齿轮各部分的名称

$$h=h_a+h_f$$

7）齿厚（s）：一个齿的两侧齿廓之间的分度圆弧长。

8）槽宽（e）：一个齿槽的两侧齿廓之间的分度圆弧长。对于标准齿轮，齿厚等于槽宽。

9）齿距（p）：相邻两齿同侧齿廓之间的分度圆弧长。

10）模数（m）：制作齿轮时的一个基本参数，如果齿轮的齿数为 z，则分度圆的周长为

$$zp=\pi d$$

分度圆直径 $d=zp/\pi$，由于 π 是无理数，不便于计算，因此令 $p/\pi=m$，则

$$d=mz$$

对于标准齿轮 $h_a=m$，$h_f=1.25\mathrm{m}$。

11）两齿轮中心距（a）：两分度圆半径之和，即

$$a=\frac{1}{2}m(z_1+z_2)$$

8.2.3　直齿圆柱齿轮的规定画法

1. 单个齿轮的画法

如图 8-16a、b 所示，齿顶圆和齿顶线用粗实线画出；齿根圆和齿根线用细实线画出，也可省略不画；分度圆与分度线用细单点画线画出。在剖视图中，齿根线用粗实线画出，轮

齿部分不画剖面线，如图 8-16c 所示。

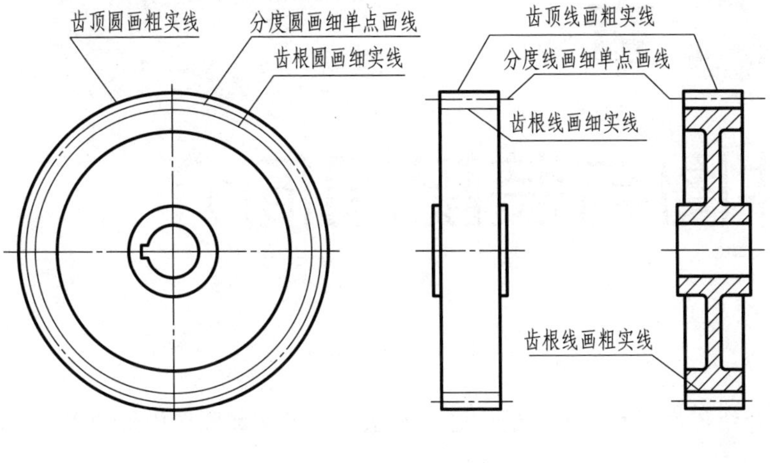

a) 投影为圆的视图　　b) 外形　　c) 剖视图

图 8-16　齿轮的画法

2. 两啮合齿轮的画法

1）主视图的剖视图及外形如图 8-17a、b 所示。

2）投影为圆的视图有两种表达方法，如图 8-17c、d 所示。

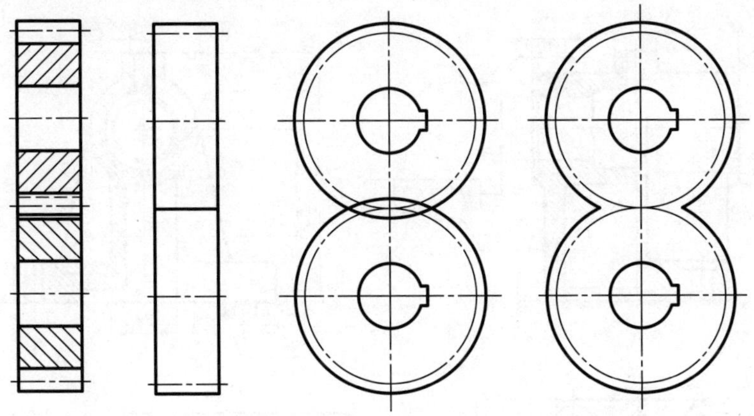

a)　　b)　　c)　　d)

图 8-17　两啮合齿轮的画法

第 9 章

零件图与装配图简介

本章简要介绍零件图和装配图的内容、画法，以及从装配图中拆画零件图的方法。

9.1 零件图简介

任何机器都是由各种各样的零件组成的。表达一个零件的图样，称为零件图。例如，图 9-1所示是某机座的零件图。

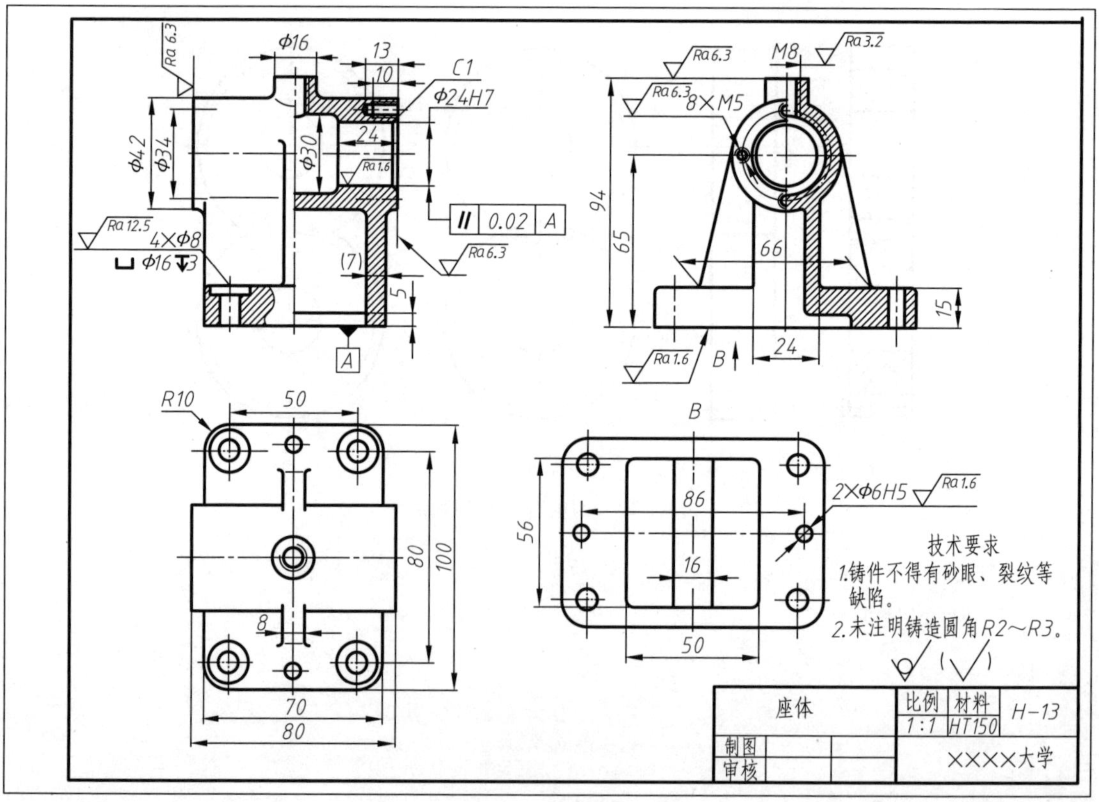

图 9-1 座体零件图

9.1.1 零件图的作用和内容

要想制造机器，首先要制造零件，而零件图是制造及检验零件的主要依据。零件图必须具备下列内容：

（1）一组视图　能正确、完整、清晰地表达零件结构形状的一组视图，包括视图、剖视图、断面图等。

（2）完整的尺寸　零件图中应正确、齐全、清晰、合理地标出零件所需的尺寸。

（3）技术要求　用文字、代号、数字说明零件在制造和检验过程中所需的各项技术指标，如材料和热处理、表面结构等。

（4）标题栏　标题栏应配置在图框的右下角，用以填写零件的名称、材料、数量、比例、图样代号，以及设计、审核、批准者的姓名、日期等。

9.1.2 零件图的视图选择

表达零件首先考虑的就是有利于看图，其次要根据零件的结构特点选用适当的表达方法，在完整、清晰地表达各部分结构形状的基础上力图简便。主视图是零件图上最重要的一个视图，主视图选择得好坏，直接影响到画图和看图。因此在表达零件时，首先要正确选择主视图，然后再确定其他视图。

1. 主视图的选择

选择主视图时，应考虑以下两点。

（1）确定主视图的投射方向　主视图的投射方向，应能反映出零件的形状特征。也就是说，在主视图上要较多地表达出零件的结构形状，一看到主视图就能了解零件的基本形状特征，如图 9-1 所示。

（2）主视图应尽可能反映零件的加工位置和工作位置

1）加工位置。加工位置是指零件在机床上被加工时的位置。主视图最好与该零件在加工时的位置一致。例如，轴类和盘类零件的主视图一般按加工位置绘制，如图 9-2 所示。

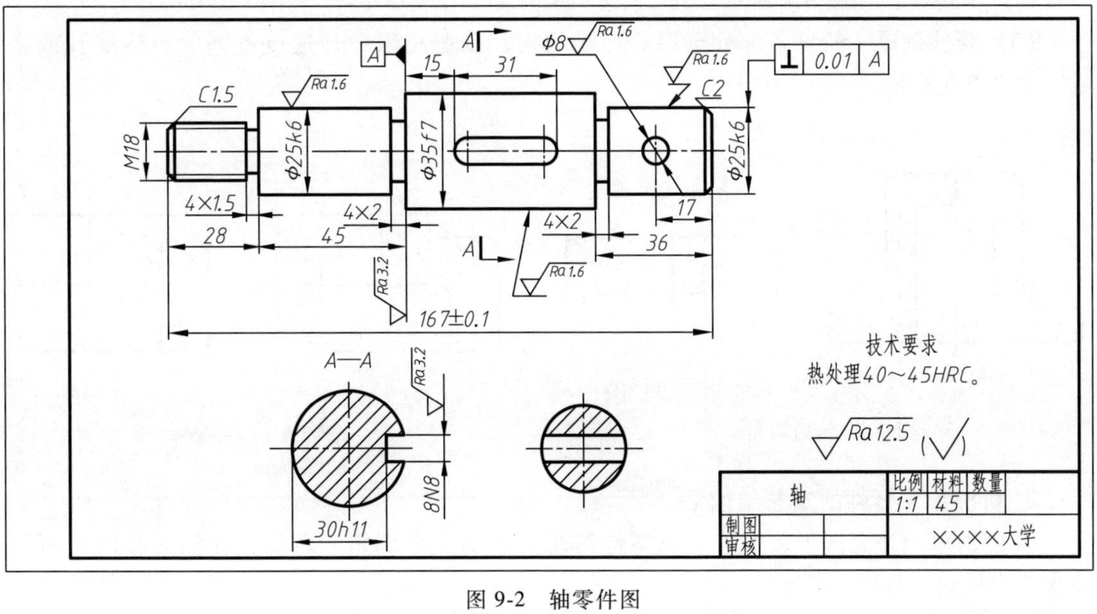

图 9-2　轴零件图

2）工作位置。工作位置是指零件安装在机器中工作时的位置。主视图与工作位置一致有利于看图。例如，支架、箱体和壳体类零件的结构形状比较复杂，加工位置较多，因此，主视图的位置最好与工作位置一致。

2. 其他视图的选择

在主视图确定以后，其他视图的选择应考虑以下几方面：

1）零件上还有哪些结构没有表达清楚，需要补充适当数量的其他视图。

2）根据零件的结构选择适当的剖切方法，如剖视、断面等。

3）对视图方案做进一步改进，视图的数量要适当，每个视图的表达目的要明确，避免重复表达零件的某些结构。

9.1.3 零件上常见的工艺结构

零件的结构形状是由它在机器中的作用决定的。机器上的大部分零件是通过铸造和机械加工制成的，因此，在设计和绘制零件图时，必须考虑到铸造和机械加工的要求。下面介绍一些常见的工艺结构。

1. 铸造零件的工艺结构

（1）起模斜度　用铸造方法制造零件的毛坯时，为了便于从砂型中取出模样，一般在起模方向上把模样做成 1∶20 的斜度，这种斜度叫起模斜度，如图 9-3a 所示。当斜度较小时，不必在图上画出，如图 9-3b 所示。

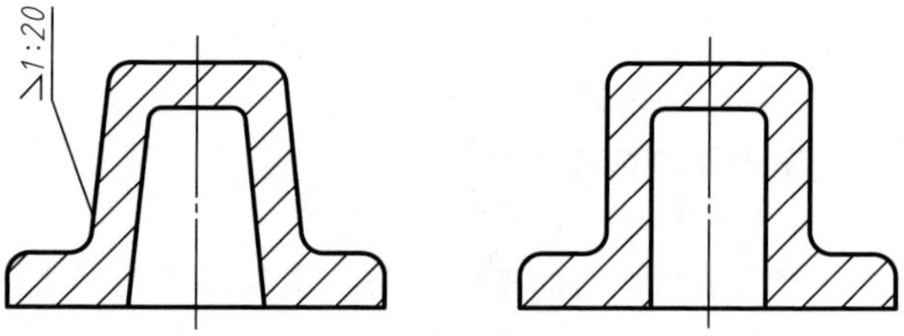

a)　　b)

图 9-3　起模斜度

（2）铸造圆角　在铸件毛坯各表面相交处要以圆角过渡。这样可防止浇注时铁水把尖角处的型砂冲掉，还可以避免铸件在冷却时产生裂纹，如图 9-4 所示。

（3）铸件壁厚　铸件各部分壁厚应尽量均匀，以避免因冷却速度不同而产生缩孔或裂纹，如图 9-5 所示。

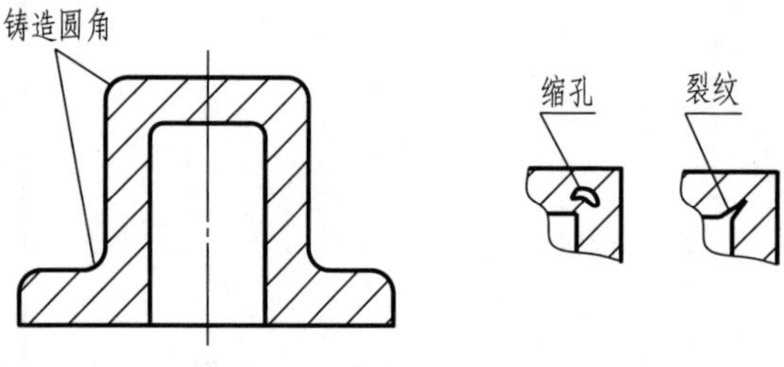

a) 好　　b) 不好

图 9-4　铸造圆角

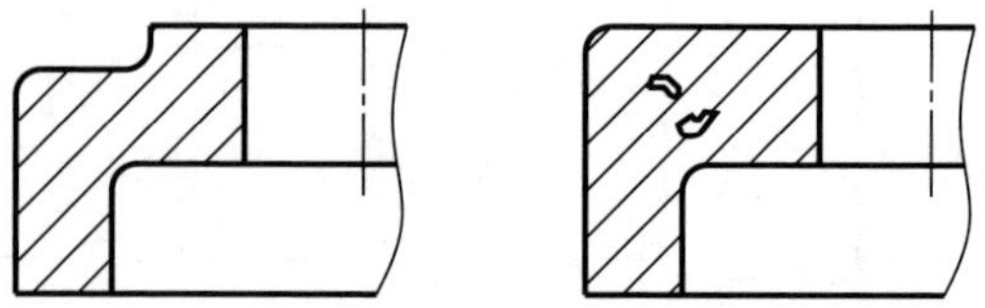

a) 好　　b) 不好

图 9-5　铸件壁厚

2. 机械加工零件的工艺结构

（1）倒角　为了便于装配，常在零件的端面上加工出倒角。例如，在轴或孔的端面上应加工出倒角，如图 9-6 所示。

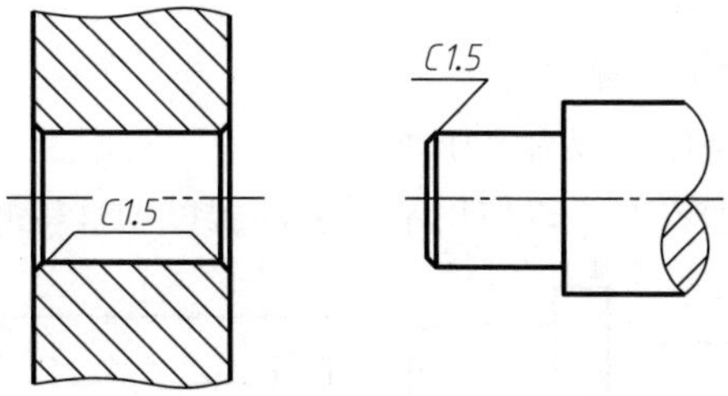

图 9-6 倒角

（2）退刀槽和砂轮越程槽 在切削或磨削加工中，为了便于退出刀具或砂轮，常常在零件的待加工面末端，先车削出退刀槽或砂轮越程槽，如图 9-7 所示。

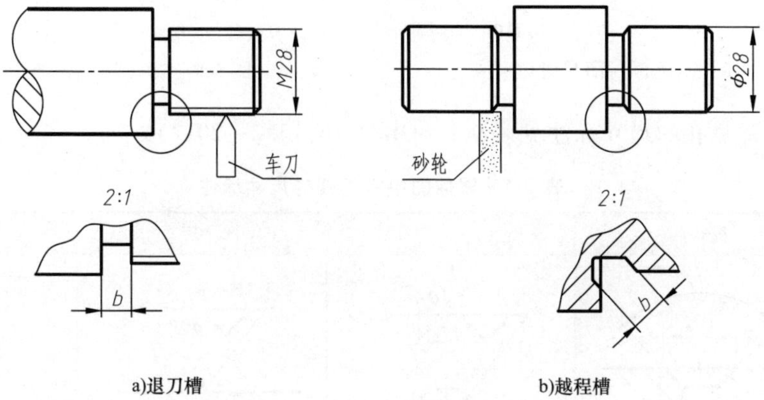

图 9-7 退刀槽和砂轮越程槽

9.1.4 零件图的尺寸标注

1. 零件图中尺寸标注的基本要求

在零件图中标注尺寸，除了要做到前面所讲的正确、齐全、清晰外，还要求标注合理。标注的尺寸必须满足设计和工艺要求，既满足零件在机器中的功能，又便于制造和检验。要达到这些要求，必须掌握一定的专业知识。

2. 尺寸基准的选择

尺寸基准就是确定尺寸位置的几何元素。零件的长、宽、高各方向至少要有一个尺寸基准，要合理标注尺寸，一定要正确选择尺寸基准。

（1）设计基准 用以确定零件在机器中位置的基准称为设计基准。

（2）工艺基准 用以确定零件在加工或测量时的位置的基准称成为工艺基准。

从设计基准出发标注尺寸，能保证设计要求；从工艺基准出发标注尺寸，便于加工和测量。因此，最好使设计基准与工艺基准重合。

3. 标注尺寸时应注意的问题

（1）主要尺寸要直接标出 零件上的主要尺寸是指装配图尺寸链中的尺寸，它们是影响机器性能的尺寸。例如，配合尺寸、规格尺寸、重要的相对位置尺寸都要直接标出。

（2）不要标封闭尺寸 在图 9-8a 中，阶梯轴长度方向的尺寸 A、C、B、L 首尾相连，形成封闭的尺寸链，这种情况应当避免。应在尺寸链中空出一个不重要的尺寸不予标注，如

图 9-8b 所示。

（3）标注尺寸时要考虑工艺要求

1）应尽量符合加工的顺序，以有利于加工。

2）标注尺寸要考虑测量方便，以便用常用量具就可以直接测量，如图 9-9b 所示。

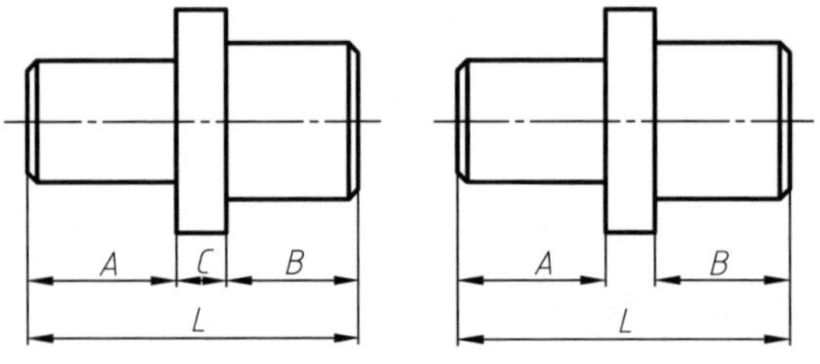

a) 错误　　b) 正确

图 9-8　不要标封闭尺寸

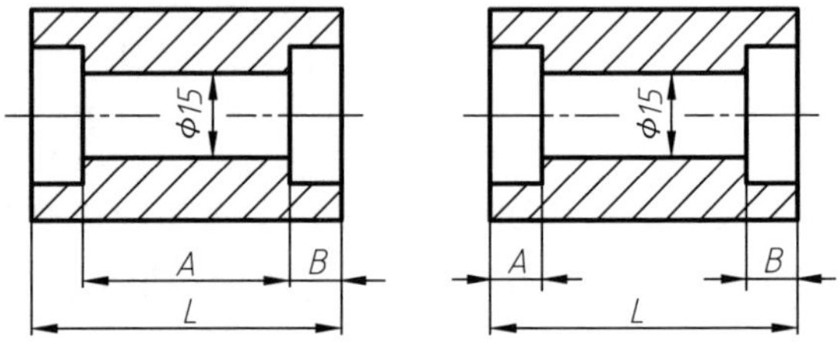

a) 错误　　b) 正确

图 9-9　标注尺寸要便于测量

零件图中常见孔的尺寸标注见表 9-1（GB/T 16675. 2—2012）。

表 9-1　零件图中常见孔的尺寸标注

孔类型	简化前	简化后		说明
锥面沉孔	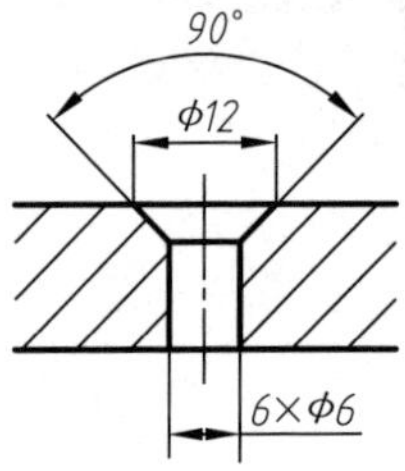	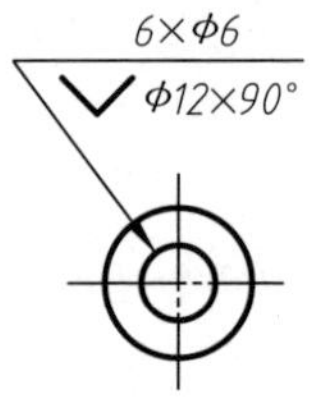	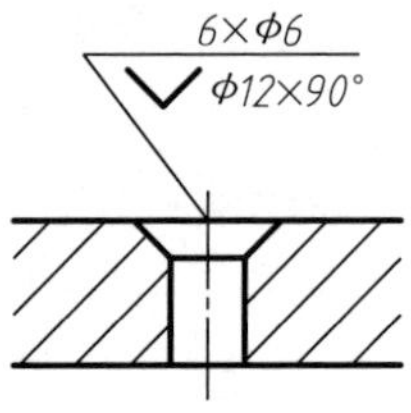	
柱面沉孔	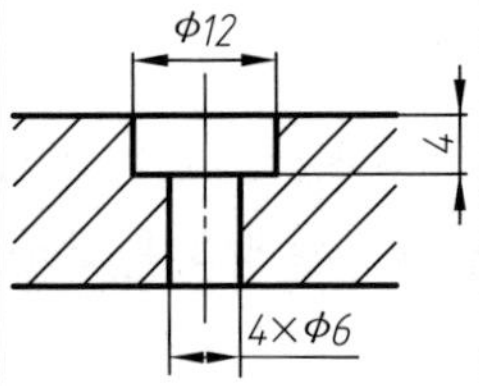	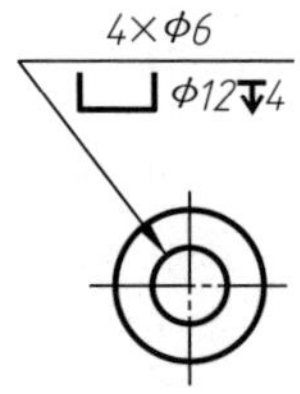	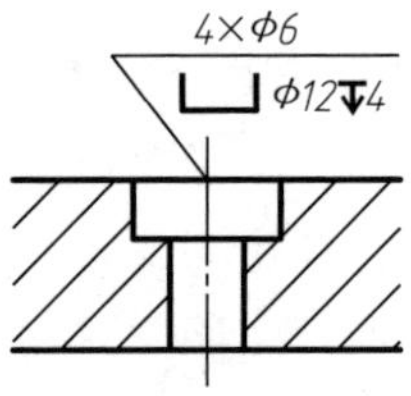	1. “↧”是深度符号 2. “∨”是埋头孔符号 3. “⊔”是沉孔或锪平孔符号
锪平沉孔	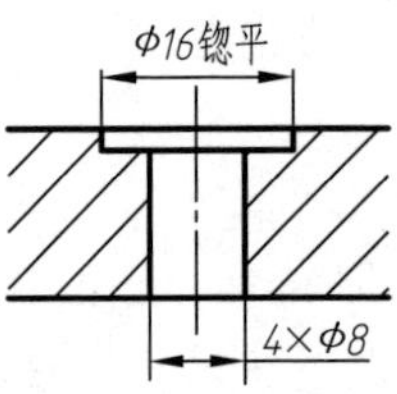	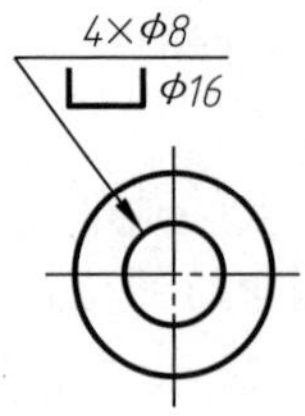	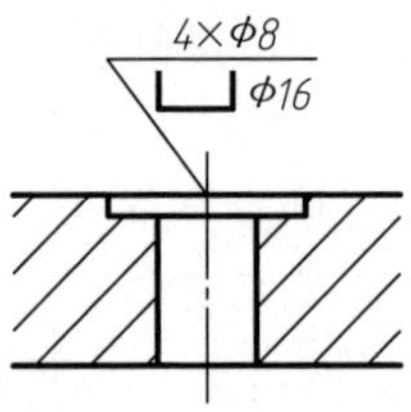	

9.1.5　零件测绘的方法和步骤

1. 先进行结构分析

1）了解零件的名称和用途。

2）对零件进行结构分析，明确各部分的连接关系。

3）了解零件的材料及制作工艺（分清加工表面和非加工表面）。

2. 确定视图方案

（1）主视图的选择及剖切方法

1）主视图要与加工位置或工作位置一致。

2）确定零件的投射方向，要以最能反映零件的形状特征为原则进行投射。

3）确定主视图的表达方法，即确定是采取视图形式，还是采取剖视形式。

（2）视图的数量及表达方法（用几个视图及每个视图所采用的剖切方法）

1）俯视图和左视图应根据零件的结构，采取适当的剖切或视图表达零件的内部或外部形状。

2）对没有表达清楚的部分进行补充，可用增加局部视图的方法使表达清晰。

3. 画零件草图的步骤

1）确定各视图位置，即画出各视图的基准线。

2）逐步画出各视图，并画出工艺结构。

3）画出全部的尺寸界线、尺寸线。

4）测量并填写尺寸数值（取整数，螺纹大径取标准数值，配合尺寸标公差）。

5）标出加工表面的表面结构参数。

6）填写技术要求及标题栏。

9.2 技术要求

零件图的技术要求是指用文字、代号或数字说明在制造或检验零件时应达到的各项技术指标，具体包括表面结构、极限与配合、几何公差、材料和热处理等内容。

9.2.1 表面结构（GB/T 131—2006）

1. 表面结构的基本概念

表面结构是表面粗糙度、表面波纹度、表面纹理、表面缺陷和表面几何形状的总称。零件经过加工，其表面不可能绝对平整和光滑，零件表面这种具有较小间距的峰谷所组成的微观几何形状的特征，称为表面粗糙度。

表面粗糙度与零件的加工方法、切削刃的形状和切削用量等各种因素均有关系，它是评定零件表面质量的一项重要指标，对零件的耐蚀性、耐磨性和使用寿命有很大影响。

2. 表面结构的参数

在我国机械图样中，常用表面粗糙度轮廓参数作为表面结构的评定参数。评定表面粗糙度轮廓的参数有两个，即轮廓算术平均偏差 Ra 和轮廓最大高度 Rz。

（1）轮廓算术平均偏差 Ra　在取样长度 L 内，轮廓上的点到基准线 x 轴的距离 z 的绝对值的算术平均值称为轮廓算术平均偏差，如图 9-10 所示。其计算公式为

$$Ra = \frac{1}{L}\int_0^L |z(x)|\,\mathrm{d}x$$

（2）轮廓最大高度 Rz　在取样长度 L 内，轮廓最高峰顶线和轮廓最低谷底线之间的距离称为轮廓最大高度，如图 9-10 所示。

在实际应用中，*Ra* 用得较多，其数值一般优先采用 100、50、25、12.5、6.3、3.2、1.6、0.8、0.4、0.2、0.1、0.05、0.025、0.012（单位为 μm）。*Ra* 的数值越大，表明该表面越粗糙；*Ra* 的数值越小，表明该表面越光滑，但加工成本也随之增加。因此设计时，在满足零件力学性能的前提下，应尽量采用较大的表面粗糙度参数值。

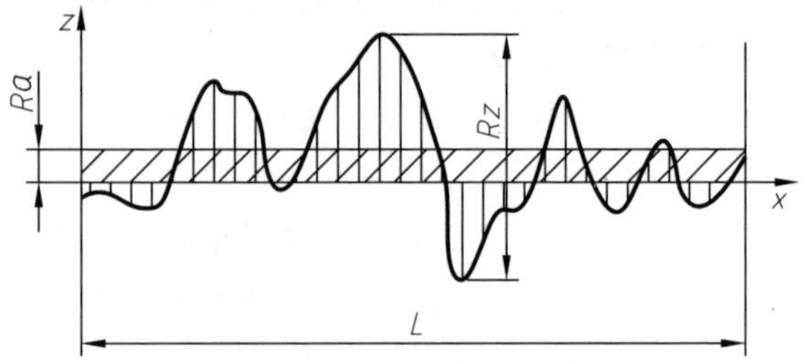

图 9-10　表面粗糙度轮廓评定参数

3. 表面结构符号及其含义

表面结构符号及其含义见表 9-2。

表 9-2　表面结构符号及其含义

符号	含　义
	基本图形符号，未指定工艺方法的表面，当通过一个注释解释时可单独使用
	扩展图形符号，在基本图形符号上加一短横，表示指定表面是用去除材料的方法获得的，如车、铣、钻、磨、剪切、抛光等
	扩展图形符号，在基本符号上加一圆圈，表示指定表面是用不去除材料的方法获得的，如铸、锻、冲压变形、热轧、冷轧、粉末冶金等，也可用于表示保持上道工序形成的表面
	完整图形符号，当要求标注表面结构特征的补充信息时，在以上各种符号的长边上加一横线
	附加图形符号，表示所有表面有相同的表面结构要求，在完整图形符号上加一圆圈

表面结构符号的画法及表面结构参数的注写位置如图 9-11 所示，其相关尺寸见表 9-3。

在图 9-11 中，位置 a 注写表面结构的单一要求；位置 b 注写两个或多个表面结构要求；位置 c 注写加工方法，如车、磨、铣等；位置 d 注写表面纹理和方向；位置 e 注写加工余量，以 mm 为单位。

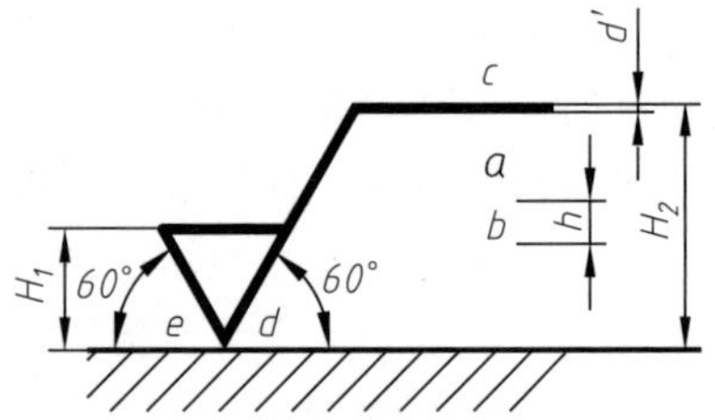

图 9-11　表面结构符号的画法

表面结构代号示例及其含义见表 9-4。

表 9-3　表面结构符号和附加标注尺寸　　（单位：mm）

<table>
<tr><td>数字和字母高度 h</td><td>2.5</td><td>3.5</td><td>5</td><td>7</td><td>10</td><td>14</td><td>20</td></tr>
<tr><td>符号线宽 d'</td><td rowspan="2">0.25</td><td rowspan="2">0.35</td><td rowspan="2">0.5</td><td rowspan="2">0.7</td><td rowspan="2">1</td><td rowspan="2">1.4</td><td rowspan="2">2</td></tr>
<tr><td>字母线宽</td></tr>
<tr><td>高度 H₁</td><td>3.5</td><td>5</td><td>7</td><td>10</td><td>14</td><td>20</td><td>28</td></tr>
<tr><td>高度 H₂（最小值）</td><td>7.5</td><td>10.5</td><td>15</td><td>21</td><td>30</td><td>42</td><td>60</td></tr>
</table>

注：H_2 取决于标注内容。

表 9-4 表面结构代号示例及其含义

符号	含　义	符号	含　义
Ra 0.8	表示不去除材料，单向上限值，*Ra* 值为 0.8μm，评定长度为 5 个取样长度（默认），16%规则（默认）	Rz 3.2	表示去除材料，单向上限值，*Rz* 值为 3.2μm，评定长度为 5 个取样长度（默认），16%规则（默认）
Rzmax 0.2	表示去除材料，单向上限值，*Rz* 值为 0.2μm，评定长度为 5 个取样长度（默认），最大规则	Ra3 3.2	表示去除材料，单向上限值，*Ra* 值为 3.2μm，评定长度为 3 个取样长度，16%规则（默认）
U Ra max3.2 L Ra 0.8	表示不去除材料，双向极限值。上限值：*Ra* 值为 3.2μm，评定长度为 5 个取样长度（默认），最大规则。下限值：*Ra* 值为 0.8μm，评定长度为 5 个取样长度（默认），16%规则（默认）。同一参数具有双向极限要求，在不引起歧义的情况下可省略符号 *U* 和 *L*	Ramax 3.2 Rz1 12.5	表示去除材料，两个单向上限值，上限值：*Ra* 值为 3.2μm，评定长度为 5 个取样长度（默认），最大规则。上限值：*Rz* 值为 12.5μm，评定长度为 1 个取样长度，16%规则（默认）

注：极限值判断规则默认为 16%规则，其含义是当被检表面测得的全部参数值中超过极限值的个数不多于总个数的 16%时，该表面为合格；最大规则应注“max”，其含义是在整个被检表面上测得的参数值一个也不应超过给定的极限值。评定长度默认为 5 个取样长度，否则应注明个数。

4. 表面结构在图样中的标注示例

表面结构要求对每一表面一般只标注一次，并尽可能标注在相应尺寸及其公差的同一视图上。除非另有说明，所标注的表面结构要求是对完工零件表面的要求。表 9-5 所列为表面结构在图样中的标注示例。

表 9-5 表面结构在图样中的标注示例

图　例	说　明
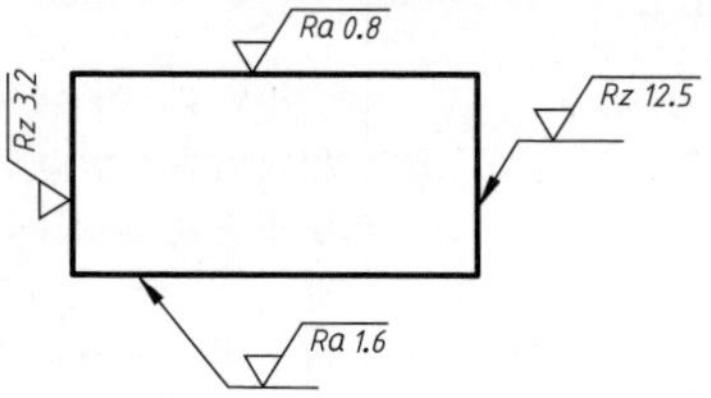	表面结构的注写和读取方向与尺寸的注写和读取方向一致
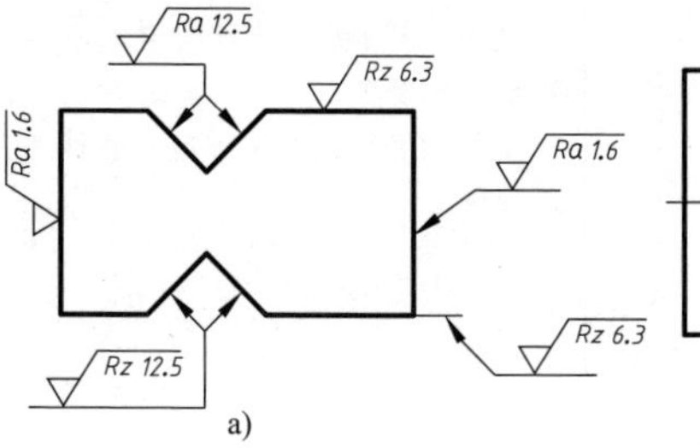a) 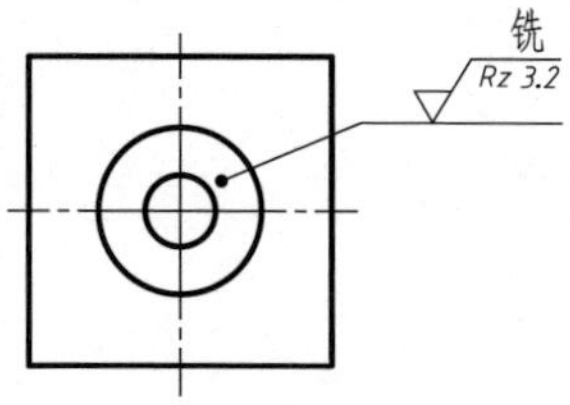b) 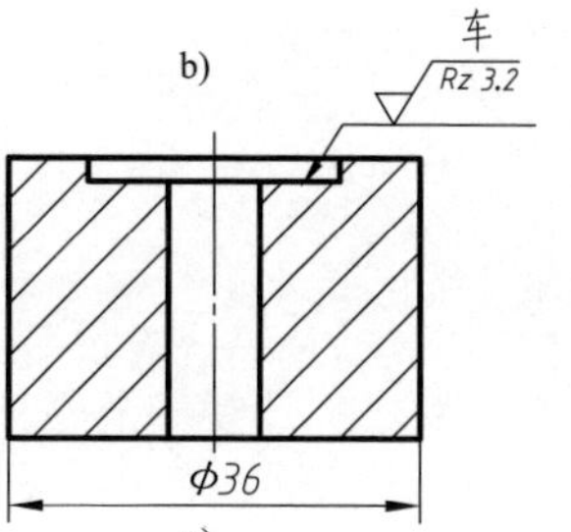c)	表面结构要求可标注在轮廓线上，其符号应从材料外指向并接触面表。必要时，表面结构符号也可用带箭头或黑点的指引线引出标注

（续）

图　　例	说　　明
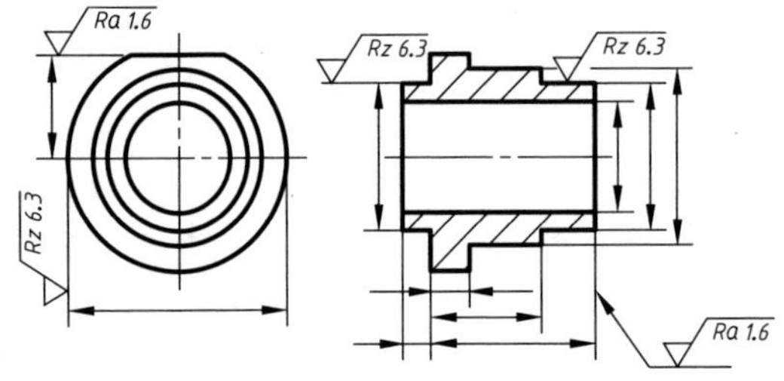	表面结构要求可以直接标注在圆柱特征的延长线上，或用带箭头的指引线引出标注。圆柱和棱柱表面的表面结构要求只标注一次
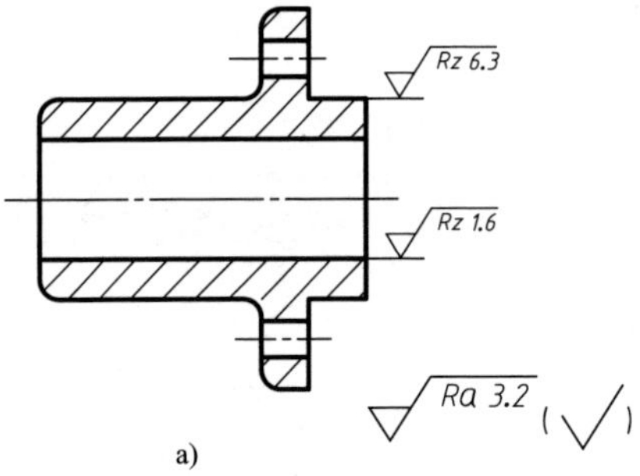 a) 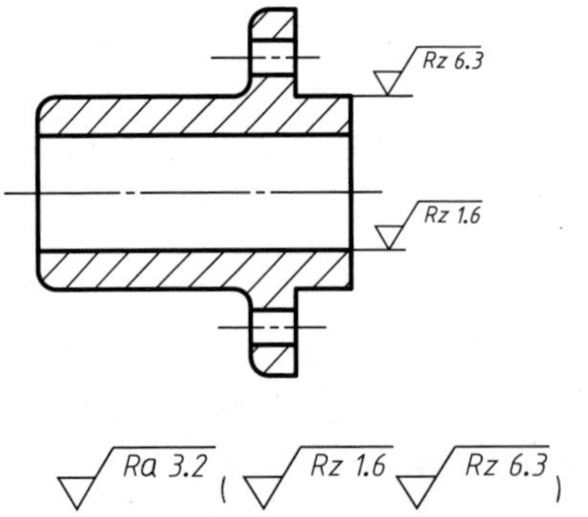 b)	如果零件的多数（包括全部）表面有相同的表面结构要求，则其表面结构要求可统一标注在图样的标题栏附近。此时（除全部表面有相同要求的情况外），表面结构要求的符号后应有：在圆括号内给出无任何其他标注的基本符号；在圆括号内给出不同的表面结构要求 不同的表面结构要求应直接标注在图形中

（续）

<table>
<tr><th>图 例</th><th>说 明</th></tr>
<tr><td>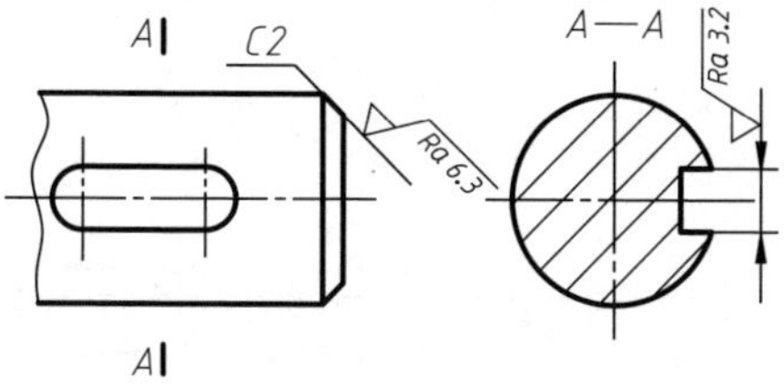
</td><td>表面结构和尺寸可以标注在同一尺寸线上</td></tr>
<tr><td>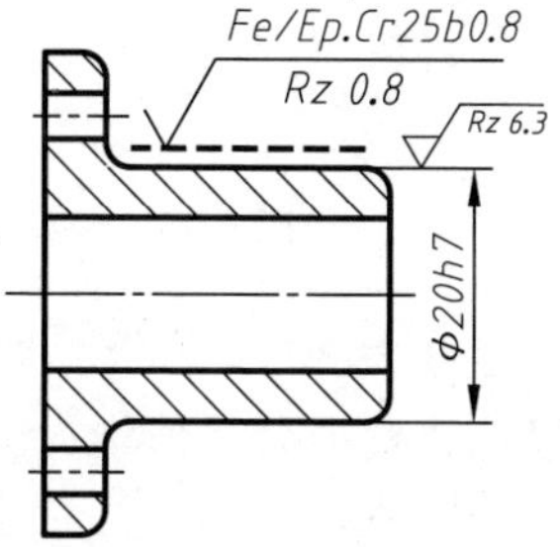
</td><td>由几种不同的工艺方法获得的同一表面，当需要明确每种工艺方法的表面结构要求时的标注方法</td></tr>
</table>

9.2.2 极限与配合（GB/T 1800.1—2009，GB/T 4458.5—2003）

在成批零件的加工过程中，要求零件具有互换性，即装配时不需要选择或修配即可将零件顺利地装配在机器上。为满足零件的互换性要求，零件的尺寸没有必要制作得绝对准确，在满足零件力学性能的前提下，对其尺寸有一允许的变动范围，即极限。

1. 极限与配合的相关术语

（1）公称尺寸　由图样规范确定的理想形状要素的尺寸，如图 9-12 中的 ϕ40mm。

（2）实际尺寸　实际测量所得的尺寸。

（3）极限尺寸　允许尺寸变动的极限值，即合格零件尺寸的变化范围。如图 9-12 所示，在两个极限值中，允许的最大尺寸称上极限尺寸，允许的最小尺寸称下极限尺寸，上极限尺寸为 ϕ40.007mm，下极限尺寸为 ϕ39.982mm。

（4）尺寸偏差（简称偏差）和极限偏差　某一尺寸减其公称尺寸所得的代数差，称为尺寸偏差。极限偏差包括上极限偏差和下极限偏差，即

上极限偏差 = 上极限尺寸 - 公称尺寸

下极限偏差 = 下极限尺寸 - 公称尺寸

上、下极限偏差可以是正值、负值或零。孔的上、下极限偏差分别用大写字母 ES 和 EI 表示，轴的上、下极限偏差分别用小写字母 es 和 ei 表示。如图 9-12 所示，孔的上、下极限偏差为

$$上极限偏差\ ES = 40.007mm - 40mm = +0.007mm$$

$$下极限偏差\ EI = 39.982mm - 40mm = -0.018mm$$

（5）尺寸公差（简称公差）　允许尺寸的变动量，即

$$公差 = 上极限尺寸 - 下极限尺寸 = 上极限偏差 - 下极限偏差$$

公差永远是正值。如图 9-12 所示的公差为

$$公差 = 40.007mm - 39.982mm = 0.007mm - (-0.018)mm = 0.025mm$$

（6）公差带　如图 9-13 所示，以公称尺寸所在的一条直线为零线，由代表上、下极限偏差或上、下极限尺寸的两条直线所限定的一个区域称为公差带，它与公称尺寸一起组成公差带图解。公差带图解反映了公差的大小，以及相对于零线的位置。

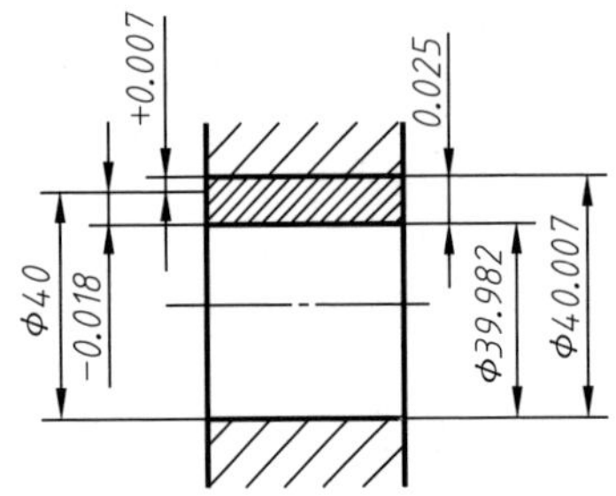

图 9-12　公差带示意图

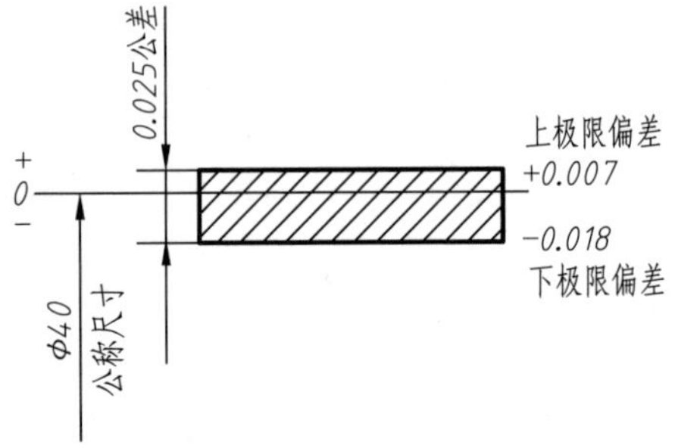

图 9-13　公差带图解

（7）标准公差等级　确定尺寸精度的等级。它分为 20 个等级，即 IT01、IT0、IT1～IT18，随着标准公差等级 IT 值的增大，尺寸精度降低，标准公差值增大。

（8）标准公差　由公称尺寸和标准公差等级确定的公差。

例如，公称尺寸为 ϕ40mm，标准公差等级为 IT7，查附表 B-1 可知其标准公差为 25 μm。

（9）基本偏差　用以确定公差带相对于零线位置的上极限偏差或下极限偏差，一般指靠近零线的那个偏差。如图 9-14 所示，若公差带位于零线之上，则基本偏差为下极限偏差；若公差带位于零线之下，则基本偏差为上极限偏差。

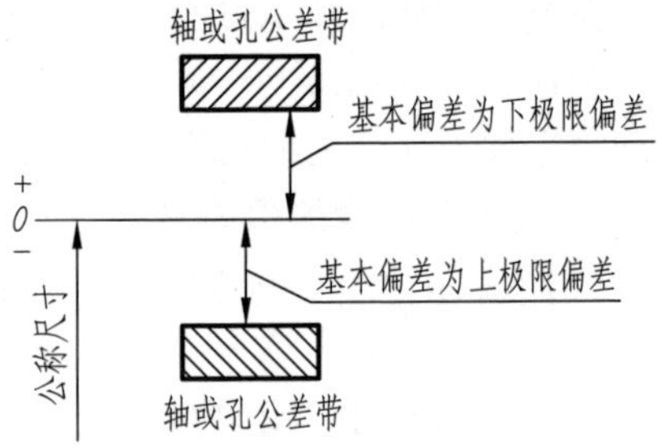

图 9-14　基本偏差

国家标准规定孔和轴各有 28 个基本偏差，用拉丁字母表示基本偏差代号，孔的基本偏差代号用大写字母，轴的基本偏差代号用小写字母。图 9-15 所示为基本偏差系列图，其中，孔的基本偏差 A～H 为下极限偏差，J～ZC 为上极限偏差；轴的基本偏差 a～h 为上极限偏差，j～zc 为下极限偏差；JS 和 js 对称于零线，其基本偏差为±IT/2。

（10）公差带代号　轴、孔的尺寸公差可用公差带代号表示，其由基本偏差代号和标准公差等级代号组成，如孔的公差带代号 H8 和轴的公差带代号 f7。

例如，查表绘制 ϕ40H8 孔和 ϕ40f7 轴的公差带图解。

1）由附录 B 的表 B-1 可知，公称尺寸为 40mm，公差等级为 IT8，查得其标准公差为 39μm；公称尺寸为 40mm，公差等级为 IT7，查得其标准公差为 25μm。

2）由附录 B 的表 B-3 可知，孔的公称尺寸为 40mm，基本偏差 H 为下极限偏差，其值为 0，即 EI＝0，则上极限偏差 ES＝EI+IT8＝0+39μm＝+39μm。

3）由附录 B 的表 B-2 可知，轴的公称尺寸为 40mm，基本偏差 f 为上极限偏差，其值为 −25μm，即 es＝− 25μm，则下极限偏差 ei＝es−IT7＝−25μm−25μm＝−50μm。

4）绘制的公差带图解如图 9-16 所示。

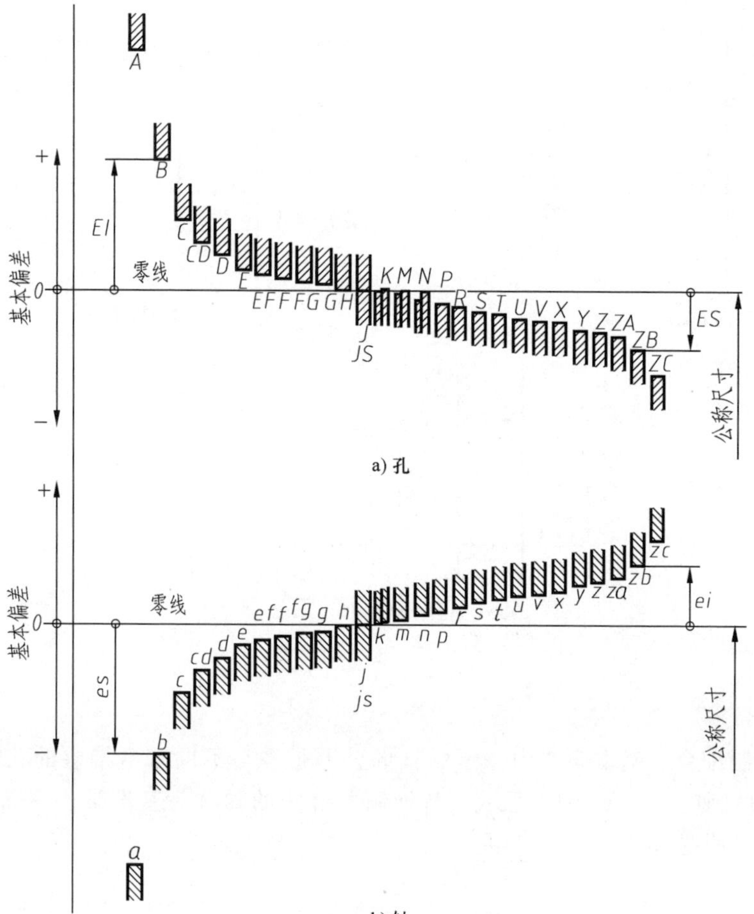

a) 孔

b) 轴

图 9-15　基本偏差系列图

2. 配合的种类

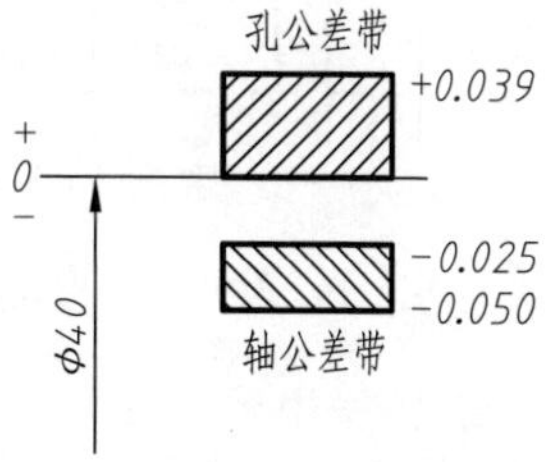

图 9-16　尺寸公差带图解

公称尺寸相同、相互结合的孔和轴的公差带之间的关系称为配合。配合反映了轴与孔之间配合的松紧程度，国家标准将配合分为三类，即间隙配合、过盈配合、过渡配合。

（1）间隙配合　具有间隙（包括最小间隙等于零）的配合。此时，孔的公差带在轴的公差带之上，如图 9-17a 所示。

（2）过盈配合　具有过盈（包括最小过盈等于零）的配合。此时，孔的公差带在轴的公差带之下，如图 9-17b 所示。

（3）过渡配合　可能具有间隙或过盈的配合。此时，孔的公差带与轴的公差带相互交叠，如图 9-17c 所示。

3. 配合制

配合制是同一极限制的孔和轴组成的一种配合制度。国家标准规定的配合制有两种，即基孔制和基轴制。

（1）基孔制配合　基本偏差为一定的孔的公差带，与不同基本偏差的轴的公差带形成各种配合的制度，如图 9-18 所示。基孔制配合中的孔称为基准孔，用基本偏差代号 H 表示，

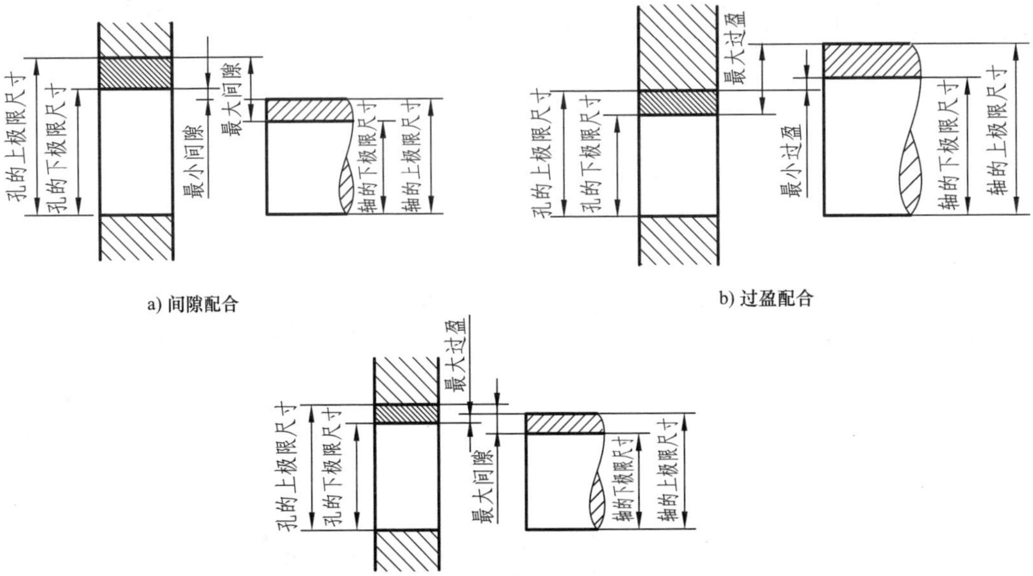

a) 间隙配合

b) 过盈配合

c) 过渡配合

图 9-17　配合的种类

其下极限偏差为零。

（2）基轴制配合　基本偏差为一定的轴的公差带，与不同基本偏差的孔的公差带形成各种配合的一种制度，如图 9-19 所示。基轴制配合中的轴称为基准轴，用基本偏差代号 h 表示，其上极限偏差为零。

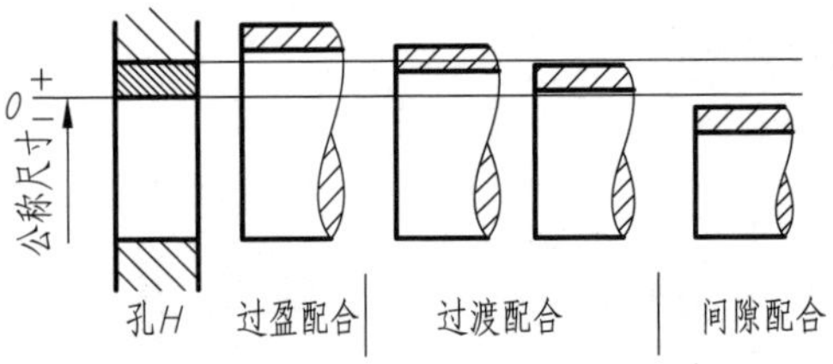

图 9-18　基孔制配合

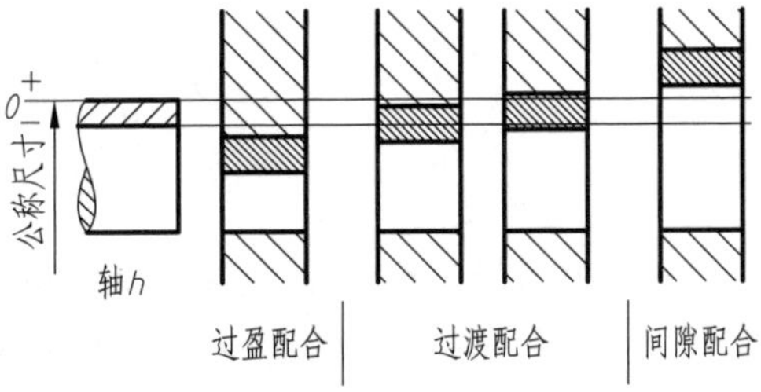

图 9-19　基轴制配合

4. 图样中的标注

装配图中配合尺寸的标注如图 9-20 所示，在公称尺寸 ϕ40mm 后面用分式形式 $\frac{H8}{f7}$ 或 H8/f7 表示，分子表示孔的公差带代号，分母表示轴的公差带代号。

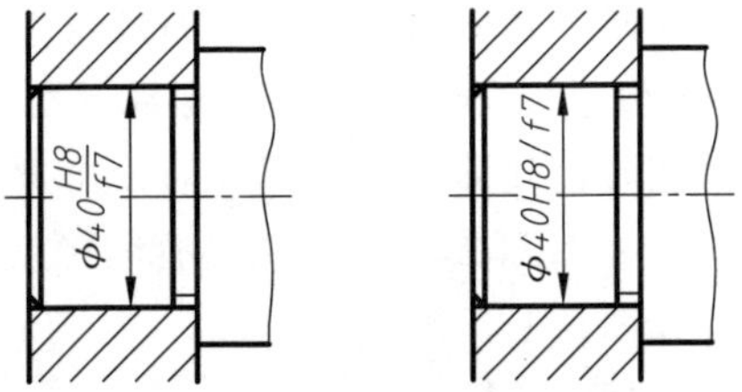

图 9-20　装配图中配合尺寸的标注

零件图中尺寸公差的标注有三种形式：在公称尺寸之后注出公差带代号，如图 9-21a 所示；在公称尺寸之后注出极限偏差数值，如图 9-21b 所示；在公称尺寸之后同时注出公差带代号和极限偏差数值，其中极限偏差数值要加括号，如图 9-21c 所示。

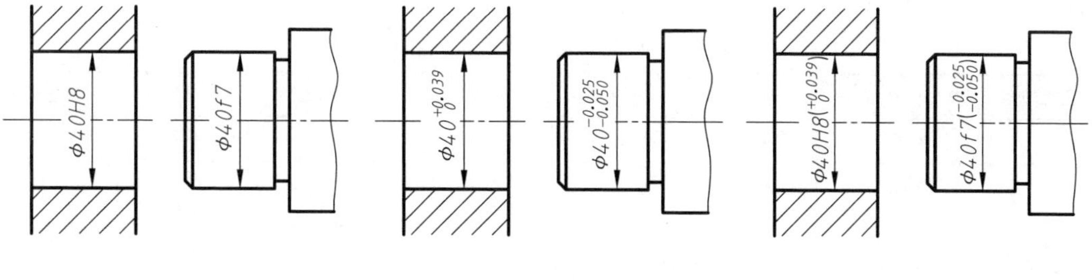

图 9-21 零件图中公差的标注

注意：在采用标注极限偏差的方式时，上极限偏差注在公称尺寸右上方，下极限偏差应与公称尺寸标注在同一底线上；偏差数值的数字应比公称尺寸的数字小一号；上、下极限偏差前面必须标出正、负号（零除外）；上、下极限偏差的小数点必须对齐，小数点后的位数也必须相同；当上极限偏差或下极限偏差为零时，仍需标注“0”，并与下极限偏差或上极限偏差小数点前的个位对齐，如 $\phi40^{+0.039}_{0}$ mm；当上、下极限偏差数值相等时，偏差只注写一个，且在前面加符号“±”，并与公称尺寸数字高度相同，如（ϕ40±0.012）mm。

9.2.3 几何公差（GB/T 1182—2008）

1. 基本概念

在加工过程中，不仅零件的尺寸可能产生误差，其形状和各部分的相对位置也可能出现误差。如图 9-22 所示，加工轴时可能出现轴线弯曲的情况，这种在形状上产生的误差称为形状误差。如图 9-23 所示，加工阶梯轴时可能出现各圆柱段轴线不在同一直线上的情况，这种在相对位置关系上产生的误差称为位置误差。这两种误差允许的最大变动量，称为几何公差。

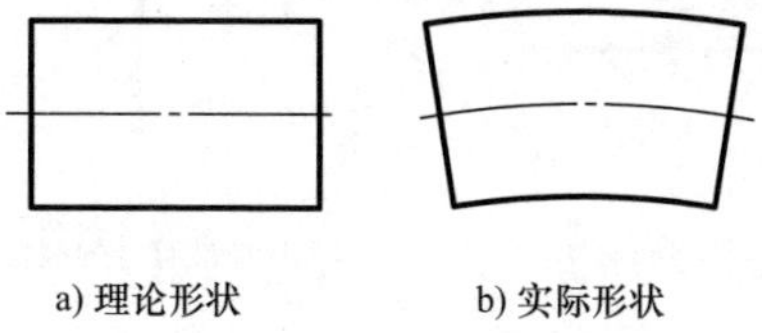

图 9-22 形状误差（直线度误差）

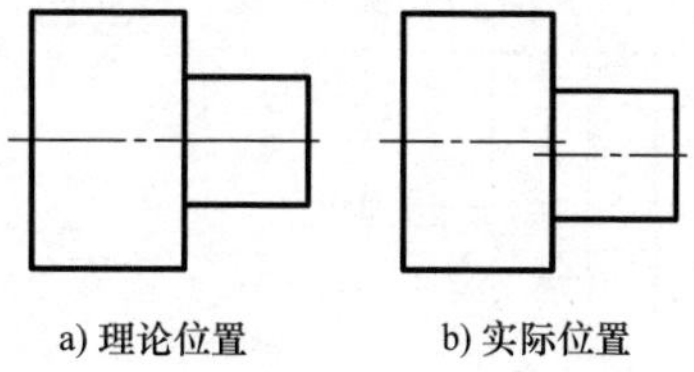

图 9-23 位置误差（同轴度误差）

如果在加工零件过程中产生的几何误差过大，将会影响零件的产品质量。为保证机械产品的质量，必须按零件的功能需求，在图样上规定这些几何误差的允许变动量，即几何公差，包括形状公差、方向公差、位置公差和跳动公差。

2. 几何公差的几何特征和符号

几何公差的几何特征和符号见表 9-6。

3. 几何公差的标注

标注几何公差时，一般应标注公差框格、被测要素、基准符号（形状公差无基准符号）。

（1）公差框格 用公差框格标注几何公差时，要求将公差注写在划分成两格或多格的矩形框格内，公差框格用细实线绘制，如图 9-24a 所示，各格按自左至右的顺序标注以下内容：

表 9-6　几何公差的几何特征和符号

公差类型	几何特征	符号	有无基准	公差类型	几何特征	符号	有无基准
形状公差	直线度	—	无	位置公差	位置度	⌖	有或无
	平面度	⏥	无		同心度（用于中心点）	◎	有
	圆度	○	无				
	圆柱度	⌭	无		同轴度（用于轴线）	◎	有
	线轮廓度	⌒	无				
	面轮廓度	⌓	无				
方向公差	平行度	//	有		对称度	⌯	有
	垂直度	⊥	有		线轮廓度	⌒	有
	倾斜度	∠	有		面轮廓度	⌓	有
	线轮廓度	⌒	有	跳动公差	圆跳动	↗	有
	面轮廓度	⌓	有		全跳动	⌰	有

1）几何特征符号。

2）公差值。以线性尺寸单位表示的量值。若公差带为圆形或圆柱形，则公差值前应加符号“ϕ”；若公差带为圆球形，则公差值前应加符号“$S\phi$”。

3）基准。用一个大写字母表示单个要素基准；或按基准的优先顺序自左至右填写在各框格内表示两个或三个基准，如图 9-24b 所示。

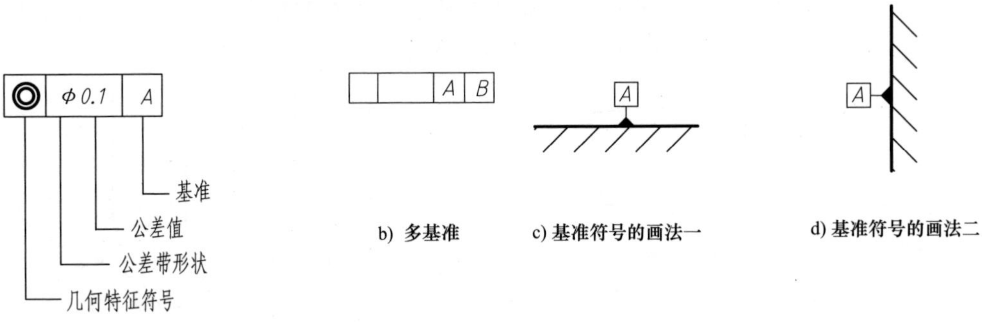

a）公差框格的含义　b）多基准　c）基准符号的画法一　d）基准符号的画法二

图 9-24　几何公差框格和基准符号的画法

（2）被测要素　用带箭头的细实线指引线连接被测要素和公差框格。当被测要素为中心线、中心平面、中心点时，指引线箭头位于该要素的尺寸线延长线上，如图 9-25a、b 所示。当被测要素为轮廓线、轮廓面时，箭头指向该要素的轮廓线或其延长线上，并应与尺寸线箭头错开，如图 9-25c、d、e 所示。

（3）基准　与被测要素相关的基准用一个大写字母表示，字母标注在基准框格内，与一个涂黑的三角形相连来表示基准，如图 9-24c 所示。标注基准的字母还应标注在公差框格内，表示基准名称的字母水平书写，如图 9-24d 所示。

当基准要素为中心线、中心平面、中心点时，基准三角形应放置在相应尺寸线的延长线上，如图 9-25b 所示。若被测要素为轮廓线或轮廓面，则基准三角形应放置在轮廓线或其延长线上，并与尺寸线明显错开，如图 9-25d、f 所示。

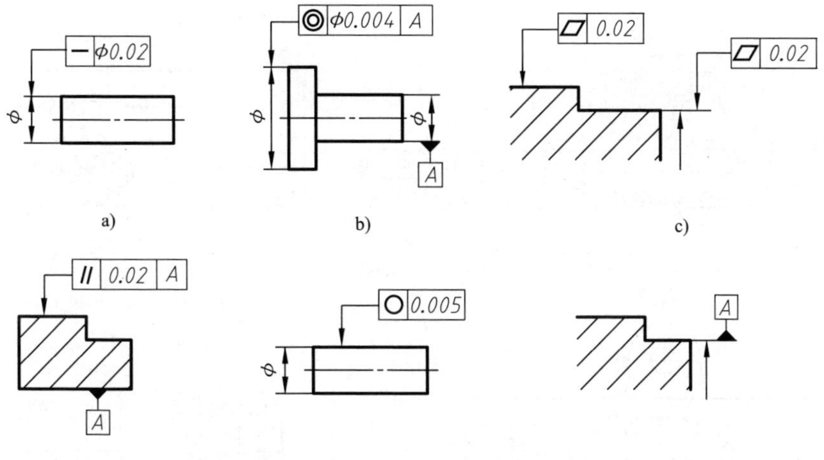

图 9-25　几何公差的标注

几何公差的标注示例如图 9-26 所示。

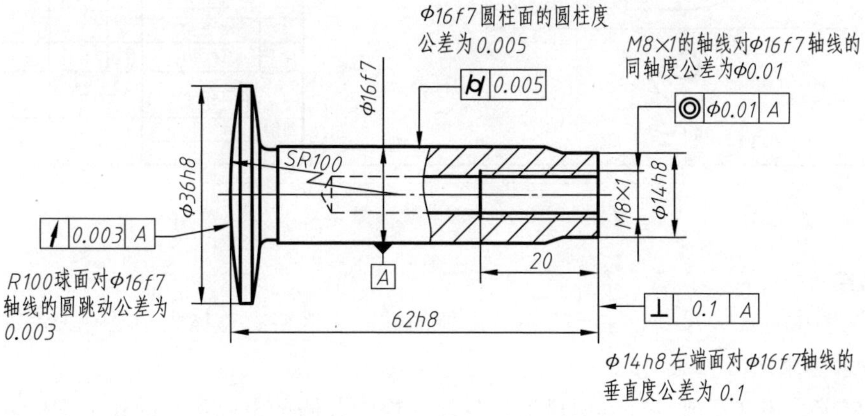

图 9-26　几何公差的标注示例

9.3　装配图简介

用来表达机器或部件的图样称为装配图，如图 9-27 所示。

9.3.1　装配图的作用和内容

在设计过程中，一般都是先画出装配图，再根据装配图设计和绘制零件图。装配图应表达出机器或部件的工作原理，以及各零件之间的装配关系。在生产过程中，装配图是指导设计、制造、装配、检验及维修等工作的重要技术文件，所以装配图应具有以下内容。

1. 一组图形

用一组图形正确、完整、清晰地表达装配体的工作原理、零件之间的装配关系以及主要零件的基本结构形状。

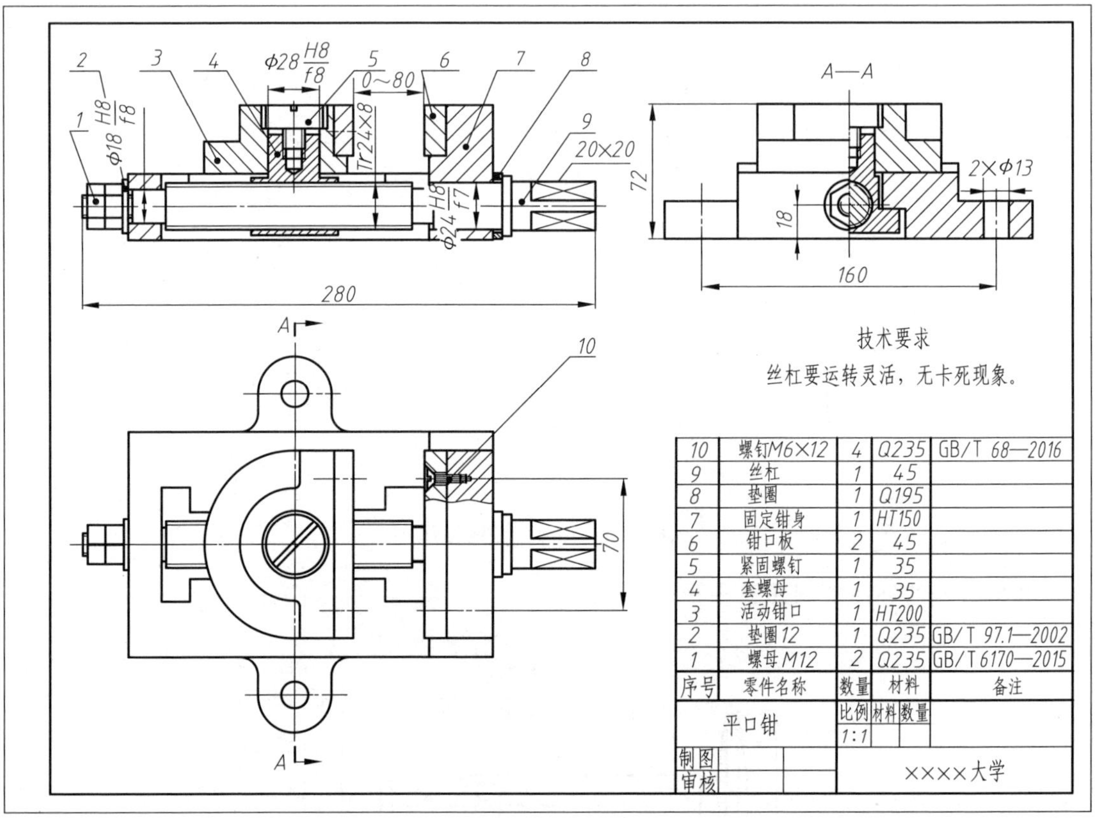

图 9-27　装配图

2. 几类尺寸

在装配图中标注的尺寸，主要表示装配体的性能、规格、总体大小及有关尺寸等。

3. 技术要求

技术要求是用文字或符号说明机器在装配、检验、调试中应达到的技术指标。有些技术指标在图样上无法标注时，可用文字的形式写在明细栏的上方。

4. 零件编号、明细栏和标题栏

在装配图中每个零件都应有编号，以便于看图。明细栏用来说明部件中各零件的名称、数量、材料和代号。标题栏中应写明机器或部件的名称、代号、画图比例等。

9.3.2　装配图的表达方法

第 7 章所介绍的视图、剖视图及断面图等表达方法，同样适用于装配图。但是，零件图所表示的是单个零件，而装配图所表达的则是由若干零件组成的部件。因此，除了前面章节介绍的各种表达方法外，还有关于装配图的规定画法和特殊画法。

1. 装配图的规定画法

为了读装配图时正确区分不同零件，在画装配图时应遵守以下规定：

1）两个零件的接触表面和配合表面都只画一条线，不接触表面或非配合表面画两条线。

2）在剖视图中，相接触的两零件的剖面线方向相反。当三个零件相邻时，其中两个零件的剖面线倾斜方向一致，但间隔不等，或使剖面线相互错开，如图 9-28a 所示。

3）在装配图中，对螺栓、螺钉、螺母、螺柱等紧固件及实心零件如轴、销、键等，当剖切平面通过其轴线时，这些零件按不剖绘制，如图 9-28b 所示。

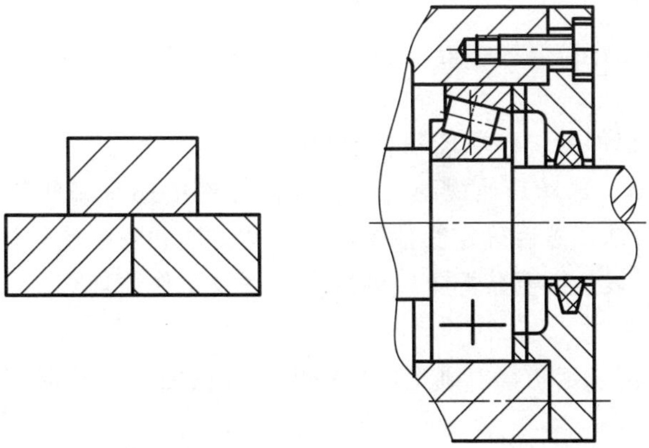

a)　　b)

图 9-28　装配图的规定画法

2. 装配图的特殊画法

（1）拆卸画法　为了表示装配体内部或后面的装配情况，可假想沿某些零件的结合面剖切绘制图形，此时结合面上不画剖面线，但其他的被切零件应画出剖面线；也可假想拆去某些零件绘制图形，可加标注“拆去零件××”，如图 9-29 中的左视图所示。

（2）假想画法　与本部件有关的相邻零件或部件可用双点画线画出其轮廓。对于运动件的极限位置，也用双点画线画出，如图 9-29 中的主视图所示。

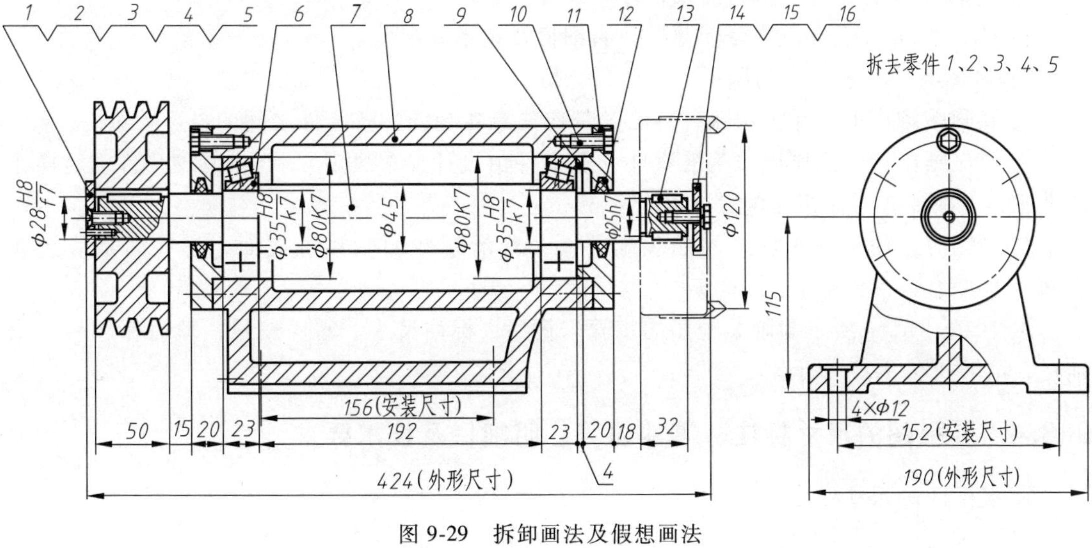

图 9-29　拆卸画法及假想画法

9.3.3 装配图的画图方法

1. 视图的选择

选择装配图视图的基本要求：必须把机器或部件的工作原理和装配关系表达清楚，对主要零件的基本形状也要反映清楚。

（1） 主视图的选择

1） 要考虑部件的工作位置，最好按照工作位置画装配图。当工作位置倾斜时，要正过来画。

2） 要有利于表达部件的工作原理和装配关系。

（2） 确定其他视图　选择其他视图时，要分析部件中还有哪些装配关系和主要零件的基本形状还没有表达清楚，然后确定其他视图的表达方法和视图的数量，以弥补主视图的不足。其他视图主要用于表达次要装配干线的装配关系及工作原理。

2. 画装配图的步骤

1） 定方案，定比例，定图幅。确定部件的表达方案之后，根据部件的大小选择画图比例，确定图幅。

2） 合理布图，画出基准。根据部件的表达方案，合理布置各个视图，留出标注尺寸、零件序号、标题栏、明细栏和技术要求的位置，画出各视图的主要轴线、对称中心线和作图基准线，如图 9-30a 所示。

3） 确定画图顺序。先画主要零件的轮廓线，一般先从主视图画起，然后按投影关系画出其他视图。也可根据具体情况先画其他视图。

在画零件的先后顺序上，一般的顺序是由内向外画：先画轴，并以轴为基础，按照装配关系画出轴上的各个零件；然后画外部的零件，如箱体、端盖及连接件等。这样画的优点是可以避免多画被挡住零件的不可见轮廓线，图形清晰，如图 9-30b 所示。

也可以从外往内画，就是从部件的机体出发，逐次向内画出各个零件。这样画的优点是便于从整体布局，外部的零件尺寸确定以后，其余部分也很容易确定下来。

4） 底稿完成后加深，画剖面线，标注尺寸。

5） 对零件进行编号，填写标题栏、明细栏及技术要求。

6） 画图时应注意以下问题：

① 在画图顺序上，无论用哪种方法，都应注意各视图、各零件之间的投影关系。

② 要先画出起定位作用的基准零件（基准件由设计要求决定），再画其他零件。这样作图准确，可保证各零件相互位置准确。

③ 画图时，注意各零件之间的装配关系，分清哪些面是接触表面，哪些面是非接触表面。

图 9-30a、b、c 所示为画装配图的步骤。最后，标注尺寸、零件编号，填写标题栏、明细栏，结果如图 9-27 所示。

9.3.4 装配图的尺寸标注、零件编号、明细栏及技术要求

1. 装配图的尺寸标注

装配图的尺寸标注与零件图不同，在装配图中，只需标注以下几类尺寸。

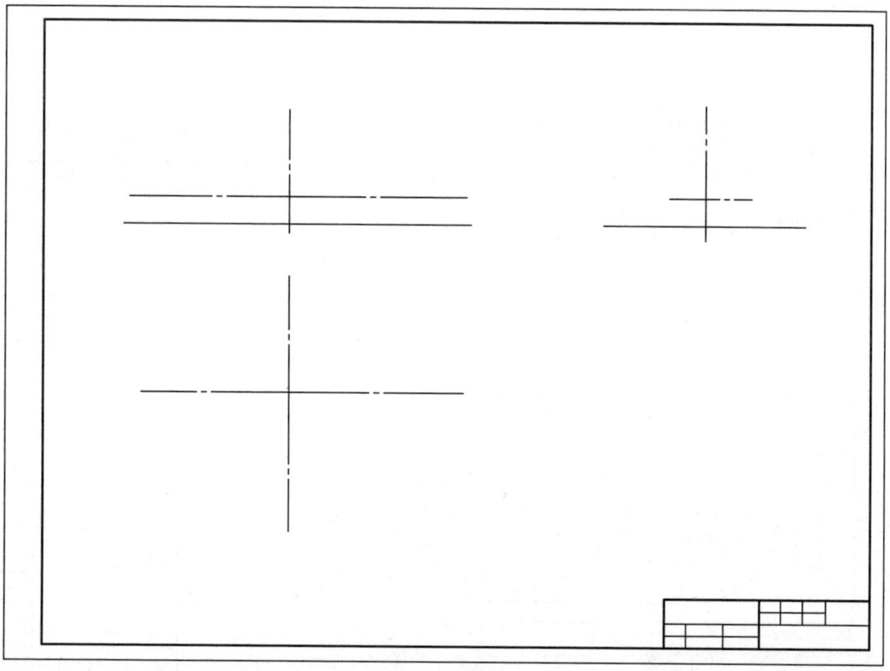

a) 画图框、确定各视图的基准线

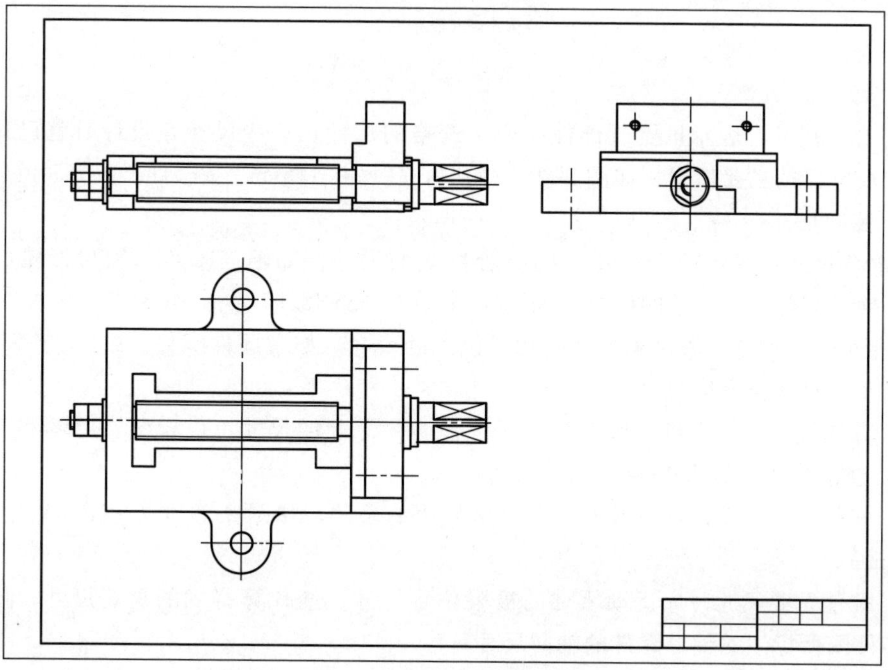

b) 画主体零件及主要相邻零件

图 9-30 画装配图的步骤

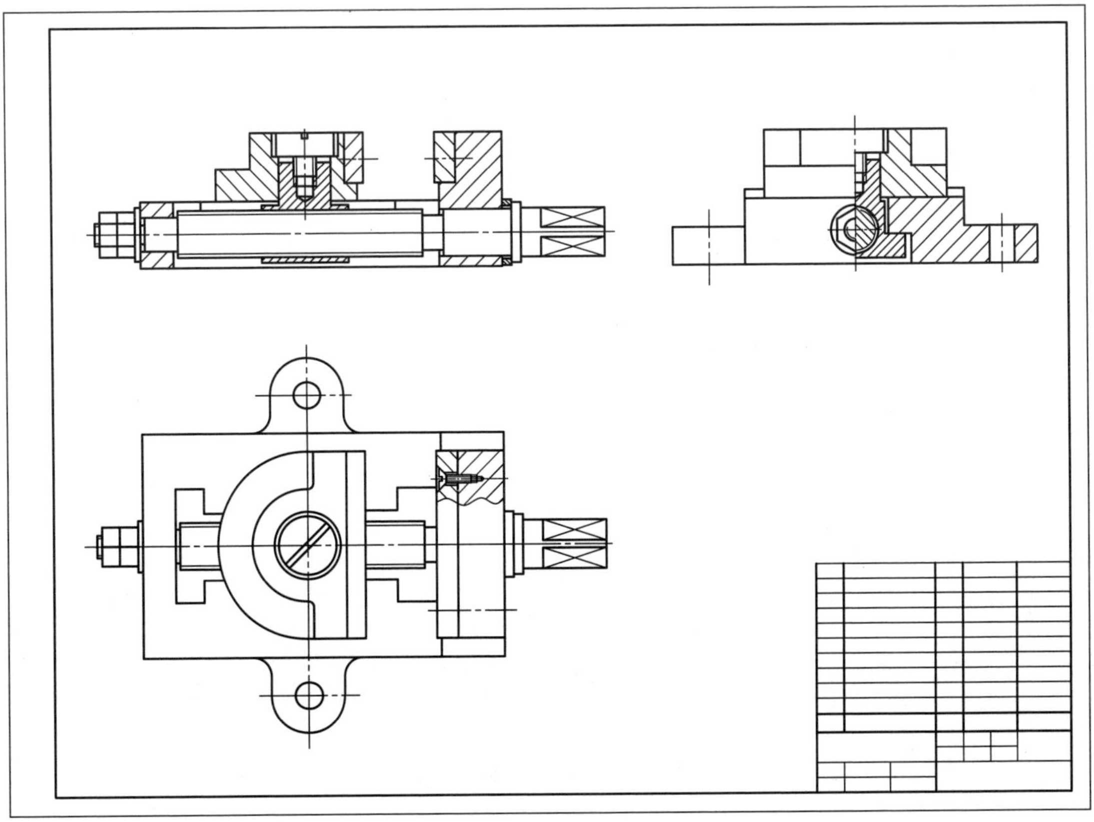

c) 依次画其他零件

图 9-30　画装配图的步骤（续）

（1）规格尺寸　表示机器或部件性能和规格的尺寸。这些尺寸在设计时就已确定，是了解和选用机器的主要依据，如图 9-29 中的中心高尺寸 115mm、铣刀的直径尺寸 ϕ120mm。

（2）装配尺寸

1）配合尺寸：表示两个零件之间配合性质的尺寸，如轴与轴承、轴与带轮的配合尺寸。它是确定零件尺寸偏差的依据，如图 9-29 中的 ϕ35H8/k7 及 ϕ28H8/f7。

2）相对位置尺寸：表示零件之间相对位置的尺寸。如紧固件螺钉、螺栓、销等的定位尺寸，以及一对啮合齿轮的中心距尺寸。

（3）总体尺寸　表示机器或部件总长、总宽、总高的尺寸，供包装、运输和安装时参考。例如，图 9-29 中的 424mm 为总体尺寸。

（4）安装尺寸　将部件安装到机器上所使用的尺寸，如图 9-29 中左视图的底孔中心距尺寸 152mm。

（5）其他重要尺寸　如运动零件的极限位置尺寸，经计算得到的重要尺寸，便于装配及拆画零件图所标注的轴上零件的轴向尺寸等。

2. 零件编号

为了便于看图和进行图样管理，在装配图中需要对每个零件进行编号。零件的编号应遵守下列规定：

1）每一种零件只编一个序号，要沿水平或垂直方向，按顺时针或逆时针排列整齐，如图 9-29 所示。

2）编号形式。指引线从所指零件引出，并在末端画一圆点，在指引线顶端画水平线或圆圈（均用细实线画出），在水平线或圆圈内写明该零件的序号，如图 9-31a 所示。一组紧固件及装配关系清楚的零件组，允许采用公共指引线，如图 9-31c 所示。

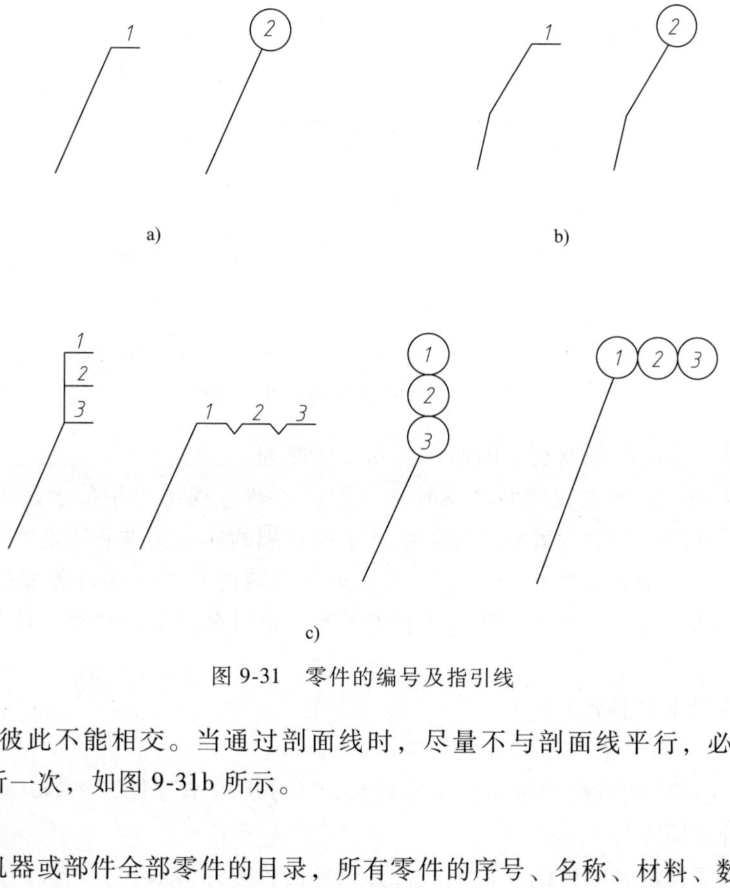

图 9-31 零件的编号及指引线

3）指引线彼此不能相交。当通过剖面线时，尽量不与剖面线平行，必要时可画成折线，但只能弯折一次，如图 9-31b 所示。

3. 明细栏

明细栏是机器或部件全部零件的目录，所有零件的序号、名称、材料、数量及标准件的代号等都要填写在明细栏内。明细栏画在标题栏的上方，外框线和竖直分格线为粗实线，横向分格线为细实线。零件的编号顺序是由下往上，以便增加零件时继续往上写。标题栏及明细栏的格式如图 9-32 所示。

4. 技术要求

在装配图中，要写出对部件的技术要求，内容包括对部件的性能要求及在装配、安装、检验、使用等方面的要求。

9.3.5 读装配图和拆画零件图

在实际工作中，经常会遇到读装配图的问题。其目的是搞清机器或部件的性能、工作原理、装配关系及各零件的结构形状。

1. 读装配图的方法和步骤

（1）概括了解　通过看说明书及装配图的技术要求、标题栏，了解机器或部件的性能、

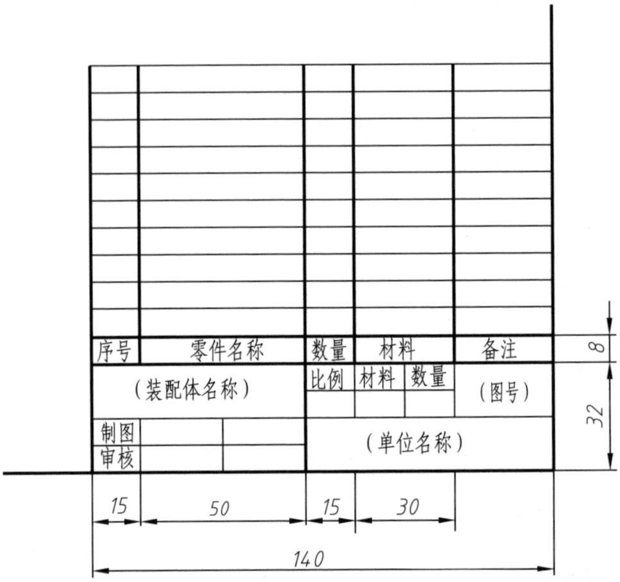

图 9-32 装配图的标题栏及明细栏

作用及工作原理。不同的机器有不同的作用和工作原理。

(2) 分析视图 先看主视图并联系其他视图，了解各视图采用的表达方法及各自的表达意图。分析零件间的相对位置和装配关系，了解它们的连接关系和固定方式。

(3) 分析尺寸 分析视图中的几类尺寸，重点看装配尺寸，通过各零件之间的配合尺寸和相对位置尺寸，可进一步了解部件的装配关系。通过公差配合代号，可分清它们的配合种类。

(4) 分析零件的结构形状

1) 利用零件的编号来区分出每个零件。

2) 利用规定画法和特殊画法中的连接关系，区分出每个零件。例如，通过剖面线的方向和间隔来区分不同零件。

根据投影关系找出各零件的其他投影，并想象出各零件的形状。

2. 由装配图拆画零件图

根据装配图画出每个非标准件的零件图，称为拆图。在设计过程中，一般都是先画装配图，然后根据装配图拆画零件图。只有在读懂装配图的前提下，才能正确拆画出零件图。拆画零件图时要注意以下几个问题：

(1) 选择视图 画零件图时，不一定按照零件在装配图中的视图位置，要根据零件的结构特点选择视图。

1) 轴类、盘类及回转体结构，应考虑加工位置。

2) 箱体、壳体、泵体及支架类，应考虑工作位置。

(2) 补充零件的结构

1) 补充在装配图中没有表达完整的零件结构。

2) 补充零件的工艺结构，如倒角、退刀槽、越程槽等，这些结构在装配图中是省略不画的，而在零件图中则必须画出。

（3）补充零件的尺寸　在装配图中只标注了几类尺寸，在零件图中则必须标出全部尺寸。在补充结构的基础上，也要把尺寸标注齐全。

（4）标注其他内容　标注零件表面的表面结构参数，填写技术要求，如图 9-33 所示为图 9-27 装配图拆画序号 7 的零件图。

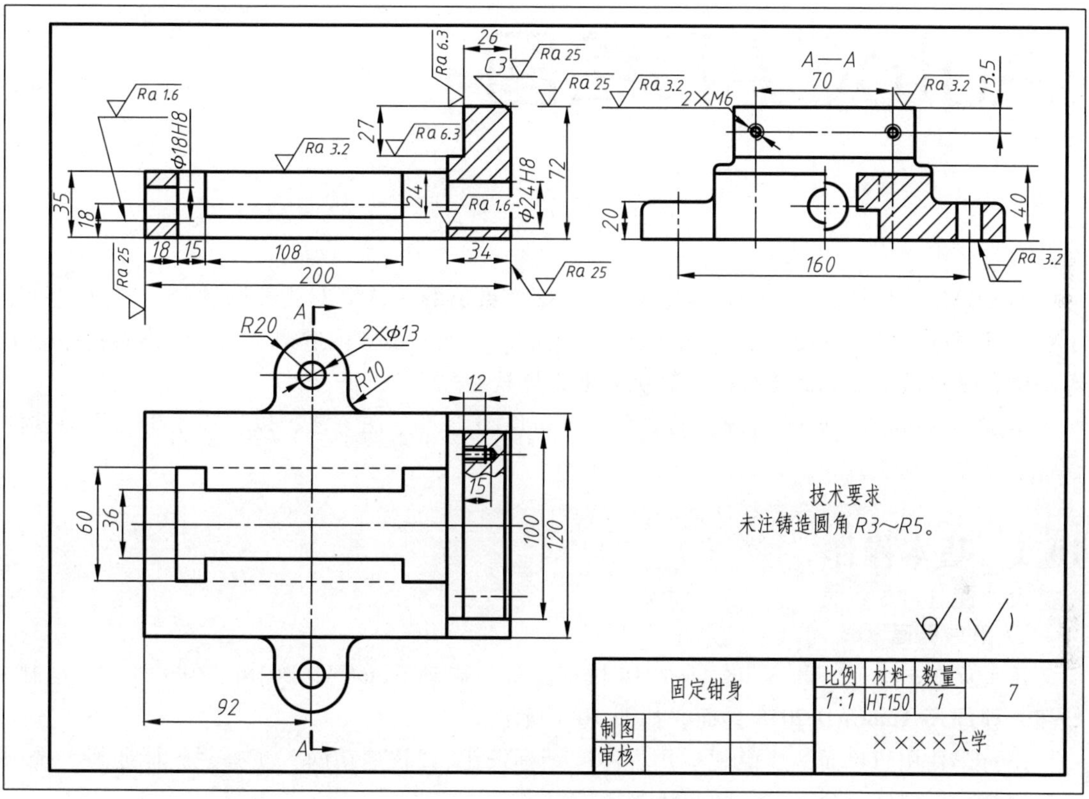

图 9-33　固定钳身零件图

第10章

AutoCAD绘图

AutoCAD 软件是美国 Autodesk 公司于 1982 年推出的一款交互式绘图软件，广泛应用于工业设计领域，能够方便、准确地绘制二维图形，实现三维实体造型、上色渲染及打印输出等功能，是目前世界上最流行的计算机辅助设计软件之一。

本节以 AutoCAD 2018 为例，简要介绍 AutoCAD 二维绘图方法，以培养学生运用该软件进行绘图设计的能力。

10.1 基本操作

1. 用户界面

用鼠标双击桌面上的 AutoCAD 2018 快捷图标，启动 AutoCAD 2018，单击“开始绘制”按钮，即进入 AutoCAD 2018 界面，如图 10-1 所示。

AutoCAD 用户界面主要由“应用程序”图标按钮、“快速访问”工具栏、标题栏、选项卡、面板、绘图区、命令提示区和状态栏等组成。

（1）“应用程序”图标按钮　单击“应用程序”图标按钮，打开图 10-2 所示“应用程序”菜单，可以搜索命令、访问常用工具、浏览文件。

（2）“快速访问”工具栏　快速访问常用的工具，如“新建”“打开”“保存”“打印”“放弃”“重做”，也可通过右边的按钮添加常用的工具。

（3）标题栏　标题栏显示当前正在运行的软件版本及图形文件名，默认的 AutoCAD 文件扩展名为 DWG。

（4）功能区选项卡和面板　功能区集合了工作空间中与任务相关联的图标按钮和控件，常用的选项卡有“默认”“插入”“注释”“输出”等，“默认”选项卡中有“绘图”“修改”“注释”等面板。

“绘图”面板提供创建图形对象的工具，对应图 10-5 所示的“绘图”工具栏。“修改”面板提供常用的修改对象工具，对应图 10-6 所示的“修改”工具栏。“注释”面板提供文字和尺寸标注的工具。

（5）绘图区　在 AutoCAD 中，绘图区是绘图的工作区域，所有绘图的结果都会反映在这个区域中。根据需要可单击功能区选项卡最后的隐藏面板按钮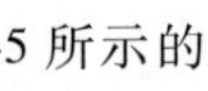，增加绘图区的空间。

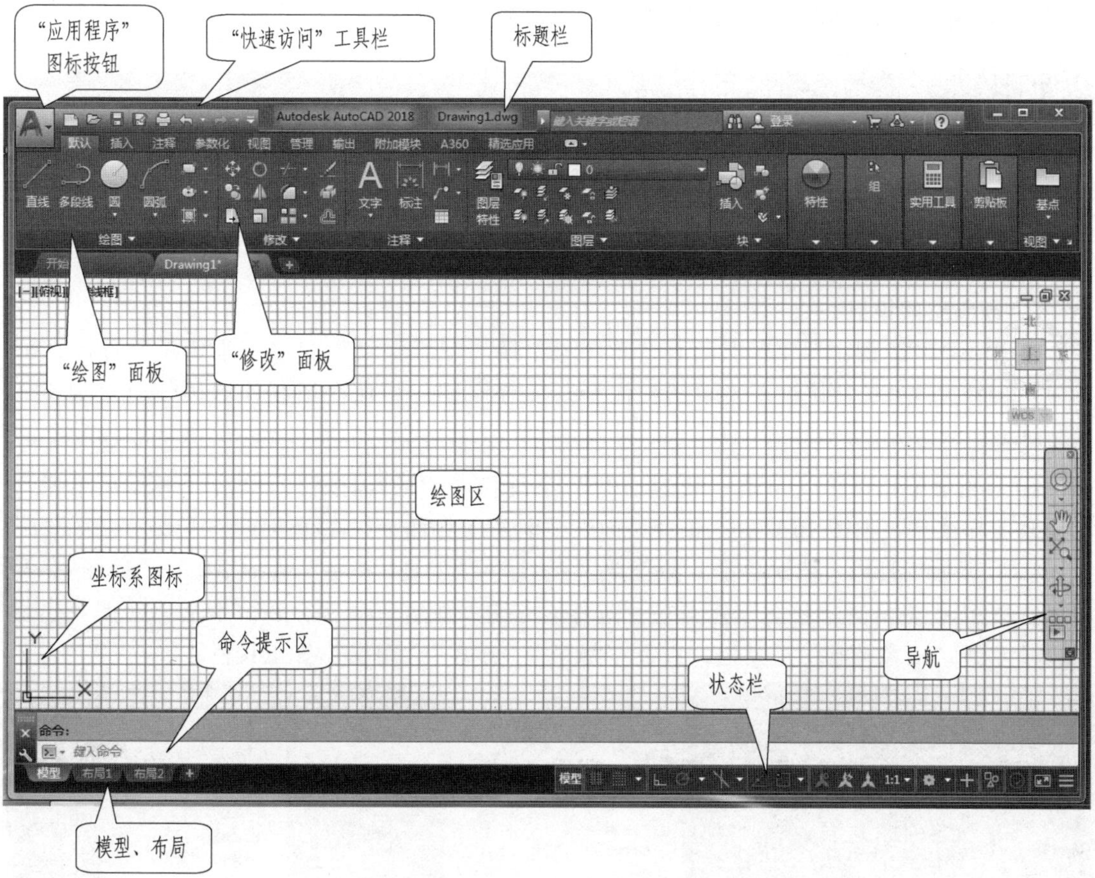

图 10-1 AutoCAD 2018 界面

绘图区的左下角显示当前的坐标系类型以及 *X*、*Y*、*Z* 轴的方向。默认情况下为世界坐标系（WCS）。

绘图区的底部有“模型”和“布局”两个选项卡，用于模型空间和图纸空间的切换。

（6）命令提示区 命令提示区位于绘图区的下方，用于接收输入的命令和提示下一步的操作。命令提示区也称文本区，是显示用户与 AutoCAD 交互信息的地方。按<F2>键可打开 AutoCAD 的文本窗口，显示命令执行的所有操作。

（7）状态栏 状态栏用来显示 AutoCAD 当前状态，有辅助绘图工具，可快速高效绘图，如图 10-3 所示，有“栅格”“正交”“极轴追踪”“对象捕捉追踪”“对象捕捉”“切换工作空间”等按钮，通过最后的“自定义”按钮可添加“线宽”“动态输入”等按钮。

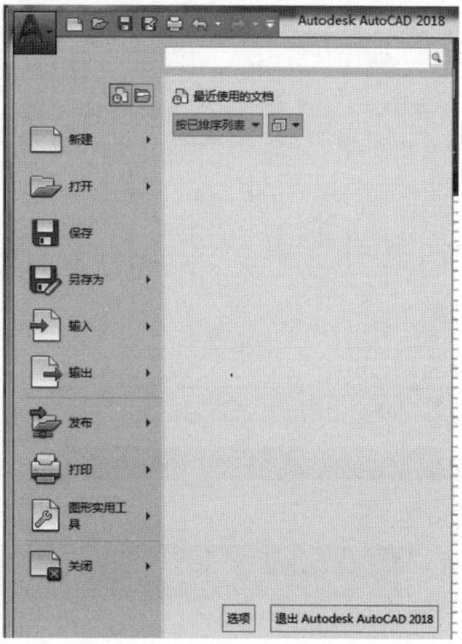

图 10-2 “应用程序”菜单

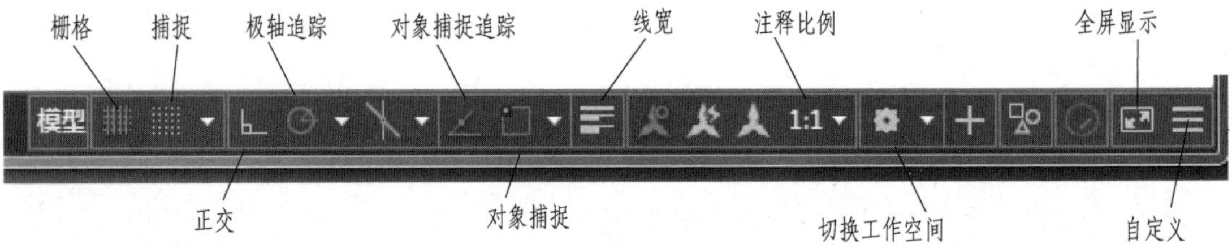

图 10-3 状态栏

2. 经典空间设置

AutoCAD2018 的主要工作空间有“草图与注释”“三维基础”和“三维建模”，启动 AutoCAD2018 后，系统默认进入“草图与注释”工作空间。下面介绍制作 AutoCAD 经典空间的方法。

（1）添加下拉菜单　单击“快速访问”工具栏右边的▼按钮，单击“显示菜单栏”，即出现下拉菜单，如图 10-4 中“快速访问”工具栏下方的下拉菜单。

（2）添加工具栏　依次单击下拉菜单“工具”→“工具栏”→“AutoCAD”→“绘图”，即可添加图 10-5 所示的“绘图”工具栏，按相同方法添加图 10-6 所示的“修改”工具栏、图 10-7 所示的“对象捕捉”工具栏，以及“标准”“样式”“图层”等工具栏。

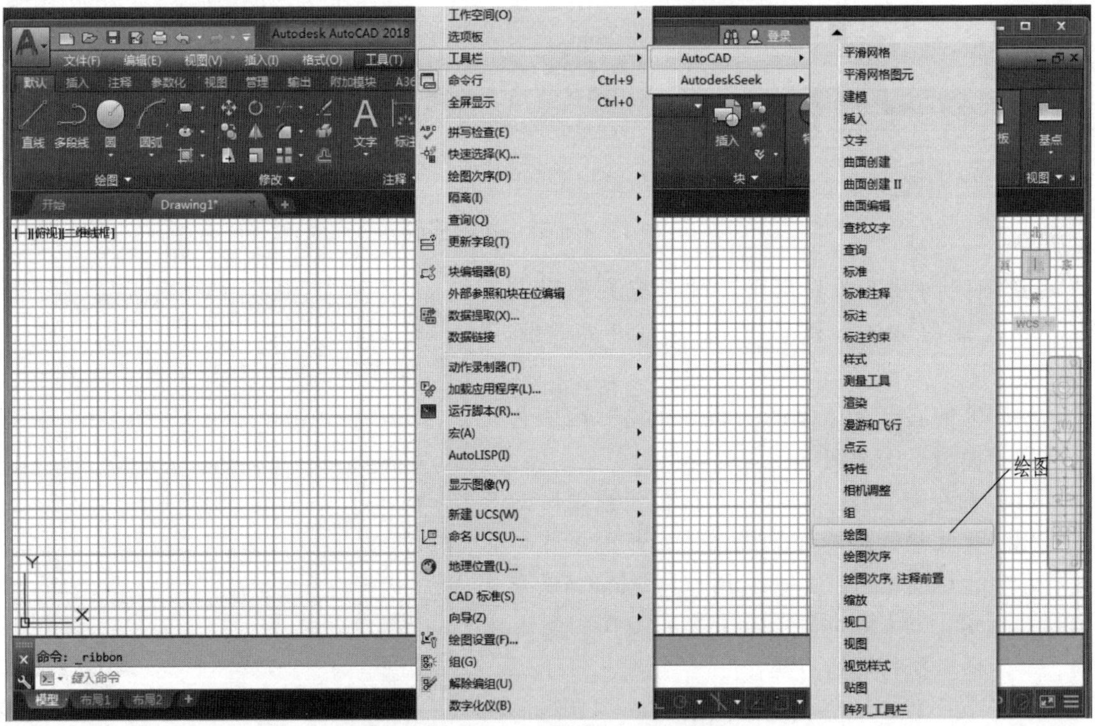

图 10-4 添加“绘图”工具栏界面

图 10-5 “绘图”工具栏

（3）隐藏功能区　单击下拉菜单“工具”→“选项板”→“功能区”，即可关闭功能区。

图 10-6 “修改”工具栏

图 10-7 “对象捕捉”工具栏

（4）隐藏文件选项卡 单击下拉菜单“工具”→“选项”。打开“选项”对话框，单击“显示”选项卡，取消勾选“显示文件”选项卡，单击“确定”按钮。

图 10-8 所示即是经典绘图界面，单击状态栏中的“切换工作空间”按钮→“将当前工作空间另存为…”按钮保存为经典工作空间，以便后面切换到经典工作空间，如图 10-9 所示。

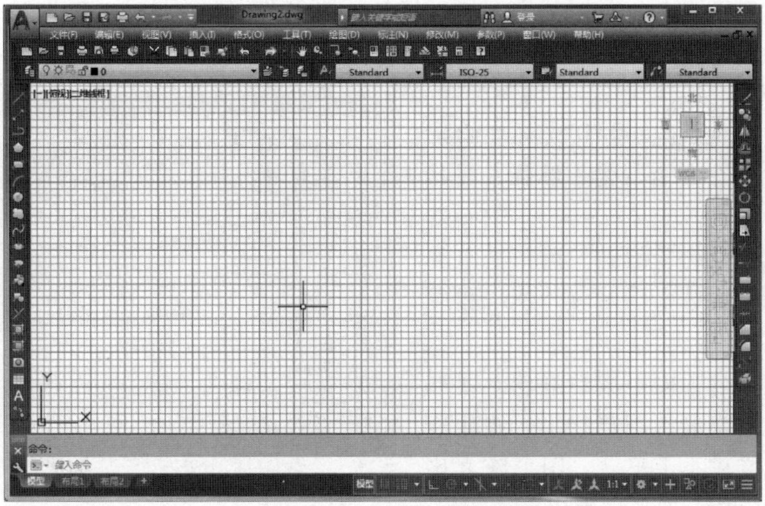

图 10-8 AutoCAD 经典绘图界面

3. 图形文件的基本操作

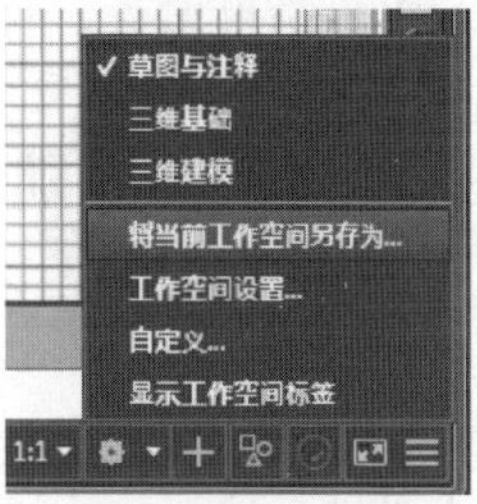

图 10-9 “切换工作空间”浮动菜单

（1）新建图形文件 启动 AutoCAD 2018，单击“开始绘制”按钮，系统自动新建一个“Drawing1. dwg”图形文件。新建图形文件的方法有以下三种：

1）单击“应用程序”图标按钮，选择菜单中的“新建”→“图形”命令。

2）单击“快速访问”工具栏中的新建图标按钮。

3）用键盘在命令提示区中输入 命令：new ↵（↵表示按 <Enter>键）。

以上方法均可弹出图 10-10 所示的“选择样板”对话框，可从中选择系统设定的样板文件。默认为 acadiso. dwt 公制样板文件，也可自己设定样板文件（见 10. 3 节）。单击“打开”按钮即可创建一新图形文件。

(2) 保存图形文件　可以将所绘的工程图以文件形式存盘，而不退出绘图状态。保存文件有以下三种方法：

1) 单击“应用程序”图标按钮，选择菜单中的“保存”。

2) 单击“快速访问”工具栏中的保存图标按钮。

3) 通过键盘在命令提示区中输入命令：save ↵。

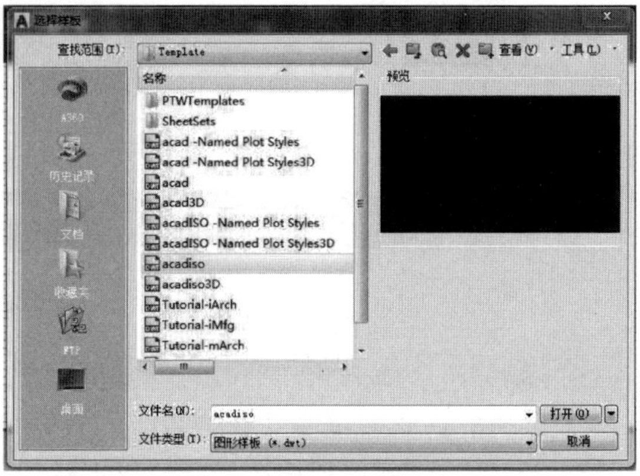

图 10-10　“选择样板”对话框

进行上述操作后，弹出图 10-11 所示的“图形另存为”对话框，默认存盘类型为 *.dwg。可在“文件类型”下拉列表框中选择低版本格式的 dwg 图形文件，也可选择标准文件（*.dws）、模板文件（*.dwt）、图形交换文件（*.dxf）等文件类型。

4. 鼠标功能

在绘图过程中，AutoCAD 光标在绘图区为十字形状，在命令行为 I 形状，在其他区域为箭头形状。

鼠标左键通常为拾取键，用于指定屏幕上的点、选中被单击的对象、执行相应命令等。

鼠标中键滚轮，向上滚动滚轮，图形放大，向下滚动滚轮，图形缩小；按住滚轮拖动，光标变成小手形状，图形随之移动；双击中键滚轮，图形极大化显示。

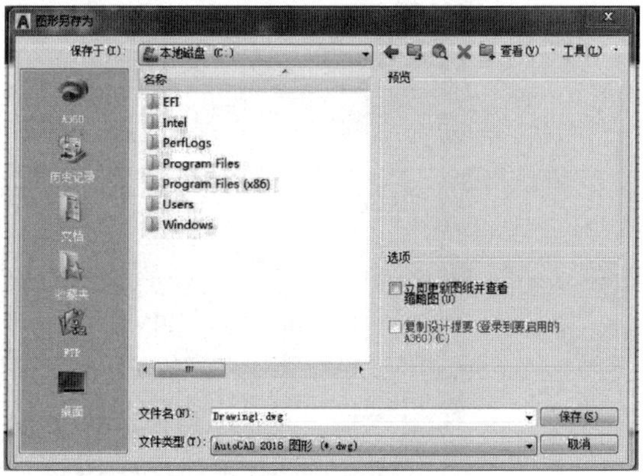

图 10-11　“图形另存为”对话框

鼠标右键为回车键，代替回车；单击右键可以结束命令，或弹出快捷菜单，或重复上次命令。

10.2　设计基础

1. 坐标系

AutoCAD 绘图使用的坐标系与手工绘图是一样的，即坐标原点位于图纸的左下角；*X* 轴为水平轴，向右为正；*Y* 轴为垂直轴，向上为正。绘制二维图形常用的坐标方式包括绝对坐标、相对坐标和相对极坐标等。

(1) 绝对坐标　绝对坐标是相对于原点的坐标，其输入形式为“X，Y”。例如，绘制图 10-12 所示的图形，若左下角起点坐标为（100，100），则坐标转换如图 10-13 所示，操作方法如下：

1) 单击“绘图”面板中的绘线命令按钮。

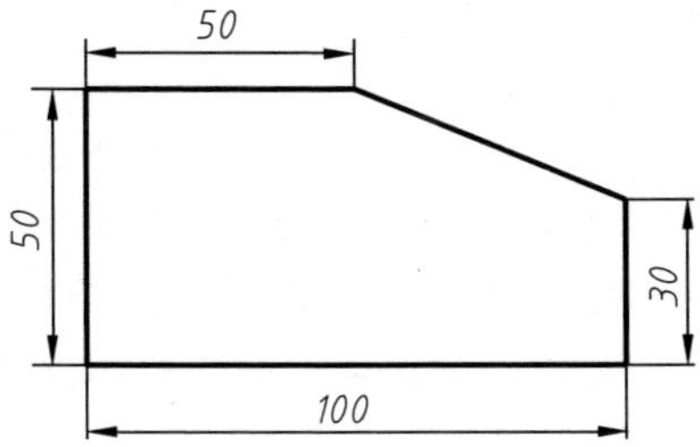

图 10-12　平面图形

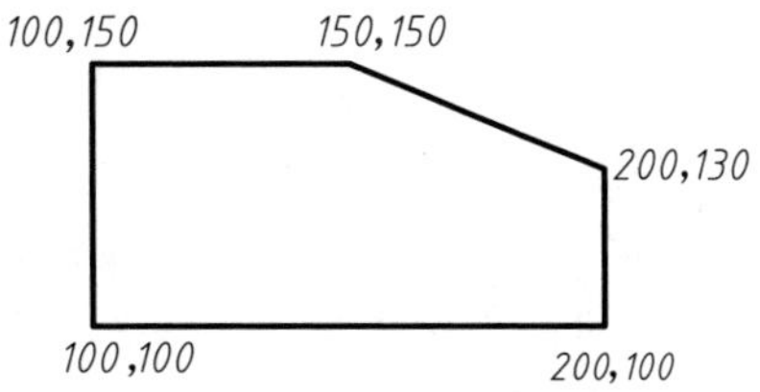

图 10-13　绝对坐标绘图

2）在命令提示区进行如下操作：

命令：_line 指定第一点：100,100↵

指定下一点或［放弃(U)］：200,100↵

指定下一点或［放弃(U)］：200,130↵

指定下一点或［闭合(C)/放弃(U)］：150,150↵（输入“U”表示擦去最后画的一条线）

指定下一点或［闭合(C)/放弃(U)］：100,150↵

指定下一点或［闭合(C)/放弃(U)］：c↵（首尾闭合并结束命令）

（2）相对坐标　相对坐标是输入相对于前一点的坐标，其输入形式为“@X，Y”。绘制图 10-14 所示图形的操作方法如下：

命令：line↵（键盘输入）

指定第一点：（在屏幕任意位置单击鼠标左键作为起点）

指定下一点或［放弃(U)］：@100,0↵

指定下一点或［放弃(U)］：@0,30↵

指定下一点或［闭合(C)/放弃(U)］：@-50,20↵

指定下一点或［闭合(C)/放弃(U)］：@-50,0↵

指定下一点或［闭合(C)/放弃(U)］：c↵

（3）相对极坐标　相对极坐标也是相对于前一点的坐标，该坐标是由指定点到前一点的距离以及两点连线与 *X* 轴正向的夹角来确定的，其输入方式为“@距离<角度”。绘制图 10-15 所示图形时，首先单击“绘图”面板中的绘线命令按钮，然后按以下步骤操作：

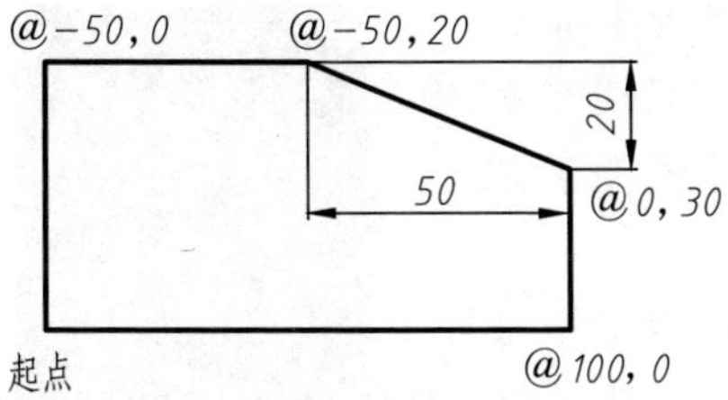

图 10-14　相对坐标绘图

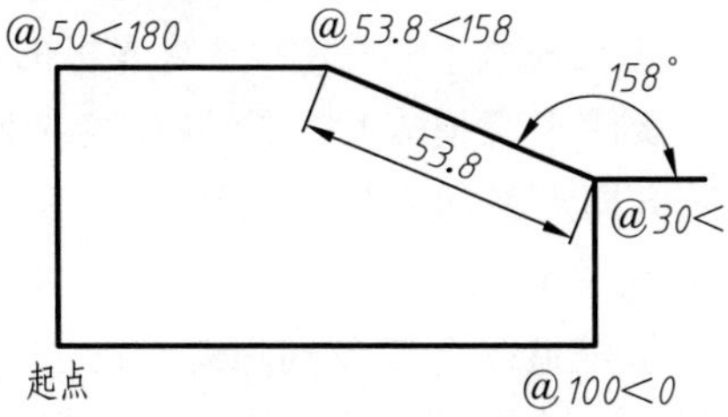

图 10-15　相对极坐标绘图

命令：_line 指定第一点：（在屏幕任意位置单击鼠标左键作为起点）

指定下一点或［放弃(U)］：@100<0↵

指定下一点或［放弃(U)］：@30<90↵

指定下一点或［闭合(C)/放弃(U)］：@53.8<158↵

指定下一点或［闭合(C)/放弃(U)］：@ 50<180↵

指定下一点或［闭合(C)/放弃(U)］：c↵

从上述可以看出，绝对坐标需根据给定的图确定点的坐标，比较繁琐。在绘图过程中若图形位置不合适，可平移整个图形，因此不需要确定图形起点坐标，一般采用相对坐标和相对极坐标。在状态栏中，默认“动态输入”是打开的，可不用输入@ 符号，系统自动按相对坐标 、相对极坐标绘图。在状态栏中单击“自定义”按钮，可在弹出的菜单中确定是否显示“动态输入”按钮。

2. 精确绘图方式

（1）栅格和捕捉　栅格是由许多点线组成的矩形图案，如图 10-1 中的绘图区所示。默认栅格是打开的，如图 10-3 所示，在状态栏中可打开、关闭栅格显示；若打开“捕捉”，则在绘图过程中，光标不会连续移动，而是会捕捉栅格点；在状态栏中的“捕捉”上单击鼠标右键，在弹出的菜单中选择“捕捉设置”，弹出图 10-16 所示“草图设置”对话框，默认栅格显示、捕捉间距为 10。

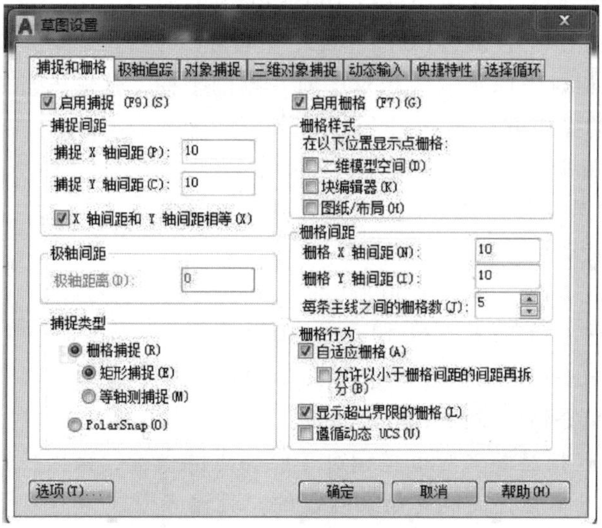

图 10-16 “捕捉和栅格”选项卡

（2）正交模式　“正交”是将光标的移动限制在水平和垂直方向上。激活正交模式后，绘制直线或移动对象时，只能在水平和垂直方向上移动光标。在图 10-3 所示的状态栏中可激活该命令。

（3）极轴追踪　“极轴追踪”是按事先预设的角度增量来追踪特征点。绘图时，若已知某条线的角度、方向，激活“极轴追踪”功能，当命令提示输入点时，会按预先设置的角度增量显示一条无限延长的辅助线，在该线上追踪到需要的光标点。在图 10-3 所示状态栏中的“极轴追踪”上单击鼠标右键，弹出如图 10-17 所示的浮动菜单，从中选择增量角度。

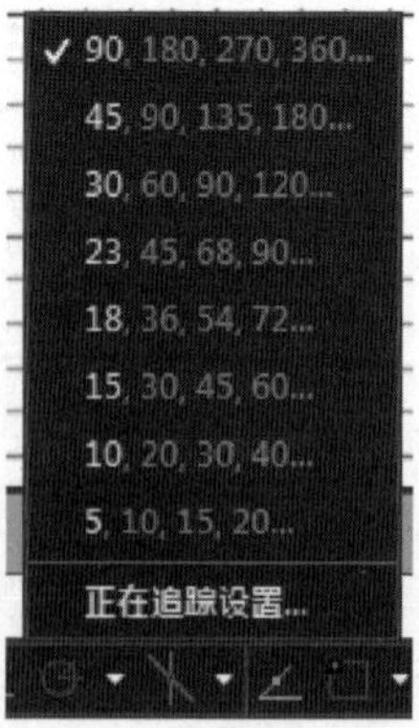

图 10-17　极轴角增量设置

（4）对象捕捉　当 AutoCAD 要求输入点的坐标时，可以激活对象捕捉方式。常用的对象捕捉方法有使用“对象捕捉”按钮的自动对象捕捉模式、使用“对象捕捉”工具条的单击对象捕捉模式。

自动对象捕捉模式是移动鼠标到绘图对象上时，自动显示捕捉方式相应的图标。鼠标右键单击图 10-3 所示状态栏上的“对象捕捉”右边按钮，可弹出图 10-18 所示的浮动菜单，从中选择捕捉类型；也可单击浮动菜单中的“对象捕捉设置”选项，在弹出的图 10-19 所示的对话框的“对象捕捉”选项卡进行设置，激活状态栏上的“对象捕捉”按钮，即可自动捕捉。

图 10-18 “对象捕捉”浮动菜单

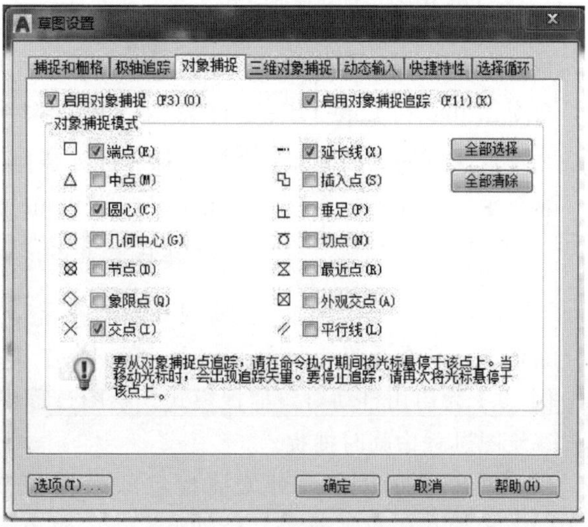

图 10-19 “对象捕捉”选项卡

单击对象捕捉模式是在执行过程中，当命令行提示输入一个点时，按<Shift>键和鼠标右键，弹出图 10-20 所示的“对象捕捉”快捷菜单，从中选择相应的命令。

对象捕捉工具条是按经典空间设置方式，添加对象捕捉工具栏，如图 10-7 所示。在执行过程中，当命令行提示输入一个点时，单击对象捕捉工具栏，选择相应的命令。

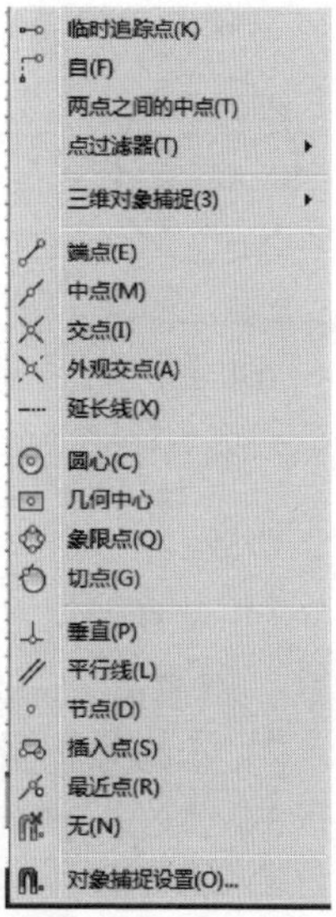

图 10-20 “对象捕捉”快捷菜单

例 10-1 图 10-21a 所示为用绘直线的方法绘制的一个矩形，现要求利用捕捉命令绘制图 10-21b 所示图形。

1）打开“对象捕捉”选项卡，如图 10-19 所示，选择“中点”“端点”复选框。确定最下面状态栏上的“对象捕捉”按钮激活。

2）选择“绘图”面板中的绘直线命令。

命令：_line 指定第一点：(如图 10-21b 所示，直接拾取点 1，当鼠标靠近该点时，显示“□”即捕捉到端点，单击鼠标左键)

指定下一点或［放弃(U)］：(直接拾取点 2，当鼠标靠近该点时，显示“△”即捕捉到中点，单击鼠标左键)

指定下一点或［放弃(U)］：(直接拾取点 3，当鼠标靠近该点时，显示“□”即捕捉到端点，单击鼠标左键)

指定下一点或［闭合(C)/放弃(U)］：↵(按<Enter>键，结束绘直线命令)

例 10-2 图 10-22a 所示的两个圆，现画一直线与两圆相切，如图 10-22b 所示。

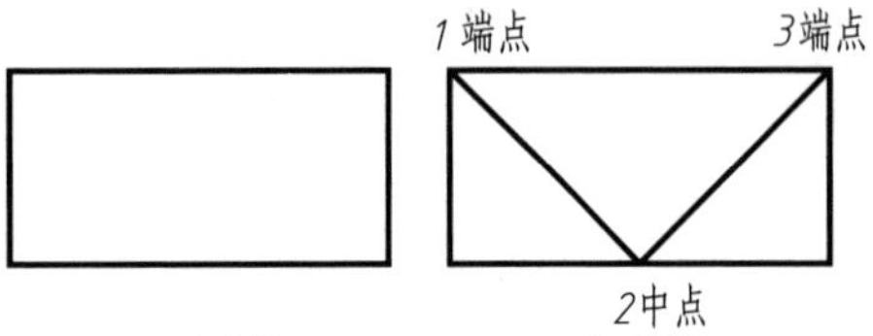

a) 之前　b) 之后

图 10-21　自动捕捉方式

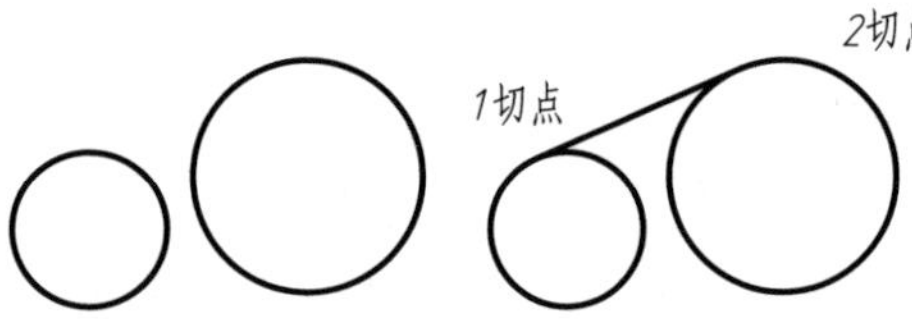

a) 之前　b) 之后

图 10-22　目标捕捉

选择“绘图”面板中的绘直线命令。

命令：_line 指定第一点：_tan 到(按<Shift>键和鼠标右键，在图 10-20 所示的“对象捕捉”快捷菜单中选取切点命令按钮，鼠标靠近左边圆 1 时出现相切的符号…，按鼠标左键)

指定下一点或［放弃(U)］：_tan 到(按<Shift>键和鼠标右键，在图 10-20 所示的“对象捕捉”快捷菜单中选取切点命令按钮，鼠标靠近右边圆 2 时出现相切的符号…，按鼠标左键)

指定下一点或［放弃(U)］：↵(按<Enter>键，取消直线命令)

例 10-1 为启用自动对象捕捉模式，绘图过程中自动捕捉；例 10-2 为使用单击对象捕捉模式，绘图过程中临时捕捉。

（5）对象捕捉追踪　对象捕捉追踪是按与其他对象的某种特定关系追踪对象。当图 10-3所示状态栏同时激活“极轴追踪”“对象捕捉”“对象捕捉追踪”时，屏幕上出现“对齐路径”的水平或垂直的追踪线，有助于按精确的位置和角度创建对象。

例 10-3 如图 10-23a 所示，要捕捉一点，其 *X* 坐标为直线左端点，*Y* 坐标为圆的圆心。

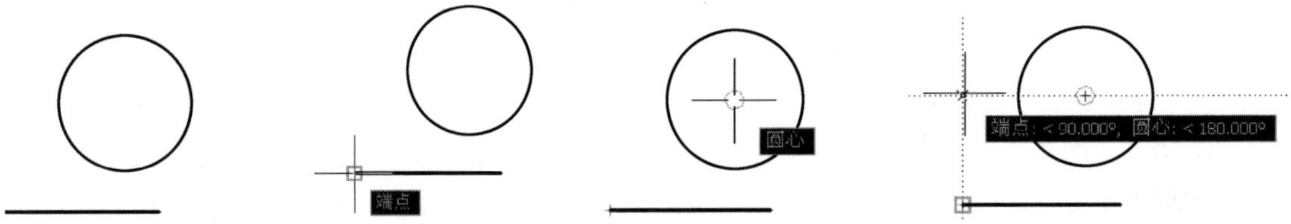

a) 原图　b) 捕捉直线端点　c) 捕捉圆的圆心　d) 得到所需要的点

图 10-23　对象捕捉追踪实例

步骤：

1）设置捕捉对象。确定图 10-3 所示状态栏中的“极轴追踪”“对象捕捉”“对象捕捉追踪”被激活，“对象捕捉”包含捕捉端点、圆心，如图 10-18 所示。

2）选择绘图指令，如直线命令。

3）将光标移至直线左端点，显示捕捉到端点，如图 10-23b 所示。

4）将光标移至圆心处，显示捕捉到圆心，如图 10-23c 所示。

5）将光标移至图 10-23d 所示位置，屏幕自动出现 2 条自动追踪的虚线，说明光标的位置即是所需要的位置，单击鼠标左键。

3. 控制图形显示

在绘图过程中，常常需要对图形的显示进行放大、缩小、平移、重生成，而不改变图形的真实大小。

图 10-1AutoCAD 2018 界面中的“导航”面板如图 10-24 所示。

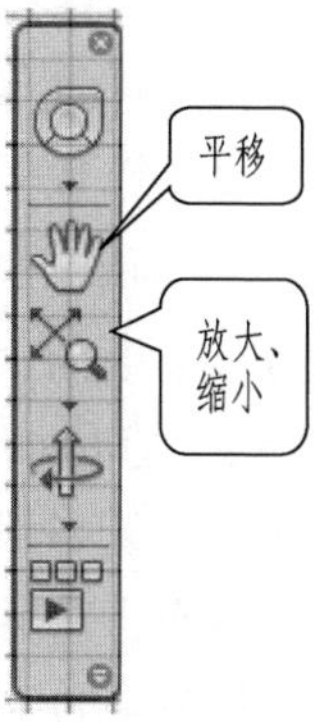

图 10-24 “导航”面板

单击按钮，屏幕中的光标变成小手形状，按住鼠标左键，可将屏幕中的图形平移到任何地方；按鼠标右键退出，或按键盘上的<ESC>键退出该命令。

单击按钮，极大范围地显示所有图形，按其下面的小黑三角，弹出浮动菜单，提供“窗口缩放”“动态缩放”“ 实时缩放” 等命令。

单击“窗口缩放”按钮，提示区为：

命令：

指定窗口角点，输入比例因子（nX 或 nXP），或者

[全部(A)/中心点(C)/动态(D)/范围(E)/上一个(P)/比例(S)/窗口(W)] <实时>：

ZOOM 指定第一个角点：（在图 10-22b 中小圆的左上角点以下）

指定对角点：（在图 10-22b 中小圆的右下角点以下）

结果如图 10-25 所示。

此时放大了的圆看起来不光滑，这只是显示的问题，计算机内部仍然是按圆的数据结构存储的，若此时打印图形，仍然是光滑的圆。

添加下拉菜单，执行下拉菜单“视图”→“重生成”或在命令行输入“Regen”并回车，更新数据重绘，结果如图 10-26 所示，显示光滑的圆。

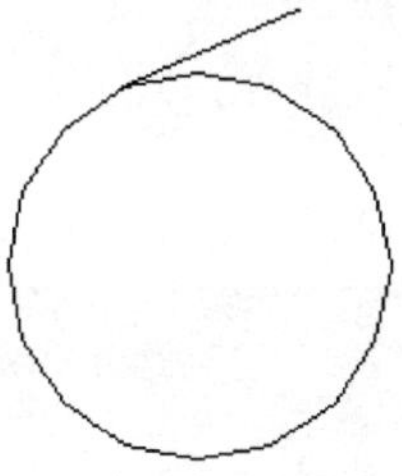

图 10-25 放大显示

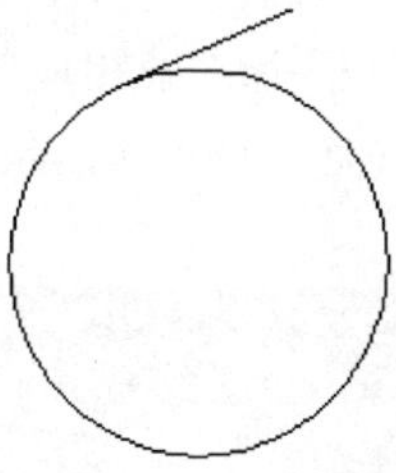

图 10-26 重生成图形

10.3 样板图的绘制

要绘制一张符合国家标准的图，应首先按国家标准的各项规定设立图幅大小、线型、线宽及颜色，以及尺寸标注的样式等，这些设定可以以样板图的方式存储，以备后来调用。

单击图 10-1 所示“快速访问”工具栏中的“新建”按钮，弹出图 10-10 所示“选择样板”对话框，按默认公制样板文件 acadiso. dwt 打开 AutoCAD。

1. 设定绘图单位

单击图 10-1 中的“应用程序”图标按钮，选择“图形实用工具”→“单位”，或在

命令行输入“units”，或在下拉菜单中选择“格式”→“单位”，弹出图 10-27 所示的“图形单位”对话框，通常设置长度精度为“0.00”，精确到小数点后 2 位，角度精度设为“0.00”。

2. 设置图形界限

绘图时可将 AutoCAD 看成一张无穷大的图纸，一般使用真实尺寸绘图，根据所绘图样大小，可以设置一个想象的矩形绘图区域，称为图形界限，便于绘图预览检查。

在“快速访问”工具栏右边的按钮中，添加“显示菜单栏”，即出现下拉菜单，选择下拉菜单中的“格式”→“图形界限”，或在命令行输入“limits”，命令行如下所示：

命令：'_limits

重新设置模型空间界限：

指定左下角点或［开(ON)/关(OFF)］<0.0000,0.0000>:↵(默认绘图区域左下角)

指定右上角点 <420.0000,297.0000>:↵(默认 A3 图幅大小，可根据图形尺寸输入)

3. 图层设置

绘制工程图需要有多种线型，AutoCAD 利用设立不同的图层绘制不同的线型。一个图层好像一张透明的纸，只允许绘制一种线型；然后不同的图层用相同的坐标，准确地叠加在一起，即可在一幅图中绘制出不同的线型。

（1）建新层　单击图 10-1 中“默认”选项卡→“图层”面板→“图层特性”按钮，或在命令行中输入“layer”，弹出图 10-28 所示的“图层特性管理器”对话框，可见 AutoCAD 默认有一个 0 层，图层颜色根据背景相应为白色或黑色，线型为 Continuous（连续线型），此层是不允许删除的，也不能重命名。

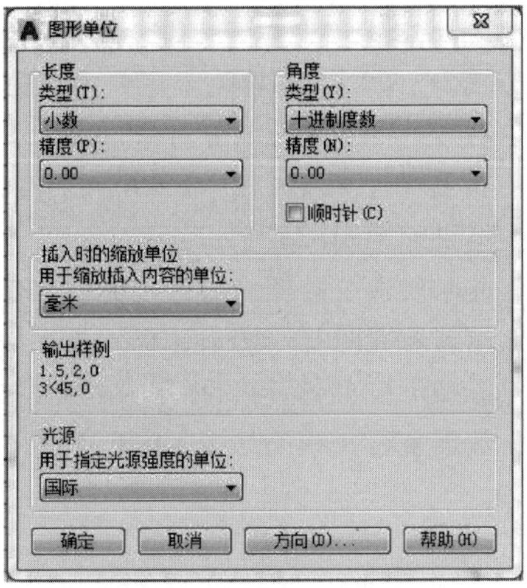

图 10-27　“图形单位”对话框

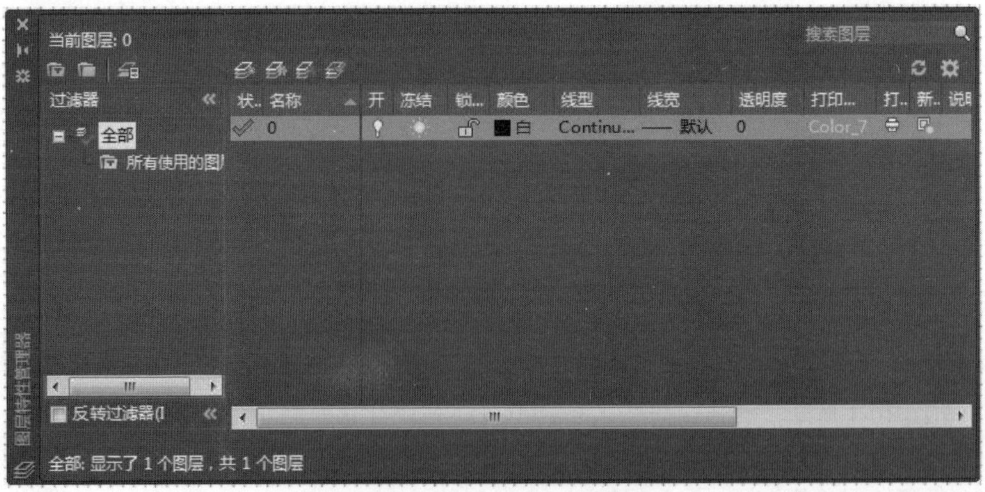

图 10-28　“图层特性管理器”对话框

用鼠标单击“新建”按钮，即建立了一个新图层，将名字改为“细线”；同样操作，新建名为“虚线”“点画线”的图层，如图 10-29 所示。

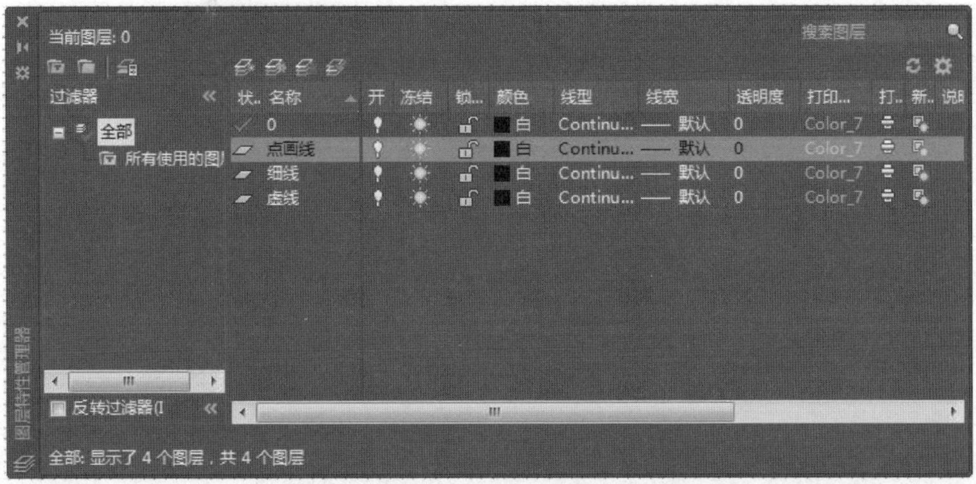

图 10-29　建新图层

（2）修改颜色　在图 10-29 中，选择“细线”层，单击“颜色”下的小方块，弹出图 10-30 所示的“选择颜色”对话框，单击要选的红颜色，然后单击“确定”按钮。按同样的方法将“虚线”改为洋红色，将“点画线”改为蓝色，结果如图 10-31 所示。

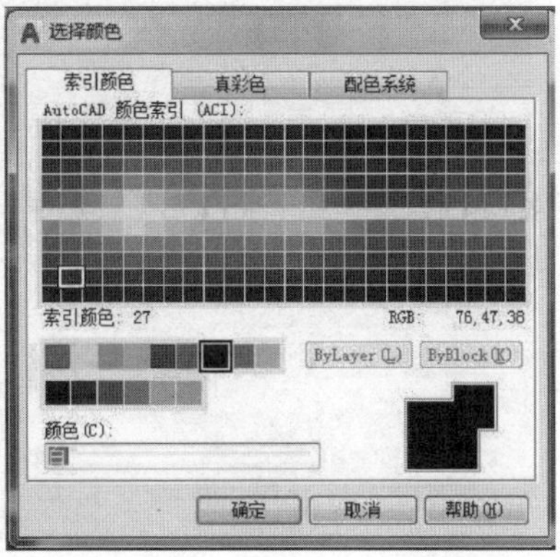

图 10-30　“选择颜色”对话框

（3）修改线型　在图 10-31 中，选择“虚线”层，单击“线型”下的“Continuous”，弹出图 10-32 所示的“选择线型”对话框，单击“加载（L）...”按钮，弹出图 10-33 所示的线型表，选择“DASHED”，然后单击“确定”按钮，即关闭图 10-33 所示对话框。在图 10-32所示对话框中选择“DASHED”，单击“确定”按钮，即给“虚线”层设置了 DASHED 线型。

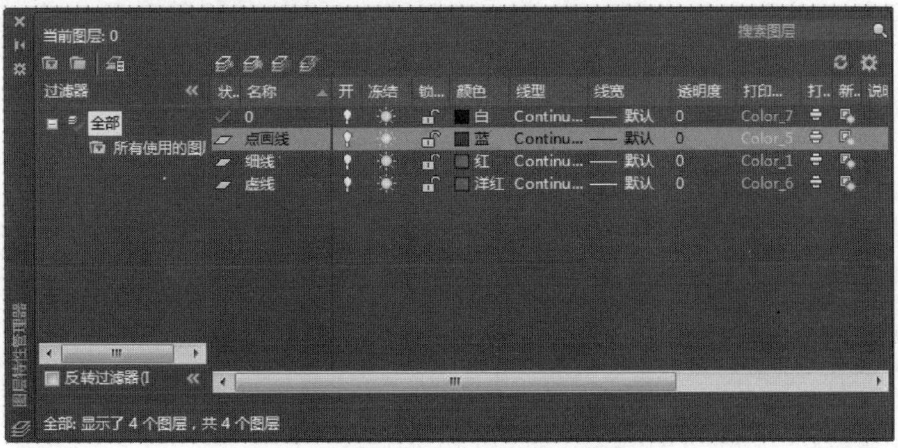

图 10-31　修改颜色后的图层特性管理器

按同样方法操作，加载 CENTER 线型，将“点画线”层设置成 CENTER 线型，修改后的图层特性管理器如图 10-34 所示。

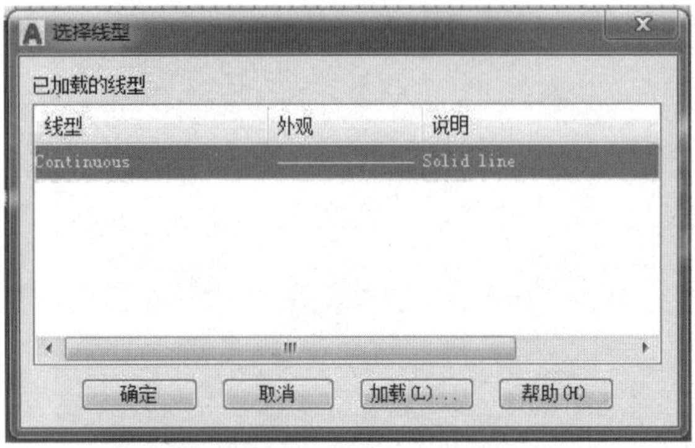

图 10-32 “选择线型”对话框

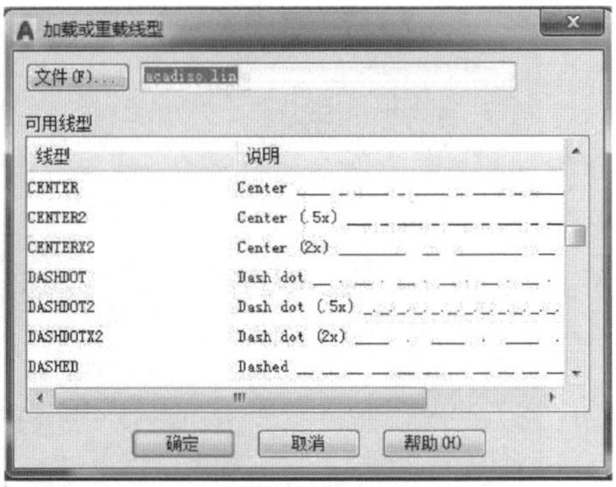

图 10-33 线型表

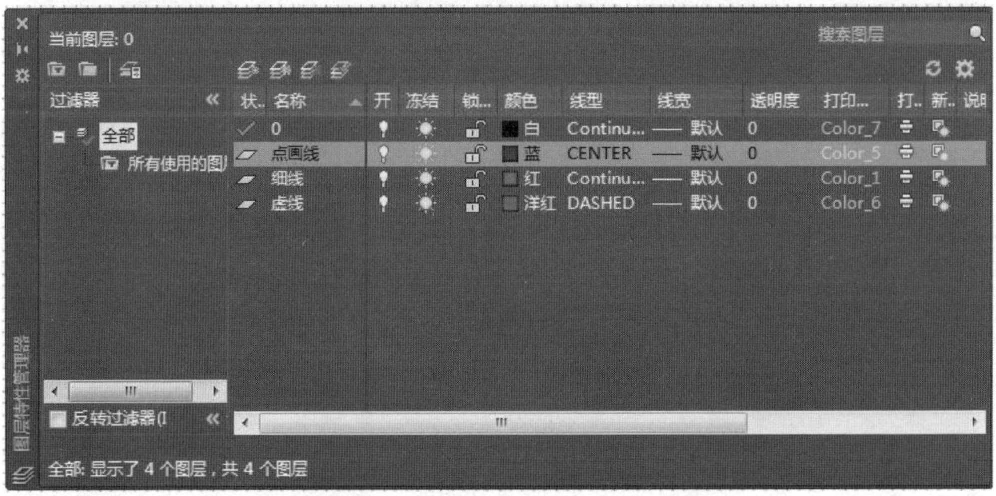

图 10-34 修改线型后的图层特性管理器

(4) 修改线宽 在图 10-34 中，选择“0 层”，单击“线宽”下的“默认”，弹出图 10-35 所示的线宽表，把 0 层设置为粗实线，选择 0.50mm 宽（打印时可改为 0.60mm），单击“确定”按钮；其余为细线，宽度为 0.25mm。设置线宽后的图形特性管理器如图 10-36所示。单击图 10-1AutoCAD 2018 界面中屏幕下方状态栏内的“线宽”按钮，可开关屏幕中线宽的显示（可单击状态栏中的“自定义”按钮添加“线宽”按钮）。

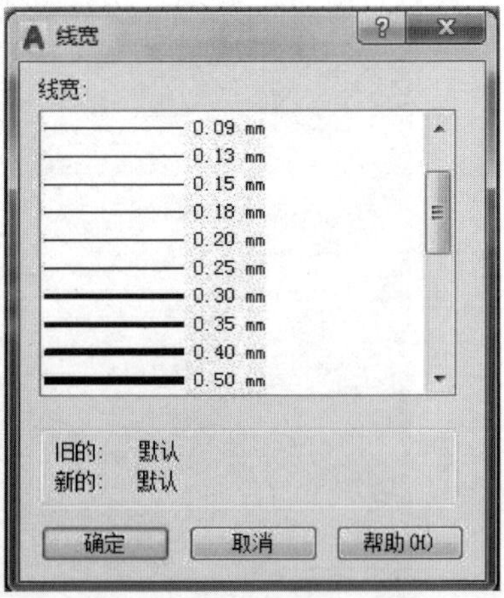

图 10-35 线宽表

(5) 设置当前层 定义了图层后，在“默认”选项卡的“图层”面板中单击向下的箭头，选择图层，即可设置当前层，如图 10-37 所示。或在图 10-36 所示

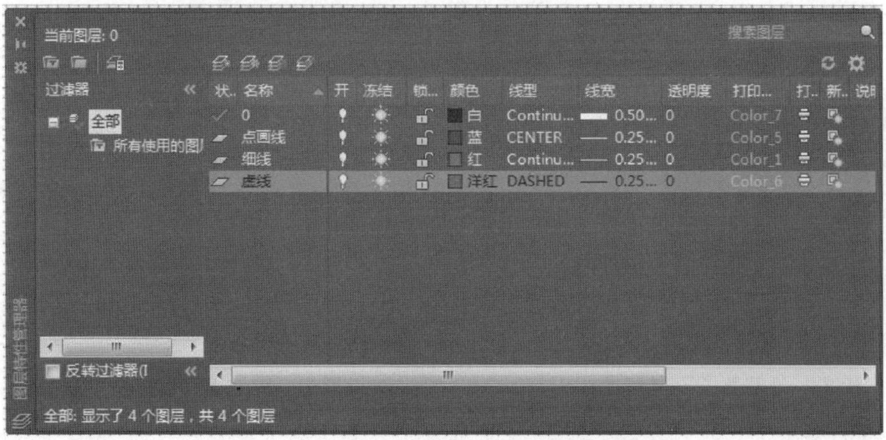

图 10-36 设置线宽后的图层特性管理器

的图层特性管理器中用鼠标双击要设置的当前层“状态”列，该层即显示，在“图层”面板上即显示当前层。

注意：在“特性”面板中，对象的颜色、线型、线宽都是“随层”ByLayer，这样，将对象修改图层后，其颜色、线型、线宽按修改后图层的设定变化。

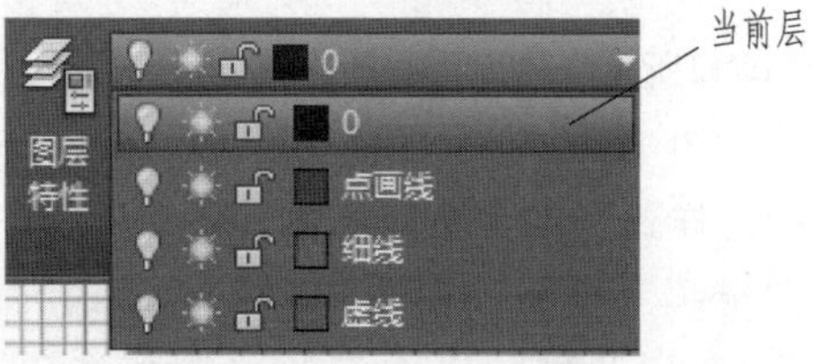

图 10-37 设置当前层

在图 10-36 所示图层特性管理器中，部分按钮的含义如下：

图层可见开关。关闭时该层不可见，但在选择全部时仍能选中和修改。

图层冻结开关。关闭时该层不可见，但在选择全部时不能选中和修改。

图层上锁开关。锁定时该层可见，但不能选择，也不能修改。

图层打印开关。关闭时该层不可打印。

4. 文字格式设定

单击图 10-1AutoCAD 2018 界面中“默认”选项卡的“注释”面板，弹出图 10-38 所示的注释格式设定面板，选择“文字样式”设置按钮，弹出“文字样式”对话框，如图 10-39 所示。单击“新建”按钮，输入中文字名“工程字”，选择字体为“gbenor. shx”，勾选“使用大字体”复选框，选择大字体“gbcbig. shx”，单击“应用”按钮；重复上述操作，创建“英文字母”，字体“gbetic. shx”表示斜体，字体“gbenor. shx”表示正体。关闭该对话框。

5. 标注样式的设定

单击图 10-38 中的“标注样式”设定按钮，弹出图 10-40 所示的“标注样式管理器”对话框，在“ISO-25”选中情况下，单击“修改”按钮，弹出图 10-41 所示的“修改标注样式”对话框。在“线”选项卡中的“尺寸线”选项区设置“基线间距”为 6，在“尺寸界线”选项区设置“超出尺寸线”为 2。

图 10-38　注释格式设定面板

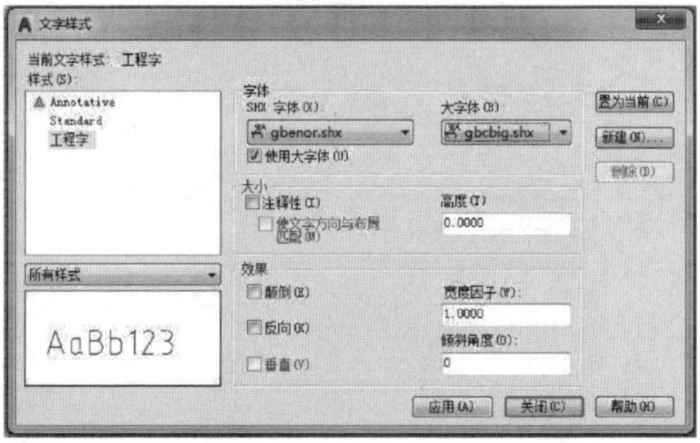

图 10-39　“文字样式”对话框

在“符号和箭头”选项卡中设置定箭头大小为 3.5。在“文字”选项卡中，设置“文字样式”为“英文字母”，“文字高度”为 3.5，“文字位置”在“垂直”方向为“上”、“水平”方向为“居中”，“从尺寸线偏移”为 1，“文字对齐”为“与尺寸线对齐”，如图 10-42所示。然后单击“确定”按钮，回到图 10-40 所示界面。

在图 10-40 所示界面中，在“ISO-25”选中情况下，单击“新建”按钮，弹出“创建新标注样式”对话框，如图 10-43 所示，在“用于”下拉列表中选择“直径标注”，然后单击“继续”按钮；在图 10-42 所示的“文字”选项卡中，选择文字对齐方式为“ISO 标准”。在“调整”选项卡的“调整选项”区中选择“文字”，如图 10-44 所示。然后单击“确定”按钮，返回图 10-40 所示界面。

按同样的方式设定“半径标注”的格式，结果如图 10-45 所示，用鼠标单击“关闭”按钮，结束标注样式的设定。

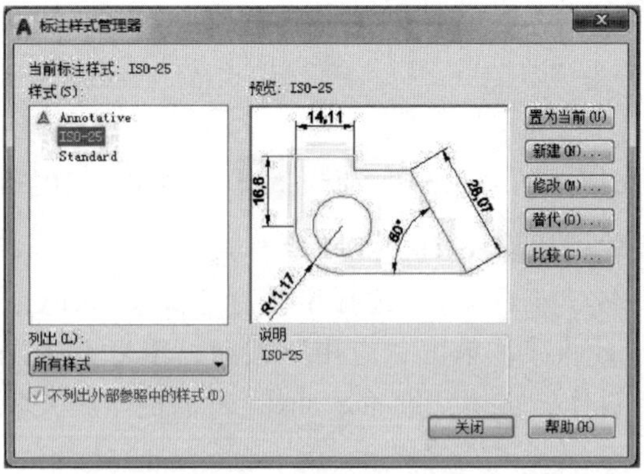

图 10-40　“标注样式管理器”对话框

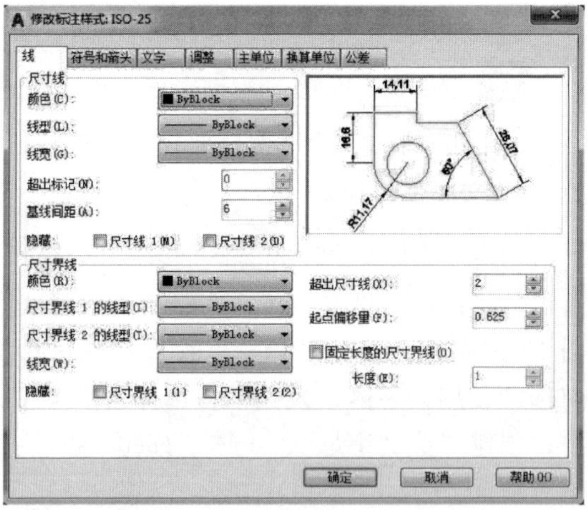

图 10-41　“修改标注样式”对话框

6. 绘制图框和标题栏

(1) 绘图纸边　如图 10-37 所示设置当前层为“细线”层。单击图 10-1AutoCAD 2018 界面中“绘图”面板中的矩形命令，命令行如下所示：

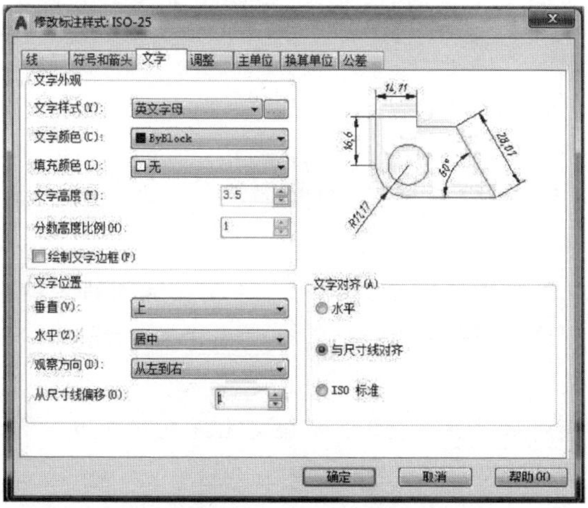

图 10-42 字体的设置

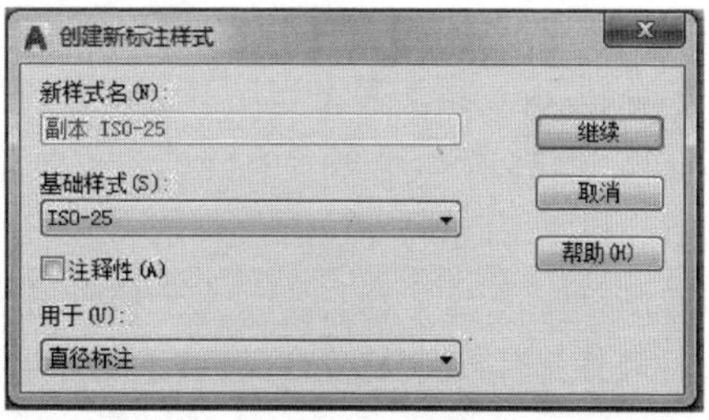

图 10-43 “创建新标注样式”对话框

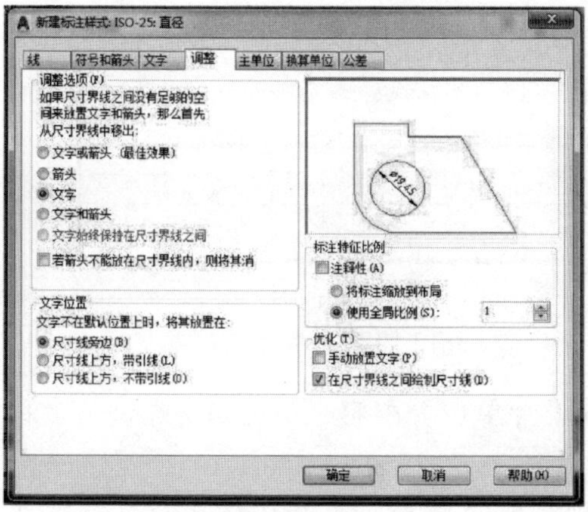

图 10-44 “新建标注样式”对话框

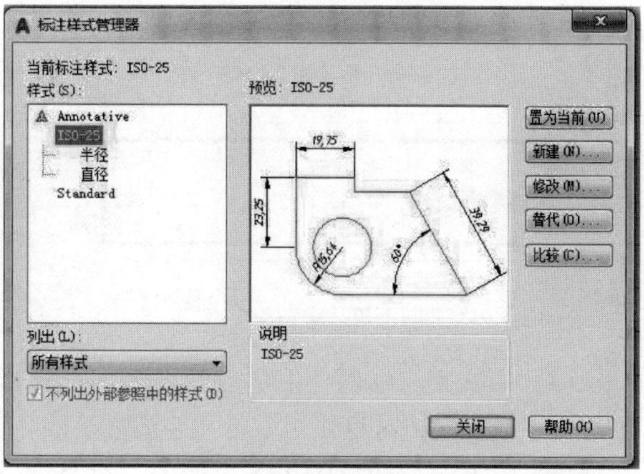

图 10-45 设定后的“标注样式管理器”对话框

命令：_rectang

指定第一个角点或[倒角(C)/标高(E)/圆角(F)/厚度(T)/宽度(W)]：0,0(用键盘输入图纸左下角的坐标)

指定另一个角点：@420,297(用键盘输入图纸右上角的坐标)

(2) 绘图框线 如图10-37所示设置当前层为“0”层。单击图10-1中“绘图”面板中的矩形命令，命令行如下所示：

命令：_rectang

指定第一个角点或[倒角(C)/标高(E)/圆角(F)/厚度(T)/宽度(W)]：25,5(用键盘输入图框左下角的坐标)

指定另一个角点：@390,287(用键盘输入图框右上角的坐标)

(3) 绘标题栏 设置当前层为“0”层。打开状态栏的“对象捕捉”按钮，选择“绘图”面板中的矩形命令，命令行如下所示：

命令：_rectang

指定第一个角点或［倒角(C)/标高(E)/圆角(F)/厚度(T)/宽度(W)］:(用鼠标捕捉图 10-46 中的端点点 1)

指定另一个角点：@ -140,32(输入标题栏的相对坐标)

绘制完的标题栏外框如图 10-46 所示。

设置当前层为“细线”层。打开状态栏的“极轴追踪”和“对象捕捉追踪”按钮，选择“绘图”面板中的直线命令，命令行如下所示：

命令：_line 指定第一点：16↵(在图 10-46 中移动鼠标到点 2,出现一个捕捉端点的方框,稍作停留,方框内显示加号(+),这时向下移动鼠标,出现图 10-46 所示状态时,用键盘输入 16)

指定下一点或［放弃(U)］:(移动鼠标向右绘制水平线,与图框线相交出现捕捉交点的符号×时,即图 10-47 中的点 3,按鼠标左键)

指定下一点或［放弃(U)］:↵(按<Enter>键结束命令)

用同样的方法绘制直线以得到图 10-47 所示的图形，在绘制中间垂直的直线时可用捕捉中点的方法。

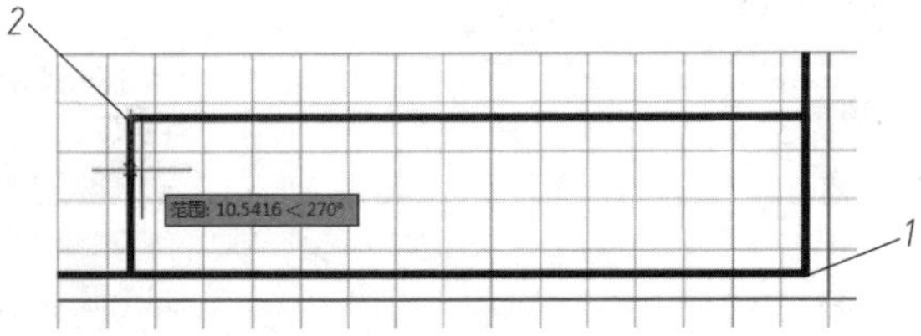

图 10-46　绘制矩形

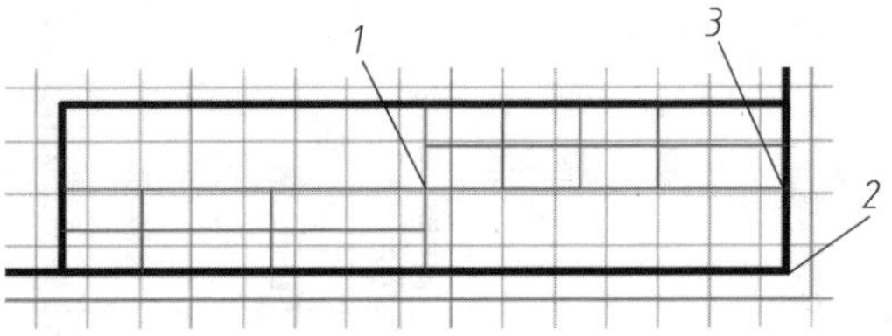

图 10-47　绘制细实线

(4) 写文字　标题栏中应填写图名、设计者和设计单位等内容，AutoCAD 提供了多种书写文字的方法，这里使用多行文字的方法。

单击图 10-1AutoCAD 2018 界面中“默认”选项卡的“注释”面板中的多行文字按钮，命令行如下所示：

命令：_mtext 当前文字样式："Standard"。文字高度：2.5

指定第一角点:(在图 10-47 中的点 1 处单击鼠标左键,确定绘图区域的左上角)

指定对角点或［高度(H)/对正(J)/行距(L)/旋转(R)/样式(S)/宽度(W)］:(在图 10-47中的点 2 处单击鼠标左键,确定绘图区域的右下角)

这时，功能区变成图 10-48 所示的“文字编辑器”选项卡，选择“工程字”，字体高度为 7，按<Enter>键确定，然后输入图 10-48 所示汉字，单击面板中的“关闭”按钮。也可选中文字，输入文字高度，按<Enter>键确定。

按同样的方法添加其他汉字，结果如图 10-49 所示。

7. 存样板图

单击图 10-1 中“快速访问”工具栏的“保存”按钮，弹出图 10-11 所示的“图形另存为”对话框，文件的扩展名为 .dwt，输入文件名为 A3，然后单击“保存”按钮，这样就将图形存成了样板图。

样板图存成后，用“新建”命令弹出图 10-10 所示的“选择样板”对话框，从中选择

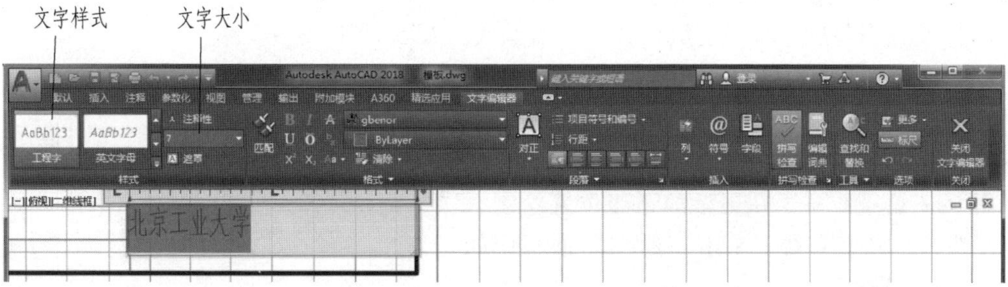

图 10-48 “文字编辑器”选项卡

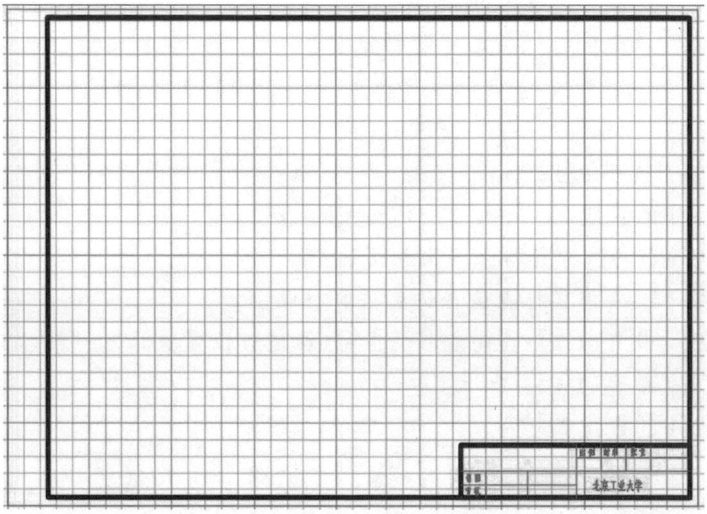

图 10-49 完成标题栏

刚存的 A3. dwt 文件，然后单击“打开”按钮，即可打开样板图。

10.4 简单二维图形的绘制

例 10-4 绘制图 10-50 所示的摇臂。

绘图命令练习：line 绘直线、circle 绘圆、polygon 绘多段线。

编辑命令练习：offset 偏移、trim 剪切、break 打断、rotate 旋转。

目标捕捉练习：捕捉交点、切点。

作图步骤：

（1）打开样板文件 新建图纸出现“选择样板”对话框，如图 10-10 所示，若没有 A3. dwt，则单击“浏览”按钮，选择 10. 3 节中样板图的存盘路径，寻找 A3. dwt，然后

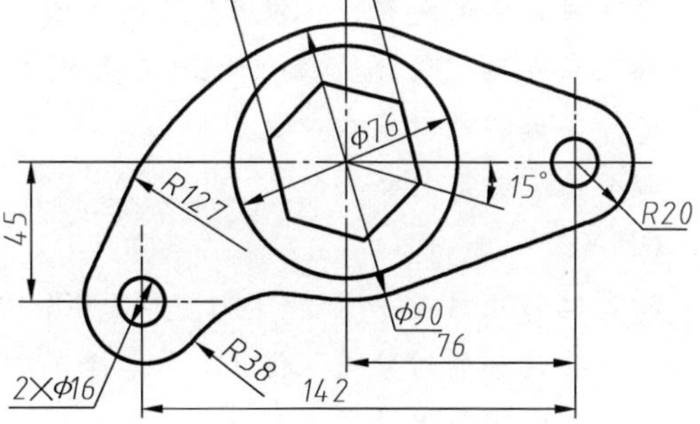

图 10-50 摇臂

双击，即打开样板图，结果如图 10-49 所示。

（2）设置当前层　将当前层设置为“点画线”层（图 10-37）。

（3）绘制图形的中心线　用鼠标单击图 10-3 所示状态栏中的“极轴追踪”按钮，这样在屏幕上所绘的直线平行于 *X*、*Y* 轴。

用 Line 绘直线命令在屏幕的适当位置绘制一条水平线和一条竖直线。单击“绘图”面板中的绘线命令按钮，命令行如下所示：

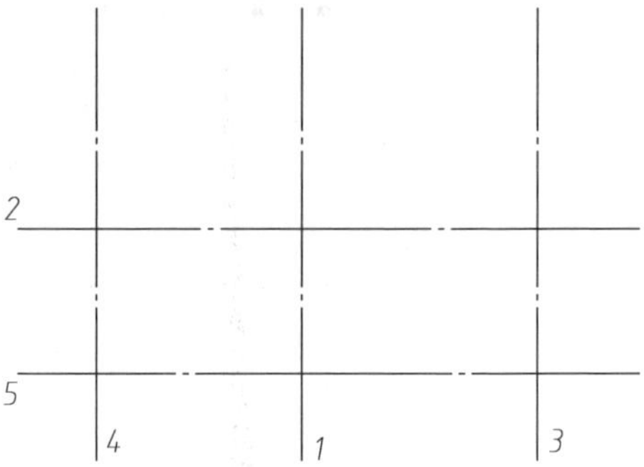

图 10-51　确定基准

命令：_line 指定第一点：（用鼠标在适当位置单击，即拾取一点）

指定下一点或［放弃（U）］：（向下移动鼠标，在适当位置拾取另一点）

指定下一点或［放弃（U）］：↵

绘出图 10-51 中的直线 1。

命令：↵（按<Enter>键，执行与上一次相同的命令）

LINE 指定第一点：（用鼠标在适当位置拾取一点）

指定下一点或［放弃（U）］：（向右移动鼠标，在适当位置拾取另一点）

指定下一点或［放弃（U）］：↵

绘出图 10-51 中的直线 2。

（4）用 Offset 偏移命令绘制其他中心线　单击“修改”面板中的按钮，命令行如下所示：

命令：_offset

指定偏移距离或［通过（T）］<通过>：76 ↵（等距线距离）

选择要偏移的对象或 <退出>：（选择图 10-51 中的直线 1）

指定点以确定偏移所在一侧：（在直线 1 的右边拾取一点，得直线 3）

选择要偏移的对象或 <退出>：↵

命令：↵（按<Enter>键，重复上次命令）

OFFSET

指定偏移距离或［通过（T）］<76.0000>：142 ↵

选择要偏移的对象或 <退出>：（选择图 10-51 中的直线 3）

指定点以确定偏移所在一侧：（在直线 1 的左边拾取一点，得直线 4）

选择要偏移的对象或 <退出>：↵

命令：↵（重复上次命令）

OFFSET

指定偏移距离或［通过（T）］<142.0000>：45 ↵

选择要偏移的对象或 <退出>：（选择图 10-51 中的直线 2）

指定点以确定偏移所在一侧：（在直线 2 的下边拾取一点，得直线 5）

选择要偏移的对象或 <退出>：↵

结果如图 10-51 所示。

（5）设置当前层 将当前层设置为“0”层（图 10-37）。

（6）用 Circle 绘圆命令分别绘制直径为 16mm、76mm、90mm 和半径为 20mm 的圆 首先单击图 10-3 所示状态栏中的“对象捕捉”按钮，激活“对象捕捉”，然后单击“绘图”面板中的按钮，命令行如下所示：

命令：_circle 指定圆的圆心或［三点(3P)/两点(2P)/相切、相切、半径(T)］：(选择圆心，移动鼠标到图 10-51 中直线 2 和直线 1 交点处，当出现×符号时单击鼠标左键)

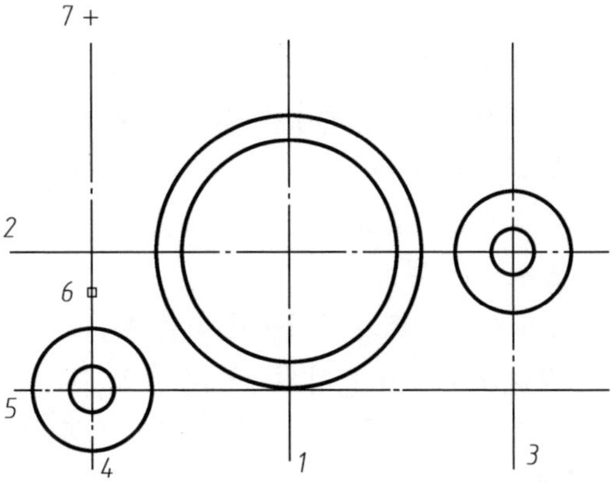

图 10-52 绘制圆

指定圆的半径或［直径(D)］<38.0000>：38(绘出直径为 76mm 的圆)

重复绘圆命令，绘出以直线 1、2 的交点为圆心，直径为 90mm 的圆；以直线 2、3 的交点为圆心，直径为 16mm 和半径为 20mm 的圆；以直线 4、5 的交点为圆心，直径为 16mm 和半径为 20mm 的圆。结果如图 10-52 所示。

（7）用 break 打断命令将多余的中心线擦除 首先单击图 10-3 所示状态栏中的“对象捕捉”按钮，取消“对象捕捉”，然后单击“修改”面板中的按钮，命令行如下所示：

命令：_break 选择对象：(移动鼠标拾取图 10-52 中直线 4 上的点 6)

指定第二个打断点或［第一点(F)］：(拾取直线 4 最上面的点 7)

结果是图 10-52 中直线 4 以上的 6、7 点之间被擦去。

用同样的方法擦去多余的点画线，结果如图 10-53 所示。

（8）绘制半径分别为 38mm 及 127mm 的连接圆弧 单击“绘图”面板中的绘圆命令按钮，命令行如下所示：

命令：_circle 指定圆的圆心或［三点(3P)/两点(2P)/相切、相切、半径(T)］：t ↵(选择相切、相切、半径的绘图方式)

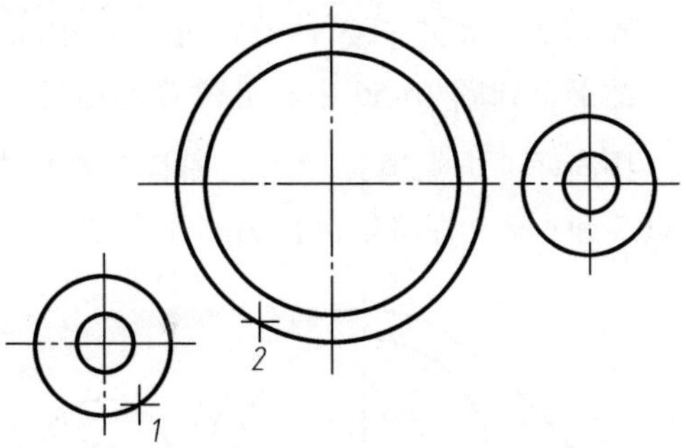

图 10-53 擦去多余的线

在对象上指定一点作圆的第一条切线：_tan 到(按<Shift>键和鼠标右键，弹出图 10-20 所示的“对象捕捉”快捷菜单，单击相切按钮，然后拾取图 10-53 中的点 1)

在对象上指定一点作圆的第二条切线：(按<Shift>键和鼠标右键，弹出图 10-20 所示的“对象捕捉”快捷菜单，单击相切按钮，然后拾取图 10-53 中的 2 点)

指定圆的半径：38(用键盘输入半径)

结果得到如图 10-54 中所示的外切圆。

按同样的方法绘制半径为 127mm 的内切圆，结果如图 10-54 所示。注意拾取两切点的位置，拾取点应靠近切点的位置，否则可能会画出外切圆。

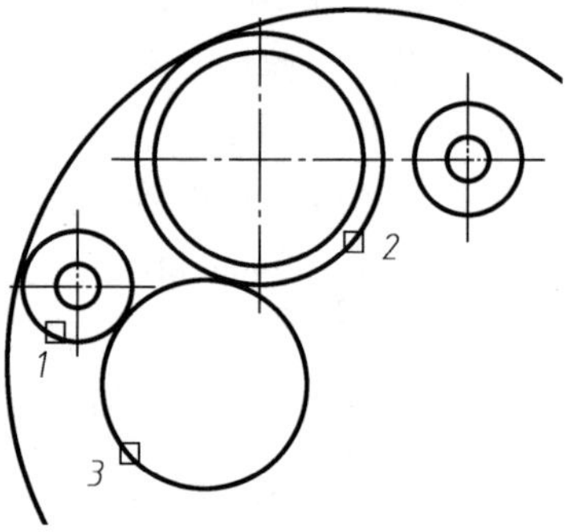

图 10-54　绘制切线圆

（9）用 trim 修剪命令剪掉多余的圆弧　单击“修改”面板中的修剪命令按钮，命令行如下所示：

命令：_trim

当前设置：投影=UCS 边=无

选择剪切边 ...

选择对象：找到 1 个(选择边界,拾取图 10-54 中的点 1,即以点 1 所在的圆为一个边界)

选择对象：找到 1 个，总计 2 个(选择边界,拾取图 10-54 中的点 2)

选择对象：↵(按<Enter>键,取消边界的选择)

选择要修剪的对象或［投影(P)/边(E)/放弃(U)］：(拾取图 10-54 中的点 3)

选择要修剪的对象或［投影(P)/边(E)/放弃(U)］：↵(按<Enter>键,结束命令)

结果如图 10-55 中的左下部分所示。

执行同样的操作，剪掉多余的圆弧，结果如图 10-55 所示。

（10）用 Line 命令绘制两圆的切线　单击“绘图”面板中的绘线命令按钮，命令行如下所示：

命令：_line 指定第一点：_tan 到(按<Shift>键和鼠标右键,弹出图 10-20 所示的“对象捕捉”快捷菜单,单击相切按钮,然后拾取图 10-55 中的点 1)

指定下一点或［放弃(U)］：_tan 到(按<Shift>键和鼠标右键,弹出图 10-20 所示的“对象捕捉”快捷菜单,单击相切按钮,然后拾取图 10-55 中的点 2)

指定下一点或［放弃(U)］：↵(按<Enter>键,结束绘直线命令)

结果得到图 10-56 中右上位置的切线。

按同样的方法通过“对象捕捉”快捷菜单中的相切按钮，单击鼠标拾取图 10-55 中的点 3 和点 4，即可绘制出另一条切线，如图 10-56 所示。

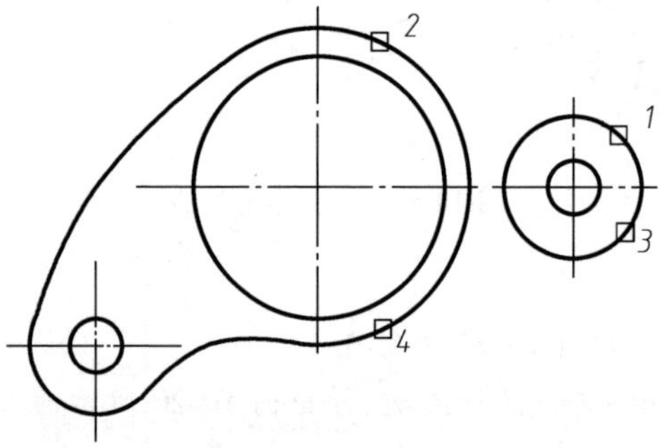

图 10-55　剪掉多余的圆弧

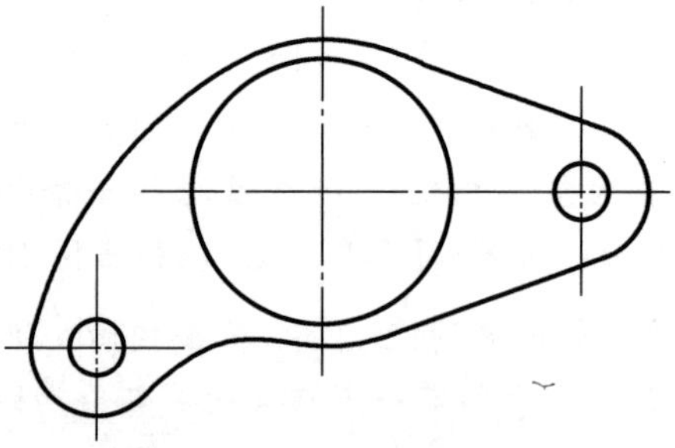

图 10-56　绘制两条切线

（11）剪掉多余的圆弧　按第（9）步的方法剪掉右边半径为 20mm 的多余的圆弧，结果如图 10-56 所示。

（12）用 polygon 绘制正六边形　单击“绘图”面板矩形命令右边的按钮，在弹出的菜单中选择多边形命令按钮，命令行如下所示：

命令：_polygon 输入边的数目 <4>：6(用键盘输入正多边形的边数)

指定多边形的中心点或［边(E)］：_int 于(确定“对象捕捉”选择交点，以及状态栏中的“对象捕捉”被激活，拾取图 10-56 中大圆中心线的交点)

输入选项［内接于圆(I)/外切于圆(C)］<I>：c(外切多边形)

指定圆的半径：22.5(正六边形内切圆半径)

（13）用 rotate 命令旋转正六边形　单击“修改”面板中的旋转命令按钮，命令行如下所示：

命令：_rotate

UCS 当前的正角方向：　ANGDIR＝逆时针　ANGBASE＝0

选择对象：找到 1 个(选择正六边形)

选择对象：↵

指定基点：_int 于(确定状态栏中的“对象捕捉”被激活，然后拾取正六边形的中心作为基点)

指定旋转角度或［参照(R)］：-15(旋转角度，顺时针方向为负)

结果如图 10-50 所示。

10.5　剖视图的绘制

例 10-5　绘制图 10-57 所示的剖视图。

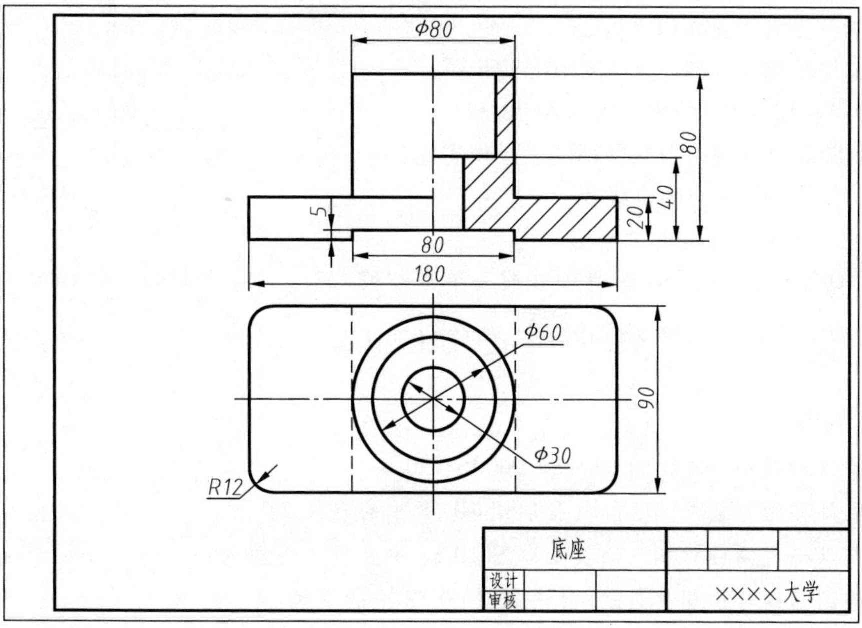

图 10-57　剖视图

绘图命令练习：line 绘直线、circle 绘圆、极轴、对象追踪、hatch 绘剖面线。

编辑命令练习：offset 偏移 、trim 剪切 、match 特性匹配、fillet 倒圆。

标注尺寸练习。

作图步骤：

（1）打开样板文件　用 new 命令打开新图，出现“选择样板”对话框，如图 10-10 所示，若没有 A3. dwt，则查找 10. 3 节中样板图的存盘路径，寻找 A3. dwt，然后双击，即打开样板图，结果如图 10-49 所示。

（2）布图，绘出立体的主要轴线和尺寸基准线

1）用鼠标单击图 10-3 所示状态栏中的“极轴追踪”按钮，这样在屏幕上所绘的直线平行于 *X*、*Y* 轴。

2）将当前层设置为“点画线”层（图 10-37）。

3）用 Line 绘直线命令在屏幕的适当位置绘制一条水平线和一条竖直线。单击“绘图”面板中的绘直线命令按钮，命令行如下所示：

命令：_line 指定第一点：(用鼠标在适当位置单击，即拾取一点)

指定下一点或［放弃(U)］：(向右移动鼠标，在适当位置拾取另一点)

指定下一点或［放弃(U)］：↵　(结束本次绘直线命令)

这样即可绘制出直线 1，如图 10-58 所示。

命令：(按<Enter>键，执行与上一次相同的命令)

LINE 指定第一点：(用鼠标在适当位置拾取一点)

指定下一点或［放弃(U)］：(向下移动鼠标，在适当位置拾取另一点)

指定下一点或［放弃(U)］：↵

这样即可绘制出直线 2，如图 10-58 所示。

4）将当前层设置为“0”层（图 10-37）。

5）用 Line 绘直线命令在屏幕的适当位置绘制一条水平线，如图 10-58 中的直线 3。

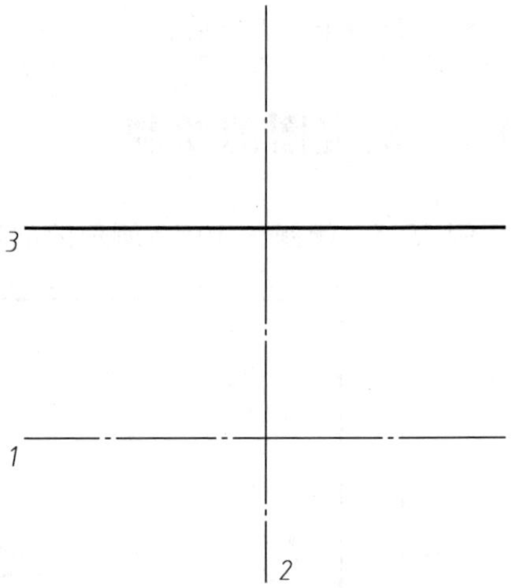

图 10-58　确定基准

（3）画底板外轮廓的两面投影

1）用 Offset 偏移命令绘制其他线段。单击“修改”面板中的“偏移”命令按钮，命令行如下所示：

命令：_offset

指定偏移距离或［通过(T)］<80. 0000>：90

选择要偏移的对象或 <退出>(拾取图 10-58 中的直线 2)

指定点以确定偏移所在一侧：(拾取图 10-58 中直线 2 的左边)

选择要偏移的对象或 <退出>：(拾取图 10-58 中的直线 2)

指定点以确定偏移所在一侧：(拾取图 10-58 中直线 2 的右边)

选择要偏移的对象或 <退出>：↵

结果如图 10-59 所示。

命令：↵(按<Enter>键，重复上次命令)

OFFSET

指定偏移距离或［通过(T)］<90.0000>：45

选择要偏移的对象或 <退出>：(拾取图 10-58中的直线 1)

指定点以确定偏移所在一侧：(拾取图 10-58中直线 1 的上边)

选择要偏移的对象或 <退出>：(拾取图 10-58中的直线 1)

指定点以确定偏移所在一侧：(拾取图 10-58中直线 1 的下边)

选择要偏移的对象或 <退出>：↵

结果如图 10-59 所示。

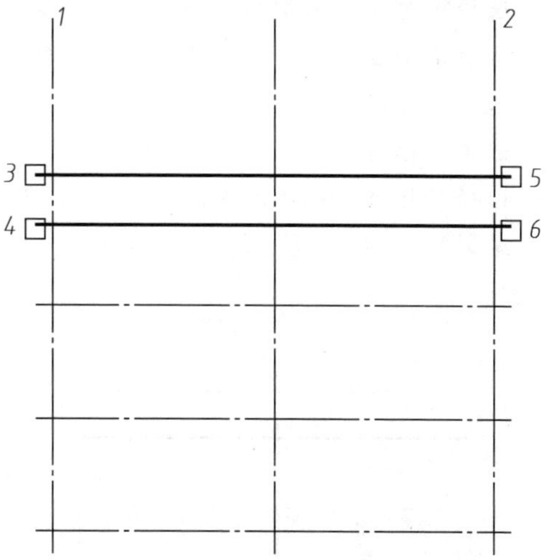

图 10-59　确定底板轮廓

命令：↵(按<Enter>键，重复上次命令)

OFFSET

指定偏移距离或［通过(T)］<45.0000>：20

选择要偏移的对象或 <退出>：(拾取图 10-58 中的直线 3)

指定点以确定偏移所在一侧：(拾取图 10-58 中直线 3 的上边)

选择要偏移的对象或 <退出>：↵

结果如图 10-59 所示。

2）用 trim 命令剪掉多余的线段。单击“修改”面板中的修剪命令按钮，命令行如下所示：

命令：_trim

当前设置：投影=UCS 边=无

选择剪切边...

选择对象：找到 1 个(选择边界，拾取图 10-59 中的直线 1)

选择对象：找到 1 个，总计 2 个(选择边界，拾取图 10-59 中的直线 2)

选择对象：↵(结束选择边界)

选择要修剪的对象或［投影(P)/边(E)/放弃(U)］：(拾取图 10-59 中的直线端点 3)

选择要修剪的对象或［投影(P)/边(E)/放弃(U)］：(拾取图 10-59 中的直线端点 4)

选择要修剪的对象或［投影(P)/边(E)/放弃(U)］：(拾取图 10-59 中的直线端点 5)

选择要修剪的对象或［投影(P)/边(E)/放弃(U)］：(拾取图 10-59 中的直线端点 6)

选择要修剪的对象或［投影(P)/边(E)/放弃(U)］：↵

重复上面的操作，将多余的线段剪掉，如图 10-60 所示。

3）用“特性匹配”功能将图 10-60 中的点画线改为粗实线。选择“特性”面板中的按钮，展开浮动菜单，单击按钮，如图 10-75 所示。

命令：'_matchprop

选择源对象:(拾取图 10-60 中的粗实线)
当前活动设置: 颜色 图层 线型 线型比例 线宽 厚度 打印样式 文字 标注 图案填充
选择目标对象或[设置(S)]:(分别拾取图 10-60 中的点画线 1、2、3、4、5、6)
选择目标对象或[设置(S)]:
选择目标对象或[设置(S)]:↵(按<Enter>键,结束命令)
结果如图 10-61 所示。

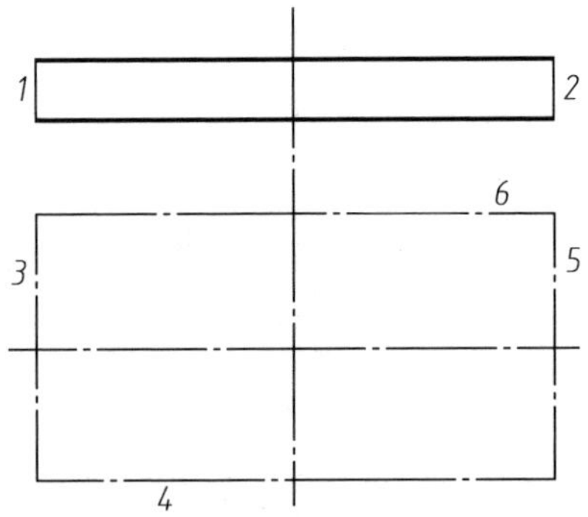

图 10-60 剪掉多余的线段

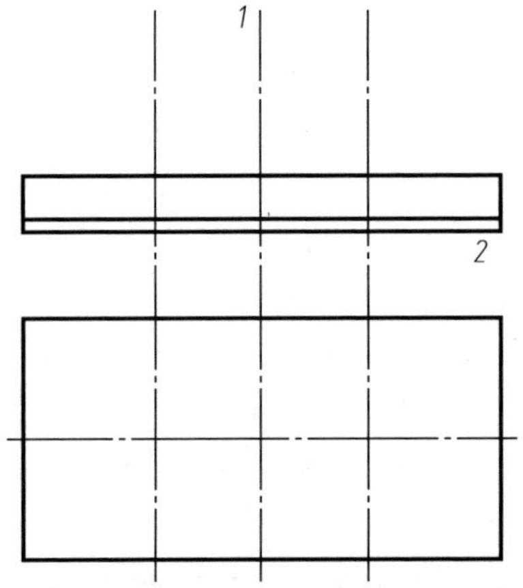

图 10-61 修改线型结果

4) 如图 10-61 所示，用 offset 偏移命令将点画线 1 向左、右各平移 40mm，将正面投影粗实线 2 向上平移 5mm。

5) 用 trim 剪切命令剪掉多余的边，结果如图 10-62 所示。

6) 用“特性匹配”功能将图 10-62 所示槽正面投影中的点画线改为粗实线，结果如图 10-63 所示。

7) 用鼠标拾取图 10-62 中的点画线 1，然后设置当前层为虚线层，再按键盘上的<ESC>键退出，则点画线 1 变成虚线。

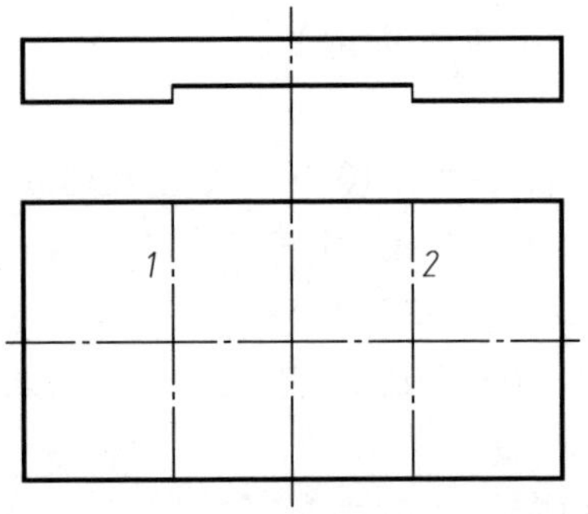

图 10-62 绘制槽的正面投影

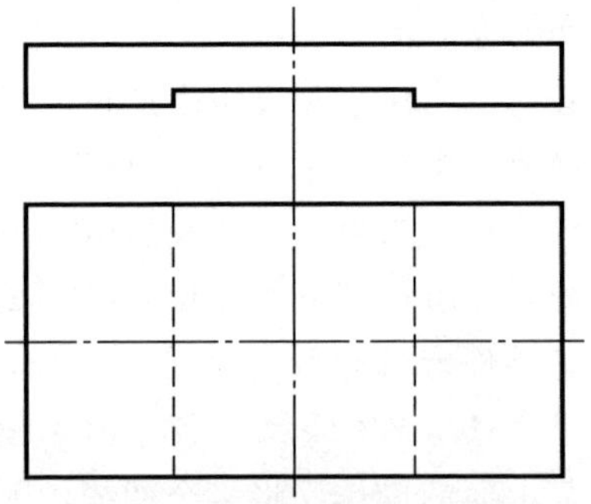

图 10-63 完成槽的两面投影

按同样方法操作，将图 10-62 中的点画线 2 修改为虚线，如图 10-63 所示。

(4) 绘制台阶孔圆柱的两面投影

1）用鼠标单击图 10-3 所示状态栏中的“对象捕捉”按钮，激活“对象捕捉”。

2）单击“绘图”面板中的绘圆命令按钮，命令行如下所示：

命令:_circle 指定圆的圆心或［三点(3P)/两点(2P)/相切、相切、半径(T)］:(用鼠标拾取图 10-63 中水平投影点画线的交点)

指定圆的半径或［直径(D)］: 40(绘制直径为 80mm 的圆)

按同样方法操作，绘制直径为 60mm 和 30mm 的同心圆，如图 10-64 所示。

3）用鼠标单击图 10-3 所示屏幕最下面状态栏的“极轴追踪”“对象捕捉”“对象捕捉追踪”。

4）单击“绘图”面板中的直线命令按钮，命令行如下所示：

命令: _line 指定第一点:(移动鼠标,将光标放在水平投影中直径为 80mm 圆的最左点,停留获得交点,向上移动鼠标,与底边上的线相交时单击鼠标左键。)

指定下一点或［放弃(U)］: 60(向上移动鼠标,出现图 10-64 所示的状态时,用键盘输入 60)

指定下一点或［放弃(U)］:(向右移动鼠标,并将光标放在水平投影中直径为 80mm 圆的最右点,停留获得交点,向上移动鼠标,出现图 10-65 所示的状态时,单击鼠标左键)

指定下一点或［闭合(C)/放弃(U)］:(向下移动鼠标,与底边上的线相交时单击鼠标左键)

指定下一点或［闭合(C)/放弃(U)］:↵

设置当前层为虚线层，用同样的方法绘制出孔的正面投影，如图 10-66 所示。

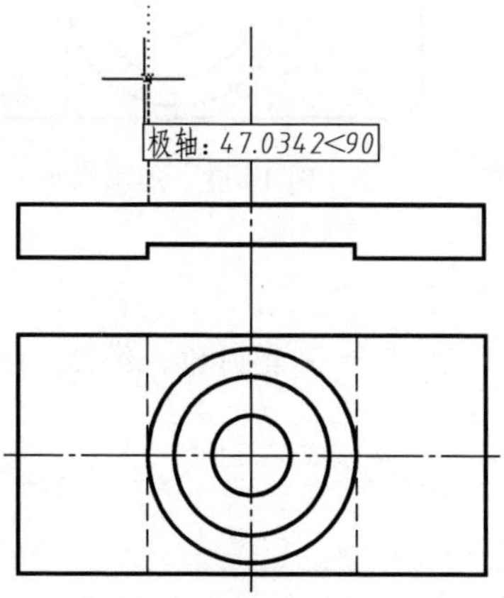

图 10-64 绘制圆柱水平投影

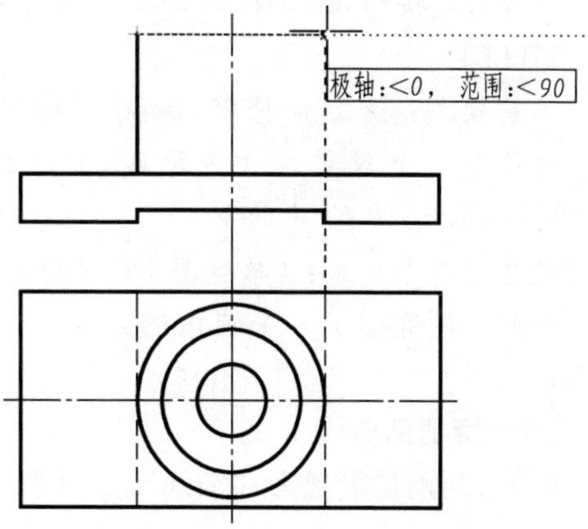

图 10-65 绘制圆柱正面投影

5）用 trim 命令剪掉多余的线段，用 erase 命令擦去多余的虚线结果如图 10-67 所示。

6）用“特性匹配”功能将图 10-66 所示主视图中的虚线改为粗实线，结果如图 10-67 所示。

（5）绘制两视图中的细节，用 fillet 命令倒圆角 单击“修改”面板上的圆角命令按钮，命令行如下所示：

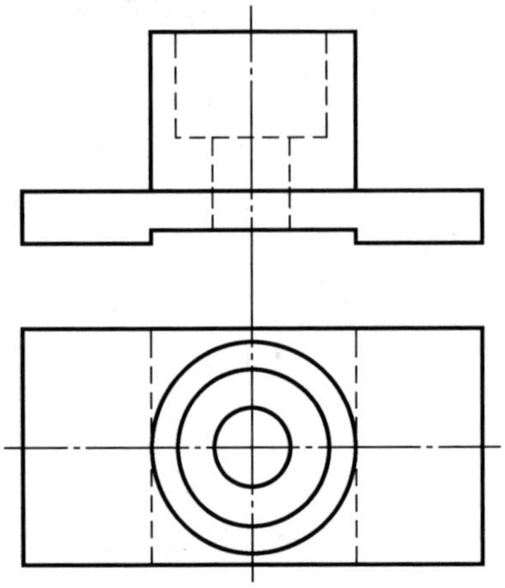

图 10-66　绘制孔的正面投影

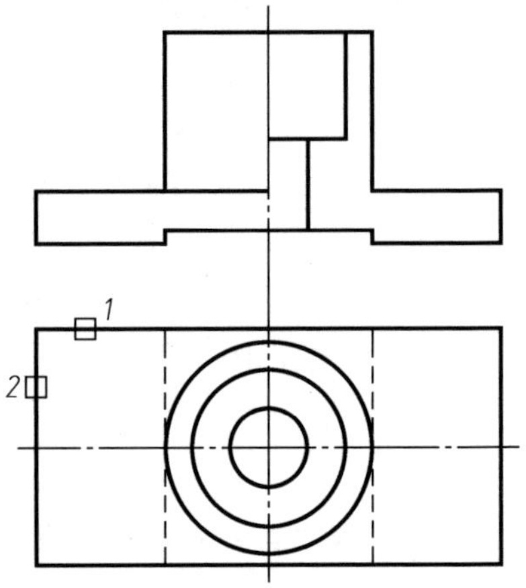

图 10-67　主视图改半剖

命令：_fillet

当前模式：模式 = 修剪，半径 = 10.0000

选择第一个对象或［多段线(P)/半径(R)/修剪(T)］：r↵(用键盘输入 r，表示要输入圆角半径。若输入 t，则为选择是否修剪边，即绘制圆角时，是否保留原直角边。这里的模式是修剪边。)

指定圆角半径 <10.0000>：12(用键盘输入圆角半径)

命令：↵(按<Enter>键，默认执行倒圆角命令)

FILLET

当前模式：模式 = 修剪，半径 = 12.0000

选择第一个对象或［多段线(P)/半径(R)/修剪(T)］：(拾取图 10-67 中的点 1)

选择第二个对象：(拾取图 10-67 中的点 2)

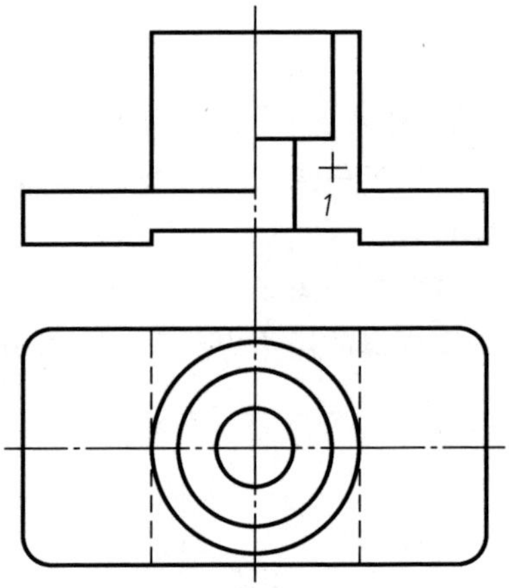

图 10-68　绘制圆角

至此，便完成了一个圆角的绘制。用同样的方法绘制其余三个圆角，结果如图 10-68 所示。

(6) 绘制剖面线

1) 将当前层设置为“细线”层（图 10-37）。

2) 单击“绘图”面板中的图案填充命令，弹出图 10-69 所示的“图案填充创建”选项卡。在“图案”面板中选择“ANSI31”样式，即 45°剖面线，或单击按钮查找合适的样式；修改填充图案比例，以改变剖面线间距的疏密；单击图 10-69 中的“拾取点”按钮，拾取图 10-68 中的点 1。

命令：_bhatch

选择内部点：正在选择所有对象…(在要绘制的剖面线区域内拾取点，如在图 10-68 中点 1 的位置按鼠标左键)

正在选择所有可见对象…

正在分析所选数据…
正在分析内部孤岛…
选择内部点：

预览剖面线是否合适，可调整图案样式或图案比例，若预览满意，则单击按钮关闭“图案填充创建”选项卡，结果如图 10-70 所示。

图 10-69 “图案填充创建”选项卡

（7）标注尺寸

1）确定当前层为“细线”层（图 10-37）。

2）单击图 10-1 所示“注释”面板中“线性”命令右边的按钮，弹出标注类型，如图 10-71 所示。

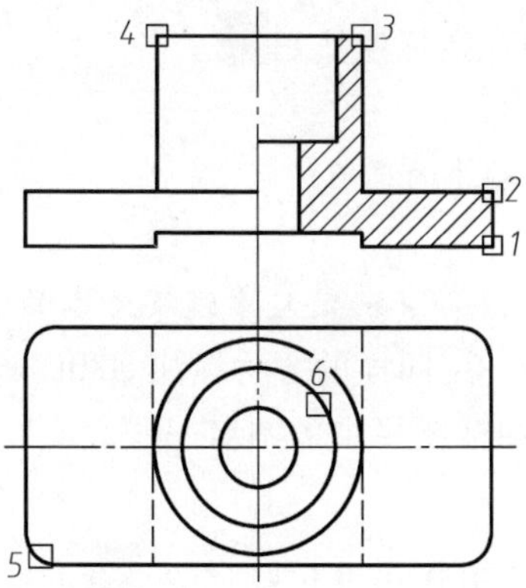

图 10-70 绘制剖面线

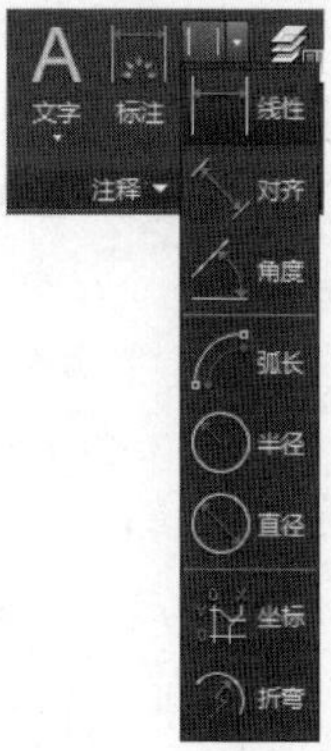

图 10-71 “标注”类型

3）确定图 10-3 所示状态栏中的“对象捕捉”按钮已激活。

4）标注底板的高度。单击图 10-71 中的线性标注按钮，命令行如下所示：

命令：_dimlinear

指定第一条尺寸界线起点或 <选择对象>：（选择图 10-70 中的尺寸界线端点 1）

指定第二条尺寸界线起点：指定尺寸线位置或（选择图 10-70 中的尺寸界线端点 2）

[多行文字(M)/文字(T)/角度(A)/水平(H)/垂直(V)/旋转(R)]：（确定尺寸线及文本的位置）

标注文字 =20

至此，完成了图 10-57 中底板高度 20mm 的标注。

5）在大圆柱的非圆视图上标注 ϕ80mm。单击图 10-71 中的线性标注按钮，命令行如下所示：

命令：_dimlinear

指定第一条尺寸界线起点或 <选择对象>：(选择图 10-70 中的尺寸界线端点 3)

指定第二条尺寸界线起点：指定尺寸线位置或（选择图 10-70 中的尺寸界线端点 4)

[多行文字(M)/文字(T)/角度(A)/水平(H)/垂直(V)/旋转(R)]：t ↵（输入文本格式）

输入标注文字 <80>：%%c80(输入文本)

指定尺寸线位置或[多行文字(M)/文字(T)/角度(A)/水平(H)/垂直(V)/旋转(R)]：(确定尺寸线及文本的位置)

标注文字 =80

至此，完成了图 10-57 中正面投影上 ϕ80mm 的标注。

6）在俯视图中标注底板半径。单击图 10-71 中的半径标注按钮，命令行如下所示：

命令：_dimradius

选择圆弧或圆：(选择图 10-70 中水平投影上要标注半径的圆弧 5)

标注文字 =12

指定尺寸线位置或［多行文字(M)/文字(T)/角度(A)]：(确定尺寸线及文本的位置)

至此，完成了图 10-57 中水平投影上 R12mm 的标注。

7）在俯视图中标注圆柱的直径。单击图 10-70 中的直径标注按钮。

命令：_dimdiameter

选择圆弧或圆：(选择图 10-70 中水平投影上要标注尺寸的圆 6)

标注文字 =60

指定尺寸线位置或［多行文字(M)/文字(T)/角度(A)]：(确定尺寸线及文本的位置)

至此，完成了图 10-57 中水平投影上 ϕ60mm 的标注。用同样的方法标注 ϕ30mm。

最后，补全其余尺寸标注，断开多余的点画线，添加标题栏中的图名——底座，完成图 10-57 的绘制。

上面的线性、半径、直径标注，也可用图 10-71 中的增强尺寸标注命令，系统根据拾取对象性质，自动创建多种类型的标注。

10.6 图形的输出和打印

AutoCAD 图形通过模型空间、图纸空间打印成 PDF 文件或直接打印，也可转换为其他格式文件，常见的输出格式为 PDF、DWF 格式。

1. 模型空间和图纸空间

模型空间是指建立模型所处的 AutoCAD 环境，用户可以在模型空间设计二维图形或三维模型。图纸空间是建立与工程图样相对应的绘图空间，用户可以在图纸空间预览用于打印输出的图样。

通常，在模型空间画完图后进入图纸空间布置图形，布局模拟图样页面，并提供直观打印预览功能，可根据设计需求创建多个布局以显示不同的视图，或在布局中创建多个视口，不同的视口可以有不同的比例。

模型空间与图纸空间的转换有以下三种方式：

1）直接单击绘图窗口底部的“模型”“布局”标签。

2）在图纸空间需要激活的视口内双击鼠标左键，视口线变粗，进入模型空间；双击视口以外的任何地方，视口线变细，回到图纸空间。

3）单击状态栏上的“模型”/“图纸”按钮。

2. 模型空间打印 PDF 文件

1）打开图形“底座”，图形中有图框、标题栏。

2）单击快速访问工具栏的“打印”按钮，弹出 10-72 所示的“打印-模型”对话框：设置打印机为“DWG To PDF. pc3”；设置图纸尺寸为“ISO A3（420. 00×297. 00 毫米）”；设置打印比例为 1∶1；设置黑白打印，在“打印样式表”下拉列表中选择“monochrome. ctb”。

打印范围选择“窗口”时，此对话框消失，可捕捉模型空间要打印区域的对角，回到图 10-72 所示的“打印-模型”对话框。

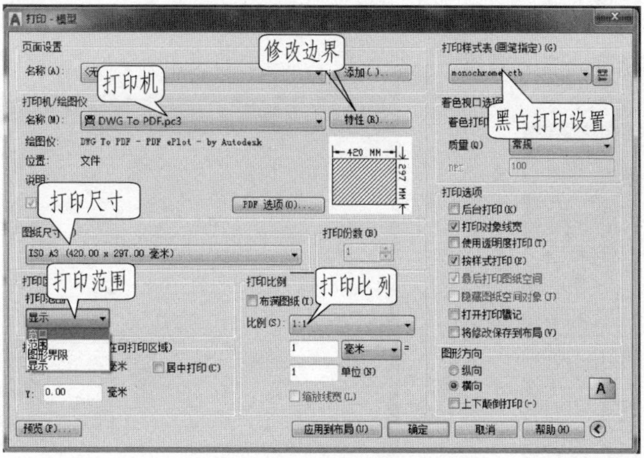

图 10-72 “打印-模型”对话框

3）在图 10-72 所示“打印-模型”对话框中单击“预览”按钮，若打印的图线不完整，则按键盘上的<ESC>键回到此对话框，单击用以修改边界的“特性”按钮，弹出图 10-73 所示的“绘图仪配置编辑器”对话框，在“设备和文档设置”选项卡中选择“修改标准图纸尺寸（可打印区域）”，在“修改标准图纸尺寸”下拖动滑块，查找“ISO A3（420. 00×297. 00 毫米）”，与“打印-模型”对话框中选择的“图纸尺寸”一致。再单击右侧的“修改”按钮，弹出图 10-74 所示的“自定义图纸尺寸-可打印区域”对话框，将“上”“下”“左”“右”置 0。单击“下一步”“完成”按钮和回到“绘图仪配置编辑器”对话框，结果如图 10-73 所示。单击“确定”按钮，回到图 10-72 所示的“打印-模型”对话框。

4）在图 10-72 所示“打印-模型”对话框中勾选“居中打印”，单击“预览”按钮，可完整显示要打印的图形。（若点画线、虚线不清楚，则用鼠标右键单击“退出”，回到“打印-模型”对话框，单击“取消”按钮，单击图 10-1 中“特性”面板的按钮，弹出图 10-75所示的对象特性面板，单击线型右边的按钮，选择“其他…”，打开图 10-76 所示的“线型管理器”对话框，单击“显示细节”按钮，不勾选“缩放时使用图纸空间单位”复选框，也可通过改变“全局比例因子”来获得好的效果，重新设置打印。）

5）按鼠标右键，在弹出的浮动菜单上单击“打印”，即可弹出保存 PDF 文件的对话框。单击“保存”按钮，即生成图 10-57 所要求的 PDF 文件。

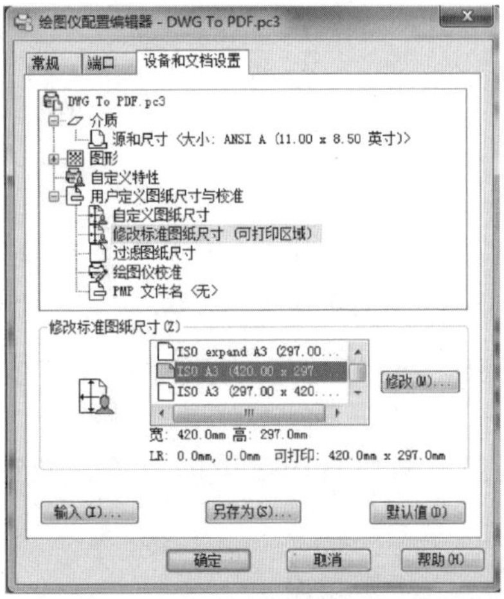

图 10-73 “绘图仪配置编辑器”对话框

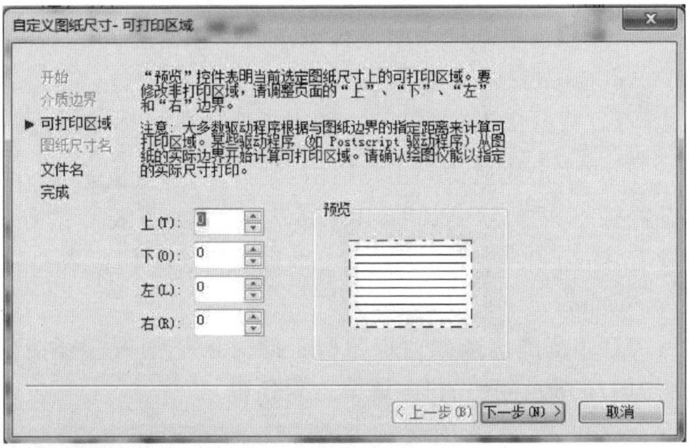

图 10-74 “自定义图纸尺寸-可打印区域”对话框

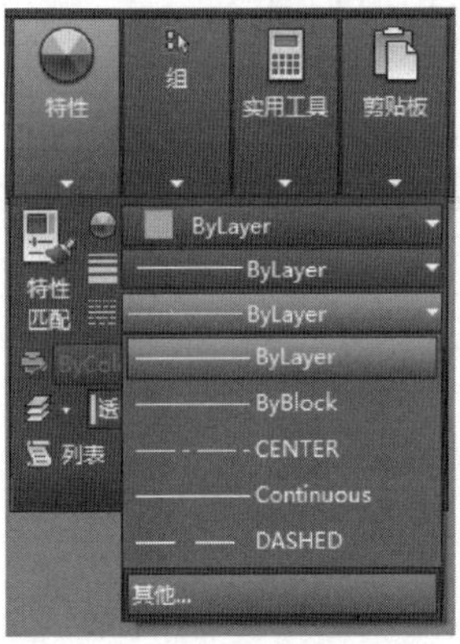

图 10-75 对象特性面板

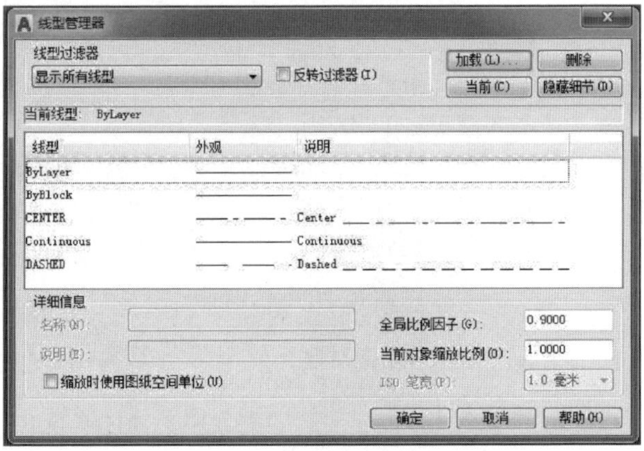

图 10-76 “线型管理器”对话框

3. 图纸空间打印 PDF 文件

图纸空间可直接预览要打印的结果，比较直观，特别适合用不同比例打印同一图形的不同部分。

1）绘制图框模板文件。新建文件，进入布局，在布局上按鼠标右键“重命名”为“A3 模板”，在“A3 模板”布局上按鼠标右键，选择“页面设置管理器”，单击“修改”按钮，弹出“页面设置”对话框，所修改的内容与图 10-72 一致，如图 10-74 所示将页边距改为 0。按“确定”按钮关闭这些对话框，删除默认视口。

2）绘制图框、标题栏，存成“布局 A3. dwt”模板文件。

3）新建图形文件，绘制图形完毕，新建图层“视口边界”，并设为当前层，属性不打印。

4）进入布局，在布局上用鼠标右键单击“从样板（T）…”，选择“布局 A3. dwt”模板中命名的布局“A3 模板”。

5）在“A3 模板”布局中，设置当前层为不打印的“视口边界”图层，选择“布局”选项卡，如图 10-77所示。选择矩形视口命令，在图框内绘制视口，用鼠标单击视口边框，确保选择刚绘制的视口，在图 10-78 所示的状态栏中选择视口比例。

6）在视口内双击鼠标左键，进入模型空间，按鼠标右键单击“平移”，按住鼠标左键拖动，可移动图形至合适位置，按鼠标右键“退出”。在视口外双击鼠标左键，进入图纸空间，在“A3 模板”布局上按鼠标右键单击“打印”“确定”即可。若直接打印到图纸，则在图 10-72 所示打印机选项区中选择与计算机相连的打印机型号即可。

图 10-77 “布局”选项卡

4. 输出 PDF 格式

在模型空间也可用此方法生成 PDF 格式文件。如图 10-79 所示，单击“应用程序”图标按钮，选择“输出”→“PDF”，弹出图 10-80所示的“另存为 PDF”对话框。在“输出”栏的下拉列表中选择“窗口”，单击右边的按钮选择输出的图形范围；在“页面设置”栏的拉下列表中选择“替代”，单击“页面设置替代”按钮，弹出图 10-81 所示的“页面设置替代”对话框，选择“图纸尺寸”为“ISO A4（210.00×297.00 毫米）”，黑白打印“monochrome.ctl”，单击“确定”按钮，返回“另存为 PDF”对话框，单击“保存”按钮，即可生成 PDF 文件。

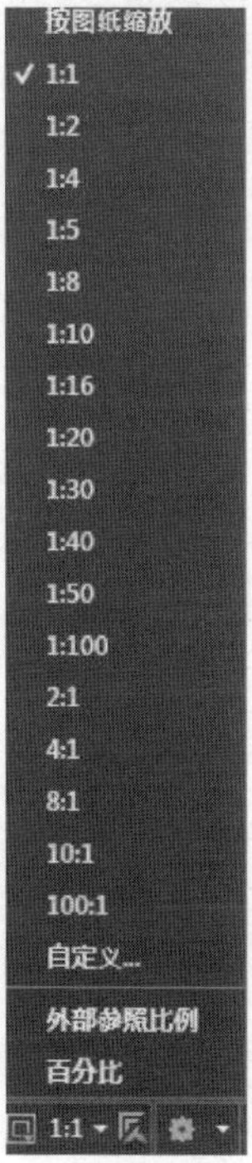

图 10-78 状态栏中视口比例列表

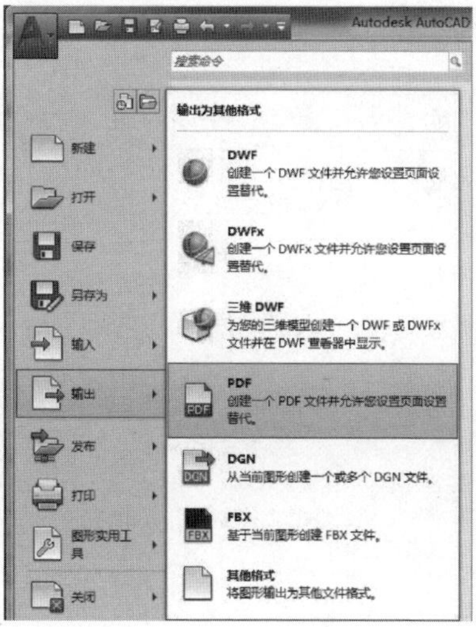

图 10-79 输出界面

图 10-80 “另存为 PDF” 对话框

图 10-81 “页面设置替代” 对话框

5. 输出 DWF 格式

单击图 10-79 中的 “输出”→“DWF”，弹出 “另存为 DWF” 对话框，其余选项与生成 PDF 文件相同。

附　录

附录 A　螺纹及螺纹紧固件

表 A-1　普通螺纹基本尺寸（摘自 GB/T 193—2003 及 GB/T 196—2003）(单位：mm)

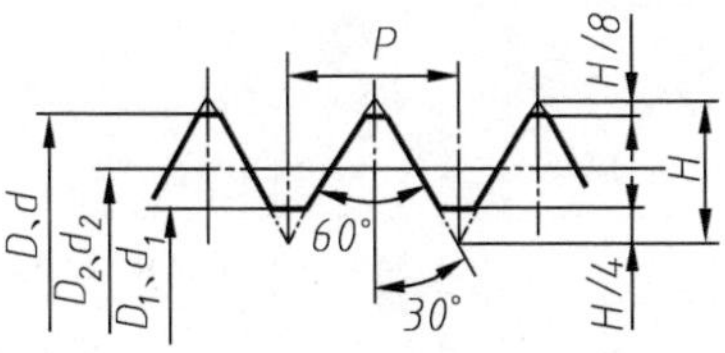

标记示例

公称直径 24，螺距 1.5，右旋的细牙普通螺纹：

M24×1.5

$$H=\frac{\sqrt{3}}{2}P$$

直径与螺距系列、基本尺寸

公称直径 D、d		螺距 P		粗牙小径 D_1、d_1
第一系列	第二系列	粗牙	细牙	
3		0.5	0.35	2.459
	3.5	0.6		2.850
4		0.7	0.5	3.242
	4.5	0.75		3.688
5		0.8		4.134
6		1	0.75	4.917
	7	1		5.917
8		1.25	1,0.75	6.647
10		1.5	1.25,1,0.75	8.376
12		1.75	1.25,1	10.106
	14	2	1.5,1.25,1	11.835
16		2	1.5,1	13.835
	18	2.5	2,1.5,1	15.294
20		2.5		17.294

公称直径 D、d		螺距 P		粗牙小径 D_1、d_1
第一系列	第二系列	粗牙	细牙	
	22	2.5	2,1.5,1	19.294
24		3		20.752
	27	3		23.752
30		3.5	(3),2,1.5,1	26.211
	33	3.5	(3),2,1.5	29.211
36		4	3,2,1.5	31.670
	39	4		34.670
42		4.5	4,3,2,1.5	37.129
	45	4.5		40.129
48		5		42.587
	52	5		46.587
56		5.5		50.046
	60	5.5		54.046
64		6		57.505
	68	6		61.505

注：1. 优先选用第一系列，括号内尺寸尽可能不用。
2. 公称直径 D、d 第三系列未列入。
3. M14×1.25 仅用于火花塞。
4. 中径 D_2、d_2 未列入。

表 A-2　细牙普通螺纹螺距与小径的关系　(单位:mm)

螺　距　P	小径 D_1、d_1	螺　距　P	小径 D_1、d_1	螺　距　P	小径 D_1、d_1
0.35	$d-1+0.621$	1	$d-2+0.917$	2	$d-3+0.835$
0.5	$d-1+0.459$	1.25	$d-2+0.647$	3	$d-4+0.752$
0.75	$d-1+0.188$	1.5	$d-2+0.376$	4	$d-5+0.670$

注：表中的小径按 $D_1=d_1=d-2\times\frac{5}{8}H$，$H=\frac{\sqrt{3}}{2}P$ 计算得出。

表 A-3 梯形螺纹（摘自 GB/T 5796.3—2005） （单位：mm）

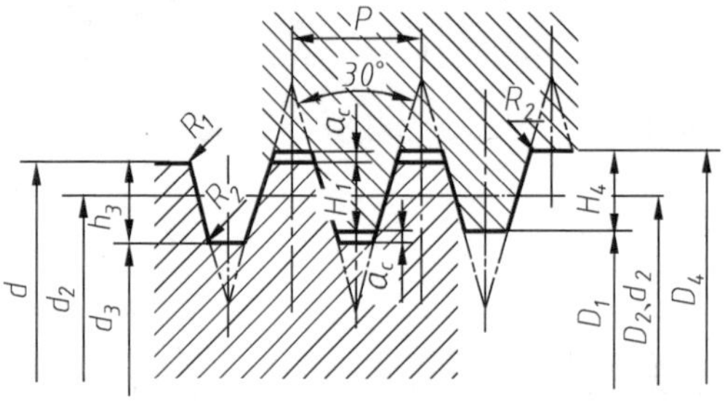

标记示例

公称直径 40，导程 14，螺距为 7 的双线左旋梯形螺纹：

Tr40×14(P7)LH

直径与螺距系列、基本尺寸

公称直径 d 第一系列	公称直径 d 第二系列	螺距 P	中径 $d_2=D_2$	大径 D_4	小径 d_3	小径 D_1
8		1.5	7.250	8.300	6.200	6.500
	9	1.5	8.250	9.300	7.200	7.500
		2	8.000	9.500	6.500	7.000
10		1.5	9.250	10.300	8.200	8.500
		2	9.000	10.500	7.500	8.000
	11	2	10.000	11.500	8.500	9.000
		3	9.500	11.500	7.500	8.000
12		2	11.000	12.500	9.500	10.000
		3	10.500	12.500	8.500	9.000
	14	2	13.000	14.500	11.500	12.000
		3	12.500	14.500	10.500	11.000
16		2	15.000	16.500	13.500	14.000
		4	14.000	16.500	11.500	12.000
	18	2	17.000	18.500	15.500	16.000
		4	16.000	18.500	13.500	14.000
20		2	19.000	20.500	17.500	18.000
		4	18.000	20.500	15.500	16.000
	22	3	20.500	22.500	18.500	19.000
		5	19.500	22.500	16.500	17.000
		8	18.000	23.000	13.000	14.000
24		3	22.500	24.500	20.500	21.000
		5	21.500	24.500	18.500	19.000
		8	20.000	25.000	15.000	16.000

公称直径 d 第一系列	公称直径 d 第二系列	螺距 P	中径 $d_2=D_2$	大径 D_4	小径 d_3	小径 D_1
	26	3	24.500	26.500	22.500	23.000
		5	23.500	26.500	20.500	21.000
		8	22.000	27.000	17.000	18.000
28		3	26.500	28.500	24.500	25.000
		5	25.500	28.500	22.500	23.000
		8	24.000	29.000	19.000	20.000
	30	3	28.500	30.500	26.500	27.000
		6	27.000	31.000	23.000	24.000
		10	25.000	31.000	19.000	20.000
32		3	30.500	32.500	28.500	29.000
		6	29.000	33.000	25.000	26.000
		10	27.000	33.000	21.000	22.000
	34	3	32.500	34.500	30.500	31.000
		6	31.000	35.000	27.000	28.000
		10	29.000	35.000	23.000	24.000
36		3	34.500	36.500	32.500	33.000
		6	33.000	37.000	29.000	30.000
		10	31.000	37.000	25.000	26.000
	38	3	36.500	38.500	34.500	35.000
		7	34.500	39.000	39.000	31.000
		10	33.000	39.000	27.000	28.000
40		3	38.500	40.500	36.500	37.000
		7	36.500	41.000	32.000	33.000
		10	35.000	41.000	29.000	30.000

表 A-4　55°非密封管螺纹的基本尺寸及其公差（摘自 GB/T 7307—2001）　　（单位：mm）

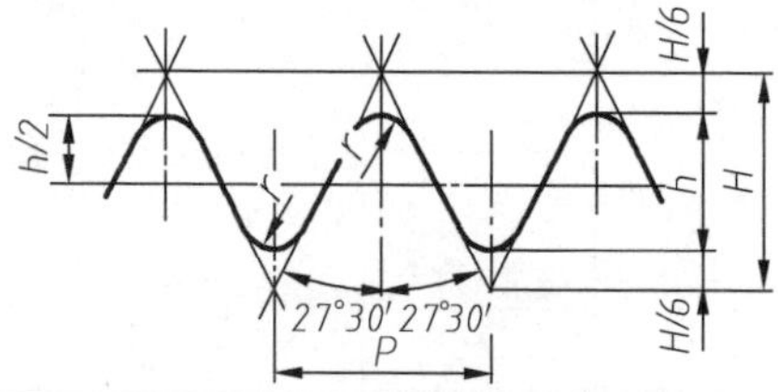

标记示例
尺寸代号 1/2, A 级　外螺纹：
G1/2A

尺寸代号	每 25.4 内的牙数 n	螺距 P	牙高 h	基本直径		
				大径 $d=D$	中径 $d_2=D_2$	小径 $d_1=D_1$
1/2	14	1.814	1.162	20.955	19.793	18.631
5/8	14	1.814	1.162	22.911	21.749	20.587
3/4	14	1.814	1.162	26.441	25.279	24.117
7/8	14	1.814	1.162	30.201	29.039	27.877
1	11	2.309	1.479	33.249	31.770	30.291
1⅛	11	2.309	1.479	37.879	36.418	34.939
1¼	1	2.309	1.479	41.910	40.431	38.952
1½	11	2.309	1.479	47.803	46.324	44.845
1¾	11	2.309	1.479	53.746	52.267	50.788
2	11	2.309	1.479	59.614	58.135	56.656

尺寸代号	外螺纹					内螺纹			
	大径公差		中径公差			中径公差		小径公差	
	下极限偏差	上极限偏差	下极限偏差 A 级	下极限偏差 B 级	上极限偏差	下极限偏差	上极限偏差	下极限偏差	上极限偏差
1/2	−0.284	0	−0.142	−0.284	0	0	+0.142	0	+0.541
5/8	−0.284	0	−0.142	−0.284	0	0	+0.142	0	+0.541
3/4	−0.284	0	−0.142	−0.284	0	0	+0.142	0	+0.541
7/8	−0.284	0	−0.142	−0.284	0	0	+0.142	0	+0.541
1	−0.360	0	−0.180	−0.360	0	0	+0.180	0	+0.640
1⅛	−0.360	0	−0.180	−0.360	0	0	+0.180	0	+0.640
1¼	−0.360	0	−0.180	−0.360	0	0	+0.180	0	+0.640
1½	−0.360	0	−0.180	−0.360	0	0	+0.180	0	+0.640
1¾	−0.360	0	−0.180	−0.360	0	0	+0.180	0	+0.640
2	−0.360	0	−0.180	−0.360	0	0	+0.180	0	+0.640

表 A-5　55°密封管螺纹（摘自 GB/T 7306. 1—2000 及 GB/T 7306. 2—2000）

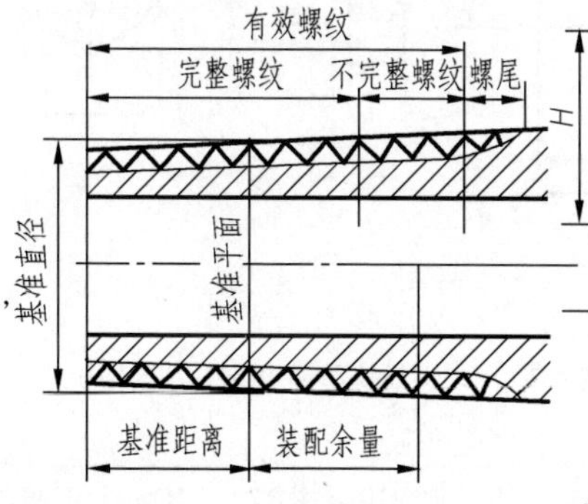

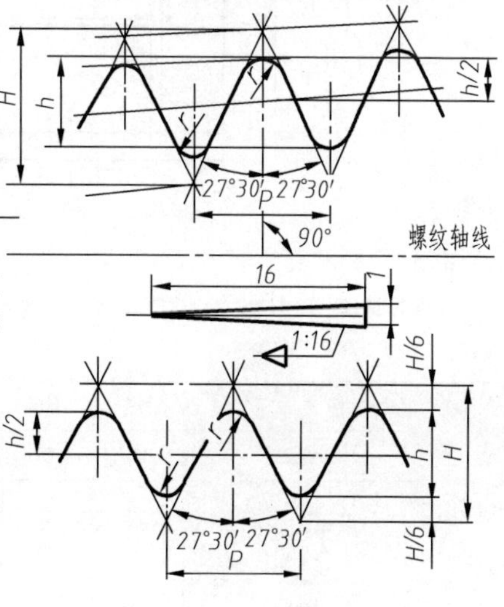

螺纹中径和小径的数值，按下列公式计算

$d_2=D_2=d-0.640327P$

$d_1=D_1=d-1.280654P$

$1\frac{1}{2}$螺纹标记示例

圆锥内螺纹 RC1$\frac{1}{2}$，圆柱内螺纹 Rp1$\frac{1}{2}$，圆锥外螺纹 $R_1 1\frac{1}{2}$

圆锥内螺纹与圆锥外螺纹的配合 RC1$\frac{1}{2}$/$R_2 1\frac{1}{2}$

圆柱内螺纹与圆锥外螺纹的配合 Rp1$\frac{1}{2}$/$R_1 1\frac{1}{2}$

（续）

1	2	3	4	5	6	7	8	9
尺寸代号	每 25.4mm 内所包含的牙数 n	螺距 P/mm	牙高 h/mm	基准平面内的基本直径/mm			基准距离 /mm	有效螺纹长度 /mm
				大径(基准直径) $d=D$	中径 $d_2=D_2$	小径 $d_1=D_1$		
1/16	28	0.907	0.581	7.723	7.142	6.561	4.0	6.5
1/8	28	0.907	0.581	9.728	9.147	8.566	4.0	6.5
1/4	19	1.337	0.856	13.157	12.301	11.445	6.0	9.7
3/8	19	1.337	0.856	16.662	15.806	14.950	6.4	10.1
1/2	14	1.814	1.162	20.955	19.793	18.631	8.2	13.2
3/4	14	1.814	1.162	26.441	25.279	24.117	9.5	14.5
1	11	2.309	1.479	33.249	31.770	30.291	10.4	16.8
1¼	11	2.309	1.479	41.910	40.431	38.952	12.7	19.1
1½	11	2.309	1.479	47.803	46.324	44.845	12.7	19.1
2	11	2.309	1.479	59.614	58.135	56.656	15.9	23.4
2½	11	2.309	1.479	75.184	73.705	72.226	17.5	26.7
3	11	2.309	1.479	87.884	86.405	84.926	20.6	29.8
4	11	2.309	1.479	113.030	111.551	110.072	25.4	35.8
5	11	2.309	1.479	138.430	136.951	135.472	28.6	40.1
6	11	2.309	1.479	163.830	162.351	160.872	28.6	40.1

表 A-6　六角头螺栓（摘自 GB/T 5782—2016）　　（单位：mm）

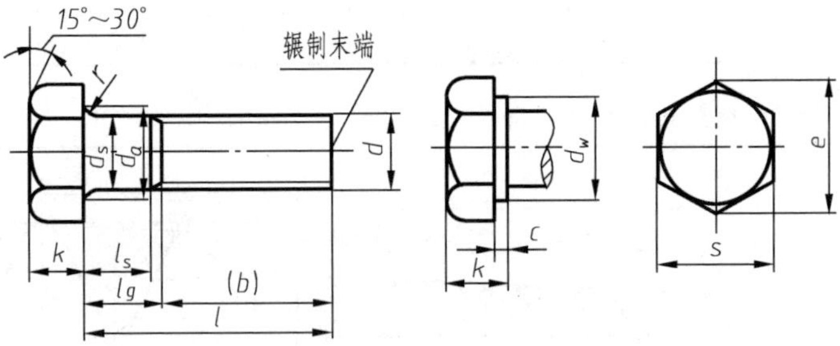

标记示例

螺纹规格为 M12,公称长度 $l=80$,性能等级为 8.8 级,表面不经处理,A 级的六角头螺栓:

螺栓　GB/T 5782　M12×80

螺纹规格 d		M5	M6	M8	M10	M12	M16	M20	M24	M30	M36
$b_{参考}$	$l\leqslant125$	16	18	22	26	30	38	46	54	66	—
	$125<l\leqslant200$	22	24	28	32	36	44	52	60	72	84
	$l>200$	35	37	41	45	49	57	65	73	85	97
c	max	0.5	0.5	0.6	0.6	0.6	0.8	0.8	0.8	0.8	0.8

（续）

螺纹规格 d		M5	M6	M8	M10	M12	M16	M20	M24	M30	M36
d_a	max	5.7	6.8	9.2	11.2	13.7	17.7	22.4	26.4	33.4	39.4
d_s	max	5	6	8	10	12	16	20	24	30	36
	min(B 级)	4.7	5.7	7.64	9.64	11.57	15.57	19.48	23.48	29.48	35.38
d_w	min(B 级)	6.74	8.74	11.47	14.47	16.47	22	27.7	33.25	42.75	51.11
e	min(B 级)	8.63	10.89	14.20	17.59	19.85	26.17	32.95	39.55	50.85	60.79
k	公称	3.5	4	5.3	6.4	7.5	10	12.5	15	18.7	22.5
	min(B 级)	2.35	3.76	5.06	6.11	7.21	9.71	2.15	14.65	18.28	22.08
	max(B 级)	3.26	4.24	5.54	6.69	7.79	10.29	12.85	15.53	19.12	22.92
k_w	min(B 级)	2.28	2.63	3.54	4.28	5.05	6.8	8.51	10.26	12.8	15.46
r	min	0.2	0.25	0.4	0.4	0.6	0.6	0.8	0.8	1	1
s	max	8	10	13	16	181	24	30	36	46	55
	min(B 级)	7.64	9.64	12.57	15.57	17.57	23.16	29.16	35	45	53.8
l(商品规格范围及通用规格)		25~50	30~60	40~80	45~100	50~120	65~160	80~200	90~240	110~300	140~360
l 系列		25,30,35,40,45,50,55,60,65,70,80,90,100,110,120,130,140,150,160,180,200,220,240,260,280,300,320,340,360									

注：1. 末端按 GB/T 2—2016 规定。

2. $l_{gmax}=l_{公称}-b_{参考}$。

3. $l_{gmin}=l_{gmax}-5P$。

4. P——螺距。

表 A-7　螺柱（摘自 GB/T 897—1988~GB/T 900—1988）　（单位：mm）

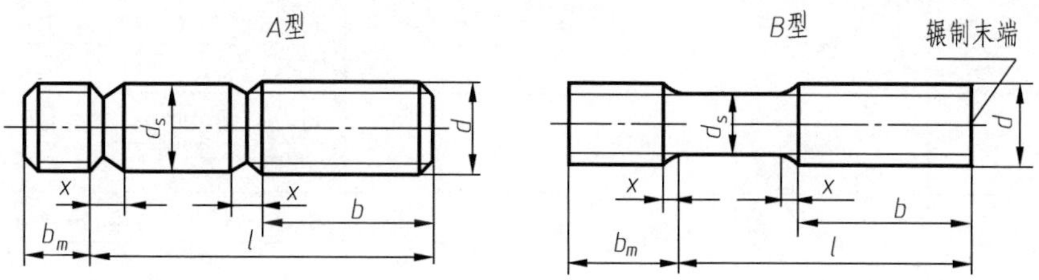

标记示例

两端均为粗牙普通螺纹，$d=10$，$l=50$，性能等级为 4.8 级，不经表面处理，B 型，$b_m=1.25d$ 的双头螺柱：

螺柱　GB/T 898　M10×50

旋入机体一端为粗牙普通螺纹、旋螺母一端为螺距 $P=1$ 的细牙普通螺纹，$d=10$，$l=50$，性能等级为 4.8 级、不经表面处理，A 型，$b_m=1.25d$ 的双头螺柱：

螺柱　GB/T 898　AM10-M10×1×50

螺纹规格	b_m				l/b
	GB/T 897—1988 $b_m=1d$	GB/T 898—1988 $b_m=1.25d$	GB/T 899—1988 $b_m=1.5d$	GB/T 900—1988 $b_m=2d$	
M5	5	6	8	10	$\frac{16\sim22}{10}$，$\frac{25\sim50}{16}$

（续）

螺纹规格	b_m GB/T 897—1988 $b_m=1d$	b_m GB/T 898—1988 $b_m=1.25d$	b_m GB/T 899—1988 $b_m=1.5d$	b_m GB/T 900—1988 $b_m=2d$	l/b
M6	6	8	10	12	$\frac{20\sim22}{10},\frac{25\sim30}{14},\frac{32\sim75}{18}$
M8	8	10	12	16	$\frac{20\sim22}{12},\frac{25\sim30}{16},\frac{32\sim90}{22}$
M10	10	12	15	20	$\frac{25\sim28}{14},\frac{30\sim38}{16},\frac{40\sim120}{26},\frac{130}{32}$
M12	12	15	18	24	$\frac{25\sim30}{16},\frac{32\sim40}{20},\frac{45\sim120}{30},\frac{130\sim180}{36}$
(M14)	14	18	21	28	$\frac{30\sim35}{18},\frac{38\sim45}{25},\frac{50\sim120}{34},\frac{130\sim180}{40}$
M16	16	20	24	32	$\frac{30\sim38}{20},\frac{40\sim55}{30},\frac{60\sim120}{38},\frac{130\sim200}{44}$
(M18)	18	22	27	36	$\frac{35\sim40}{22},\frac{45\sim60}{35},\frac{65\sim120}{42},\frac{130\sim200}{48}$
M20	20	25	30	40	$\frac{35\sim40}{25},\frac{45\sim65}{35},\frac{70\sim120}{46},\frac{130\sim200}{52}$
(M22)	22	28	33	44	$\frac{40\sim55}{30},\frac{50\sim70}{40},\frac{75\sim120}{50},\frac{130\sim200}{56}$
M24	24	30	36	48	$\frac{45\sim50}{30},\frac{55\sim75}{45},\frac{80\sim120}{54},\frac{130\sim200}{60}$
(M27)	27	35	40	54	$\frac{50\sim60}{35},\frac{65\sim85}{50},\frac{90\sim120}{60},\frac{130\sim200}{66}$
M30	30	38	45	60	$\frac{60\sim65}{40},\frac{70\sim90}{50},\frac{95\sim120}{66},\frac{130\sim200}{72},\frac{210\sim250}{85}$
(M33)	33	41	49	66	$\frac{65\sim70}{45},\frac{75\sim95}{60},\frac{100\sim120}{72},\frac{130\sim200}{78},\frac{210\sim300}{91}$
M36	36	45	54	72	$\frac{65\sim75}{45},\frac{80\sim110}{60},\frac{120}{78},\frac{130\sim200}{84},\frac{210\sim300}{97}$
(M39)	39	49	58	78	$\frac{70\sim80}{50},\frac{85\sim110}{60},\frac{120}{84},\frac{130\sim200}{90},\frac{210\sim300}{103}$
M42	42	52	63	84	$\frac{70\sim80}{50},\frac{85\sim110}{70},\frac{120}{90},\frac{130\sim200}{96},\frac{210\sim300}{109}$
M48	48	60	72	96	$\frac{80\sim90}{60},\frac{95\sim110}{80},\frac{120}{102},\frac{130\sim200}{108},\frac{210\sim300}{121}$
l（系列）	16,(18),20,(22),25,(28),30,(32),35,(38),40,45,50,(55),60,(65),70,(75),80,(85),90,(95),100,110,120,130,140,150,160,170,180,190,200,210,220,230,240,250,260,280,300				

注：1. 尽可能不采用括号内的规格。

2. P—粗牙螺纹的螺距。

表 A-8　开槽沉头螺钉（摘自 GB/T 68—2016）、开槽半沉头螺钉（摘自 GB/T 69—2016）

（单位：mm）

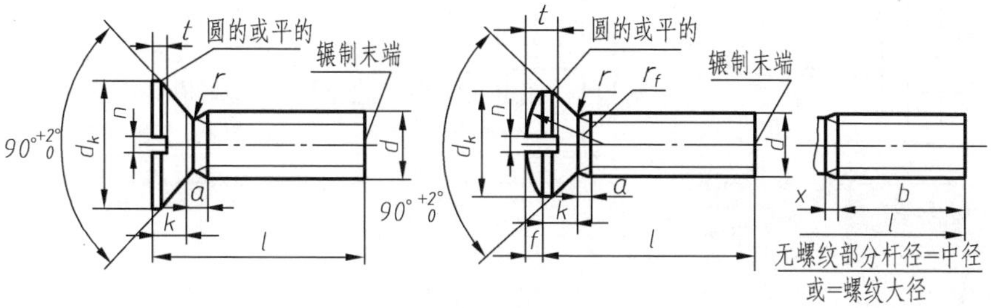

标记示例

螺纹规格 d=M5，公称长度 l=20，性能等级为 4.8 级，不经表面处理的 A 级开槽沉头螺钉：

螺钉　GB/T 68　M5×20

螺纹规格 d			M1.6	M2	M2.5	M3	M4	M5	M6	M8	M10
P			0.35	0.4	0.45	0.5	0.7	0.8	1	1.25	1.5
a	max		0.7	0.8	0.9	1	1.4	1.6	2	2.5	3
b	min		25				38				
d_k	理论值/max		3.6	4.4	5.5	6.3	9.4	10.4	12.6	17.3	20
	实际值	max	3	3.8	4.7	5.5	8.4	9.3	11.3	15.8	18.3
		min	2.7	3.5	4.4	5.2	8.04	8.94	10.87	15.37	17.78
k	max		1	1.2	1.5	1.65	2.7	2.7	3.3	4.65	5
n	公称		0.4	0.5	0.6	0.8	1.2	1.2	1.6	2	2.5
	min		0.46	0.56	0.66	0.86	1.26	1.26	1.66	2.06	2.56
	max		0.6	0.7	0.8	1	1.51	1.51	1.91	2.31	2.81
r	max		0.4	0.5	0.6	0.8	1	1.3	1.5	2	2.5
k	max		0.9	1	1.1	1.25	1.75	2	2.5	3.2	3.8
f	≈		0.4	0.5	0.6	0.7	1	1.2	1.4	2	2.3
r_1	≈		3	4	5	6	9.5	9.5	12	16.5	19.5
t	max	GB/T 68	0.5	0.6	0.75	0.85	1.3	1.4	1.6	2.3	2.6
		GB/T 69	0.8	1	1.2	1.45	1.9	2.4	2.8	3.7	4.4
	min	GB/T 69	0.32	0.4	0.5	0.6	1	1.1	1.2	1.8	2
		GB/T 69	0.64	0.8	1	1.2	1.6	2	2.4	3.2	3.8
l(商品规格范围公称长度)			2.5~16	3~20	4~25	5~30	6~40	8~50	8~60	10~80	12~80
l(系列)			2.5,3,4,5,6,8,10,12,(14),16,20,25,30,35,40,45,50,(55),60,(65),70,(75),80								

注：1. P—螺距。

2. 公称长度 l≤30，两螺纹规格 d 在 M1.6~M3 的螺钉，应制出全螺纹；公称长度 l≤45，而螺纹规格在 M4~M10 的螺钉也应制出全螺纹［$b=l-(k+a)$］。

3. 尽可能不采用括号内的规格。

表 A-9　开槽圆柱头螺钉（摘自 GB/T 65—2016）　（单位：mm）

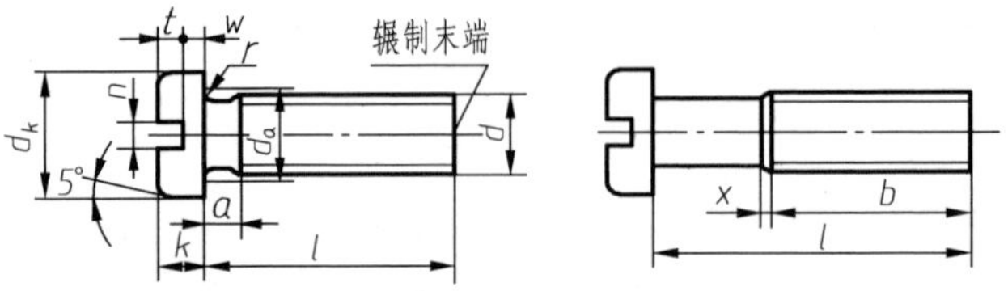

标记示例

螺纹规格 d=M5，公称长度 l=20，性能等级为 4.8 级，不经表面处理的 A 级开槽圆柱头螺钉：

螺钉　GB/T 65　M5×20

螺纹规格 d		M4	M5	M6	M8	M10
P		0.7	0.8	1	1.25	1.5
a	max	1.4	1.6	2	2.5	3
b	min	38				
d_k	max	7	8.5	10	13	16
	min	6.78	8.28	9.78	12.73	15.73
d_a	max	4.7	5.7	6.8	9.2	11.2
k	max	2.6	3.3	3.9	5	6
	min	2.46	3.12	3.6	4.7	5.7
n	公称	1.2	1.2	1.6	2	2.5
	min	1.26	1.26	1.66	2.06	2.56
	max	1.51	1.51	1.91	2.31	2.81
r	min	0.2	0.2	0.25	0.4	0.4
t	min	1.1	1.3	1.6	2	2.4
w	min	1.1	1.3	1.6	2	2.4
x	max	1.75	2	2.5	3.2	3.8
公称长度 l（商品规格范围）		5~40	6~50	8~60	10~80	12~80
l（系列）		5,6,8,10,12,(14),16,20,25,30,35,40,45,50,(55),60,(65),70,(75),80				

注：1. 尽可能不采用括号内的规格。

2. P—螺距。

3. 公称长度 $l \leqslant 40$ 的螺钉，制出全螺纹（$b=l-a$）。

表 A-10　开槽锥端紧定螺钉（摘自 GB/T 71—1985）、开槽平端紧定螺钉（摘自 GB/T 73—2017）、开槽长圆柱端紧定螺钉（摘自 GB/T 75—1985）　（单位：mm）

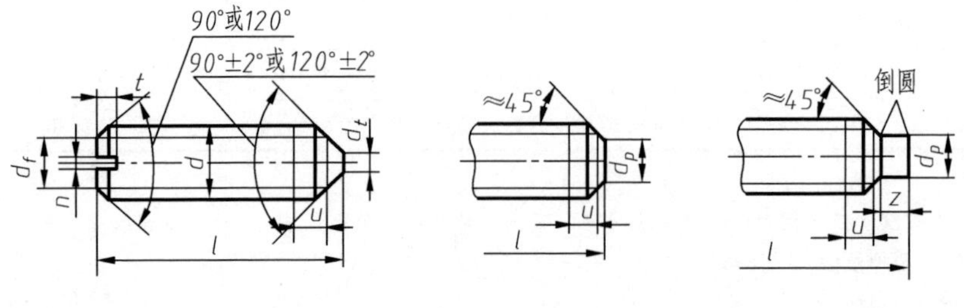

标记示例

螺纹规格 d=M5，公称长度 l = 12，性能等级为 14H 级，表面氧化的开槽平端紧定螺钉：

螺钉　GB/T 73　M5×12

（续）

螺纹规格 d		M1.2	M1.6	M2	M2.5	M3	M4	M5	M6	M8	M10	M12
P		0.25	0.35	0.4	0.45	0.5	0.7	0.8	1	1.25	1.5	1.75
d_f ≈		螺纹小径										
d_t	min	—	—	—	—	—	—	—	—	—	—	—
	max	0.12	0.16	0.2	0.25	0.3	0.4	0.5	1.5	2	2.5	3
d_p	min	—	0.55	0.75	1.25	1.75	2.25	3.2	3.7	5.2	6.64	8.14
	max	—	0.8	1	1.5	2	2.5	3.5	4	5.5	7	8.5
n	公称	0.2	0.25	0.25	0.4	0.4	0.6	0.8	1	1.2	1.6	2
	min	0.26	0.31	0.31	0.46	0.46	0.66	0.86	1.06	1.26	1.66	2.06
	max	0.4	0.45	0.45	0.6	0.6	0.8	1	1.2	1.51	1.91	2.31
t	min	0.4	0.56	0.64	0.72	0.8	1.12	1.28	1.6	2	2.4	2.8
	max	0.52	0.74	0.84	0.95	1.05	1.42	1.63	2	2.5	3	3.6
z	min	—	0.8	1	1.25	1.5	2	2.5	3	4	5	6
	max	—	1.05	1.25	1.5	1.75	2.25	2.75	3.25	4.3	5.3	6.3
GB/T 71—1985	l(公称长度)	2~6	2~8	3~10	3~12	4~16	6~20	8~25	8~30	10~40	12~50	14~60
	l(短螺钉)	2	2~2.5	2~2.5	2~3	2~3	2~4	2~5	2~6	2~8	2~10	2~12
GB/T 73—2017	l(公称长度)	2~6	2~8	2~10	2.5~12	3~16	4~20	5~25	6~30	8~40	10~50	12~60
	l(短螺钉)	—	2	2~2.5	2~3	2~3	2~4	2~5	2~6	2~6	2~8	2~10
GB/T 75—1985	l(公称长度)	—	2.5~8	3~10	4~12	5~16	6~20	8~25	8~30	10~40	12~50	14~60
	l(短螺钉)	—	2~2.5	2~3	2~4	2~5	2~6	2~8	2~10	2~14	2~16	2~20
l(系列)		2,2.5,3,4,5,6,8,10,12,(14),16,20,25,30,35,40,45,50,(55),60										

注：公称长度为短螺钉时，应制成120°，u（不完整螺纹的长度）≤$2P$。

表 A-11　1 型六角螺母（摘自 GB/T 6170—2015）（单位：mm）

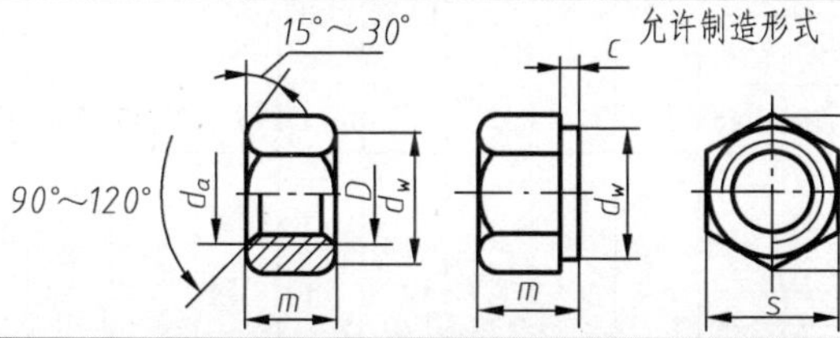

标记示例

螺纹规格 M12，性能等级为 10 级，不经表面处理，产品等级为 A 级的 1 型六角螺母：

螺母　GB/T 6170　M12

螺纹规格 D	c	d_a		d_w	e	m		s	
	max	min	max	min	min	max	min	max	min
M1.6	0.2	1.6	1.84	2.4	3.41	1.3	1.05	3.2	3.02
M2	0.2	2	2.3	3.1	4.32	1.6	1.35	4	3.82
M2.5	0.3	2.5	2.9	4.1	5.45	2	1.75	5	4.82
M3	0.4	3	3.45	4.6	6.01	2.4	2.15	5.5	5.32
M4	0.4	4	4.6	5.9	7.66	3.2	2.9	7	6.78
M5	0.5	5	5.75	6.9	8.79	4.7	4.4	8	7.78
M6	0.5	6	6.75	8.9	11.05	5.2	4.9	10	9.78
M8	0.6	8	8.75	11.6	14.38	6.8	6.44	13	12.73
M10	0.6	10	10.8	14.6	17.77	8.4	8.04	16	15.73

（续）

螺纹规格 D	c	d_a		d_w	e	m		s	
	max	min	max	min	min	max	min	max	min
M12	0.6	12	13	16.6	20.03	10.8	10.37	18	17.73
M16	0.8	16	17.3	22.5	26.75	14.8	14.1	24	23.67
M20	0.8	20	21.6	27.7	32.95	18	16.9	30	29.16
M24	0.8	24	25.9	33.3	39.55	21.5	20.2	36	35
M30	0.8	30	32.4	42.8	50.85	25.6	24.3	46	45
M36	0.8	36	38.9	51.1	60.79	31	29.4	55	53.8
M42	1	42	45.4	60.0	71.3	34	32.4	65	63.1
M48	1	48	51.8	69.5	82.6	38	36.4	75	73.1
M56	1	56	60.5	78.7	93.56	45	43.4	85	82.8
M64	1	64	69.1	88.2	104.86	51	49.1	95	92.8

注：1. A 级用于 $D \leqslant$ M16 的螺母；B 级用于 $D>$M16 的螺母。本表仅按商品规格和通用规格列出。

2. 螺纹规格为 M8～M64、细牙、A 级和 B 级的 1 型六角螺母，请查阅 GB/T 6171—2016。

表 A-12　小垫圈（摘自 GB/T 848—2002）、**平垫圈—倒角型**（摘自 GB/T 97.2—2002）、**平垫圈**（摘自 GB/T 97.1—2002）、**大垫圈**（A 级产品）（摘自 GB/T 96—2002）

（单位：mm）

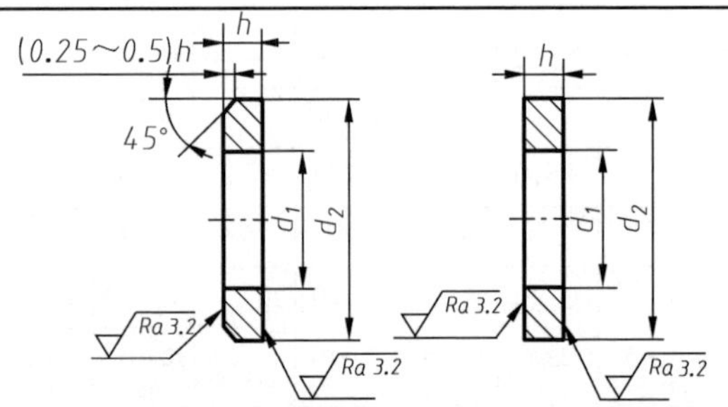

标记示例

标准系列，公称尺寸 $d=8$，性能等级为 140HV 级，不经表面处理的平垫圈：

垫圈 GB/T 97.1　8

<table>
<tr><th colspan="3">公称尺寸（螺纹规格）d</th><th>1.6</th><th>2</th><th>2.5</th><th>3</th><th>4</th><th>5</th><th>6</th><th>8</th><th>10</th><th>12</th><th>16</th><th>20</th><th>24</th><th>30</th><th>36</th></tr>
<tr><td rowspan="8">d_1 内径</td><td rowspan="4">max</td><td>GB/T 848—2002</td><td rowspan="2">1.84</td><td rowspan="2">2.34</td><td rowspan="2">2.84</td><td rowspan="2">3.38</td><td rowspan="2">4.48</td><td rowspan="4">5.48</td><td rowspan="4">6.62</td><td rowspan="4">8.62</td><td rowspan="4">10.77</td><td rowspan="4">13.27</td><td rowspan="4">17.27</td><td rowspan="3">21.33</td><td rowspan="3">25.33</td><td rowspan="3">31.39</td><td rowspan="3">37.62</td></tr>
<tr><td>GB/T 97.1—2002</td></tr>
<tr><td>GB/T 97.2—2002</td><td>—</td><td>—</td><td>—</td><td>—</td><td>—</td></tr>
<tr><td>GB/T 96.1—2002</td><td>—</td><td>—</td><td>—</td><td>3.38</td><td>4.48</td><td>21.33</td><td>25.52</td><td>33.62</td><td>39.62</td></tr>
<tr><td rowspan="4">公称（min）</td><td>GB/T 848—2002</td><td rowspan="2">1.7</td><td rowspan="2">2.2</td><td rowspan="2">2.7</td><td rowspan="2">3.2</td><td rowspan="2">4.3</td><td rowspan="4">5.3</td><td rowspan="4">6.4</td><td rowspan="4">8.4</td><td rowspan="4">10.5</td><td rowspan="4">13</td><td rowspan="4">17</td><td rowspan="3">21</td><td rowspan="3">25</td><td rowspan="3">31</td><td rowspan="3">37</td></tr>
<tr><td>GB/T 97.1—2002</td></tr>
<tr><td>GB/T 97.2—2002</td><td>—</td><td>—</td><td>—</td><td>—</td><td>—</td></tr>
<tr><td>GB/T 96.1—2002</td><td>—</td><td>—</td><td>—</td><td>3.2</td><td>4.3</td><td>21</td><td>25</td><td>33</td><td>39</td></tr>
<tr><td rowspan="8">d_2 外径</td><td rowspan="4">公称（max）</td><td>GB/T 848—2002</td><td>3.5</td><td>4.5</td><td>5</td><td>6</td><td>8</td><td>9</td><td>11</td><td>15</td><td>18</td><td>20</td><td>28</td><td>34</td><td>39</td><td>50</td><td>60</td></tr>
<tr><td>GB/T 97.1—2002</td><td>4</td><td>5</td><td>6</td><td>7</td><td>9</td><td rowspan="2">10</td><td rowspan="2">12</td><td rowspan="2">16</td><td rowspan="2">20</td><td rowspan="2">24</td><td rowspan="2">30</td><td rowspan="2">37</td><td rowspan="2">44</td><td rowspan="2">56</td><td rowspan="2">66</td></tr>
<tr><td>GB/T 97.2—2002</td><td>—</td><td>—</td><td>—</td><td>—</td><td>—</td></tr>
<tr><td>GB/T 96.1—2002</td><td>—</td><td>—</td><td>—</td><td>9</td><td>12</td><td>15</td><td>18</td><td>24</td><td>30</td><td>37</td><td>50</td><td>60</td><td>72</td><td>92</td><td>110</td></tr>
<tr><td rowspan="4">min</td><td>GB/T 848—2002</td><td>3.2</td><td>4.2</td><td>4.7</td><td>5.7</td><td>7.64</td><td>8.64</td><td>10.57</td><td>14.57</td><td>17.57</td><td>19.48</td><td>27.48</td><td>33.38</td><td>33.38</td><td>49.38</td><td>58.8</td></tr>
<tr><td>GB/T 97.1—2002</td><td>3.7</td><td>4.7</td><td>5.7</td><td>6.64</td><td>8.64</td><td rowspan="2">9.64</td><td rowspan="2">11.57</td><td rowspan="2">15.57</td><td rowspan="2">19.48</td><td rowspan="2">23.48</td><td rowspan="2">29.48</td><td rowspan="2">36.38</td><td rowspan="2">43.38</td><td rowspan="2">56.26</td><td rowspan="2">64.8</td></tr>
<tr><td>GB/T 97.2—2002</td><td>—</td><td>—</td><td>—</td><td>—</td><td>—</td></tr>
<tr><td>GB/T 96.1—2002</td><td>—</td><td>—</td><td>—</td><td>8.64</td><td>11.57</td><td>14.57</td><td>17.57</td><td>23.48</td><td>29.48</td><td>36.38</td><td>49.38</td><td>59.26</td><td>70.8</td><td>90.6</td><td>108.6</td></tr>
</table>

（续）

公称尺寸（螺纹规格）d			1.6	2	2.5	3	4	5	6	8	10	12	16	20	24	30	36
h 厚度	公称	GB/T 848—2002	0.3	0.3	0.5	0.5	0.5	1	1.6	1.6	1.6	2	2.5	3	4	4	5
		GB/T 97.1—2002					0.8				2	2.5	3				
		GB/T 97.2—2002	—	—	—	—	—										
		GB/T 96.1—2002	—	—	—	0.8	1	1	1.6	2	2.5	3	3	4	5	6	8
	max	GB/T 848—2002	0.35	0.35	0.55	0.55	0.55	1.1	1.8	1.8	1.8	2.2	2.7	3.3	4.3	4.3	5.6
		GB/T 97.1—2002					0.9				2.2	2.7	3.3				
		GB/T 97.2—2002	—	—	—	—	—										
		GB/T 96.1—2002	—	—	—	0.9	1.1	1.1	1.8	2.2	2.7	3.3	3.3	4.3	5.6	6.6	9
	min	GB/T 848—2002	0.25	0.25	0.45	0.45	0.45	0.9	1.4	1.4	1.4	1.8	2.3	2.7	3.7	3.7	4.4
		GB/T 97.1—2002					0.7				1.8	2.3	2.7				
		GB/T 97.2—2002	—	—	—	—	—										
		GB/T 96.1—2002	—	—	—	0.7	0.9	0.9	1.4	1.8	2.3	2.7	2.7	3.7	4.4	5.4	7

附录 B　标准公差数值

表 B-1　公称尺寸至 3150mm 的标准公差数值（摘自 GB/T 1800.1—2009）

公称尺寸/mm		标准公差等级																	
		IT1	IT2	IT3	IT4	IT5	IT6	IT7	IT8	IT9	IT10	IT11	IT12	IT13	IT14	IT15	IT16	IT17	IT18
大于	至	μm											mm						
—	3	0.8	1.2	2	3	4	6	10	14	25	40	60	0.1	0.14	0.25	0.4	0.6	1	1.4
3	6	1	1.5	2.5	4	5	8	12	18	30	48	75	0.12	0.18	0.3	0.48	0.75	1.2	1.8
6	10	1	1.5	2.5	4	6	9	15	22	36	58	90	0.15	0.22	0.36	0.58	0.9	1.5	2.2
10	18	1.2	2	3	5	8	11	18	27	43	70	110	0.18	0.27	0.43	0.7	1.1	1.8	2.7
18	30	1.5	2.5	4	6	9	13	21	33	52	84	130	0.21	0.33	0.52	0.84	1.3	2.1	3.3
30	50	1.5	2.5	4	7	11	16	25	39	62	100	160	0.25	0.39	0.62	1	1.6	2.5	3.9
50	80	2	3	5	8	13	19	30	46	74	120	190	0.3	0.46	0.74	1.2	1.9	3	4.6
80	120	2.5	4	6	10	15	22	35	54	87	140	220	0.35	0.54	0.87	1.4	2.2	3.5	5.4
120	180	3.5	5	8	12	18	25	40	63	100	160	250	0.4	0.63	1	1.6	2.5	4	6.3
180	250	4.5	7	10	14	20	29	46	72	115	185	290	0.46	0.72	1.15	1.85	2.9	4.6	7.2
250	315	6	8	12	16	23	32	52	81	130	210	320	0.52	0.81	1.3	2.1	3.2	5.2	8.1
315	400	7	9	13	18	25	36	57	89	140	230	360	0.57	0.89	1.4	2.3	3.6	5.7	8.9
400	500	8	10	15	20	27	40	63	97	155	250	400	0.63	0.97	1.55	2.5	4	6.3	9.7
500	630	9	11	16	22	32	44	70	110	175	280	440	0.7	1.1	1.75	2.8	4.4	7	11
630	800	10	13	18	25	36	50	80	125	200	320	500	0.8	1.25	2	3.2	5	8	12.5
800	1000	11	15	21	28	40	56	90	140	230	360	560	0.9	1.4	2.3	3.6	5.6	9	14
1000	1250	13	18	24	33	47	66	105	165	260	420	660	1.05	1.65	2.6	4.2	6.6	10.5	16.5
1250	1600	15	21	29	39	55	78	125	195	310	500	780	1.25	1.95	3.1	5	7.8	12.5	19.5
1600	2000	18	25	35	46	65	92	150	230	370	600	920	1.5	2.3	3.7	6	9.2	15	23
2000	2500	22	30	41	55	78	110	175	280	440	700	1100	1.75	2.8	4.4	7	11	17.5	28
2500	3150	26	36	50	68	96	135	210	330	540	860	1350	2.1	3.3	5.4	8.6	13.5	21	33

注：1. 公称尺寸大于 500mm 的 IT1~IT5 的标准公差数值为试行的。

2. 公称尺寸小于或等于 1mm 时，无 IT14~IT18。

表 B-2　轴的

公称尺寸/mm		基本偏差数值(上极限偏差 es)															
		所有标准公差等级												IT5 和 IT6	IT7	IT8	IT4～IT7
大于	至	a	b	c	cd	d	e	ef	f	fg	g	h	js	j			
—	3	-270	-140	-60	-34	-20	-14	-10	-6	-4	-2	0	偏差 $=\pm\frac{IT_n}{2}$，式中 IT_n 是 IT 值	-2	-4	-6	0
3	6	-270	-140	-70	-46	-30	-20	-14	-10	-6	-4	0		-2	-4		+1
6	10	-280	-150	-80	-56	-40	-25	-18	-13	-8	-5	0		-2	-5		+1
10	14	-290	-150	-95		-50	-32		-16		-6	0		-3	-6		+1
14	18																
18	24	-300	-160	-110		-65	-40		-20		-7	0		-4	-8		+2
24	30																
30	40	-310	-170	-120		-80	-50		-25		-9	0		-5	-10		+2
40	50	-320	-180	-130													
50	65	-340	-190	-140		-100	-60		-30		-10	0		-7	-12		+2
65	80	-360	-200	-150													
80	100	-380	-220	-170		-120	-72		-36		-12	0		-9	-15		+3
100	120	-410	-240	-180													
120	140	-460	-260	-200		-145	-85		-43		-14	0		-11	-18		+3
140	160	-520	-280	-210													
160	180	-580	-310	-230													
180	200	-660	-340	-240		-170	-100		-50		-15	0		-13	-21		+4
200	225	-740	-380	-260													
225	250	-820	-420	-280													
250	280	-920	-480	-300		-190	-110		-56		-17	0		-16	-26		+4
280	315	-1050	-540	-330													
315	355	-1200	-600	-360		-210	-125		-62		-18	0		-18	-28		+4
355	400	-1350	-680	-400													
400	450	-1500	-760	-440		-230	-135		-68		-20	0		-20	-32		+5
450	500	-1650	-840	-480													
500	560					-260	-145		-76		-22	0					0
560	630																
630	710					-290	-160		-80		-24	0					0
710	800																
800	900					-320	-170		-86		-26	0					0
900	1000																
1000	1120					-350	-195		-98		-28	0					0
1120	1250																
1250	1400					-390	-220		-110		-30	0					0
1400	1600																
1600	1800					-430	-240		-120		-32	0					0
1800	2000																
2000	2240					-480	-260		-130		-34	0					0
2240	2500																
2500	2800					-520	-290		-145		-38	0					0
2800	3150																

注：1. 公称尺寸小于或等于 1mm 时，基本偏差 a 和 b 均不采用。

2. 公差带 js7～js11，若 IT_n 值是奇数，则取偏差 $=\pm\frac{IT_n-1}{2}$。

基本偏差数值（摘自 GB/T 1800. 1—2009） （单位：μm）

基本偏差数值(下极限偏差 ei)														
≤IT3 >IT7	所有标准公差等级													
k	m	n	p	r	s	t	u	v	x	y	z	za	zb	zc
0	+2	+4	+6	+10	+14		+18		+20		+26	+32	+40	+60
0	+4	+8	+12	+15	+19		+23		+28		+35	+42	+50	+80
0	+6	+10	+15	+19	+23		+28		+34		+42	+52	+67	+97
0	+7	+12	+18	+23	+28		+33		+40		+50	+64	+90	+130
								+39	+45		+60	+77	+108	+150
0	+8	+15	+22	+28	+35		+41	+47	+54	+63	+73	+98	+136	+188
						+41	+48	+55	+64	+75	+88	+118	+160	+218
0	+9	+17	+26	+34	+43	+48	+60	+68	+80	+94	+112	+148	+200	+274
						+54	+70	+81	+97	+114	+136	+180	+242	+325
0	+11	+20	+32	+41	+53	+66	+87	+102	+122	+144	+172	+226	+300	+405
				+43	+59	+75	+102	+120	+146	+174	+210	+274	+360	+480
0	+13	+23	+37	+51	+71	+91	+124	+146	+178	+214	+258	+335	+445	+585
				+54	+79	+104	+144	+172	+210	+254	+310	+400	+525	+690
0	+15	+27	+43	+63	+92	+122	+170	+202	+248	+300	+365	+470	+620	+800
				+65	+100	+134	+190	+228	+280	+340	+415	+535	+700	+900
				+68	+108	+146	+210	+252	+310	+380	+465	+600	+780	+1000
0	+17	+31	+50	+77	+122	+166	+236	+284	+350	+425	+520	+670	+880	+1150
				+80	+130	+180	+258	+310	+385	+470	+575	+740	+960	+1250
				+84	+140	+196	+284	+340	+425	+520	+640	+820	+1050	+1350
0	+20	+34	+56	+94	+158	+218	+315	+385	+475	+580	+710	+920	+1200	+1550
				+98	+170	+240	+350	+425	+525	+650	+790	+1000	+1300	+1700
0	+21	+37	+62	+108	+190	+268	+390	+475	+590	+730	+900	+1150	+1500	+1900
				+114	+208	+294	+435	+530	+660	+820	+1000	+1300	+1650	+2100
0	+23	+40	+68	+126	+232	+330	+490	+595	+740	+920	+1100	+1450	+1850	+2400
				+132	+252	+360	+540	+660	+820	+1000	+1250	+1600	+2100	+2600
0	+26	+44	+78	+150	+280	+400	+600							
				+155	+310	+450	+660							
0	+30	+50	+88	+175	+340	+500	+740							
				+185	+380	+560	+840							
0	+34	+56	+100	+210	+430	+620	+940							
				+220	+470	+680	+1050							
0	+40	+66	+120	+250	+520	+780	+1150							
				+260	+580	+840	+1300							
0	+48	+78	+140	+300	+640	+960	+1450							
				+330	+720	+1050	+1600							
0	+58	+92	+170	+370	+820	+1200	+1850							
				+400	+920	+1350	+2000							
0	+68	+110	+195	+440	+1000	+1500	+2300							
				+460	+1100	+1650	+2500							
0	+76	+135	+240	+550	+1250	+1900	+2900							
				+580	+1400	+2100	+3200							

表 B-3　孔的基

公称尺寸/mm		基本偏差																				
		下极限偏差 EI																				
大于	至	所有标准公差等级											IT6	IT7	IT8	≤IT8	>IT8	≤IT8	>IT8	≤IT8	>IT8
		A	B	C	CD	D	E	EF	F	FG	G	H	JS	J			K		M		N	
—	3	+270	+140	+60	+34	+20	+14	+10	+6	+4	+2	0	偏差=±$\frac{IT_n}{2}$，式中IT_n是IT值	+2	+4	+6	0	0	−2	−2	−4	−4
3	6	+270	+140	+70	+46	+30	+20	+14	+10	+6	+4	0		+5	+6	+10	−1+Δ		−4+Δ	−4	−8+Δ	0
6	10	+280	+150	+80	+56	+40	+25	+18	+13	+8	+5	0		+5	+8	+12	−1+Δ		−6+Δ	−6	−10+Δ	0
10	14	+290	+150	+95		+50	+32		+16		+6	0		+6	+10	+15	−1+Δ		−7+Δ	−7	−12+Δ	0
14	18																					
18	24	+300	+160	+110		+65	+40		+20		+7	0		+8	+12	+20	−2+Δ		−8+Δ	−8	−15+Δ	0
24	30																					
30	40	+310	+170	+120		+80	+50		+25		+9	0		+10	+14	+24	−2+Δ		−9+Δ	−9	−17+Δ	0
40	50	+320	+180	+130																		
50	65	+340	+190	+140		+100	+60		+30		+10	0		+13	+18	+28	−2+Δ		−11+Δ	−11	−20+Δ	0
65	80	+360	+200	+150																		
80	100	+380	+220	+170		+120	+72		+36		+12	0		+16	+22	+34	−3+Δ		−13+Δ	−13	−23+Δ	0
100	120	+410	+240	+180																		
120	140	+460	+260	+200		+145	+85		+43		+14	0		+18	+26	+41	−3+Δ		−15+Δ	−15	−27+Δ	0
140	160	+520	+280	+210																		
160	180	+580	+310	+230																		
180	200	+660	+310	+240		+170	+100		+50		+15	0		+22	+30	+47	−4+Δ		−17+Δ	−17	−31+Δ	0
200	225	+740	+380	+260																		
225	250	+820	+420	+280																		
250	280	+920	+480	+300		+190	+110		+56		+17	0		+25	+36	+55	−4+Δ		−20+Δ	−20	−34+Δ	0
280	315	+1050	+540	+330																		
315	355	+1200	+600	+360		+210	+125		+62		+18	0		+29	+39	+60	−4+Δ		−21+Δ	−21	−37+Δ	0
355	400	+1350	+680	+400																		
400	450	+1500	+760	+440		+230	+135		+68		+20	0		+33	+43	+66	−5+Δ		−23+Δ	−23	−40+Δ	0
450	500	+1650	+840	+480																		
500	560					+260	+145		+76		+22	0					0		−26		−44	
560	630																					
630	710					+290	+160		+80		+24	0					0		−30		−50	
710	800																					
800	900					+320	+170		+86		+26	0					0		−34		−56	
900	1000																					
1000	1120					+350	+195		+98		+28	0					0		−40		−66	
1120	1250																					
1250	1400					+390	+220		+110		+30	0					0		−48		−78	
1400	1600																					
1600	1800					+430	+240		+120		+32	0					0		−58		−92	
1800	2000																					
2000	2240					+480	+260		+130		+34	0					0		−68		−110	
2240	2500																					
2500	2800					+520	+290		+145		+38	0					0		−76		−135	
2800	3150																					

注：1. 公称尺寸小于或等于1mm时，基本偏差A和B及大于IT8的N均不采用。公差带JS7~JS11，若IT_n值是奇数，则取

2. 对小于或等于IT8的K、M、N和小于或等于IT7的P~ZC，所需Δ值从表内右侧选取。例如，18~30mm段的K7，段的M6，ES=-9μm（代替-11μm）。

本偏差数值 （单位：μm）

数值													Δ值					
上极限偏差 ES																		
≤IT7	标准公差等级大于 IT7												标准公差等级					
P 至 ZC	P	R	S	T	U	V	X	Y	Z	ZA	ZB	ZC	IT3	IT4	IT5	IT6	IT7	IT8
在大于 IT7 的相应数值上增加一个 Δ 值	−6	−10	−14		−18		−20		−26	−32	−40	−60	0	0	0	0	0	0
	−12	−15	−19		−23		−28		−35	−42	−50	−80	1	1.5	1	3	4	6
	−15	−19	−23		−28		−34		−42	−52	−67	−97	1	1.5	2	3	6	7
	−18	−23	−28		−33		−40		−50	−64	−90	−130	1	2	3	3	7	9
						−39	−45		−60	−77	−108	−150						
	−22	−28	−35		−41	−47	−54	−63	−73	−98	−136	−188	1.5	2	3	4	8	12
				−41	−48	−55	−64	−75	−88	−118	−160	−218						
	−26	−34	−43	−48	−60	−68	−80	−94	−112	−148	−200	−274	1.5	3	4	5	9	14
				−54	−70	−81	−97	−114	−136	−180	−242	−325						
	−32	−41	−53	−66	−87	−102	−122	−144	−172	−226	−300	−405	2	3	5	6	11	16
		−43	−59	−75	−102	−120	−146	−174	−210	−274	−360	−480						
	−37	−51	−71	−91	−124	−146	−178	−214	−258	−335	−445	−585	2	4	5	7	13	19
		−54	−79	−104	−144	−172	−210	−254	−310	−400	−525	−690						
	−43	−63	−92	−122	−170	−202	−248	−300	−365	−470	−620	−800	3	4	6	7	15	23
		−65	−100	−134	−190	−228	−280	−340	−415	−535	−700	−900						
		−68	−108	−146	−210	−252	−310	−380	−465	−600	−780	−1000						
	−50	−77	−122	−166	−236	−284	−350	−425	−520	−670	−880	−1150	3	4	6	9	17	26
		−80	−130	−180	−258	−310	−385	−470	−575	−740	−960	−1250						
		−84	−140	−196	−284	−340	−425	−520	−640	−820	−1050	−1350						
	−56	−94	−158	−218	−315	−385	−475	−580	−710	−920	−1200	−1550	4	4	7	9	20	29
		−98	−170	−240	−350	−425	−525	−650	−790	−1000	−1300	−1700						
	−62	−108	−190	−268	−390	−475	−590	−730	−900	−1150	−1500	−1900	4	5	7	11	21	32
		−114	−208	−294	−435	−530	−660	−820	−1000	−1300	−1650	−2100						
	−68	−126	−232	−330	−490	−595	−740	−920	−1100	−1450	−1850	−2400	5	5	7	13	23	34
		−132	−252	−360	−540	−660	−820	−1000	−1250	−1600	−2100	−2600						
	−78	−150	−280	−400	−600													
		−155	−310	−450	−660													
	−88	−175	−340	−500	−740													
		−185	−380	−560	−840													
	−100	−210	−430	−620	−940													
		−220	−470	−680	−1050													
	−120	−250	−520	−780	−1150													
		−260	−580	−840	−1300													
	−140	−300	−640	−960	−1450													
		−330	−720	−1050	−1600													
	−170	−370	−820	−1200	−1850													
		−400	−920	−1350	−2000													
	−195	−440	−1000	−1500	−2300													
		−460	−1100	−1650	−2500													
	−240	−550	−1250	−1900	−2900													
		−580	−1400	−2100	−3200													

偏差 = $\pm\frac{IT_{n-1}}{2}$。

Δ=8μm，所以 ES=−2μm+8μm=+6μm；18~30mm 段的 S6，Δ=4μm，所以 ES=−35μm+4μm=−31μm。特殊情况下，即 250~315mm

参考文献

[1] 陈东祥，姜杉．机械工程图学［M］．2版．北京：机械工业出版社，2016.
[2] 廖希亮，张莹，姚俊红，等．画法几何及机械制图［M］．北京：机械工业出版社，2017.
[3] 廖希亮，赵晓峰．机械制图［M］．北京：机械工业出版社，2017.
[4] 申小颂．工程制图［M］．北京：机械工业出版社，2016.
[5] 焦永和，等．工程制图［M］．北京：高等教育出版社，2008.
[6] 全国技术产品文件标准化技术委员会．技术产品文件标准汇编：机械制卷［M］．2版．北京：中国标准出版社，2009.
[7] 全国技术产品文件标准化技术委员会．技术产品文件标准汇编：技术制图卷［M］．2版．北京：中国标准出版社，2009.